建设工程合同管理与典型案例分析

陈津生　主编

中国建材工业出版社

图书在版编目（CIP）数据

建设工程合同管理与典型案例分析/陈津生主编.
—北京：中国建材工业出版社，2015.11
ISBN 978-7-5160-1275-8

Ⅰ.①建… Ⅱ.①陈… Ⅲ.①建筑工程-经济合同-管理-案例 Ⅳ.①TU723.1

中国版本图书馆CIP数据核字（2015）第203753号

内 容 简 介

本书分别从不同施工承发包模式出发，对建设工程合同管理的基本知识、合同管理过程以及合同风险管理问题进行介绍，并附有合同管理案例，供读者参考。

本书可作为建设施工总承包公司、专业分包公司、劳务分包公司、工程咨询公司、监理公司、设计公司等有关从业人员的学习资料，也可作为行业、施工企业开展教育培训，以及高等院校工程管理专业在校生的参考教材。

建设工程合同管理与典型案例分析
陈津生　主编

出版发行：中国建材工业出版社
地　　址：北京市海淀区三里河路1号
邮　　编：100044
经　　销：全国各地新华书店
印　　刷：北京鑫正大印刷有限公司
开　　本：787mm×1092mm　1/16
印　　张：17.75
字　　数：436千字
版　　次：2015年11月第1版
印　　次：2015年11月第1次
定　　价：49.80元

本社网址：www.jccbs.com.cn　　微信公众号：zgjcgycbs
本书如出现印装质量问题，由我社网络直销部负责调换。联系电话：(010)88386906

前　言

施工合同是建设工程的主要合同，是工程建设质量控制、进度控制、投资控制的主要依据。在市场经济条件下，建设市场主体之间的权利义务关系主要是通过合同确立的，而且合同管理贯穿于工程实施的全过程和工程实施的各个方面，作为其他工作的指南，对整个项目的实施起到总控制和保障的作用。因此加强对施工合同的管理具有十分重要的意义。

住房和城乡建设部（以下简称住建部）历来高度重视建设领域工程合同管理工作，结合新形势和市场发展实际，不断推进合同管理法制化、规范化进程。2014年住建部发布了《关于推进建筑业发展和改革的若干意见》和《关于进一步加强和完善建筑劳务管理工作的指导意见》，提出建立统一开放的建筑市场体系，切实转变政府职能，全面深化建筑业体制和机制改革；推进行政审批制度改革、改革招投标监管方式、推进建筑市场监管信息化和诚信体系建设、完善监理制度；企业应与自有劳务人员依法签订书面劳动合同，并按劳动合同约定及时将工资直接发放给劳务人员等要求，《意见》不但为我国建设工程市场新时期的发展明确了方向，更为工程合同管理的长远发展奠定了更加坚实的基础。

此前，2011年住建部和国家工商管理总局首次颁布了《建设工承总承包合同示范文本（试行）》、2013年颁布新版《建设工程施工承包合同示范文本》；2014年住建部又下发了《〈建设工程施工专业分包合同示范文本〉、〈建设工程劳务分包合同示范文本〉修订征求意见稿》，新修订的合同文本更为规范、要求更为严格，与国际工程合同文本更为接近，标志着我国建设工程合同管理的规范化迈上了一个新的台阶。

当前，作为工程建设最基本的合同管理工作在一些企业却往往被忽视，很多建设方和承包方缺乏强烈、敏锐的合同法律意识，主要表现在合同签订双方订立合同流于形式，对合同条款研究不深入、不细致，对违约责任、违约条件约定不明确，合同内容简单，形式不规范，责、权、利不清晰，承包方随意肢解工程，假借分包的名义转包工程的现象层出不穷，从而引起了一系列质量、安全问题。由于合同规定不详细、对合同管理的重视不够，导致工程建设过程中扯皮、违约，为合同纠纷留下了隐患，直接导致建设方和承包方的利益受损，最终影响了建设工程市场的健康发展。因此，有关从业者非常有必要加强学习合同管理的知识，不断更新合同管理理念、提高合同实际管理水平。为此，作者编写了《建设工程合同管理与典型案例分析》一书。

本书内容结构是按照建设工程承发包模式而安排的，尽量做到各有侧重、避免重复、语言精练、重点突出，备有合同管理案例，并设有施工合同管理绩效评价的内容，供读者参考使用。参加本书编写的有陈津生、王慎柳、杨红、陈凯，最后由陈津生统稿。在编写过程中，作者参考了一些专家、学者的研究成果和文献资料，在此一并表示感谢。由于作者水平有限，本书不免有挂一漏万、有失偏颇之处，请读者给予批评指正，以便再版时予以修正，更好地满足广大读者学习的需要。

作者

2015年10月

目 录

原理篇

管理篇

原 理 篇

1　建设工程合同管理原理

伴随着我国经济建设改革与开放事业的蓬勃发展，建设工程合同法制建设与科学管理进入一个新阶段。建设工程合同管理已经成为依法治理国家建设事业，加强科学管理的重要环节，是保证工程建设质量，提高工程建设社会效益和经济效益保障的重要工具。做好合同管理工作，就要打好合同管理与法律的知识基础，这是施工企业从业者共同面临的一项重要任务。本章主要介绍建设工程合同管理的一些必备法律知识。

1.1　建设工程合同管理概念与特点

1.1.1　合同管理概念

1. 合同管理含义

所谓“建设工程合同管理”，就是合同主体为签订、履行合同，以建设工程合同为对象所进行的一系列管理活动。合同主体是指业主（发包人）和施工企业（承包人）双方的当事人。本书则是站在承包人的角度探讨其对合同的管理活动。

从20世纪70年代开始，随着工程项目管理理论的研究和实际经验的积累，人们越来越对合同管理予以高度重视。20世纪80年代，人们主要是从合同事务管理角度进行研究和探讨。到20世纪80年代后期，人们开始更多地从项目管理的角度对合同管理加以研究。进入21世纪后，合同管理已成为工程项目领域的重要分支领域和研究热点，它将工程项目管理的理论研究和实践应用推向了新的阶段。

现在人们越来越清楚地认识到合同管理在项目管理中的特殊地位和作用，认为合同管理对项目的进度控制、质量管理、成本管理有着总控制和总协调的作用。国外许多工程项目管理公司（咨询公司）和大型工程承包企业都十分重视合同管理工作，将它们看作是项目管理的灵魂和核心，不但作为工程项目管理中与成本（投资）、工期、组织等管理并列的一大管理职能，而且将其融入到项目管理的各项管理职能之中。

2. 合同管理与项目管理关系

合同管理与项目管理之间是何种关系呢？合同管理是工程项目管理的一个重要组成部分，它必须融于整个工程项目管理之中，要实现工程项目的目标，必须对全部项目、项目实施的全部过程和各个环节、项目的所有活动实践进行有效的合同管理，合同管理与其他管理职能密切结合，共同构成工程项目管理系统。

就传统的合同管理理论而言，工程项目合同管理的工作流程与工程项目管理流程有一定的区别，因为承包商的工程项目管理工作范围更为广泛，周期更长，工作内容更为细致和具体，而且该工作流程中尚未包括招投标，即合同形成阶段的管理工作，两者的区别有以下几点：

（1）合同管理是项目管理的起点。工程项目管理是以合同管理作为起点的，进入工程项目，如何对项目进行有效的管理？首先要对合同文件进行认真分析，明确合同规定的责任和义务，制定工程项目的进度、质量、费用的控制点，实现合同目标。为此，合同管理控制着整个工程项目管理工作。

（2）合同管理本身具有特定的、独立的管理职能和过程，它由合同策划、合同分析、合同文件解释、合同控制、索赔管理以及争议处理等组成，它们构成了工程项目合同管理的子系统。这些管理职能在传统项目管理理论中是不存在的。

（3）合同管理与其他管理职能的关系。合同管理与计划管理、成本管理、组织和信息管理之间存在密切的关系，两者之间的这种关系既可以看作是工作流程，即工作处理顺序关系，又可以看作是信息流，即信息流通和处理的过程。

当今，合同管理是市场经济条件下现代施工企业管理的一个核心内容，它不再是简单的要约、承诺，突破了传统合同管理理论，而是一个全过程、全方位、科学的管理。对市场来说，合同管理的重要性在于：实现企业对市场的承诺，承担社会责任，体现企业的诚信，提升企业的品牌和形象，使企业更牢固地立足市场，实现可持续发展。对企业而言，合同管理的重要性在于：使企业的生产经营与市场接轨，满足市场的需要，提高企业适应市场和参与市场竞争的能力；同时，使企业在履约过程中维护自身的合法权益，避免和减少企业损失，提高企业的经济效益。合同管理在工程建设项目管理过程中正在发挥越来越重要的作用，成为项目管理的灵魂与核心。

1.1.2　合同管理特点

1. 复杂性

建设工程合同是按照建设程序展开的，规划设计合同在先，监理施工、采购合同在后，工程合同呈现出串联、并联和搭接的关系，工程合同管理也是随着项目的进展逐步展开的。因此，工程合同复杂的界面决定了工程合同管理的复杂性。项目参建单位和协作单位多，通常涉及业主、勘察设计单位、监理单位、总包商、分包商、材料设备供应商等，各方面责任界限的划分、合同权利和义务的定义非常复杂，合同在时间上和空间上的衔接协调很重要。合同管理必须协调和处理好各方面的关系，使相关的合同和合同规定的各工作内容不相矛盾，使各种合同在内容上、技术上、组织上、时间上协调一致，才能形成一个完整的、周密的有序体系，以保证工程有秩序、按计划地实施。因此，复杂的合同关系，决定了工程合同管理的复杂性。

2. 协作性

建设工程合同管理不是一个人的事，往往需要设立一个专门的合同管理班子，某种程度上讲，是工程合同的管理者。以承包企业为例，承包企业项目管理班子中的每个部门，甚至是每个岗位每个人的工作都与合同管理有关，如承包企业的市场部门是合同的订立部门，工程管理部门是合同的履行部门，合同财务部门是合同管理的资金部门，合同法律部门是合同纠纷的处理部门等。工程合同管理不仅需要专职的合同管理人员和部门，而且要求参与工程管理的其他各种人员或部门都必须精通合同，熟悉合同管理工作。正是因为工程合同管理是通过项目管理班子内部各部门、全员的分工协作、相互配合下使工程进行的，所以合同管理过程中的相互沟通与协调显得尤为重要，体现出了合同管理需各部门全员分工的协作性特点。

3. 持续性

建设工程项目的完成是一个渐进的过程。在这个过程中，完成工程项目持续的时间要比完成其他产品合同的时间长，特别是建设工程承包合同的有效期最长，一般的建设项目要一两年的时间，有的工程长达五年甚至更长。以施工合同为例，施工合同不仅包括施工期限，还包括保修期。为此，合同管理具有持续性较长的特点。

4. 风险性

建设工程合同实施时间长，涉及面广，受外界环境如经济、社会、法律和自然条件等多种影响，这些因素一般称之为工程风险。工程风险是难以预测、难以控制的，一旦发生工程风险往往会影响合同的正常履行，造成合同延期和经济损失，合同管理工作一旦不到位，出现漏洞，引起风险，造成经济损失，对承包企业经济效益将产生不可估量的影响。所以，加强风险管理是工程合同管理的重要内容，加强建设工程合同管理对减少和降低风险是至关重要的。

5. 动态性

由于建设工程工期持续时间长，工程合同变动较为频繁。这主要是由于工程在完成过程中受内部与外部干扰的事件多造成的。合同管理必须按照变化了的情况不断调整，这就要求合同管理必须是动态的。因此，加强合同控制与变更管理就显得十分重要。

1.1.3 合同管理的作用

1. 对市场的作用

从市场角度讲，建设工程合同管理的主要作用可以促进项目法人责任制、招标投标制、工程监理制和合同管理等制度的实行，并协调好“四制”的关系，规范各种合同的文体和格式，使建筑市场交易活动中各主体之间的行为由合同来约束。

（1）保障工程建设事业可持续发展。在市场经济条件下，由于主要是依靠合同来规范当事人的交易行为，合同的内容将成为开展建筑活动的主要依据，依法加强建设工程合同管理，可以保障建筑市场的资金、材料、技术、信息、劳动力的管理，发展和完善建筑市场，振兴我国建设事业，促进国民经济的快速发展。

（2）规范建设程序和建设主体。不但要对工程项目中包括的可行性研究、勘察设计、招标投标、建筑施工、材料设备采购等各种经济活动，都以合同的形式加以确定，而且为了促进建设工程市场的繁荣和健康发展，建筑项目中的第三产业如工程咨询公司、工程监理公司、招标投标代理机构、预结算中心等中介组织，也应以合同或委托合同的形式产生双方的法律关系，加强合同管理工作可以更好地规范建设程序和建设主体的行为。

（3）提高工程建设的管理水平。工程建设管理水平的提高体现在工程质量、进度和投资的三大控制目标上，这三大控制目标的水平主要是体现在合同中。在合同规定三大控制目标后，要求合同当事人在工程管理中细化这些内容，在工程建设过程中严格执行这些规定。同时，如果能够严格按照合同的要求进行管理，工程的质量能够有效地得到保障，进度和投资的控制目标也能够实现，因此，建设工程合同管理能够有效地提高工程建设的管理水平。

（4）避免和克服建设领域的经济违法和犯罪。建设领域是我国经济犯罪的高发领域，出现这样的情况主要是由于工程建设中的公开、公正、公平做得不够好，而加强建设工程合同管理能够有效地做到公开、公正、公平。特别是健全重要的建设工程合同的订立方式——招标投标，能将建设市场的交易行为置于两公开的环境中，约束权力滥用行为，有效地避免和克服建筑领域的受贿行贿行为。加强建设工程合同履行的管理也有助于政府行政管理部门对合同的监督，避免和克服建设领域的经济违法和犯罪。

2. 对企业发展的作用

从施工企业发展分析，加强合同管理具有进一步发展和完善现代建设企业制度、提高建设工程合同履约率，确保企业经济效益的提高，保持建设企业健康持续发展，努力开拓国际市场奠定基础的重大作用。

(1) 发展与完善现代企业制度。现代施工企业制度的建立，对企业提出了更新的要求，企业依据《公司法》规定，遵循“自主经营，自负盈亏，自我发展，自我约束”的原则，促使施工企业认真地考虑建筑市场的需求变化，调整企业发展方向和工程承包经营方式，依据《招标投标法》通过工程招标投标和签订建设工程合同以求实现与其他企业、经济组织在工程项目建设活动中的协作与竞争。建设工程合同是项目法人单位与施工企业进行工程承发包的主要法律形式，是进行工程施工、监理和验收的主要法律依据，是施工企业走上市场的桥梁和纽带。订立和履行建设工程合同，加强合同管理，直接关系建设单位和建设工程企业的根本利益。

(2) 提高建设工程合同履约率。牢固树立合同法制的概念，加强工程建设项目合同管理，必须从项目法人做起，从项目经理和工程师做起，坚决执行《合同法》和建设工程合同行政法规和合同示范文本制度。严格按照法定程序签订建设工程项目合同，防止违法违规的现象出现，建设市场主体全面履行工程建设项目合同的各项条款，提高建设工程合同履约率。在建设工程合同文本中，对当事人各方的权利、义务和责任作了明确完善的规定，操作性很强，不仅防止了当事人主观上的疏漏和客观的干扰，而且有利于合同的正常履行，从而保证合同的顺利完成。

(3) 努力开拓国际建设工程市场。目前，国际正在发生着前所未有的广泛而深刻的变化，有着前所未有的机遇和挑战，国际工程建设市场日益扩大，建设工程市场得到蓬勃和迅猛的发展。近年来，国际经济一体化，我国建设工程企业已走出国门，融入国际市场之中，要求在合同管理上与国际接轨，为我国建设工程企业提出了新的课题。另外，根据国际工程承发包市场中的招投标与合同管理规则等，引用国际合同文本，努力提高工程合同管理水平，对开拓和开放工程建设市场，对于企业在国际市场的发展具有重要意义。

1.1.4 合同管理制度发展

我国工程合同管理制度的创立经过了长期过程，大致分为以下几个阶段。

1. 制度萌芽阶段

新中国成立后，建设工程合同制度的思想较早地体现在国家建设委员会于 1955 年颁布的《建筑安装工程包工暂行办法》之中，办法明确了建设单位发包给国营、地方国营建筑安装企业的建筑、安装工程的发包、承包、施工和竣工工程等结算手续的办法。该暂行办法将包工合同分为全部建筑安装工程量签订的合同和年度工程签订的合同，规定发包人和承包人在进行建筑、安装工程前必须签订年度合同。对工程预付款也有明确的规定，例如施工期在三个月以上者，预付款不得超过建安工作量的 30%，施工期在三个月以内者，不得过 50%。

此外，还规定了施工单位按工程预算成本的2.5%收取法定利润等。这个文件为我国第一个五年计划建设中承发包双方协作，搞好工程建设创造了条件，同时也是我国工程建设合同制度的萌芽。“文革”期间，建筑业的发展遭受严重挫折，之前建立的承发包制度、定额管理制度等被废除，建设工程合同制度不进反退。

2. 制度创建阶段

改革开放后，1979年4月20日国家建委发布《关于试行基本建设合同制的通知》，认为必须坚持按经济规律办事，采取经济方法，充分运用合同来管理基本建设，并于同日发布《建筑安装工程合同试行条例》、《勘察设计合同试行条例》。1983年8月8日，国务院颁布了《建设工程勘察设计合同条例》，该条例规定：建设工程勘察设计合同的双方必须具有法人地位，委托方是建设单位或有关单位，承包方是持有勘察设计证书的勘察设计单位，并规定了建设工程勘察设计合同必须具备的条款，并提出了基本建设推行合同制的意见。自此，我国基本建设全面推行合同制。同日，国务院还颁布了《建筑安装工程承包合同条例》，规定了承包合同应当具备的条件。

为了加强对建设工程招标投标的管理，缩短建设工期，降低工程造价，提高投资效益，1984年11月20日国家计划委员会、原城乡建设环境保护委员会颁布了《建设工程招标投标暂行规定》，旨在加强对建设工程招投标管理，以期达到缩短工期、降低造价、提高投资效益的目的。在规定中明确：列入国家、部门和地区计划的建设工程，除某些不适宜招标的特殊工程外，均按本规定进行招标。凡持有营业执照、资格证书的勘察设计单位、建筑安装企业、工程承包公司、城乡建设综合开发公司，不论国营的还是集体的，均可参加投标。建设工程的招标和投标，不受地区、部门限制。工程项目主管部门和当地政府，对于外地区、外部门的中标单位，要一视同仁，提供方便。

1987年2月10日城乡建设环境保护部、国家工商行政管理总局印发了《关于加强建筑市场管理的暂行规定》，从市场主体角度制定了相应标准，成为我国较早的市场准入规则。规定中明确：在城镇和工矿区承包工程的勘察设计单位，必须持勘察设计资格证书；建筑安装企业必须持有营业管理手册和营业执照，方准进行承包业务。未取得上述证件和合法凭证者，不论何种机关、团体或个人，一律不得擅自从事工程勘察、设计和施工承包业务。严禁勘察设计单位、建筑安装企业超越资质等级和规定的经营范围承包业务。禁止发包单位向无资格证书或越级的承包单位发包工程；严禁向无证单位或个人出让图章及非法转包工程。

1992年12月30日建设部颁布了《工程建设招投标管理办法》《建设工程施工合同管理办法》（建建字［1993］78号）；1995年1月7日，建设部颁布《建筑施工企业项目经理资质管理办法》（建建［1995］1号）；1996年7月25日建设部印发关于《建设工程勘察设计合同管理办法》《建设工程勘察合同（示范文本）》《建设工程设计合同（示范文本）》的通知（建设［1996］444号）。由此，我国开始建立了较为系统、相对完整的建筑市场管理体系，为建设工程合同管理工作创造了良好的法制环境。

3. 制度成熟阶段

1998年3月1日起实施《中华人民共和国建筑法》（以下简称《建筑法》）、1999年10月1日起实施《中华人民共和国合同法》（以下简称《合同法》）、2000年1月1日起实施《中华人民共和国招标投标法》（以下简称《招标投标法》）、1999年实施的《建筑工程施工许可管理办法》（建设部令第71号）等法律法规确定了承包企业市场准入制度、施工许可制度、禁止违法分包和转包制度、竣工验收制度、承包人优先受偿权制度等，明确了合同双方当事人的法律地位和权利、义务、责任，建设工程合同制度得到进一步的发展和健全。为了规范承发包双方的合同行为，规范合同条款格式，1999 年 12 月国家工商局与建设部编制了《建设工程施工合同（示范文本）》（GF—1999—0201）、2003 年 8 月 12 日颁布《建设工程专业分包合同（示范文本）》（GF—2003—0213）、《建设工程劳务分包合同（示范文本）》（GF—2003—0214）。

2000 年 10 月 18 日开始施行的《建筑工程招投标管理办法》（建设部令第 82 号）；2000 年 3 月 10 日建设部印发《建设工程勘察设计合同管理办法》和《建设工程勘察合同示范文本》《建设工程设计合同示范文本》的通知（建设［2000］50 号）；2001 年 3 月 14 日颁布了《建筑业企业资质管理规定》（建设部令 87 号）；2001 年 6 月 1 日颁布了《房屋建筑与市政基础设施工程施工招投标管理办法》（建设部令 87 号）、2001 年 11 月 5 日颁布《建筑工程施工发包与承包计价管理办法》（建设部令 107 号）等。

此后，2005 年 1 月 1 日颁布了《最高人民法院关于审理建设工程施工合同纠纷案件适用法律问题的解释》；2005 年 1 月 12 日建设部、财政部《建设工程质量保证金管理暂行办法》（建质［2005］7 号）；2005 年 4 月劳动和社会保障部、建设部、全国总工会印发了《关于加强建设等行业农民工劳动合同管理的通知》（劳社部发［2005］9 号）；2007 年，为了规范施工招标预审文件、招标文件编制活动，发改委、财政部、建设部等九部委联合制定了《标准施工招标资格预审文件》和《标准施工招标文件》（发改法规［2007］56 号）；2008 年 6 月 18 日发改委、工业和信息部、监察部、财政部、建设部、交通运输部、铁道部、水利部、商务部、国务院法制办等又联合印发了《关于印发〈招标投标违法行为记录公告暂行办法〉的通知》（发改法规［2008］1531 号），这些标准文件以及违法行为记录公告办法，进一步规范了建设工程合同管理，为政府有关部门加强建设市场的监管提供了依据，大大推动了建设工程合同管理制度的健康运行。

此外，国务院以及各部委为保障建设工程质量、安全等工作，还制定了一系列法律、法规和规章，如《建设工程质量管理条例》《建设工程安全生产管理条例》《建设工程发包与承包计价管理办法》《建设工程施工许可管理办法》《建筑师执业资格制度暂行规定》，等等。上述这些法律法规进一步健全了建设工程合同与管理制度，确立了承包主体必须是具有相应资质等级的勘察单位、设计单位、施工单位制度、招标投标制度、建设工程合同应当采用书面形式制度、禁止违法分包和转包制度、竣工验收制度、承包人优先受偿权制度、质量管理制度、安全生产制度、项目经理资质管理制度、劳动用工合同制度等各方当事人的法律地位和权利、义务、责任，对提高建设工程质量起到了极大的推动作用。

4. 制度发展阶段

2014 年住房和城乡建设部下发《关于推进建筑业发展和改革的若干意见》（建市［2014］92 号）。《意见》提出切实转变政府职能，全面深化建筑业体制和机制改革。其中，在建立统一开放的建筑市场体系和强化工程质量安全管理内容中，分别提出进一步开放建筑市场、推进行政审批制度改革、改革招投标监管方式、推进建筑市场监管信息化和诚信体系建设、完善监理制度、强化建设单位行为监管、加强勘察设计质量监管、落实各方主体的工程质量责任、完善工程质量检测质量和推进质量安全标准化建设等内容，为全国工程合同管理的长远发展奠定了更加坚实的基础。此前，为了适应建设市场发展的需要，2011 年颁布了《建设工程总承包合同示范文本》，2013 年修订了《建设工程施工合同示范文本》，并下发对《建设工程分包合同示范文本》《建设工程劳务分包合同示范文本》修订的征询意见稿，预示着我国建设工程合同管理工作迈入新阶段。

1.2 建设工程合同管理内容与原则

1.2.1 合同管理内容

1. 招投标阶段的管理

一般来说，建筑工程合同都是通过招标和投标的方式来委托和承接的。招投标是工程承包合同的形成起点，合同是建立在招标投标的基础之上的，在承包工程中，影响利润最大的因素就是合同，如何充分地把握招投标这个机会，签订一个对本方有利的合同是所有承包商都关注的焦点。在合同签订前，参与工程建设的合同当事人，可以在法律规定的范围内进行协商谈判。当双方合理合法的合同签订后，就具有了法律效应，受到法律保护。此时，合同也就成了工程中合同双方的最高行为准则，合同决定了双方的权利和义务。所以，作为承包商应十分重视合同签订阶段的合同管理工作，承包企业应将招投标阶段的管理工作作为合同管理的重要内容。

2. 合同签订阶段的管理

合同签订阶段的管理，包括前期调研、合同谈判与合同签署环节。(1) 签订合同的前期调查。每一项合同在签订之前，应当进一步做好市场调查。主要了解：项目的基本情况，包括国家或地方政策、技术发展；建筑材料市场供需情况和市场价格等；应当进行合作伙伴和竞争对手的资信调查，准确了解情况、了解相关环境，做出正确的风险分析判断。(2) 合同谈判是指人们为了协调彼此之间的关系，满足各自的需要，通过协商而争取达成一致意见的行为和过程，合同谈判的结果决定了合同条文的详细内容。因此，必须重视签订合同之前的谈判工作。其中，合同管理内容应包括谈判前合同谈判的策略和原则的确定等。(3) 合同签署。合同一经签署具有法律效力，为此，建设工程合同管理的主要内容还应包括：建立制定严格的合同审批流程和制度、合同公章的使用管理制度等。

3. 合同履行阶段的管理

合同履行阶段的合同管理工作内容包括以下内容：

(1) 合同的执行控制，包括质量控制、进度控制等。(2) 合同变更管理。把握合同变更情况并及时做出处理，避免延误工期。(3) 合同索赔管理。内容包括：索赔的程序制订、索赔文件的审核批准、索赔文件的查询与保存等。(4) 合同的纠纷管理。内容包括：当接到对方索赔后，严格审核对方提出的索赔要求，认真研究并及时处理、答疑、举证，争取以协商方式解决索赔，同时应根据法律法规及合同约定及时提出抗辩，必要时提出反索赔；对合同履行过程中出现的对方的合同变更、违约情况或违反合同的干扰事件，应及时查明原因，通过取证，按照合同约定及时、合理、准确地向对方提出索赔报告；同时，应按照法律及合同约定及时采取有效措施以防止事态扩大，避免更大损失；选择适宜的纠纷处理方式。以上内容是合同履行阶段合同管理的核心内容。

4. 合同档案的保存与管理

合同档案的管理，亦即合同文件及相关资料管理，是整个合同管理的基础。它作为信息系统项目管理的组成部分，是被统一整合为一体的一套具体的过程、相关的控制职能和自动化工具，合同管理人员使用合同档案管理系统对合同文件和记录进行管理，该系统用于维持合同文件和通信往来的索引记录，并协助相关的检索和归档，合同文件是合同内容的载体。对合同文本及相关资料进行管理既是我国档案法律法规的要求，也是承包企业在工程建设中维护自身利益的客观需要。

1.2.2 合同管理原则

1. 依法管理原则

合同管理应以法律为依据，只有以合法为前提进行合同管理，才能切实保障业主的根本利益，促进工程的顺利建设。与建设工程合同管理密切相关的法律概括起来有两类，一类是包括《物权法》《合同法》在内的民事商事法律，一类是包括建筑法、招标投标法在内的经济法。合同管理人员应熟知以上法律并能够较为熟练地应用，以保证合同条款的合法性，从而才能保证条款的有效性。法律赋予业主的权利和利益是业主最根本的利益，如合同条款因违法而无效，则业主的根本利益就没有任何保障了。

2. 科学管理原则

合同管理应以建设工程的实际情况为出发点和突破点，保证建设工程在实现质量、进度、成本三大目标的前提下顺利竣工并投入使用。合同管理应根据建设工程的实际情况制定出科学的合同管理方案，编制出可操作性较强的合同条款，并且工程在质量、进度、成本方面的目标应是包括合同管理工作在内的所有工程管理工作的纲领，任何合同甚至任何合同条款都应体现和贯彻以上目标，只有如此，合同管理才会在建设工程项目管理中发挥出较大的推进作用。

3. 预防为主原则

合同管理应以预防为主，减少甚至避免索赔、争议纠纷以及其他合同风险的发生。提前发现、提前预防是进行合同风险控制的有效方法之一，承包商应综合考虑项目管理过程中的各种风险，并尽可能制定出相应的风险控制方法并体现在具体合同条款中。同时，应确保合同条款的明确、具体，避免歧义和含糊。

4. 保障权利义务原则

最大限度地将建设工程参建各方的权利、义务及责任纳入到合同管理的范围中，使参与项目建设的任何一方都能以合同为依据，享有权利，履行义务，共同保证建设工程的顺利竣工和投入使用。

1.3 建设工程合同管理方法

1.3.1 合同总体策划方法

1. 合同总体策划概念

要对工程合同进行有效的管理，保证工程目标的顺利实现，无论是业主或总承包商，首先都要对所计划建设的工程合同进行总体策划，以确定对整个工程项目有重大影响的带有根本性和方向性的合同问题，就以下合同问题做出决策：项目应分解成几个独立合同及每个合同的工程范围，采用何种委托方式和承包方式，合同的种类、形式和条件，合同中一些重要条款的确定，合同签订和实施时对重大问题的决策，工程项目各个合同的内容、组织、技术、时间上的协调处理，等等。对上述所有问题所进行的谋划与布局就是合同总体策划。合同总体策划过程主要包括以下工作：项目分解结构、工程承发包策划、招标方式的选择、合同种类和合同条件的选择、合同风险策划、合同体系协调等。

2. 合同总体策划依据

在工程总体策划过程中，应对项目相关的各种因素予以考虑。这些因素可以分为项目特点、发包人信息、承包商信息以及项目所处环境四个方面：①项目特点包括：工程的类型、规模、特点，技术复杂程度，工程技术设计准确程度，工程质量要求和工程范围的确定性等因数。②发包人信息包括：发包人的资信、资金供应能力、管理水平和具有的管理力量，发包人的目标以及目标的确定性，期望对工程管理的介入深度等。③承包商信息包括：承包商的能力、资信、企业规模、管理风格和水平、目前经营状况、过去同类工程经验等。④环境方面包括：工程所处的法律环境，建筑市场竞争激烈程度，物价的稳定性，地质、气候、自然、现场条件的确定性，资源供应的保证程度等。

3. 合同总体策划原则

（1）保证总目标实现原则。合同总体策划的目的是通过合同保证项目总目标的实现。

（2）合同总体策划要符合合同法基本原则。

（3）系统性和协调性原则。总体策划应有系统性和协调性。通过合同总体策划保证整个项目计划与各项目工作全面落实。

（4）创造性原则。能够发挥各方面的积极性和创造性，保证各方面能够高效地完成工程。

（5）发挥主导原则。发包人是承包市场的主导（总承包人是分包市场的主导），在合同总体策划、发包、合同签订中是主要方面。

（6）理性思维原则。发包人（或总承包商）要有理性思维，作为理性的发包人，应认识到合同总体策划不是为了自己的，而是为了项目的总目标而实施的。

4. 合同总体策划程序

（1）进行项目的总体目标和战略分析。研究企业战略和项目战略，确定企业及项目对合同的总体要求。由于合同是实现项目目标和企业目标的手段，所以它必须体现和服从企业和项目战略。

（2）相应阶段项目技术设计的完成和总体实施计划的制订。现在许多工程项目在早期就进行合同策划工作，如对“设计—采购—施工”总承包项目，在设计任务书完成后就要进行合同策划，然后进行招标。

（3）工程项目结构的分解工作。项目分解结构图是项目发包策划最主要的依据。项目的合同体系是由项目的分解结构和发包模式决定的。发包人在项目初期将项目进行结构分解，得到项目分解结构图 WBS（图 1-1），工程项目分解结构图应当是完备的，它应该包括工程项目所有的活动，为项目合同策划的科学性和完备性提供保证。

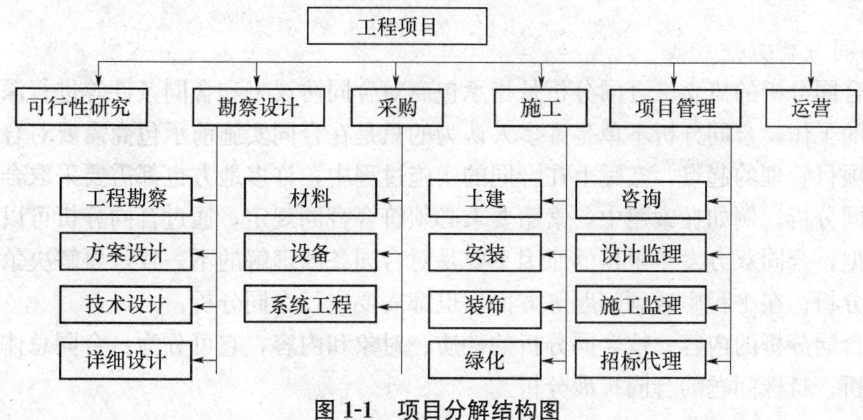

图 1-1　项目分解结构图

（4）确定项目的实施策略。包括：该项目哪些由组织内部完成，哪些准备委托出去。发包人准备采取的发包模式，它决定发包人面对的承包商数量和项目合同体系；对工程风险分配的总体策划；发包人准备对项目实施的控制程度；对材料和设备所采取的供应方式，例如，是由发包人自己采购，还是由承包商来采购等。

（5）发包人项目管理模式的选择。例如，发包人是否自己投入管理力量，或采取其他管理方式；将项目分阶段委托（如分别委托设计监理、施工监理，造价咨询等），或采用项目管理承包。项目管理模式与工程的发包模式相互制约，对项目的组织形式、风险分配、合同类型和合同的内容有很大的影响。

（6）项目发包策划。由于工程项目分解结构图中的工程活动都要通过合同委托出去，形成项目的合同体系，发包人必须决定对项目分解结构图中的活动如何进行组合，以形成一个个合同，根据发包人不同的项目实施策略，上述活动可以采取不同的发包模式，发包人可以将整个工程项目分阶段（设计、采购、施工等）、分专业（土建工程、施工工程、装饰工程）委托，将材料、设备供应分别委托，也可以将上述活动以各种活动、各种形式合并委托，甚至可以采取“设计—采购—建造”（EPC/交钥匙）总承包。一个项目承包方式是多样性的，上述活动不同的组合就可以得到不同的承发包模式。

（7）进行与具体的相关合同的策划。包括合同种类的选择、合同风险分配策划、项目相关各个合同之间的协调等。

（8）项目管理过程策划。包括项目管理流程定义、项目管理组织设置和项目管理规则制订等。通过项目管理组织策划，将整个项目管理工作在业主、工程师（业主代表）和承包商之间进行分配，划分各自的管理范围，分配职责，授予权力，进行协调。这些都要通过合同进行定义和描述。

（9）招标文件和合同的起草。上述工作成果都必须具体体现在招标文件和合同文件中，这项工作是在具体合同的招标过程中完成的。

上述合同策划过程涉及项目管理的各个方面工作，如项目目标、总体实施计划、项目结构分解、项目管理组织设置等。在上述工作中，属于对整个项目有重大影响的带有根本性和方向性的合同管理问题有：1）工程的发包策划。即考虑将整个项目分解成为几个独立的合同？每个合同有多大的工程范围？这是对合同体系的策划；2）合同种类的选择；3）合同风险分配的策划；4）工程项目合同在内容上、实践上、组织上、技术上的协调，等等。

1.3.2 合同分析与解释方法

1. 合同分析方法

（1）合同分析的概念。合同分析是指承包商对合同协议书和合同条件等进行深入分析和深化理解的工作。合同分析不单是许多人认为的只是在合同实施前承包商需要对合同进行分析，作为项目管理的起点，实际上在合同的实施过程中，许多地方也都需要采取合同分析方法进行合同分析。例如在索赔中，索赔要求必须符合合同规定，通过合同分析可以提供索赔理由和根据；合同双方发生争执的原因主要是对合同条款理解的不一致，要解决争议就需要进行合同分析；在工程中遇到问题等方面，也都需要进行合同分析。

（2）合同分析的内容。按合同分析的性质、对象和内容，它可分为：合同总体分析；合同详细分析；特殊问题的合同扩展分析。

1）合同总体分析。合同总体分析的对象是合同协议书和合同条件，通过合同总体分析，将合同条件和合同规定落实到一些带全局性的具体问题上去，通常有两种情况进行：一种情况是在合同签订后实施前要对合同进行总体分析；另一种情况是在发生重大的争执处理过程中，例如重大的或一揽子索赔处理中，首先必须对合同进行总体分析。合同总体分析的内容包括：①法律背景分析。承包商了解适用于合同的法律的基本情况（范围，特点等）；②合同类型分析。按照合同关系可分为工程承包（分包）合同、联营合同、劳务合同等；③合同文件和合同语言分析。对合同文件的分析主要是对合同范围和优先次序的分析；④承包商的主要任务分析。主要分析承包商的责任和权力；⑤发包人的责任分析。主要分析发包人的合作责任；⑥合同价格分析。合同所采取的计价方法及合同价格所包括的范围等；⑦施工工期分析。重点分析工程的开竣工日期、主要工程活动的工期、工期的影响因素、获得工期补偿的条件等；⑧违约责任分析。如果合同一方未遵守合同规定，造成对方损失，应受到何种相应的合同惩罚；⑨验收、移交和保修分析；⑩纠纷和索赔处理条款分析。如纠纷的处理方式和程序、仲裁条款，包括仲裁依据的法律、仲裁地点、方式和程序、仲裁结果的约束力、索赔的程序等。

2）合同详细分析。为了使工程有计划、有秩序、按照合同实施，必须将承包目标、要求和合同双方的责权利关系分解到具体工程活动中去，这就是合同详细分析。合同详细分析的对象是合同协议书、合同条件、规范、图纸、工作量表等。它主要是通过合同事件表、网络图、横道图等方法来定义工程活动，合同详细分析结果最重要的是合同事件表。合同事件表从各个方面定义了合同事件。合同详细分析就是承包商的合同执行计划，它包容了工程施工前的整个计划工作。合同详细分析不仅针对承包合同，而且包括与承包合同同级的各个合同的协调，包括各个分合同的工作安排和各分合同之间的协调。所以合同详细分析是整个项目组的工作，应由合同管理人员、工程技术人员、计划师、预算师（员）共同完成。

3）特殊问题的合同扩展分析。在工程承包合同的签订、实施和纠纷处理、索赔（反索赔）中，有时会遇到重大法律问题，通常有以下两种情形，需要进行合同法律扩展分析：①有些问题已经超过了合同的范围，超过了合同条款本身。例如，对干扰事件的处理，有的合同并未规定，或已经构成民事侵权行为，需要进行合同的扩展分析；②如果承包商签订的是一个无效合同，或部分内容无效，相关问题必须按照合同所适用的法律加以解决，进行合同扩展分析。

例如，某国一个公司总承包伊朗的一项工程，由于在实施过程中出现许多问题，合同出现大的纠纷和争执，有难以继续履行合同的可能，承包商想解约，提出这四个方面的问题，请法律专家作鉴定：伊朗法律中是否存在合同解约的规定？伊朗法律中是否允许承包商提出解约？解约的条件是什么？解约的程序是什么？法律顾问必须精通适用合同关系的法律，对这些问题的解决提供意见或建议。在此基础上，承包商才能决定处理问题的方针、策略和具体措施。由于这些问题是重大问题，常常关系到承包工程的盈亏成败，所以必须认真对待。

2. 合同解释方法

（1）合同解释概念。合同解释是指对合同及其相关资料的所作的分析和说明。合同解释有广义和狭义之分。对合同及其相关资料的含义加以分析和说明，任何人都有权进行解释，此即广义的合同解释。狭义的合同解释专指有权解释，即受理合同纠纷的法院或仲裁机构对合同及其相关资料所作的具有法律拘束力的分析和说明。我们这里指的是指广义的合同解释。

合同解释的客体是体现合同内容的合同条款及相关资料，包括发生争议的合同条款和文字、当事人遗漏的合同条款、与交易有关的环境因素（如书面文据、口头陈述、双方表现其意思的行为以及交易前的谈判活动和交易过程）等。

合同解释对于解决争议纠纷，判断合同问题是非是具有重要意义的，由于实际工程问题相当复杂、千奇百怪，所以特殊问题的合同分析和解释常常反映出一个工程管理人员对合同的解释水平，对本工程合同签订和实施过程的熟悉程度以及他的经历、处理工程问题的经验，所以这项工作对于工程合同管理人员十分重要。

我国《合同法》第一百二十六条规定："当事人对合同条款有争议的，应当按照合同所使用的词句、合同的有关条款，合同的目的、交易的性质以及诚实信用原则，确定该条款的真实意思。"但是工程承包合同的内容，签订过程、实施过程是十分复杂的，有其特殊性，对施工合同的解释也十分复杂。

（2）合同解释原则。合同解释分为：合同出现错误、矛盾的解释；合同出现二义性的解释；合同中没有明确规定的解释这三种情形，其解释原则分别表述如下。

1）合同出现错误、矛盾的解释原则。

① 以字面解释为原则。合同条款由语言文字所构成。欲确定合同条款的含义，必须先了解其所用的词句，确定该词句的含义。因此，解释合同必须由文义解释入手，《合同法》第一百二十五条第一款规定，关于当事人对合同条款的理解有争议的，"应当按照合同所使用的词句"来确定该条款的真实意思，就是对这一原则的确认。

② 以业主征询意见答复作解释原则。合同解释的根本目的在于确定当事人的真实意思。对此，现代合同法奉行表示主义，即主张按当事人表示出来的意思加以解释，即依据合同用语解释合同。但由于主客观原因，合同用语往往不能准确地反映当事人的真实意思，有时甚至相反，这就要求合同解释不能拘泥于合同文字，而应全面考虑与交易有关的环境因素，可以通过业主征询意见答复作为探求当事人的真意作为解释。

③ 从合同整体层面解释原则。整体解释又称体系解释，是指把全部合同条款和构成部分看成一个统一的整体，从各条款及构成部分的相互关联、所处的地位和整体联系上阐明某一合同用语的含义。《合同法》第一百二十五条第一款关于按照"合同的有关条款"解释的规定，就是对这一原则的确认。

合同解释之所以要遵循体系解释原则，首先在于合同条款经双方当事人协商一致，自然需平等对待，视为一体；其次，表达当事人意图的语言文字在合同的整个内容中是有组织的，而不是毫无联系、彼此分离的词语排列，如果不把有争议的条款或词语与其上下文所使用的词语联系起来，就很难正确、合理地确定当事人的实际意图；再次，合同内容通常是单纯的合同文本所难以完全涵盖的，而是由诸多其他行为和书面材料所组成（如双方初步谈判、要约、反要约、信件、电报、电传等），其中可能包含对合同文本内容的修订或补充等。因此，在确定某一争议条款或词语的意思的过程中，应将这些材料放在一起进行解释，以便明确该条款或词语的真正意义。

2）合同出现二义性的解释原则。合同的二义性是指合同中一种表达可以有两种解释的现象。当合同出现二义性问题时，经过上面的分析仍没有得到统一的解释，则可以采取以下原则：

① 优先次序原则。合同是由一系列文件组成的，例如，按 FIDIC 合同的定义，合同文件包括合同协议书、中标函、投标书、规范、图纸、工程量表等。各个合同都有一个相应的

合同文件优先次序的规定，当矛盾出现在不同文件之间时，则可适用优先次序原则。例如，合同的专用条款、特殊条款优于通用条款；文字说明优于图示、工程说明；规范优于图纸；数字大写优于小写；合同文件有许多变更文件，如备忘录、修正案、补充协议等，以时间最近的优先；手写文件优先于打印文件；打印文件优先于印刷文件。

② 对起草者不利的原则。合同的起草者常常是买方（业主或总包）的权利，按照责权利平衡的原则，合同起草者、又应承担相应的责任，如果合同中出现二义性，即一个表达有两种不同的解释，可以认为是起草者的失误，或认为是他有意设下的陷阱，则应以对他不利的解释为准。我国《合同法》也有相应的规定，例如第四十一条规定：对格式条款的理解发生争议的，应当按通常理解予以解释。对格式条款有两种以上解释的，应当做出不利于提供格式条款一方的解释。格式条款和非格式条款不一致的，应当采用非格式条款。

3）合同中没有明确规定的解释原则。在合同执行过程中常会遇到一些合同中没有明确规定的特殊细节问题，它们会影响工程施工、双方合同责任界限的划分，因为在合同中没有明确的规定，所以容易引发纠纷。对此类问题如何解释，通常有以下解释原则：

① 按照工程惯例解释原则。考虑在通常情况下，本专业领域对这一类问题的处理或解决方法，如果合同中没有明示对问题的处理规定，则双方都清楚的行业惯例能作为合同的解释。例如，标准合同条款可以引用来做解释。《合同法》第一百二十五条第一款对“交易习惯”原则进行了确认。

② 公平原则和诚实信用解释原则。当事人在合同中没有明确规定，对问题的理解产生争议的，难以解决的，当事人双方应该遵守公平和诚实信用原则办事，例如当工程规范和图纸规定不清楚时，双方对本工程的材料和质量产生争议纠纷时，则承包商应采取与工程目的和标准相符合的良好材料和工艺。《合同法》第一百二十五条第一款规定的“诚实信用原则”是对这一原则的确认。

③ 按照合同目的解释原则。对合同中没有明确规定的问题，当事人双方对合同理解不同，又不能统一认识时，当事人不能违背、放弃、损害工程目标的实现，不能违背合同的精神，应从实现合同目的为原则对问题进行解释和处理，这是合同解释的一个重要原则。在我国《合同法》第一百二十五条第一款关于“当事人对合同条款的理解有争议的，应当按照合同的目的定该条款的真实意思”就是对此原则的确认。

1.3.3　合同实施控制方法

1. 合同实施控制概念

合同实施控制是合同管理的重要方法和手段，是指承包商的管理组织，立足于现场，加强合同交底工作，为保证合同所约定的各项义务的全面完成及各项权利的实现，以合同分析的成果为基准，运用合同监督、合同跟踪、合同诊断、合同措施等方法和手段，达到总协调、总控制的作用。

2. 合同实施控制方法

（1）合同监督。合同监督包括以下内容：合同管理人员与其他项目部门人员一起，落实合同实施计划；在合同范围内协调业主、工程师、各职能人员之间的工作关系，对各工作小组和分包商进行工作指导，做经常性的合同解释；会同各职能人员对合同实施情况进行监督，保证自己全面履行合同责任；会同造价工程师对合同价款单进行审查和确认；合同管理工作进入施工现场后，做好合同的变更管理工作；承包商对环境的监控责任。

（2）合同跟踪。合同跟踪是决策的前导工作，通过对合同项目的跟踪可以使合同管理人员对所建项目有一个清楚的认识。合同跟踪的依据是：合同与合同分析的结果；各种施工合同文件、对现场的直接了解。合同跟踪的对象是具体的合同实施工作、对工程小组或分包商的工程和工作进行跟踪；对业主和工程师的工作进行跟踪；对总工程进行跟踪。跟踪中应全面收集并分析合同实施的信息，将合同实施情况与合同实施计划进行对比分析，找出其中的偏差。

（3）合同诊断。对于在跟踪过程中发现的问题要进行及时诊断，合同诊断包括以下内容：合同执行差异分析、合同差异责任分析、合同实施趋向预测。及时通报合同实施情况及存在问题，提出有关意见和建议，并采取相应措施。

（4）合同措施。对于合同实施过程中出现问题的处理，可以从技术方式、经济方式、组织和管理方式和合同方式中加以选择，对实施中出现的问题及时采取措施进行处理。

1.3.4 合同管理绩效评价方法

1. 合同管理绩效评价概念

合同管理绩效评价是通过对建设项目的各方面进行评价和分析，协调、指挥、处理工程建设各个阶段中出现的重大经济、技术问题，调解、仲裁各种纠纷，化解矛盾，提高效率的重要方法，是建设工程合同管理方法体系中较为重要的一种管理方法和手段。通过合同管理绩效评价，可以对一定时期、一定范围内的建设工程项目所取得的成果进行评价和分析，查找存在的问题和不足，及时发现管理中存在的问题，及时进行纠正、调整、优化合同管理偏差，为今后实施的合同管理工作和工程项目建设提供借鉴和参考。

2. 合同管理绩效评价特点

合同管理绩效评价具有其特殊性，表现在以下两个方面：

一是评价对象的复杂性。建设工程项目的不可重复性决定了其合同管理的多变性，同时也决定了绩效评价的复杂性。合同管理绩效是合同管理集体工作的成果，也是组织的绩效，在分工合作的情况下，个人绩效对组织绩效会产生重要影响，个人绩效与管理对象是密不可分的。但合同管理将涉及技术部门、管理部门等，因此，合同管理绩效是由多个部门共同作用产生的结果，合同管理绩效评价应针对整个项目进行。

二是绩效表现的复杂性。合同管理绩效是通过结果绩效和行为绩效两个方面表现出来的。合同管理工作实现途径较多，动态性强，很难用一套过程指标衡量活动的整体效果，应从结果绩效和行为绩效两方面衡量。管理结果绩效是指在项目的每个阶段中合同管理目标完成的具体情况，具体表现为每个阶段工程质量、进度和计划目标的偏差。管理行为绩效是指合同管理工作的有效性，其受多种因素的影响，管理行为与合同管理的组织行为（组织结构、组织制度、组织文化、信息管理）是密不可分的。通过管理结果绩效评价可以看出管理实现的成果。评价合同管理行为绩效，有利于提高合同管理的整体水平。因此，在合同管理绩效评价中应充分考虑行为绩效和结果绩效两个方面的内容。

3. 合同管理绩效评价方法

合同管理绩效评价过程复杂，其指体系是动态的，结果绩效是可进行定量评价的，而行为绩效的评价则需要用定性指标定量化的方法进行评价。合同管理绩效评价的方法是多样化的，目前，对建设工程项目合同管理绩效的评价常用方法有：调查问卷法、德尔菲法、鱼刺图法、成熟度理论、层次分析法、模糊数学法等，对建设工程项目合同管理的绩效进行综合、定量的分析评价。

2 建设工程合同管理法律基础

我国《宪法》规定："中华人民共和国实行依法治国，建设社会主义法治国家。"《中华人民共和国建筑法》《中华人民共和国合同法》和《中华人民共和国招标投标法》以及建设领域各项法律法规的颁布和实施，为推动和加快我国建设工程合同制度发展指明了方向，为建设工程合同管理工作提供了有力的法律保障和法律依据。学习和掌握有关合同的法律基础知识，是做好建设工程合同管理的前提条件。

2.1 合同法律制度

2.1.1 合同的签订

1. 合同签订原则

合同签订原则包括：平等原则、自愿原则、公平原则、诚实信用原则和遵守法律和维护道德原则。

（1）平等原则。《合同法》第三条规定："合同当事人的法律地位平等，一方不得将自己的意志强加给另一方。"平等原则指的是地位平等的合同当事人，在权利义务对等的基础上，经充分协商达成一致，以实现互利互惠的经济利益目的的原则。这一原则包括以下三方面内容：

1）合同当事人的法律地位一律平等。在法律上，合同当事人是平等主体，没有高低、从属之分，不存在命令者与被命令者、管理者与被管理者。这意味着不论所有制性质，也不论单位大小和经济实力的强弱，其地位都是平等的。

2）合同中的权利义务对等。所谓"对等"，是指享有权利，同时就应承担义务，而且，彼此的权利、义务是相应的。这要求当事人在取得财产、劳务或工作成果与履行的义务大体相当；要求一方不得无偿占有另一方的财产，侵犯他人权益；要求禁止平调和无偿调拨。

3）合同当事人必须就合同条款充分协商，取得一致，合同才能成立。合同是双方当事人意思表示一致的结果，是在互利互惠基础上充分表达各自意见，并就合同条款取得一致后达成的协议。因此，任何一方都不得凌驾于另一方之上，不得把自己的意志强加给另一方，更不得以强迫命令、威胁等手段签订合同。同时，还意味着凡协商一致的过程、结果，任何单位和个人都不得干涉。法律地位平等是自愿原则的前提，如果当事人的法律地位不平等，就谈不上协商一致，谈不上什么自愿。

（2）自愿原则。自愿原则是合同法的重要基本原则，合同当事人通过协商，自愿决定和调整相互权利义务关系。自愿原则体现了民事活动的基本特征，是民事关系区别于行政法律关系、刑事法律关系的特有的原则。民事活动除法律强制性的规定外，由当事人自愿约定。自愿原则也是发展社会主义市场经济的要求，随着社会主义市场经济的发展，合同自愿原则就越来越显得重要了。

自愿原则意味着合同当事人即市场主体自主自愿地进行交易活动，让合同当事人根据自己的知识、认识和判断，以及直接所处的相关环境去自主选择自己所需要的合同，去追求自己最大的利益。合同当事人在法定范围内就自己的交易自治，涉及的范围小、关系简单，所需信息小、反应快。自愿原则保障了合同当事人在交易活动中的主动性、积极性和创造性，而市场主体越活跃，活动越频繁，市场经济才越能真正得到发展，从而提高效率，增进社会财富积累。

自愿原则是贯彻合同活动的全过程的，包括：①签订不签订合同自愿，当事人依自己意愿自主决定是否签订合同；②与谁订合同自愿，在签订合同时，有权选择对方当事人；③合同内容由当事人在不违法的情况下自愿约定；④在合同履行过程中，当事人可以协议补充、协议变更有关内容；⑤双方也可以协议解除合同；⑥可以约定违约责任，在发生争议时，当事人可以自愿选择解决争议的方式。总之，只要不违背法律、行政法规强制性的规定，合同当事人有权自愿决定。

（3）公平原则。公平原则要求合同双方当事人之间的权利义务要公平合理，要大体上平衡，强调一方给付与对方给付之间的等值性，合同上的负担和风险的合理分配。具体包括：①在订立合同时，要根据公平原则确定双方的权利和义务，不得滥用权力，不得欺诈，不得假借订立合同恶意进行磋商；②根据公平原则确定风险的合理分配；③根据公平原则确定违约责任。

公平既表现在订立合同时的公平，显失公平的合同可以撤销；也表现在发生合同纠纷时公平处理，既要切实保护守约方的合法利益，也不能使违约方因较小的过失承担过重的责任；还表现在极个别的情况下，因客观情势发生异常变化，履行合同使当事人之间的利益重大失衡，公平地调整当事人之间的利益。

（4）诚实信用原则。诚实信用原则简称诚信原则，是指合同当事人在行使权利、履行义务时本着诚实、善意的态度，恪守信用、不得滥用权力，也不得规避法律和合同对等的义务，它是市场经济活动中道德准则在法律上的体现，也是维护市场经济的必然要求。诚实信用原则是一切民事行为都应遵守的“黄金原则”，它可以平衡当事人之间以及当事人与社会之间的利益关系，在法律规定不明时，法院可据此行使公平裁量权，因此，它可在一定程度上弥补法律规定的不足。

合同法规定的诚实信用原则主要包括三层含义：①诚实，要表里如一，因欺诈订立的合同无效或者可以撤销；②守信，要言行一致，不能反复无常，也不能口惠而实不至；③从当事人协商合同条款时起，就处于特殊的合作关系中，当事人应当恪守商业道德，履行相互协助、通知、保密等义务。

（5）遵守法律和维护道德原则。《合同法》第七条规定，当事人订立、履行合同，应当遵守法律、行政法规，尊重社会公德，不得扰乱社会经济秩序，损害社会公共利益。这是合同法确立的一项重要的基本原则。一般来说，合同的订立和履行，属于当事人之间的民事权利义务关系，只要当事人的意思不与强制性规范、社会公共利益和社会公德相违背时，国家不予干预，而由当事人自主约定。但是合同的订立和履行，又不仅仅是当事人之间的问题，有时可能涉及社会公共利益和社会公德，涉及国家经济秩序和第三人的权益。因此，合同当事人的意思表示应当在法律允许的范围内进行，应依据我国有关法律、建筑行业及有关部门颁发的条例及管理法规等。对于损害社会公共利益、扰乱社会经济秩序的行为，国家应当予以干预。在国家法律、行政法规有强制性规定时，合同当事人必须严格遵守，不得恶意串通，损害国家、社会或者第三人的利益。

2. 合同签订程序

合同签订的程序是指订立合同的当事人，经过平等协商，就合同的内容取得一致意见的过程，建设工程合同的签订程序应符合合同法的程序规定。这一过程一般包括要约邀请、要约与承诺三个阶段：

（1）要约邀请。要约邀请是指当事人的一方向不特定的他方，向自己提出要约的意思表达。要约邀请的一方称为要约邀请人。在合同法中要约邀请行为属于事实行为，一般没有法律约束力，只有被邀请的一方做出要约并经过邀请方承诺后，合同方能成立。在建设工程合同签订过程中，发包方发布招标公告或招标邀请书的行为就是一种要约邀请行为，其目的在于邀请承包方投标。在建设工程合同签订的过程中，要约邀请人（受要约人）是特定的，而要约人是不特定的。

（2）要约。要约是当事人的一方向另一方提出合同条件，希望与另一方订立合同的意思表示。提出要约的一方称为要约人，另一方称为受要约人。

1）要约的条件。要约是以签订合同为目的的一种意思表示，要约人除表示要签订合同的愿望外，必须明确提出足以决定合同内容的基本条款。另外，还应当表明经受要约人承诺，要约人即受该意思表示的约束。要约可以向特定的人提出，亦可向不特定的人提出。要约人可以规定要约承诺期限，即要约的有效期限。在要约的有效期限内，要约人受其要约的约束，即有与接受要约者订立合同的义务；出卖特定物的要约人，不得再向第三人提出同样的要约或订立同样的合同。要约没有规定承诺期限的，可按通常合理的时间确定。对于超过承诺期限或已被撤销的要约，要约人则不受其拘束。

2）要约的生效时间。要约到达受要约人时，开始生效。要约的撤回和撤销规定，在要约发出之后，生效法律效力之前，要约人欲使该要约不发生法律效力而做出的意思表达，称为要约撤销。要约人在要约发生法律效力后而在受要约人承诺之前，欲使要约失去法律效力的意思表达。要约的撤销与要约的撤回是不同的，有以下区别：①要约的撤回发生在要约生效之前，而要约的撤销发生在要约生效之后。②要约的撤回是使一个未发生法律效力的要约不发生法律效力，要约的撤销是使一个已经发生法律效力的要约失去法律效力。③要约的撤回的通知只要在要约到达之前或与要约同时到达就发生效力，而要约撤销的通知在受要约人发出承诺通知之前到达受要约人，不一定发生效力。

在建设工程合同签订过程中，承包方向发包方递交投标文件的投标行为就是要约，投标文件应包含建设工程合同应具备的主要条款，如工程造价、工程质量、工程工期等内容，作为要约的投标书对承包商具有法律约束力，表现在承包方在投标生效后，无权修改或撤回投标，以及一旦中标就必须与发包商签订合同，否则要承担相应的责任等。

（3）承诺。承诺是指受要约人完全同意要约的意思表示。作为受要约人愿意按照要约内容与要约人签订合同的允诺。

1）承诺的条件。①承诺必须由受要约人做出。②必须向要约人做出。③承诺的内容必须与要约完全一致，不得有任何修改，否则将被视为拒绝要约或反要约。对要约内容的扩张、限制或变更的承诺，一般可视为拒绝要约而为新的要约，对方承诺新要约，合同即成立。④必须在要约的有效时限内做出。在承诺人做出承诺后即受到法律保护不得任意修改或解除承诺。受要约人对要约表示承诺，其合同即告成立，受要约人就要承担履行合同的义务。

2）承诺的生效。承诺通知到达要约人时开始生效。承诺无需通知的，在做出承诺行为时生效。承诺的撤回规定，承诺人阻止承诺发生法律效力的意思表达，称为承诺的撤回。撤回的条件是撤回承诺的通知必须先于承诺通知到达要约人或与承诺通知同时到达要约人。

在招投标中，发包方经过开标评标，最后向中标单位发出中标通知书，确定承包方的行为即为承诺。《招标投标法》第四十六条规定："招标人和中标人应当自中标通知书发出之日起三十日内，按照招标文件和中标人的投标文件订立书面合同。"因此，确定中标单位后，发包方和承包方各自均有权利要求对方签订建设工程合同，也有义务与对方签订建设工程合同。

3. 合同基本内容

《合同法》第十二条规定，合同的内容由当事人约定，一般包括以下条款：当事人的名称或者姓名和住所；标的、数量、质量、价款或者报酬、履约期限、履约地点和方式、违约责任、解决争议的方法等。建设工程合同内容除了合同法规定的内容外，还必须包括以下条款：

（1）合同文件的组成部分。这一条款除合同本身外还应包括：洽商、变更、明确上方责任和义务的备忘录、纪要和协议中标通知书、招投标文件、工程量清单或确定工程造价的工程预算数、规范和图纸、设计变更等方面的内容。同时应明确各组成部分的解释顺序。

（2）项目工程项目的概况。这一条款应明确写出工程的名称、详细地址、工程内容、承包范围和方式、建筑面积、建设工期、质量等内容。标书这些内容应确切。如果签订合同时开工日期无法确定，则应明确如何确定开工日期，如可表示为"以甲方下达的书面开工令所载明日期为正式开工日期"等。同时，明确提前竣工、延误工期的奖惩办法。

（3）合同当事人的责任。这一条款应包含以下部分内容：①甲、乙双方进驻工地代表的职权范围。这一条款直接关系到在建设工程过程中签证的有效性问题，一般应在合同中明确甲、乙双方进驻工地代表的姓名以及其职权范围，也可以在合同中明确约定进驻工地代表签证的限额，这样有利于发生问题时能够按照双方约定的职权范围及时解决，不至于因权限不明，互相推诿影响工期；②甲、乙双方的职责。要明确双方的职责范围，这一条应尽量制定得详细一些，使双方各司其职，保证工程顺利完工。这样一旦出现任何一方不履行义务的情况，可以按合同规定的方式处理。

（4）建设工程合同款的支付。一般合同内容中的"价款或者报酬"在建设工程合同中表现为建设工程合同款的支付。应写明约定工程造价的依据，确定工程造价的方式（是按甲乙双方审定的工程预算，还是按照决标金额等），同时，应约定工程造价的调整方式（是实行固定价格还是可调价格？如是可调价格，应明确可调因素，如市场价格上涨等），并应约定工程造价的方法、程序和时间。这一点无论对哪一方都是十分重要的。

（5）竣工与决算。竣工与决算决定着承包商的取得，在实践中因为这一条约定不明确产生纠纷的案例很多，尤其是在边设计、边修改、边施工情况下的"三边"工程履约中，由于合同造价的不确定性没有实现约定造价的程序、期限和方式，往往在工程最终决算时引起矛盾，酿成纠纷。因此，应约定最终决算的涵义，明确约定是经过甲方认可的乙方提交的结算报告数为准，还是以审价单位的结果为准。同时应明确约定双方对决算价格发生争议后解决的方式、时间，明确审价单位进行审价的程序和方法以及审价的约束力。

4. 合同签订形式

合同签订形式即合同双方当事人关于建立合同关系的意思表示的方式。合同形式有口头合同、书面合同和经公证和审核批准的书面合同等。

（1）口头合同。是以口头的（包括电话等）意思表示方式而建立的合同。但发生纠纷时，难以举证和分清责任。不少国家对于责任重大的或一定金额以上的合同，限制使用口头形式。

（2）书面合同。即以文字的意思表示方式（包括书信、电报、契券等）而订立的合同，或者把口头的协议做成书契、备忘录等。书面形式有利于分清是非责任、督促当事人履行合同。中国法律要求法人之间的合同除即时清结者外，应以书面形式签订。其他国家也有适用书面合同的规定。我国《合同法》第二百七十条规定："建设工程合同应当采用书面形式。"

（3）经公证或审批的合同。合同公证是国家公证机关根据合同当事人的申请，对合同的真实性及合法性所作的证明。经公证的合同，具有较强的证据效力，可作为法院判决或强制执行的根据。对于依法或依约定须经公证的合同，不经公证则合同无效。合同的审核批准，指按照国家法律或主管机关的规定，某类合同或一定金额以上的合同，必须经主管机关或上级机关的审核批准时，这类合同非经上述单位审核批准不能生效。例如，对外贸易合同即应依法进行审批程序。

5. 合同法律效力

（1）合同生效的条件。《合同法》对合同生效规定了三种生效的情形：

1）成立生效。第四十四条第一款规定："依法成立的合同，自成立时生效。"

2）批准登记生效。第四十四条第二款规定："法律、行政法规规定的应当批准、登记等手续生效的，依照其规定。"

3）附条件生效。第四十五条规定："当事人对合同的效力可以约定附条件。附生效条件的合同，自条件成就时生效。附解除条件的合同，自条件成就时失效。当事人为自己的利益不正当地阻止条件成就的，视为条件已成就；不正当地促成条件成就的，视为条件已成就。"第四十六条规定："当事人对合同的效力可以约定附期限。附生效期限的合同，自期限届至时生效。附终止期限的合同，自期限届满时失效。"

（2）合同的补正。根据《合同法》的规定，效力未定合同有以下几种情形：①限制行为能力订立合同；②无权代理的合同；③无处分权人处分他人财产的合同。

《合同法》第四十八条规定："行为人没有代理权、超越代理权或者代理权终止后以被代理人名义订立的合同，未经被代理人追认，对被代理人不发生效力，由行为人承担责任。相对人可以催告被代理人在一个月内予以追认。被代理人未作表示的，视为拒绝追认。合同被追认之前，善意相对人有撤销的权利。撤销应当以通知的方式做出。"《合同法》第四十九条规定："行为人没有代理权、超越代理权或者代理权终止后以被代理人名义订立合同，相对人有理由相信行为人有代理权的，该代理行为有效。"《合同法》第五十条规定："法人或者其他组织的法定代表人、负责人超越权限订立的合同，除相对人知道或者应当知道其超越权限的以外，该代表行为有效。"《合同法》第五十一条规定："无处分权的人处分他人财产，经权利人追认或者无处分权的人订立合同后取得处分权的，该合同有效。"

（3）无效合同。无效合同是指双方当事人虽经协商一致，并签订了合同，但"合同"本身不具备法律效力的合同。《合同法》第五十二条规定了五种情形下合同无效：①一方以欺诈、胁迫的手段订立合同，损害国家利益；②恶意串通，损害国家、集体或者第三人利益；③以合法形式掩盖非法目的；④损害社会公共利益；⑤违反法律、行政法规的强制性规定。此外，《合同法》还规定了免责条款无效。例如，合同中约定造成对方伤害的免责或约定因故意或者重大过失造成对方财产损失的条款无效。

（4）合同的撤销。依据《合同法》第五十四条的规定，下列合同，当事人一方有权请求人民法院或者仲裁机构变更或者撤销：①因重大误解订立的；②在订立合同时显失公平的。一方以欺诈、胁迫的手段或者乘人之危，使对方在违背真实意思的情况下订立的合同，受损害方有权请求人民法院或者仲裁机构变更或者撤销。当事人请求变更的，人民法院或者仲裁机构不得撤销。

（5）合同无效和合同撤销后的处理。依据《合同法》第五十八条的规定，合同无效或者被撤销后处理方式：①作价补偿：合同无效或者被撤销后，因该合同取得的财产，应当予以返还；不能返还或者没有必要返还的，应当作价补偿；②损失赔偿：有过错的一方应当赔偿对方因此所受到的损失，双方都有过错的，应当各自承担相应的责任；③财产返还：当事人恶意串通，损害国家、集体或者第三人利益的，因此取得的财产收归国家所有或者返还集体、第三人。

6. 缔约过错责任

所谓“缔约过错责任”，是当事人在订立合同过程中，因过错给对方造成损失的所要承担的民事责任。它包括合同不成立缔约过错责任和合同无效的缔约过错责任。缔约过错责任的主要形式是赔偿损失。合同法规定在订立合同过程中有下列情形之一，给对方造成损失的应承担缔约过错责任：一是假借订立合同，进行恶意磋商；二是故意隐瞒与订立合同有关的重大事实或提供虚假情况；三是有其他违背信用原则行为。缔约过错责任还包括泄露或不正当使用他人的商业秘密，给对方造成损失的，应当承担损害赔偿责任。

2.1.2 合同的履行

1. 合同履行基本原则

合同的履行应遵守两大基本原则，一个是全面履行原则，另一个是诚实信用原则。

（1）全面履行的原则。《合同法》第六十条第一款规定：“当事人应当按照约定全面履行自己的义务。”合同依法成立后，当事人双方必须严格按照合同约定的标的、数量、质量、价款、履行期限、履行地点、履行方式等所有条款全面完成各自承担的合同义务。建设工程合同的全面履行对于承包商来讲就是合同当事人必须按照合同规定的所有条款完成工程建设任务，对于业主来讲就是按照合同约定对工程价款全面实现兑现。

（2）诚实信用的原则。《合同法》第六十条第二款规定：“当事人应当遵循诚实信用原则，根据合同的性质、目的和交易习惯履行通知、协助、保密等义务。”为此，当事人应当遵循诚实、信用的态度来履行各自的合同义务，根据合同的性质、目的和交易习惯履行通知、协助、保密等义务；欺诈行为和不守信用行为都是合同法所不允许的，都是违背合同法的。

2. 特殊情形合同履行原则

（1）合同某些条款不明确的履行原则。《合同法》对当事人就合同的有关内容没有约定或约定不明的问题，增加了补缺性原则以弥补当事人意思表达的不足的条款。《合同法》第六十一条规定：“合同生效后，当事人就质量、价款或者报酬、履行地点等内容没有约定或者约定不明确的，可以协议补充；不能达成补充协议的，按照合同有关条款或者交易习惯确定。”《合同法》第六十二条还规定：当事人就有关合同内容约定不明确，依照本法第六十一条的规定仍不能确定的，则可根据适当履行的原则，在适当的时间、适当的地点以及适当的方式来履行。有下面几种规定：①质量要求不明确的，按照国家标准、行业标准履行；没有国家标准、行业标准的，按照通常标准或者符合合同目的的特定标准履行；②价款或者报酬不明确的，按照订立合同时履行地的市场价格履行；依法应当执行政府定价或者政府指导价的，按照规定履行；③履行地点不明确，给付货币的，在接受货币一方所在地履行；交付不动产的，在不动产所在地履行；其他标的，在履行义务一方所在地履行；④履行期限不明确的，债务人可以随时履行，债权人也可以随时要求履行，但应当给对方必要的准备时间；⑤履行方式不明确的，按照有利于实现合同目的的方式履行；⑥履行费用的负担不明确的，由履行义务一方负担。

（2）合同价格发生变化的履行原则。《合同法》第六十三条规定："执行政府定价或者政府指导价的，在合同约定的交付期限内政府价格调整时，按照交付时的价格计价。逾期交付标的物的，遇价格上涨时，按照原价格执行；价格下降时，按照新价格执行。"

3. 合同履行的顺序与抗辩权

抗辩权是指合同当事人一方依法对抗对方要求和权力主张的权利。合同履行中的抗辩权就是在双务合同中，在满足一定法律条件时，合同当事人一方可以对抗当事人的履行要求，暂时拒绝履行合同约定的义务权利，它是法律为确保双务履行而特别设立的法律制度。我国以前颁布的有关合同法对此没有规定，后修订的《合同法》中则有了明确的规定。合同履行中的抗辩可分为同时抗辩和异时抗辩两种。

（1）同时履行抗辩权。"同时履行"是指合同双方没有约定双方和合同履行的先后顺序，而是在一定期限内，双方当事人部分先后顺序地履行各自任务的行为。"同时"是指一定的期限，而不能机械地理解为同一时刻。"同时履行抗辩权"又称为不履行抗辩权，是指同时履行双务合同的当事人（双务合同是指当事人双方互负对待给付义务的合同，买卖合同是双务合同的典型），一方在另一方未对待给付以前，有权对抗对方的履行要求，拒绝自己的履行。《合同法》第六十六条规定："当事人互负债务，没有先后履行顺序的，应当同时履行。一方在对方履行之前有权拒绝其履行要求。一方在对方履行债务不符合约定时，有权拒绝其相应的履行要求。"同时履行规则体现了合同当事人双方权利义务的对等性，对于维护合同的公平原则、诚实信用原则等具有重要意义。同时，这一规则能够避免一方在对方已给付的情况下不履行合同而造成的风险。"同时履行"规则适用于双务合同之中，当事人之间互相负有债务，并且合同中没有约定履行顺序以及根据交易习惯无法确定先后顺序的情况下运用。

（2）异时履行抗辩权。"异时履行"是指合同已经明确约定双方的先后顺序，此时，不论是先履行的一方，还是后履行的一方都可依法享有的抗辩权。异时履行抗辩权又分为后履行一方的抗辩权（简称后履行抗辩权）和先履行一方的抗辩权（简称先履行抗辩权），有两种类型：

1）后履行抗辩权。后履行抗辩权是指在有履行顺序的双务合同中，先履行合同的一方应当先履行自己的义务，当其未予履行时，或者虽然履行了，但是不符合合同要求时，后履行一方可以行使抗辩权，后履行一方有权拒绝先履行一方对自己的履行要求。《合同法》第六十七条规定："当事人互负债务，有先后履行顺序，先履行一方未履行的，后履行一方有权拒绝其履行要求。"后履行抗辩权适用的条件是：①由同一双务合同产生互负的对价给付债务；②合同中约定了履行的顺序；③应当先履行的合同当事人没有履行合同债务或者没有正确履行债务；④应当先履行的对价给付是可能履行的义务。

2）先履行抗辩权。先履行抗辩权，又称不安抗辩权或拒绝抗辩权，是指在双务合同中，当事人互负债务，合同约定有先后履行顺序时，先履行债务的当事人一方应当先履行其债务。但是，应当履行债务的一方，有确切证据证明后履行一方有丧失或者可能丧失履行债务能力的情况下，它有拒绝履行义务的权利，可以中止履行其债务。此时，先履行的一方当事人有权行使其异时履行抗辩权。

《合同法》第六十八条规定："应当先履行债务的当事人，有确切证据证明对方有下列情形之一的，可以中止履行：（一）经营状况严重恶化；（二）转移财产、抽逃资金，以逃避债务；（三）丧失商业信誉；（四）有丧失或者可能丧失履行债务能力的其他情形。当事人没有确切证据中止履行的，应当承担违约责任。"

先履行抗辩权适用于双务合同；后履行债务的当事人一方的债务履行期限尚未截止；后履行债务的一方当事人有丧失或者可能丧失履行债务能力的情况。《合同法》明确规定，当事人行使不安抗辩权的法律结果是中止履行。中止履行，是指行使不安抗辩权当事人一方，有权暂时停止合同的履行或者延期履行合同；一旦中止履行的原因排除后，应当恢复履行合同，从而达到实现合同当事盈利的目的。因此，中止履行与终止合同不同，终止合同是指解除、消灭合同关系的法律行为，行使不安抗辩权的当事人中止履行的义务和权利。

同时，《合同法》第六十九条规定："当事人依照本法第六十八条的规定中止履行的，应当及时通知对方。对方提供适当担保时，应当恢复履行，中止履行后，对方在合理期内未恢复履行能力并且未提供适当担保的，中止履行的一方可以解除合同。"由此可见，行使先履行抗辩权的当事人应当承担的义务是：首先，通知义务，是指行使不安抗辩权的当事人应当将中止履行的事实、理由以及恢复履行的条件及时通知对方；其次，当对方当事人提供担保时，应当恢复履行合同。行使不安抗辩权的当事人享有的权利：行使不安抗辩权当事人在中止履行后，对方在合理期限内未恢复履行能力并且未提供适当担保的，有权通知对方解除合同。不安抗辩权是义务履行有先后顺序约定的先履行义务一方当事人利益进行保护而普遍设立的一项重要的合同法律制度。

4. 合同的变更与转让

（1）合同的变更

1）合同的变更是指合同内容的变更，即合同成立后尚未履行或者尚未完全履行之前，基于当事人的意思或者法律的直接规定，不改变合同当事人、仅就合同关系的内容所作的变更。合同变更必须经过当事人协商一致，可以变更合同。法律、行政法规规定变更合同应当办理批准、登记等手续的，依照其规定。当事人对合同变更的内容约定不明确的，推定为未变更。

2）承诺对要约内容的变更和法律责任。对要约内容进行实质性变更的，该承诺就变为一项新的要约了，需经要约人重新认定。承诺人对要约内容进行的是无实质性修改时，要约人及时表示反对或已经在邀约中表明承诺不得对要约的内容进行任何修改的，承诺无效。对于承诺人对要约内容无实质性修改的，要约人未能及时表示反对并且在要约中未表明承诺不得对要约内容做出任何变更的，承诺有效。

3）合同的变更或解除。合同的变更或解除，即对已经成立的合同内容的部分修改、补充或全部取消。合同一方因故需要修改、补充合同某些条款或解除合同关系时，必须征得对方同意，亦即以双方达成的新协议，变更或解除原来的旧协议。变更、解除合同的新协议，仍按原合同的形式办理。在法律或合同明确规定的情况下，如当事人一方不履行或不适当履行合同义务时，另一方有权解除合同。故合同可由当事人一方行使解除权而消灭。例如，由于合同所依据的国家计划被修改或取消，由于行政命令企业必须关闭、停产或转产，由于不可抗力以及由于一方违约致使合同不能履行或履行已无必要时，允许当事人一方及时通知他方变更或解除合同。

（2）合同的转让。合同的转让是指合同成立后，尚未履行或者尚未完全履行之前，合同当事人对合同债权债务所作的转让，包括债权转让、债务转让和债权债务概括转让。《合同法》第七十九条规定，有以下三种情况债权人不得将合同的权利全部或者部分转让给第三人，即：1）根据合同性质不得转让；2）按照当事人约定不得转让；3）依照法律规定不得转让。债务人将合同的义务全部或者部分转移给第三人的，应当经债权人同意。债权人转让权利的，应当通知债务人，未经通知，该转让对债务人不发生效力。债权人转让权利的通知不得撤销，但经受让人同意的除外。

5. 合同权利义务的终止

合同权利义务的终止，简称为合同的终止，又称为合同的消灭，是指合同关系在客观上不复存在，合同权利和合同义务归于消灭。依据《合同法》第九十七条，合同终止的条件包括以下条件：1）债务已经按照约定履行（清偿）；2）合同的解除（协议解除、法定解除）；3）债务相互抵消；4）债务人依法将标的物提存；5）债权人免除债务；6）履行债务同归于一人（混同）；7）法律规定或者当事人约定终止的。

依据《合同法》规定，终止的法律后果包括：1）权利、义务关系消灭。从权利、从义务一并消灭，不影响合同中结算和清理条款的效力；2）合同权利义务关系终止之后，当事人还应遵循诚信原则，根据交易习惯履行通知、协助、保密等义务；3）合同终止不影响当事人请求赔偿损失的权利；4）负债字据应返还。

6. 合同的违约责任

合同的违约责任也称为违反合同的民事责任，是指合同当事人因不履行合同义务或者履行合同义务不符合约定，而向对方承担的民事责任。违约责任与合同债务有密切联系。违约责任的特征是履行合同不完全或不履行合同义务而承担的责任。首先，违约责任是违反有效合同规定，合同有效是承担违约责任的前提。这一特征使违约责任与合同法上的其他民事责任（如缔约过失责任、无效合同的责任）区别开来。其次，违约责任以当事人不履行或不完全履行合同为条件。能够产生违约责任的违约行为有两种情形：一是一方不履行合同义务，即未按合同约定提供给付；二是履行合同义务不符合约定条件，即其履行存在瑕疵。违约责任的形式即承担违约责任的具体方式，在《民法通则》第一百一十一条和《合同法》第一百零七条均做了明文规定。《合同法》第一百零七条规定："当事人一方不履行合同义务或者履行合同义务不符合约定的，应当承担继续履行、采取补救措施或者赔偿损失等违约责任。"据此，违约责任有三种基本形式，即继续履行、采取补救措施和赔偿损失。当然，除此之外，违约责任还有其他形式，如违约金和定金责任等。

2.1.3 合同争议处理

1. 合同争议概念

合同争议是指合同当事人对于自己与他人之间的权利行使、义务履行与利益分配有不同的观点、意见、请求的法律事实。合同关系的实质是，通过设定当事人的权利义务在合同当事人之间进行资源配置。而在法律设定的权利义务框架中，权利与义务是互相对称的。一方的权利即是另一方的义务；反之亦然。一旦义务人怠于或拒绝履行自己应尽的义务，则其与权利人之间的法律纠纷势必在所难免。在某些情况下，合同法律关系当事人都无意违反法律的规定或者合同的约定；但由于他们对于引发相互间法律关系的法律事实有着不同的看法和理解，也容易酿成合同争议。在某些情况下，由于合同立法中法律漏洞的存在，也会导致当事人对于合同法律关系和合同法律事实的解释互不一致。总之，有合同活动，就会有合同争议。丝毫不产生合同争议的市场经济社会是不存在的。

2. 合同争议处理

《合同法》第一百二十八条明确规定，当事人可以通过和解或者调解解决合同争议。当事人不愿和解、调解或者和解、调解不成的，可以根据仲裁协议向仲裁机构申请仲裁。当事人没有订立仲裁协议或者仲裁协议无效的，可以向人民法院起诉。

(1) 和解。和解是合同当事人之间发生争议后，在没有第三人介入的情况下，合同当事人双方在自愿、互谅的基础上，就已经发生的争议进行商谈并达成协议，自行解决争议的一种方式。和解方式简便易行，有利于加强合同当事人之间的协作，使合同能更好地得到履行。

(2) 调解。调解是指合同当事人于争议发生后，在第三者的主持下，根据事实、法律和合同，经过第三者的说服与劝解，使发生争议的合同当事人双方互谅、互让，自愿达成协议，从而公平、合理地解决争议的一种方式。与和解相同，调解也具有方法灵活、程序简便、节省时间和费用、不伤害发生争议的合同当事人双方的感情等特征，而且由于有第三者的介入，可以缓解发生争议的合同双方当事人之间的对立情绪，便于双方较为冷静、理智地考虑问题。同时，由于第三者常常能够站在较为公正的立场上，较为客观、全面地看待、分析争议的有关问题并提出解决方案，从而有利于争议的公正解决。

(3) 仲裁。仲裁，亦称“公断”，是当事人双方在纠纷发生前或纠纷发生后达成协议，自愿将纠纷交给第三者，由第三者在事实上做出判断、在权利义务上做出裁决的一种解决纠纷的方式。这种纠纷解决方式必须是自愿的，因此必须有仲裁协议。如果当事人之间有仲裁协议，纠纷发生后又无法通过和解和调解解决，则应及时将纠纷提交仲裁机构仲裁。

(4) 诉讼。诉讼指纠纷当事人向有管辖权的人民法院起诉。民事诉讼是指人民法院在合同争议当事人和全体诉讼参与人的参加下，依法审理和解决民事纠纷的活动。因履行合同发生争议，运用其他争议方式无法解决时，所采取的一种解决争议的方式，合同当事人将会向有管辖权的人民法院提起民事诉讼。运用法律诉讼应注意两个问题：

1) 诉讼的管辖权问题：受诉法院对合同案件是否具有管辖权，是受诉法院能否受理立案并进行审理的前提，因此，诉讼管辖权直接关系到民事诉讼程序能否顺利、合法进行，并直接影响到实体审理的正确与否。《民事诉讼法》第二十四条规定的“因合同纠纷提起诉讼，由被告所在地或者合同履行地人民法院管辖”。

2) 诉讼时效问题：根据法律规定合同诉讼有效期限为两年。《民法通则》第一百三十七条规定：“诉讼时效期间从知道或者应当知道权利被侵害时起计算。”《最高人民法院关于审理民事案件适用诉讼时效制度若干问题的规定》(法释［2008］11号) 第五条规定：“当事人约定同一债务分期履行的，诉讼时效期间从最后一期履行期限届满之日起计算。”

2.2 合同担保制度

2.2.1 合同担保的概念

合同担保是保证合同履行的一项法律制度，使合同当事人全面履行合同和避免因对方违约而造成遭受损失而设立的保证措施。合同履约担保指合同当事人依据法律规定或双方约定，有债务人或第三人向债权人提供的以确保债权实现和债务履行为目的的措施。合同履行担保是通过签订担保合同或是在合同中设立担保条款来实现的，担保合同是从合同，被担保合同是主合同，担保合同将随着被担保合同的履行而消灭，而当被担保人不履行其义务且不承担相应责任时，第三人担保人应承担其担保责任。建设工程合同经常使用的有保证和定金两种担保形式，两种担保形式都旨在保障债务的履行和债权的实现。

2.2.2 合同担保的方式

1. 保证担保

保证是指保证人与债权人约定，当债权人（被保证人）不履行债务时，由保证人按照约定代为履行或代为承担责任的担保方式。担保人是合同当事人（被保证人和债权人）以外的第三人，一旦担保成立，他就成为被保证人所负有债务的从债务人，当被保证人不履行债务时，保证人就有代为履行债务的义务，而当他代为履行或代为赔偿后，就成为被担保人的债权人，可对被保证人追偿。

我国《担保法》将担保分为一般保证和连带责任保证。一般保证是指被保证人不能履行债务时，才由保证人承担责任，此时保证人是第二履行人。被保证人为第一履行人。连带责任保证是指在被保证人履行债务之前，债权人就可以要求保证人承担保证责任，即保证人和被保证人对违约行为承担连带责任，他们同为第一履行人。保证担保的范围包括主债权及利息、违约金、损害赔偿金和实现债权的费用。当事人对保证担保的范围没有约定或者约定不明确的，保证人应当对全部债务承担责任。建设工程施工合同主要涉及的保证种类有：投标保证金、履约担保、工程款支付担保等。

2. 抵押担保

抵押是指合同人乙方向另一方或者当事人以外的第三人向另一方当事人提供一定的财产作为抵押，以保证合同履行的担保方式。交出财产进行抵押的一方为抵押人，接受财产抵押的一方为抵押权人。当抵押人不履行合同义务时，就有权依照法律规定以抵押物折价或将抵押物变卖并从中优先受偿，采取抵押担保时，抵押人与抵押权人应签订抵押合同。

我国《担保法》规定：抵押物为土地使用权、城市房地产、林木、乡镇企业的厂房、航空器、船舶、车辆、企业的设备以及其他动产的，应到相关部门办理抵押物登记手续，否则，抵押合同无效。

3. 质押担保

按照《担保法》《物权法》的规定，质押是指债务人或者第三人将其动产或权利移交债权人占有，将该动产或权利作为债权的担保。债务人不履行债务时，债权人有权依照法律规定以该动产或权利折价或者以拍卖、变卖该动产或权利的价款优先受偿。质权是一种约定的担保物权，以转移占有为特征。债务人或者第三人为出质人，债权人为质权人，移交的动产或权利为质物。

质押可分为动产质押和权利质押，动产质押是指债务人或者第三人将其动产移交债权人占有，将该动产作为债权的担保。能够用作质押的动产没有限制。权利质押一般是将权利凭证交付质押人的担保。可以质押的权利包括：（1）汇票、支票、本票、债券、存款单、仓单、提单；（2）依法可以转让的股份、股票；（3）依法可以转让的商标专用权、专利权、著作权中的财产权；（4）依法可以质押的其他权利。

4. 留置担保

留置是指合同当事人一方依据合同，事先合法占有了对方财产，当对方不履行合同时，可对所占有的财产进行置留，并依法将置留的财产折价或者变卖从中优先受偿的担保方式。留置这种担保方式只能用于一方事先合法占有了对方财产的特殊情况，经常用于仓储、保管合同、来料加工、来件装配、加工定做等承揽合同及货物运输合同中。建设工程施工时，在竣工验收交付使用前，工程由承包方看管，从法律上看，承包商是事先合法掌握了发包方的财产。为此，《合同法》第二百八十六条规定："发包人未按照约定支付价款的，承包人可以催告发包人在合理期限内支付价款。发包人逾期不支付的，除按照建设工程的性质不宜折价、拍卖的以外，承包人可以与发包人协议将该工程折价，也可以申请人民法院将该工程依法拍卖。建设工程的价款就该工程折价或者拍卖的价款优先受偿。"这从法律上充分肯定了承包方的留置权，当然，建设工程留置权在实际使用中还有许多问题有待于深入研究。

5. 定金担保

定金是合同签订后，没有履行前，当事人乙方向另一方支付一定数额的金钱，或其他有价代替物，以保证合同履行的担保方式。担保作用体现在：交定金的一方不履行合同无权要求返还定金；收取定金的一方不履行合同，则应双倍返还定金。定金和预付款的性质是不同的，定金起担保作用，预付款起到资助作用。当事人违约时，定金起着制裁违约方、补偿被违约方的作用，预付款则无此作用，无论是哪一方违约，都不能采取扣留预付款或双倍返还预付款的行为。定金和违约金也不同，违约金是制裁违约行为的一种经济手段，违约金并不是事先支付的，被违约方只有通过事后请求才能获得。例如在建设工程合同中，常采取投标保证金、履约保证金以及质量保证金的担保形式。

2.3 合同保全制度

2.3.1 合同保全的基本内涵

1. 合同保全内涵

合同保全制度，是1999年制订实施的合同法新增加的内容，在理论和审判实践中都具有重要的现实意义。合同保全从本质上讲就是一种债的保全，它"系债权人基于债主效力对于债务人以外之人所及之一种法律的效力，故称为债之对外效力"。我们知道，债作为一种可期待的信用，只有具备可靠的保障时才能得以实现。而合同保全制度是指合同债权人在合同债务人财产不当减少或者说应当增加而未增加，因此给债权人的债权带来危害时，法律赋予债权人用以保证其债权实现的措施。具体而言，我国《合同法》第七十三条、第七十四条分别确立了由债权人的代位权和债权人的撤销权所组成的合同保全制度，使代位权、撤销权成为债权人的一项重要的实体权利，填补了立法上的一项空白。

所谓的债权人的代位权，是指当债务人怠于行使其对第三人享有的权利而有害于债权人的权利行使时，债权人为使自己的权利不落空，可用自己的名义代位行使债务人的权利。而债权人的撤销权，则是指当债务人放弃对第三人的债权、实施无偿或者说低价处分财产的行为损害债权人的利益时，债权人可以依法请求人民法院撤销债务人所实施的行为。前者表现为债务人行为上的消极不作为，而后者表现为债务人行为上的积极作为。其共同特征是两者债务人的行为都对债权人的合法债权造成了损害。

2. 制度创建历程

从合同保全制度创建历程来看，新中国建立后，由于民法典的制订迟迟没有出台，包括债的保全制度在内的诸多民法制度都没有建立起来。但为了适应司法实践的需要，最高人民法院通过司法解释的形式对此作了补充。如《关于贯彻执行〈中华人民共和国民法通则〉若干问题的意见（试行）》第一百三十条规定："赠与人为了逃避应履行的法定义务，将自己的财产赠与他人，如果利害关系人主张权利的，应当认定赠与无效。"这基本上体现了债权人撤销权的基本原理。至于债权人的代位权，有关专家认为，我国《民事诉讼法解释》第三百条规定："被执行人不能清偿债务，但对第三人享有到期债权的，人民法院依申请执行人的申请，通知该第三人向申请执行人履行债务。该第三人对债务没有异议但又在通知指定的期限内不履行的，人民法院可以强制执行。"这是将债权人的代位权应用于执行程序，符合代位权的基本原理。

2.3.2 合同保全特征和功能

1. 合同保全制度的特征

(1) 合同保全是债的对外效力的体现，也是合同相对性原则的例外。根据债的相对性和合同相对性的原理，合同之债主要在合同当事人之间产生法律效力。法律赋予债权人在一定条件下行使代位权或撤销权，而行使这两项权利的直接后果就会对当事人以外的第三人产生效力，这就与合同相对性原则不同。因此，我们说合同保全是合同相对性原则的例外。

(2) 合同保全主要发生在合同有效成立期间。也即在合同生效之后到履行完毕前，合同保全措施都可以被采用。这说明合同保全措施的运用，与合同履行期间债务人是否实际履行义务，并没有必然的联系。但合同如果说没有生效或者已被宣告解除、无效乃至被撤销的，债权人就没有了行使代位权或撤销权的事实和法律依据。

(3) 合同保全的基本方法是代位权和撤销权的行使。这两种措施都是通过防止债务人的财产不当减少或恢复债务人的财产，从而保证债权人权益的合法实现。根据合同保全原则，无论债务人是否实施了违约行为，只要债务人采取不正当的手段处分其财产，并且这种行为直接导致债权人的利益受到危害时，债权人就可以行使保全措施。也可以这样说，合同保全措施的根本目的就在于保障合同债权人的权利实现。

2. 合同保全制度的功能

正是基于合同保全是债的对外效力的体现的认识，立法上设置合同保全制度就在于弥补合同担保、强制执行制度和违约责任制度在保证债权实现方面的不足。特别是在市场经济条件下，维护合同交易的安全与便捷正日益成为全社会关注的热点。合同保全制度在这方面无疑会发挥它应有的功能和作用。具体讲，合同保全制度有以下两项功能：

(1) 合同保全制度可以有效地防止债务人的财产消极与积极的不正当减少。司法实践中，经常看到在合同关系成立后，一些债务人在欠下债务时，不是想方设法偿还债务，而是采取一些不正当的手法故意躲债。有的是将个人财产非法转让给第三者；有的则明知可以从第三人处取得一定财产，却怠于行使权力，故意不取得；更有甚者还串通他人合谋隐藏、转移财产、规避债务，等等。合同保全制度的设置对上述避债行为会起到防范和遏制作用。

(2) 由于合同保全制度使债权人对第三人产生效力，这就为缓解减轻当前存在的较严重的"三角债"、"讨债难"现象提供了法律依据，也有利于充分保障债权人合法权益的实现。

2.3.3 合同保全适用的提示

1. 把握代位权的行使要件

（1）合法性。债权人对债务人的债权合法，是行使代位权的首要条件。即债权人与之债务人之间存在合法的债权债务关系，债权人对债务人享有合法的债权。同理，债务人对次债务人的债权也必须是合法的债权。如果因为赌博、买卖婚姻违法行为形成债务，或因违法合同被认定无效、合同被撤销、已过诉讼时效等，债权人就不能行使代位权。

（2）因果性。债务人怠于行使到期债权，对债权人造成损害，这是构成代位权的实质要件。《合同法司法解释》第十三条规定："合同法第73条规定的债务人怠于行使其到期债权，对债权人造成损害的，是指债务人不履行其对债权人的到期债务，又不以诉讼方式或者仲裁方式向次债务人主张享有的具有金钱给付内容的到期债权，致使债权人的到期债权未能实现。"总之，只要对债权人造成损害的事实是因为债务人怠于行使其到期债权而导致的，债权人就可以行使代位权。

（3）期限性。即债务人的债权已经到期，这是行使代位权的时间界限。一般认为，债权人行使代位权，必须两个债权均已到期，即债权人享有的债权和债务人享有的债权均已到期，不可或缺。

（4）货币性。依照合同法解释的精神，我们理解债务人怠于行使的到期债权并非是指所有的任何性质的债权，而是限于具有金钱给付内容的到期债权。这主要是因为非金钱给付内容的权利行使代位权对于债权的保障意义不大并且程序复杂，也有过多干预债务人权利的嫌疑。

上述四点称为代位权行使的积极要件。同时，代位权行使的消极要件则是指债务人的债权不是专属于债务人自身的债权。因为这些权利往往是与债务人的人格权、身份权相关的债权，同债务人的生活密切相联系，不可分离，故对这些债权不能由债权人代位行使。《合同法司法解释》第十二条规定的基于扶养、抚养、赡养、继承关系产生的给付请求权和劳动报酬、退休金、养老金、抚恤金、人身伤害赔偿、安置费等权利，这些都不属于代位权的标的。

2. 区分撤销权行使的客观要件和主观要件

（1）客观要件。撤销权的行使首先要求债务人实施了一定的处分财产的行为，这种处分行为已发生法律效力，并已经或者将损害债权人的债权。处分财产的行为主要有放弃到期债权、无偿转让财产、在财产上设立抵押、以明显不合理的低价出让财产等。当债务人采取上述不正当或非法方式转移财产，导致债务人事实上的资不抵债，明显损害债权人的合法权益，债权人才能行使撤销权。

（2）主观要件。这是说债务人实施处分财产行为时或债务人与第三人实施民事行为时具有恶意，即明知行为有损于债权人的合法债权，仍然执意为之。一方面，债务人必须具有恶意，也就是债务人知道或应当知道其处分财产的行为将导致自身无能力偿还债务，从而侵害债权人的权益但仍然实施该行为；另一方面，要求第三人也具有恶意，即第三人在债务人以极不合理低价转让财产时，事实上已经知道此转让行为对债权人的权益造成了损害，但还是坚持完成行为，主观上的恶意同样是明显的。

合同保全制度为在建设工程合同中维护承包商合法权益提供了法律保障。在业主拖欠承包商工程款方面，成为承包商避免该公司转移资产，降低执行风险的有力措施。例如，2009

年 9 月，A 建筑集团与 B 房地产公司签订《建设工程施工合同》，约定发包人将其开发建设的商品房发包给承包人进行施工。并约定：“因合同发生争议，如协商不成，则提交北京仲裁委员会进行仲裁。”工程竣工后，双方产生结算纠纷，承包人无奈向仲裁机构申请仲裁，要求发包人支付拖欠工程款 5000 万元。为了防止发包人将涉案的综合楼售罄，导致无财产可供执行的情形发生，承包人向仲裁提出财产保全申请，要求查封价值 5000 万房产，为工程款回收奠定了坚实的基础。

管 理 篇

3 施工总承包合同管理概述

施工总承包模式是我国建设工程承发包管理体系中重要的一种模式，也是在实践中最广泛运用的一种模式。施工总承包合同是一个承包单位（总承包商）与业主签订负责组织实施某一项建设项目施工阶段的全部工作的承包合同，总承包商可以将部分专业工作交由专业分包商来完成，因此其合同管理的主体和合同管理内容具有自身的特点。本章对施工总承包合同管理进行概述，介绍施工总承包合同管理的必备知识。

3.1 施工总承包合同

3.1.1 施工总承包合同的概念

施工总承包（Construction general contract，缩写 CGC）合同是一个承包单位（总承包商）与建设单位（业主）签订负责组织实施某一项建设项目施工阶段的全部工作的工程承包方式的合同，是平等主体的自然人、法人、其他组织设立、变更、终止民事权利义务关系的协议。总承包商可以将部分专业性工作交由按照合同规定自主选择的分包商完成，或由建设单位（业主）指定的分包商完成。施工总承包商并负责协调和监督其工作。通常情形下，业主仅与施工总承包商发生直接的合同关系。

3.1.2 施工总承包合同法律依据

随着建设工程市场的规范与发展，《建筑法》《合同法》《招标投标法》均对工程施工总承包与分包做了相关规定，为工程施工承包方式提供了法律支持。《建筑法》第二十四条：提倡发包人对建筑工程实行总承包，发包单位可以将建筑工程的勘察、设计、施工、设备采购一并发包给一个工程总承包单位，也可以将建筑工程勘察、设计、施工、设备采购的一项或者多项发包给一个工程总承包单位。《合同法》第二百七十二条：发包人可以与总承包人订立建设工程合同，也可以分别与勘察人、设计人、施工人订立勘察、设计、施工承包合同。在《建筑业企业资质管理规定》中，将建筑业企业资质分为施工总承包、专业承包和劳务分包三个序列，获得专业承包资质的企业可以承接总承包企业分包的专业工程，获得劳务分包资质的企业可以承接总承包企业或专业承包企业分包的劳务作业。

3.1.3 施工总承包合同的特征

施工总承包人因其所处的特殊地位，需要处理大量的与业主、各分包人之间协调关系的事务性工作，因而规范严密的制度化管理是十分必要的。施工总承包合同管理是总承包工程施工管理的一项重要组成，对工程项目施工总承包任务目标的实现起到极为关键的作用。施工总承包合同与其他承包合同相比较具有以下特征：

(1) 投资控制方面。施工总承包合同一般以施工图设计为投标报价的基础，投标人的投标报价较有依据；在开工前就有较明确的合同价，有利于业主的总投资控制；若在施工过程中发生设计变更则可能会引发索赔。

(2) 进度控制方面。由于施工总承包合同一般要等施工图设计全部结束后，业主才进行施工总承包的招标，因此，开工日期不可能太早，建设周期会较长。这是施工总承包合同的最大缺点，限制了其在建设周期紧迫的建设工程项目上的应用。

(3) 质量控制方面。施工总承包合同中，施工总承包单位直接对业主承担施工质量责任，业主只与总承包商有合同关系，为此，建设工程项目质量的好坏在很大程度上取决于施工总承包单位的管理水平和技术水平。

(4) 合同管理方面。采用施工总承包合同时，业主只需要进行一次招标，与施工总承包商签约，分包单位由施工总承包单位选择，由业主认可，由施工总承包单位与分包单位直接签订合同。因此，业主招标及合同管理工作量将会减小。

(5) 组织与协调方面。业主只负责对施工总承包单位的管理及组织协调，工作量大大减小，对业主比较有利。

(6) 对分包单位的付款。当采用施工总承包合同模式时，对各个分包单位的工程款项，一般由施工总承包单位负责支付，而不是由业主直接支付，这样有利于承包商对分包商的有效管理。

总之，与平行承发包合同以及其他合同相比，采用施工总承包合同，对总承包商而言，承包商的合同管理工作量大，组织和协调工作量也大，上下各方的协调工作也比较复杂，建设周期可能拖得比较长，对进度控制不好极容易延误工期。但对施工承包企业的利润赢得是一种十分有利的合同模式。

3.2 施工总承包合同管理

3.2.1 合同管理对象体系

施工总承包合同的关系复杂，种类繁多，合同管理对象多，有与业主签订的合同、材料设备和采购合同、加工合同、劳务合同、工程联营合同等。其合同管理对象体系如图 3-1 所示。从施工总承包商的合同管理对象体系图中可以看到，在施工总承包合同管理中，施工总承包商与业主签订的合同即主合同为主要的管理对象，其他为对分包合同即从合同的管理（分包商不与业主直接发生合同关系），因此，施工总承包商面临着来自既对主合同的管理，也面临着对分包合同的管理两个方面的压力。

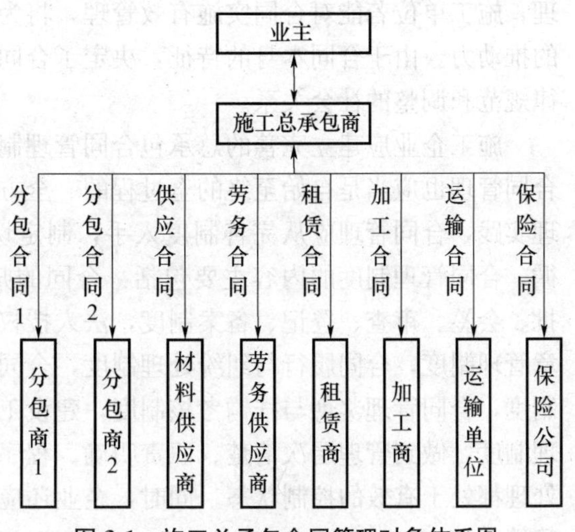

图 3-1　施工总承包合同管理对象体系图

3.2.2 合同管理基本内容

合同管理工作对于工程项目建设顺利实施关系重大，对于不同的工程项目承包合同模式和不同的合同类型，合同管理的内容不尽相同，既有其共同的方面，也有其特殊的方面。施工总承包合同管理内容大致分为对主合同的管理和对分包合同的管理两个方面，无论对主合同和分包合同都具体可分为以下几个方面内容：①合同的签约与履行管理；②合同的变更和解除管理；③工程项目合同的索赔；④工程项目合同纠纷处理。

施工总承包合同的签约需要一定的程序，如前所述，通常包括要约邀请、要约、承诺三个阶段，其中要约和承诺是两个最基本、最主要的阶段，它是项目合同签订两个必不可少的步骤，是合同管理的起点。在履约过程中，合同变更时，当事人必须协商一致，这将会使合同的内容和标的发生变更，项目合同变更的法律后果是将产生新的权利和义务的关系，变更管理成为合同履约阶段合同管理的重要内容之一。合同索赔在施工中是不可避免的，出现索赔必须调查核实情况、进行合同分析以及出具索赔书面报告等属于合同管理工作范围。同时合同管理的内容还包括合同纠纷的解决，通过协商、调解、仲裁和诉讼的形式处理好纠纷事件。

施工总承包合同管理的显著特征是合同管理关系比较复杂，不仅仅是对与业主签订的施工总承包合同的管理，协调与业主的关系，同时还要对专业施工分包合同（如材料供应合同、租赁合同、保险合同等）、专业分包合同、劳务分包合同的管理工作，等等。本部分内容主要从总承包商角度出发，探讨承包商对主合同的管理工作，对分包合同的管理将在下面施工专业分包合同管理部分中加以讨论。

3.2.3 合同管理制度建设

市场经济是法治经济、契约经济，合同是商品经济的产物，是商品交换的法律表现形式。现代企业的经济往来，主要是通过合同形式进行的，所以，合同管理作为现代企业法律顾问制度的重要内容之一，能否实施有效管理，把好合同关，是现代企业经营管理成败的一个重要因素。而建设工程中目前存在大量的合同管理不规范、合同履行率低下的弊病，不但损害了施工企业的利益，也损害了业主的利益。

合同管理不是简单的要约、承诺、签约等内容，而是一种全过程、全方位、科学的管理，施工单位若能对合同实施有效管理，将为施工单位管理水平和经济效益的提高产生巨大的推动力。由于合同本身的特征，决定了合同已超越了企业自身的界限，使之成为一种受法律规范和调整的社会关系。

施工企业应建立完善的总承包合同管理制度，合同关系自始至终是一种法律关系，所以合同管理也应当是自始至终的全过程的、全方位的管理。根据多年来我国施工企业的合同管理实践，合同管理应从完善制度入手，制定切实可行的合同管理制度，使管理工作有章可循。合同管理制度的内容主要包括：合同的归口管理制度，合同资信调查制度，签订、审批、会签、审查、登记、备案制度，法人授权委托办法，合同示范文本管理制度，合同专用章管理制度，合同履行与纠纷处理制度，合同定期统计与考核检查制度，合同管理人员培训制度，合同管理奖惩与挂钩考核制度，建设工程档案管理制度等。施工企业通过建立合同管理制度，做到管理层次清楚、职责明确、程序规范，从而使合同的签订、履行、考核、纠纷处理都处于有效的控制状态。同时，企业还应建立合同管理评估制度、合同目标管理制度，等等。

3.3 施工合同示范文本简介（2013版）

3.3.1 国内施工合同文本

为指导建设工程施工合同当事人的签约行为，维护合同当事人的合法权益，依据《合同法》《建筑法》《招标投标法》以及相关法律法规，住房和城乡建设部、国家工商行政管理总局于2013年对旧版（99版）施工承包合同文本进行了修订，即《建设工程施工合同（示范文本）》（GF—2013—0201）（以下统称施工合同文本）。

1. 施工合同文本组成

施工合同文本由合同协议书、通用合同条款和专用合同条款三部分组成：

（1）合同协议书。合同协议书共计13条，主要包括：工程概况、合同工期、质量标准、签约合同价和合同价格形式、项目经理、合同文件构成、承诺以及合同生效条件等重要内容，集中约定了合同当事人基本的合同权利义务。

（2）通用合同条款。通用合同条款是合同当事人根据《建筑法》《合同法》等法律法规的规定，就工程建设的实施及相关事项，对合同当事人的权利义务做出的原则性约定。通用合同条款共计20条，具体条款分别为：一般约定、发包人、承包人、监理人、工程质量、安全文明施工与环境保护、工期和进度、材料与设备、试验与检验、变更、价格调整、合同价格、计量与支付、验收和工程试车、竣工结算、缺陷责任与保修、违约、不可抗力、保险、索赔和争议解决。前述条款安排既考虑了现行法律法规对工程建设的有关要求，也考虑了建设工程施工管理的特殊需要。

（3）专用合同条款。专用合同条款是对通用合同条款原则性约定的细化、完善、补充、修改或另行约定的条款。合同当事人可以根据不同建设工程的特点及具体情况，通过双方的谈判、协商对相应的专用合同条款进行修改补充。在使用专用合同条款时，应注意以下事项：

1）专用合同条款的编号应与相应的通用合同条款的编号一致；2）合同当事人可以通过对专用合同条款的修改，满足具体建设工程的特殊要求，避免直接修改通用合同条款；3）在专用合同条款中有横道线的地方，合同当事人可针对相应的通用合同条款进行细化、完善、补充、修改或另行约定；如无细化、完善、补充、修改或另行约定，则填写“无”或划“/”。

2. 施工合同文本性质和适用范围

施工合同文本为非强制性使用文本，适用于房屋建筑工程、土木工程、线路管道和设备安装工程、装修工程等建设工程的施工承发包活动，合同当事人可结合建设工程具体情况，根据示范文本订立合同，并按照法律法规规定和合同约定承担相应的法律责任及合同权利义务。

3. 施工合同文本的五个特点

新版文本与99版文本相比，新版文本主要有如下五个方面的特点：

（1）增加了新项条款。增加了双向担保、合理调价、缺陷责任期、工程系列保险、商定与确定、索赔期限、双倍赔偿、争议评审解决等八项新的合同管理制度；

（2）调整完善了合同结构体系。合同结构体系更为完善，权利义务分配具体明确，有利于引导建筑市场健康有序发展；建立了以监理人为施工管理和文件传递核心的合同体系，提高施工管理的合理性和科学性；

(3) 完善了合同价格类型。适应工程计价模式发展和工程管理实践需要；增加了暂估价的规定，规定了暂估价项目的操作程序；

(4) 更加注重权利平衡。更加注重对发包人、承包人市场行为的引导、规范和权益平衡；

(5) 保证合同的适用性。加强了与现行法律和其他文本的衔接，保证合同的适用性。

4. 施工合同文本的八种制度

(1) 双向担保制度。市场经济是法治经济、契约经济，承发包双方的权利义务关系主要通过双方签订的施工合同来确定，而施工合同是合同当事人在建设工程施工过程中的最高行为准则，是规范双方的经济活动、协调双方工作关系、解决合同纠纷的法律依据。

施工合同文本借鉴了国际主流标准合同文本经验的原则，从工程担保的设计上，设立发包人工程款支付担保，进一步注重保护承包和劳务分包人的权利。由于在建筑类案件当中，工程款的拖欠问题一直很多，对此新版文本借鉴国内外相关合同文本的成功经验，规定了双向担保制度。为了解决施工合同中的履约担保，尤其是为了有效解决工程款拖欠问题，借鉴FIDIC施工合同文本通用条款的第2.5款规定了发包人的资金来源证明及支付担保，第3.7款则规定了承包人的履约担保。这两个条款要求发包人与承包人各自以其合同义务向对方提供资金来源证明及支付担保和履约担保，以保证实现双方在施工合同中的目的。此种安排在已经颁布的部门规章中有类似规定，既符合国家对投资人合理审慎投资的要求，也符合施工合同承包人提供履约保障的惯例做法，同时还能促进发包人按合同约定支付工程款，保证工期和质量等综合目标的完成。

(2) 情势变更调价制度

1) 市场价格波动引起的调整。针对施工合同履行过程中经常出现的市场价格波动问题，由于施工合同履行时间长，市场波动会造成承包人施工成本的增加或减少，影响合同当事人的合法权益。为避免市场价格波动引起合同价格调整所产生争议，施工合同文本通用条款第11.1款规定，除专用合同条款另有约定外，市场价格波动超过合同当事人约定的范围，合同价格应当调整。合同当事人可以在专用合同条款中约定选择以下一种方式对合同价格进行调整。通用条款同时对调整方式做出具体的规定，提供三种方式（①采用价格指数进行价格调整；②采用造价信息进行价格调整；③专用合同条款约定的其他方式）供当事人选择，这是区别于99版的一个重要改变。其明确规定了因市场价格波动引起合同价格变化应当调整，同时明确了调整的条件与前提，与99版相比是新增条款。该条款指明了承发包双方在市场价格波动时调整合同固定价格的权利义务，也提高了最高人民法院相关司法解释的操作性。

2) 法律变化引起的调整。新版文本规定，基准日期后，法律变化导致承包人在合同履行过程中所需要的费用发生除市场价格波动引起的调整以外的增加时，由发包人承担由此增加的费用；减少时，应从合同价格中予以扣减。基准日期后，因法律变化造成工期延误时，工期应予以顺延。

(3) 违约双倍赔偿制度

1) 施工合同文本规定，除专用合同条款另有约定外，发包人应在签发竣工付款证书后的14天内，完成对承包人的竣工付款。发包人逾期支付的，按照中国人民银行发布的同期同类贷款基准利率支付违约金；逾期支付超过56天的，按照中国人民银行发布的同期同类贷款基准利率的两倍支付违约金。

2）除专用合同条款另有约定外，发包人应在颁发最终结清证书后 7 天内完成支付。发包人逾期支付的，按照中国人民银行发布的同期同类贷款基准利率支付违约金；逾期支付超过 56 天的，按照中国人民银行发布的同期同类贷款基准利率的两倍支付违约金。

（4）物权证书移交制度

1）施工合同文本规定，发包人应在验收合格后 14 天内向承包人签发工程接收证书。发包人无正当理由逾期不颁发工程接收证书的，自验收合格后第 15 天起视为已颁发工程接收证书。

2）工程未经验收或验收不合格，发包人擅自使用的，应在转移占有工程后 7 天内向承包人颁发工程接收证书；发包人无正当理由逾期不颁发工程接收证书的，自转移占有后第 15 天起视为已颁发工程接收证书。

3）除专用合同条款另有约定外，发包人不按照本项约定组织竣工验收、颁发工程接收证书的，每逾期一天，应以签约合同价为基数，按照中国人民银行发布的同期同类贷款基准利率支付违约金。

4）除专用合同条款另有约定外，合同当事人应当在颁发工程接收证书后 7 天内完成工程的移交；发包人无正当理由不接收工程的，发包人自应当接收工程之日起，承担工程照管、成品保护、保管等与工程有关的各项费用，合同当事人可以在专用合同条款中另行约定发包人逾期接收工程的违约责任。

5）承包人无正当理由不移交工程的，承包人应承担工程照管、成品保护、保管等与工程有关的各项费用，合同当事人可以在专用合同条款中另行约定承包人无正当理由不移交工程的违约责任。

（5）缺陷责任定期制度

1）施工合同文本规定，缺陷责任期自实际竣工日期起计算，合同当事人应在专用合同条款约定缺陷责任期的具体期限，但该期限最长不超过 24 个月。

2）单位工程先于全部工程进行验收，经验收合格并交付使用的，该单位工程缺陷责任期自单位工程验收合格之日起算。

3）因发包人原因导致工程无法按合同约定期限进行竣工验收的，缺陷责任期自承包人提交竣工验收申请报告之日起开始计算。

4）发包人未经竣工验收擅自使用工程的，缺陷责任期自工程转移占有之日起开始计算。

5）工程竣工验收合格后，因承包人原因导致的缺陷或损坏致使工程、单位工程或某项主要设备不能按原定目的使用的，则发包人有权要求承包人延长缺陷责任期，并应在原缺陷责任期届满前发出延长通知，但缺陷责任期最长不能超过 24 个月。

6）除专用合同条款另有约定外，承包人应于缺陷责任期届满后 7 天内向发包人发出缺陷责任期届满通知，发包人应在收到缺陷责任届满通知后 14 天内核实承包人是否履行缺陷修复义务，承包人未能履行缺陷修复义务的，发包人有权扣除相应金额的维修费用。发包人应在收到缺陷责任期届满通知后 14 天内，向承包人颁发缺陷责任期终止证书。

（6）工程系列保险制度

1）施工合同文本规定，除专用合同条款另有约定外，发包人应投保建筑工程一切险或安装工程一切险。

2）发包人委托承包人投保的，因投保产生的保险费和其他相关费用由发包人承担。

3）发包人应依照法律规定参加工伤保险，并为在施工现场的全部员工办理工伤保险，缴纳工伤保险费，并要求监理人及由发包人为履行合同聘请的第三方依法参加工伤保险。

4）承包人应依照法律规定参加工伤保险，并为其履行合同的全部员工办理工伤保险，缴纳工伤保险费，并要求分包人及由承包人为履行合同聘请的第三方依法参加工伤保险。

5）发包人和承包人可以为其施工现场的全部人员办理意外伤害保险并支付保险费，包括其员工及为履行合同聘请的第三方的人员，具体事项由合同当事人在专用合同条款约定。

6）除专用合同条款另有约定外，承包人应为其施工设备等办理财产保险。

7）合同当事人应与保险人保持联系，使保险人能够随时了解工程实施中的变动，并确保按保险合同条款要求持续保险。

8）发包人未按合同约定办理保险，或未能使保险持续有效的，则承包人可代为办理，所需费用由发包人承担。

9）发包人未按合同约定办理保险，导致未能得到足额赔偿的，由发包人负责补足。

10）承包人未按合同约定办理保险，或未能使保险持续有效的，则发包人可代为办理，所需费用由承包人承担。承包人未按合同约定办理保险，导致未能得到足额赔偿的，由承包人负责补足。

11）除专用合同条款另有约定外，发包人变更除工伤保险之外的保险合同时，应事先征得承包人同意，并通知监理人；承包人变更除工伤保险之外的保险合同时，应事先征得发包人同意，并通知监理人。

（7）索赔过期作废制度

1）承包人的索赔：施工合同文本规定，承包人应在知道或应当知道索赔事件发生后 28 天内，向监理人递交索赔意向通知书，并说明发生索赔事件的事由；承包人未在前述 28 天内发出索赔意向通知书的，丧失要求追加付款和（或）延长工期的权利；承包人应在发出索赔意向通知书后 28 天内，向监理人正式递交索赔报告；在索赔事件影响结束后 28 天内，承包人应向监理人递交最终索赔报告，说明最终要求索赔的追加付款金额和（或）延长的工期，并附必要的记录和证明材料。

2）发包人的索赔：施工合同文本规定，发包人应在知道或应当知道索赔事件发生后 28 天内通过监理人向承包人提出索赔意向通知书，发包人未在前述 28 天内发出索赔意向通知书的，丧失要求赔付金额和（或）延长缺陷责任期的权利。发包人应在发出索赔意向通知书后 28 天内，通过监理人向承包人正式递交索赔报告；承包人应在收到索赔报告或有关索赔的进一步证明材料后 28 天内，将索赔处理结果答复发包人。如果承包人未在上述期限内做出答复的，则视为对发包人索赔要求的认可。

（8）争议评审制度。施工合同文本规定，合同当事人可以在专用合同条款中约定采取争议评审方式解决争议以及评审规则；合同当事人可以共同选择一名或三名争议评审员，组成争议评审小组。除专用合同条款另有约定外，合同当事人应当自合同签订后 28 天内，或者争议发生后 14 天内，选定争议评审员；选择一名争议评审员的，由合同当事人共同确定；选择三名争议评审员的，各自选定一名，第三名成员为首席争议评审员，由合同当事人共同确定或由合同当事人委托已选定的争议评审员共同确定，或由专用合同条款约定的评审机构指定第三名首席争议评审员；除专用合同条款另有约定外，评审员报酬由发包人和承包人各承担一半；合同当事人可在任何时间将与合同有关的任何争议共同提请争议评审小组进行评审；争议评审小组做出的书面决定经合同当事人签字确认后，对双方具有约束力，双方应遵照执行；任何一方当事人不接受争议评审小组决定或不履行争议评审小组决定的，双方可选择采用其他争议解决方式。

除上述之外，值得一提的是新版文本通过在协议书中引入宣誓性承诺条款及合同备案条款来遏制阴阳合同的发生。在建设工程中有一种社会现象即“黑白合同”也被称为“阴阳合同”，从文字上就能看出合同的性质。“白合同”或“阳合同”是经得起政府等有关部门的监督，光明正大；“黑合同”或“阴合同”是经不起政府检查监督，搞私下交易。

当前，建筑市场竞争激烈，存在僧多粥少的情况，不少建设方利用自身的地位优势，对施工方提出苛刻要求，施工方只能一再地签订补充协议，接受不平等条件。此外，当私人利益与政府代表的社会公共利益形成一对矛盾，面对冲突时，便会引发当事人追求利益最大化，规避政府监管，从而签订“黑白合同”。阴阳合同、非法分包、违法转包和挂靠行为都是建筑市场长期以来的顽疾，严重破坏了建筑市场的正常秩序，在客观上，也是诱发拖欠工程款和农民工工资的因素之一。新版文本在通用合同条款中，通过增加限定新增承包人项目经理及主要施工管理人员条款、限定施工分包人及劳务分包人主要施工管理人员条款、工程款支付账户约定等条款，保证承包人实际施工管理人员与投标文件中载明的人员名单保持一致，有利于解决阴阳合同、违法分包等问题。

3.3.2 FIDIC施工合同文本

土木工程施工合同条件（俗称红皮书）从1957年—1999年共经历了五次改版，最后一版被称为“1999年第一版”或者“新红皮书”。新红皮书是1999年9月国际咨询工程师联合会在对红皮书详细的调查研究与试点基础上新推出来的，是FIDIC合同条件体系的最新发展，反映了当前国际工程承包市场的主要承发包方式和项目管理模式，是当前建设工程市场广泛应用的合同文本，备受广大用户关注。

1. 新红皮书编制背景与原则

（1）新红皮书编制背景。在国际工程承包招标采购方面，FIDIC合同条件是目前世界上应用最广，影响最大的国际通用合同条件之一，业已成为国际土木建筑行业的具有国际权威的标准范本，但随着国际建筑承包项目模式的发展，FIDIC感到有必要根据当今建筑业的实践，对原有的合同条件加以更新，编制新的合同条件来取代原有的版本。1996年，英国里丁大学受FIDIC和EIC（欧洲国际承包商会）的委托，主要针对红皮书的应用情况，对全球38个国家的有关政府机构、业主、承包商以及工程师等单位进行了调查，接受调查单位的总数为204家，其中我国有2家。调查的结果可以归纳如下：

1）红皮书使用情况。红皮书应用的项目金额一般在1000万～1亿美元之间；工程的类型主要为地上工程，其次为海上工程，再次为地下工程。有16%的项目在使用红皮书时，需要对条款的修改在4条以下；有10%的项目为5～9条；20%的项目为10～19条；29%的项目为20～29条；25%的项目超过30条；其中对第61条修改的情况最少，对第60条修改的情况最多，达到74%，对第10、第14、第21、第67以及第70条修改的情况为60%。

2）对红皮书内容的态度。接受调查的单位大都认为红皮书基本上反映了当今工程建设中的惯例，风险分摊比较公平；红皮书最大的优点为条款覆盖范围全面，风险分担公平合理，最大的缺点是对工程师这一角色的规定。

3）对红皮书格式和语言的态度。对项目合同的编制者和管理者而言，最受欢迎的特点是其标准化；将红皮书分为通用条件和专用条件两部分应用十分方便，也被认为是红皮书的优点。对于红皮书的语言的调查结果最为有趣，尽管有71%的被调查者声称红皮书容易读懂，但在回答红皮书的最大缺点时，其“语言不好理解”又被列在第二位。

4）红皮书版本使用情况。调查结果表明，截止到1996年使用最广的为1987年第四版，占80%；1992年修订的第四版为6%；第三版为14%。这项调查的某些结果成为后来FIDIC编制新的合同条件十分重要的指导思想和参考资料。

（2）新红皮书编制原则

1）术语一致，结构统一。FIDIC红皮书第四版和黄皮书第三版的编制者分别属于不同的两个合同委员会，这两个版本无论在语言风格还是在结构上都不太一致。由于两个版本所表达的有些意图是接近的，甚至是相同的，因而为了避免新版合同条件之间再出现不一致的情况，从一开始FIDIC便成立了一个单一的工作小组来负责起草新版合同条件（由于FIDIC简明合同格式本身的特点，它由另一个合同工作小组来起草）。另外，FIDIC还成立了一个统一的合同委员会，负责合同工作小组之间的协调工作。

2）适用法系面广，措辞精确。作为一个国际机构，FIDIC旨在编制一套国际上通用的标准合同条件文本。因此，在编制过程中，FIDIC一直努力使新版合同条件不仅在习惯法系（即英美法系）下能够适用，而且在大陆法系下同样可以适用。鉴于编制以前合同版本的体验，FIDIC认识到，要达到这一点并不容易。为此，FIDIC决定在合同工作小组中包括一名律师，他必须有这方面的国际经验，在新合同条件形成的过程中来审查有关内容，在切实可行的情况下，保证合同中的措辞适用于大陆法系和习惯法系。鉴于以前合同版本中出现的词不达意的问题，这位律师还必须审查合同编写人员所使用的术语，从法律角度来看是否表达确切。

3）变革而不是改良。以前的FIDIC合同条件版本主要是以工程类型和工作范围来划分各个合同条件版本的功能，如：红皮书《土木工程施工合同条件》（1987年第四版，1992年修订版）适用于土木工程施工；黄皮书《电气与机械工程合同条件》适用于机电工程的供货和安装；橘皮书《设计—建造与交钥匙工程合同条件》则适用于包括设计在内的各类工程。但在这些合同条件中，其风险分担方法不能满足当前国际承包市场的要求，主要是私人业主方面的要求。

另外，第四版红皮书一出版，其条款的编排方式就受到了批评，如红皮书的第44条“工程暂停”本应属于工期管理，但却被单独拿出，并编排在“工程开工”一条的前面。FIDIC接受了这方面的批评，因此在编制新版时，FIDIC决定打破原来的合同编制框架，采用新的体系。考虑到工程类型的不同、工作范围的划分、工程复杂程度以及风险分担等问题，编制了一套能满足各方面要求的合同版本。从条款的编排上，完全摈弃了原来的顺序，内容编排更加符合逻辑。

4）淡化工程师的独立地位。FIDIC的橘皮书1995年编制之前，FIDIC合同条件中有一个基本原则，即：其中有一个受雇于业主的“工程师”，作为独立的一方代表业主进行项目管理，监理承包商的工作。虽然这样做有其自身的优点，但在某些司法体系下，在某些国家，工程师的这样一个角色不被理解，甚至不被接受。在工程实践的很多场合中，工程师这一独立的角色并没有做到合同条件中要求的公正无偏。在编制新版本时，FIDIC决定在银皮书中采用“业主代表”来管理合同。

在新红皮书中，虽然继续采用“工程师”来管理合同，但他不再是独立的一方，而是属于业主的人员，作为一种平衡和对原来的优点的继承，FIDIC在新版中仍要求工程师采取决定时应持公正的态度。FIDIC预计这种改动会遭到有关人士的批评，认为FIDIC丧失了它一直持有的“工程师应为独立、公正的第三方”的原则。但是，FIDIC认为，作为一个国际咨询工程师组织，对国际工程承包市场的动向熟视无睹，既不明智，也不现实。FIDIC根据自身的经验坚持认为，要编制一套崭新的合同条件，就要使其具有一定的前瞻性，该文件既应清晰，又能被合同双方接受。

在这些原则的指导下，FIDIC完成了四本合同条件的编写，并于1999年9月出版了正式版本。为了表示是对以前版本的彻底更新，这四本合同条件统一称为1999年第一版，它们是：①《施工合同条件》（新红皮书）；②《工程设备，设计及建造合同条件》（新黄皮书）；③《EPC（设计—采购—施工）交钥匙项目合同条件》（银皮书）；④《简明合同格式》（绿皮书）。此次没有对1998年出版的《业主与咨询工程师标准服务协议书》第二版（即“白皮书”）进行更新。

（3）新红皮书的适用条件

1）各类大型复杂工程；

2）业主负责大部分或全部设计工作；

3）承包商的主要工作为施工，但也可承担部分设计工作；

4）由工程师来监理施工和签发支付证书；

5）一般采用单价与子项包干式的合同，按工程量表中的单价及包干的子项来支付完成的工程量；

6）风险分担较均衡。

2. 新红皮书的主要内容

（1）通用条件。通用条件共有20条247款，其内容为：一般规定；雇主；工程师；承包商；指定分包商；职工和劳工；永久设备、材料和工艺；开工、延误和暂停；竣工检验；雇主的接受；缺陷责任；测量和估价；变更和调整；合同价格和支付；雇主提出终止；承包商提出终止和暂停；风险和责任；保险；不可抗力；索赔、争端和仲裁。

（2）专用条件编写指南。专用条件中提供了对处理某些问题的进一步资料、其他编写方式的范例措辞以及编写专用条件和其他招标文件的解释性说明及范例措辞。专用条款编制中应该说明的是，在引入任何范例措辞前，必须核实它是否完全适用于具体情况，如果不是必须对其进行修改。在修改范例措辞时，以及在做出其他修改或增加的任何情况下，必须确保不与通用条件产生歧义，或在专用条件之间产生歧义，至关重要的一点，所有这些改动的工作以及整个招标文件的编制，都应委托给有关方面的专家来完成。

（3）合同条件结尾部分。条件结尾部分是投标函、投标文件附录（给出了一个要参照它的条款列表）、合同协议书的格式，以及争端裁决协议书的替代形式。争议裁决协议，提供了雇主、承包商和被任命的裁决委员（唯一的裁决委员或三人争端裁决委员会中的一名成员）之间的协议条文，并在通用条件中纳入了有关条款（以引用的形式）。

3. 新红皮书的基本特点

（1）新红皮书条款适用范围扩大化。“新红皮书”名称的改变绝不是为了简化，而在于它不只是适用于土木工程施工，还可用于房屋建筑、机械、电气等多类工程的施工，并且特别适合于传统的“设计—招标—建筑”建设履行方式，此类项目一般建设规模比较大，复杂程度高，并由业主或其代表工程师设计，通过竞争性招标选择承包商，按照责、权、利、风险公平分担原则，由承包商在监理工程师按照合同、公正的监督管理下依照业主提供的设计进行施工；但也可包含承包商设计的土木、构筑物等的某些部分。

(2) 新红皮书条款框架结构的改进与统一。"新红皮书"不是在"红皮书"的基础上修改而是重新进行了编写，表现在结构上，就是放弃了"红皮书"25节72条194款的框架，而是继承了FIDIC1995年出版的"橘皮书"的基本模式：通用条款部分分为20条（共163款），并取消了"红皮书"中没有编号的"节"；布局上进行了整合，使条款的标题以至部分条款的内容能一致的尽可能一致，突出了相关性与易用性。而且"新红皮书"、"新黄皮书"、"银皮书"做到内容分类、条款设置、位置及表述的大部分统一，都包含以下三部分：通用条件、专用条件编写指南和投标函、合同协议书、争端裁决协议书格式。对于能够运用多种方式承包工程的承包商来说，为其分析和比较不同合同条件文本提供了极大的方便，对工程承包方式的决策有着积极作用。

(3) 新红皮书条款的内容有较大的修改和补充。初步统计，"新红皮书"完全采用"红皮书"内容的只有33款。对条款的内容做了补充或较大修改的有68款，如将"红皮书"中的合同价格改为中标合同金额（1.1.4.1，该数字为"新红皮书"中该条款的编号，下同），而将实际发生、支付的款额定义为合同价格（1.1.4.2）；增加了规范、图纸等而细化了文件的优先次序（1.5）；文件由工程师保管改为由业主保管（1.8）；履约担保由缺陷责任证书发出后14天内退还，改为在业主收到履约证书副本后21天内退还（4.2）；变更工程量的限定由±25%变为±10%（12.3）等。而新编的则有62款，如新增确定（3.5）、估计（12.3）、变更权（13.1）、变更程序（13.3）、结清证明（14.12）等。再如"新红皮书"中对关键词的定义分六类编排，并增加到58个（"红皮书"只有32个），其中有30个是"红皮书"所没有定义的，如增加了DAB（争端裁决委员会）（1.1.2.9）、不可抗力（1.1.6.4）、不可预见（1.1.6.8）等，从中可以看出变化之大。

(4) 编写指导思想上突出了灵活性与易用性。"红皮书"是在专用条件中编入特殊情况的条款，而"新红皮书"是尽可能地在通用条件中做出全面而细致的规定，如开工日期的确定（8.1）、进度计划的提交时间（8.3）、调价公式（13.8）、预付款（14.2）以及有关劳务的某些具体规定等均被纳入了通用条件，使其适用于大多数合同。这样，如果通用条件中的某一条款并不适用于实际项目，可以简单地将其删除而不需要在专用条件中特别说明，更用不着在专用条件中另行编写。

(5) 权利、义务等做了更为严格而明确的规定。

1) 对业主方面。①业主资金安排与支付方面：按照合同向承包商支付工程款是业主最主要的义务，在"新红皮书"中要求业主事先做好到期能够按时支付合同价格款额的资金安排（2.4）；在专用条款中规定了在承包商带资承包的条件下，业主应向其提供"支付担保"；并且在付款种类及支付时间上也进行了详细规定（14.7），从而有利于承包商在付款方面防范资金风险。②业主对雇佣监理工程师方面：在业主对监理工程师的权力方面加以进一步限制，甚至撤掉监理工程师时必须得到承包商的同意。限制了业主在这方面的随意性（3.1、3.4）。③业主违约方面：增加了具体的业主违约条款，此时承包商可以解除合同（如1.6、1.7）等。④其他方面：业主应对基准点、线、标高的错误负责（4.7），而不再像"红皮书"规定的由承包商负责等。

2) 对承包商方面。对承包商的工作要求进行了补充、修改或细化，具体体现在：①质量控制方面：主要是通过建立质量保证体系与加强对工程的检验来进行的。a. "新红皮书"新增要求承包商按合同建立一套质量保证体系，在每一项工程的设计和实施阶段开始前，均应将所有程序的细节和执行文件提交给监理工程师以获得批准（4.1、4.9），其实质是强制执行 ISO 9000 质量保障体系；b. 另一方面是通过检验来保证质量。这方面比“红皮书”更严格。如业主有权在产地检验原材料，查验施工工艺等（7.3）；对有缺陷的工程设备移出现场修理时，承包商应增加履约担保或提供其他担保等。②进度控制方面：增加了承包商应编制详细的月进度报告，由于报告内容很全面，对承包商的管理工作提出了更高的要求（4.21）。③费用控制方面：在申请期中付款证书时，除了提交应得款项的详细报表外，还要求提供月进度报表等证明文件（14.3）；在提交最终报表时，还要提交一份结清证明（14.12）等。④合同管理方面：增加了当发生工程合理延期时，如现场进入权（2.1），承包商除了可以索赔工期和费用外，还有权追回合理的利润损失，这是一个性质上的明显改进。并且，每一方都有义务使工程延误减至最小（19.3），细化了在何种条件下业主将没收履约担保（4.2）。⑤增加了安全程序（4.8）：要求对现场人员、未完工和未移交的工程以及对附近公众的安全负责。⑥进一步强调承包商必须加强环境保护（4.18），突出了可持续发展的原则，逐步使人们认识到实施 ISO 14000 环境管理体系的必要性与重要性。⑦其他方面：如明确规定在开工日期前应向监理工程师提交承包商代表资料（4.3），应每月填报现场承包商人员人数、设备等详细资料（6.10）等。

3）对监理工程师方面。对监理工程师的职权也做了更为严格而明确的规定，提出了更高的要求，如对监理工程师的行为公正进行了细化（3.5、14.6、14.13）；监理工程师的口头指示确认期限由“红皮书”的 7 天变到 2 天（3.3）；对承包商进度计划的审批期限明确规定为 21 天（8.3）；工程和分项工程的接收证书签发（10.1）；对承包商的索赔报告必须在一定期限作出回应（20.1）等。另外，在“新红皮书”中，第一次从合同的角度明确了监理工程师是为业主工作的，而不只是要行为公正（1.1、2.4、3.1），加强了业主直接干涉工程施工的思想（再如 7.3）。

（6）索赔方面的修改。索赔和反索赔一直是条款中合同管理的重点，也是监督合同实施的核心手段。在“红皮书”中增加了索赔程序，在“新红皮书”中又增加了与索赔有关的条款并丰富了细节。主要有：

1）首次明确了业主享有与承包商相同的向对方索赔的权利，这就为业主索赔提供了合同依据（2.5）。

2）在承包商索赔方面限制更严格：需承包商按合同要求提供详细索赔资料，否则将引起业主索赔（20.1）。

3）在监理工程师方面：要求对承包商的索赔不能再像以往那样不置可否，并要求监理工程师在收到承包商索赔报告 42 天内或双方商定时限内做出批准或不批准的答复，并附具体意见（20.1）。

（7）争端解决方面。争端解决方式发生了明显变化，加入 DAB（争端裁决委员会）及其工作程序，用由三人组成的委员会来替代“红皮书”中依靠工程师解决争端的作用。

（8）其他。在措辞上比老版本简练，句子结构也相对简单清楚，因此更通俗易懂。由于 FIDIC1999 年新版《施工合同条件》，截至目前虽然已经推广使用 15 年了，但对于部分刚刚从业的人员来说，有必要了解其发展的脉络，对其尽快、全面地了解和熟悉。

4 施工总承包合同管理过程

施工总承包合同管理的整个过程可概括为签订合同和履行合同两个阶段，这两个阶段紧密联系，不可分割，签订合同是履行合同的基础，而履行合同又是签订合同的积累，两者缺一不可。合同签订得是否合理，直接影响到建设工程项目总承包合同实施的成败和经济效益，严格、科学的合同履行管理，使工程项目建设满足合同约定各项要求，才能保证合同目标和预期经济效益的最终实现。

4.1 施工总承包合同签订管理

4.1.1 合同签订前的管理

1. 投标资格预审阶段

资格预审是决定承包企业能否参与投标并中标取得合同签约权的第一关。要搞好这项工作应从以下几方面着手：

（1）应注意平时的资料积累。对企业的基本情况、人员状况、技术力量、设备装备能力、企业资信、获奖荣誉等方面，特别是企业的财务状况和相类似工程经验等，要在平日通过计算机建立一个专用的资料库，将有关资料存储在资料库内，并根据新的信息及时地补充完善。一旦参与某个项目的资格预审时，从资料库调出，再针对招标单位的要求加以修正和补充即可，这样既准确又快捷。

（2）承包企业在投标决策时，应做好市场调研工作，注意搜集信息，根据资格预审的评审要求和竞争对手的情况，以及自身的竞争实力，用科学的决策方法加以分析，及早地发现问题，研究对策，从而确立投标策略。例如某施工公司对某项目进行投标决策的方法，在对该项目在进行投标决策时，采用专家评分比较法进行决策分析，确定对该项目是否参与投标，影响项目投标的因素很多，投标者应全面地对各种因素权衡比较进行决策。

（3）在编制资格预审书时，对项目所采取的措施（如投入的管理人员、机械设备等）不宜做过高、过多或不切实的承诺，力求科学、合理。

（4）做好递交资格预审书后的跟踪工作。递交资格预审书后，应通过各种渠道，及时了解资格评审的进展情况，以便发现问题及时补充资料。

2. 投标报价阶段

投标报价是合同管理工作的重要环节。投标小组在投标的过程中，应对招标文件进行反复细致而深入的研究，对施工现场作好详尽的调查，如地形、地貌、水文地质条件、施工场地、交通、物资供应等条件。通过对招标文件的研究和现场调查所发现的问题，进行分类归纳，并作好书面记录，以便在合同管理的各个阶段引起高度重视。例如：在投标时按为以下三种类型的问题归纳，以便在投标报价、合同谈判过程中灵活运用。

第一种类型：把在投标过程中必须要求业主澄清的问题归为第一种类型。如总价包干合同中工程量表漏项或某些工程量偏差较大，或某些问题含糊不清等。有关这类问题可能导致开工后的风险对承包商明显不利，必须在投标过程中及时提出咨询，并要求业主书面澄清。

第二种类型：把有可能在合同谈判过程中争取修改的问题归为第二种类型。如合同条件或规范要求过于苛刻，显然不合理的条款等应在合同谈判时，运用谈判策略和谈判技巧，向业主提出来，争取得到更改，以便在合同实施阶段使自己处于较为有利的地位。

第三种类型：把对承包商自己有利的问题归为第三种类型。这类问题一般不在投标时向业主提出。在投标时利用投标技巧，提高竞标中标的可能，或者在合同实施阶段可以利用这类问题能够得到工期和价款的合理补偿。

除此之外，还要设立专门的编制标书小组；运用合同分析法，仔细研究招标文件中条款及图纸等方面的技术问题，包括业主提供的原始技术资料、数据等，是否满足报价需求、是否正确合理、有哪些技术方面的风险等，根据这些因素，制定出切实可行的施工规划和主要施工方法。

3. 依据企业总体战略目标做出决策

承包商的合同管理是项目管理的一部分，合同管理目标的实现，直接体现项目的管理目标的实现，从而体现承包企业的战略发展目标。合同的签订要依据承包企业发展战略目标，符合战略目标的意图，承包企业总体战略目标是签订合同的指南。在施工总承包合同签订之前对其风险进行有效的分析并制定了相应的防范措施之后，就应着手进行合同的签订工作，各自不同的承包企业应根据自身的经营状况来做出决策：

（1）对于竞争力较强的施工企业，由于其市场竞争能力较强，市场前景看好，目前有十分饱满的工程任务，对于新的工程的有无对企业的影响不大，不存在因为接不到工程而存在企业无法生存的后顾之忧，不存在开拓市场的问题，因而其合同管理的目标应该较为乐观。

（2）对于目前市场任务较少，企业生存困难，还存在开拓市场的施工企业来说，施工企业的合同管理目标则应该较为保守一些；有些施工企业为了开拓某一地区的市场，不惜以低价中标的投标策略来承包工程，虽然这对于一个国家的建设工程施工企业的总体发展来说是不正常的，但这对于个别企业的初始发展来说无可厚非，对于那些刚刚起步的施工企业来说这也不失为一种策略。

（3）对于那些目前经营状况一般，既无大的赢利的工程可言，又无生存危机的施工企业来说，其合同签订阶段的战略目标应加以慎重对待。由于其合同是实现项目目标乃至企业目标的手段，因而它必须体现和服从企业发展的总体战略目标，对于这种“进退维谷”阶段的施工企业来说，其合同管理的目标的实现将对企业的发展起到不可估量的作用。

4. 施工总承包合同谈判阶段

合同谈判阶段，总承包商合同管理工作要点如下：

（1）明确谈判目的。争取中标，宣传企业优势、技术方案先进、报价合理、许诺优惠条件等；争取合理价格，要防止业主进一步压价、又要准备业主拟增加项目、修改计划或提高标准时适当增加价格；争取改善合同条件，协商不合理条款的改变，达到双方都认为合同最大程度地满足了各自利益目的。

（2）谈判准备工作。组建谈判小组，根据谈判人员的特长做好分工。

（3）拟订谈判方案。对自己一方需要解决的问题和解决方案做好准备；谈判资料准备，准备好谈判使用的文件资料、准备提交对方的文件资料及需要向对方索取的文件清单。

5. 施工总承包合同的审查

总承包合同的审查重点是：总承包商主要的合同责任、工程范围、业主（包括工程师）的主要责任和权利、合同价格、支付方式、计价方法和价款的补偿条件、工期要求和顺延条件、双方的违约责任、合同变更形式、合同索赔条件、验收方式等。

4.1.2 合同签订时的管理

合同签订过程中，是双方当事人经过互相协商后就各方的权利、义务达成一致的意见的过程，签约是双方意志统一的表现。签订施工合同的准备工作时间较长，实际上从准备招标文件开始，继而经过招标、投标、评标、中标，直至合同谈判结束为止的一整段时间。签订合同时，承包商合同管理人员应对合同条款进行审查把握。

（1）合同是双方当事人意思一致的表示，一经签订即具法律效力：因此合同的内容要具体、确定，不能模棱两可，含糊其词，要表述清楚、准确，不能有异议，给自己造成不利和损失。

（2）标的物要明确、规范、标准，具体标的不清会造成合同无法履行或者发生合同纠纷。

（3）合同内容应参照相关合同示范文本，结合实际情况制定，避免缺条少款，签订吃亏、被动合同；但增加补充条款不能对自己不利。

（4）书写文字要准、层次要分明、行文要规范、用词要准确无误，标点符号要正确，前后意思要一致，不能有歧义和错漏。

（5）合同签字前，要对合同文本进行再次认真细致的审核。

（6）要互审对方执照、公章、法定代表人证书和委托书、单位名称与印章一致。

（7）被委托人不能超越委托权限范围和期限签订合同，与自然人签订合同时应注意是否具有相应民事行为能力。

4.2 施工总承包合同履约管理

施工总承包合同履约管理关键环节涉及合同交底、工程质量、进度、费用控制、合同变更、合同索赔、合同纠纷处理等，本节主要对合同交底、工程变更与合同索赔环节的管理加以论述。

4.2.1 合同总体分析及交底

合同总体分析是指通过总承包人将合同条款和规定具体地落实到一些带全局性的问题和具体事件上，用以指导具体工作，保证合同能够顺利实施。

1. 合同总体分析内容

合同总体分析在不同时期有不同的目的，有不同的内容。总承包人重点分析的内容包括：总承包人主要合同责任和权利，工程范围、业主的主要责任和权利，合同价格、计价方法和价格补偿条件，工期要求和顺延条件，合同双方的违约责任，合同变更方式，程序工程验收方法，索赔规定及合同解除的条件和程序，争执的解决等。

2. 总承包合同工作分析

总承包合同工作分析是在合同总体分析和进行合同结构分解的基础上，依据合同协议书、合同条件规范、图纸、工作量表等，确定各项目管理人员及项目小组的合同工作，以及划分各责任人的合同责任。

（1）工程项目的结构分解及工程活动的分解和工程逻辑关系的安排。

（2）技术会审工作。

（3）工程实施方案、总体计划和施工组织计划。在投标书中已经包括这些内容，但在施工前应进一步细化，做详细的安排。

(4) 工程详细的成本计划。

(5) 总承包人对分包工程以及各级分包合同的工作安排和合同之间的协调。

合同工作分析实质上是合同执行计划。在合同实施前进行合同分析，可以查漏补缺，对合同中可能存在的问题和风险及时进行确认和界定，具体落实对策措施，为合同管理打开方便之门。

3. 施工总包合同交底

总包合同交底是指合同管理人员在对总包合同内容做出解释和说明的基础上，通过组织项目管理人员和各工程小组负责人学习合同条文和合同总体分析的结果，是每一个总承包项目参加者掌握合同主要内容、各种规定、管理程序、熟悉自身的合同责任和工程范围，以及各种行为的法律后果，梳理全局观，使工作协调一致，避免执行中的违约行为发生。总包合同交底的步骤如下：

(1) 签约总承包企业合同管理人员向项目部经理及项目管理人员进行合同交底，全面陈述合同背景、合同工作范围、合同目标、合同执行要点、并解答项目经理及项目管理人员提出的问题，形成交底记录。

(2) 总承包项目管理人员向项目职能部门负责人进行合同交底并陈述合同基本情况、合同执行计划、各职能部门的执行要点、合同风险防范措施，并解答各职能部门提出的问题，形成交底记录。

(3) 各职能部门负责人向其所属执行人员进行合同交底，陈述合同基本情况，本部门的合同责任以及合同执行要点，合同风险防范措施，并解答各职能部门执行人员提出的问题，形成交底记录。

(4) 各部门将交底情况反馈给项目合同管理人员，由其对合同执行计划、合同管理程序、合同管理措施进一步修改完善，最后形成合同管理文件，下发给各执行人员，指导其管理活动。

4.2.2 施工总承包合同变更

1. 合同变更范围

建设工程合同变更的概念有广义和狭义之分。从广义上理解，工程合同的变更不仅包括合同内容的变更，而且还包括合同主体的变更。从狭义上理解，工程合同的变更仅仅是指合同内容的变更。由于承包人是通过招标确定的，而且合同主体的变更实际上是合同权利义务的转让，因此，一般所说的建设工程合同的变更是指狭义上的变更，即建设工程合同内容的变更。

所谓合同内容变更是指在工程施工过程中，根据合同约定对原工程设计、施工的程序、工程内容、数量、质量要求及标准等做出的变更。《施工合同文本》第 10.1 款［变更的范围］规定，除专用合同条款另有约定外，变更范围包括：①增加或减少合同中任何工作，或追加额外的工作；②取消合同中任何工作，但转由他人实施的工作除外；③改变合同中任何工作的质量标准或其他特性；④改变工程的基线、标高、位置和尺寸；⑤改变工程的时间安排或实施顺序。

根据变更的来源不同，变更可以分为业主变更、监理工程师提出的变更两类，即业主和监理工程师是具有提出变更的权利人。

合同变更的原因很多，如考虑不周、计划不周，业主主动或被动的改变想法等。有关人员曾对大型建设工程的合同变更原因做过调查统计。各种原因导致合同变更所占比例见表 4-1。

表 4-1　各种原因导致合同变更所占比例表

序号	合同变更原因	所占比例
1	业主改变想法（主动）	21%
2	业主改变想法（被动）	8%
3	设计缺陷	8%
4	设计方案的选择	13%
5	设计团队不能确定问题	4%
6	设计团队不能决定解决方案	8%
7	考虑不周	17%
8	不可预见事件	4%
9	合同签约前的限制	13%
10	合同对承包商的保护	4%

2. 合同变更程序

(1) 发包人提出变更的，应通过监理人向承包人发出变更指示，变更指示应说明计划变更的工程范围和变更的内容。承包人收到经发包人签认的变更指示后，方可实施变更。未经许可，承包人不得擅自对工程的任何部分进行变更。涉及设计变更的，应由设计人提供变更后的图纸和说明。(《施工合同文本》第 10.3.1 款［发包人提出的变更］)。

(2) 监理人提出变更建议的，需要向发包人以书面形式提出变更计划，说明计划变更工程范围和变更的内容、理由，以及实施该变更对合同价格和工期的影响。发包人同意变更的，由监理人向承包人发出变更指示。发包人不同意变更的，监理人无权擅自发出变更指示。(《施工合同文本》第 10.3.2 款［监理人提出变更建议］)。

(3) 承包人收到监理人下达的变更指示后，方可实施变更。未经许可，承包人不得擅自对工程的任何部分进行变更。涉及设计变更的，应由设计人提供变更后的图纸和说明。认为不能执行，应立即提出不能执行该变更指示的理由。承包人认为可以执行变更的，应当书面说明实施该变更指示对合同价格和工期的影响，且合同当事人应当按照变更估价有关规定确定变更估价。(《施工合同文本》第 10.3.3 款［变更执行］)。

3. 合同变更估价

依据我国《民法通则》第一百一十五条的规定，建设工程合同的变更，不影响当事人要求赔偿损失的权利。当发生合同变更时，承包人应与发包人按照有关法律或合同规定，对变更事项进行估价，作为对承包方的补偿。

(1) 合同变更估价原则：1) 已标价工程量清单或预算书有相同项目的，按照相同项目单价认定；2) 已标价工程量清单或预算书中无相同项目，但有类似项目的，参照类似项目的单价认定；3) 变更导致实际完成的变更工程量与已标价工程量清单或预算书中列明的该项目工程量的变化幅度超过 15% 的，或已标价工程量清单或预算书中无相同项目及类似项目单价的，按照合理的成本与利润构成的原则，由合同当事人应经过商定或确定的方式来确定变更工作的单价。(《施工合同文本》第 10.4.1 款［变更估价原则］)。

(2) 承包人应在收到变更指示后 14 天内，向监理人提交变更估价申请。监理人应在收到承包人提交的变更估价申请后 7 天内审查完毕并报送发包人，监理人对变更估价申请有异议，通知承包人修改后重新提交。发包人应在承包人提交变更估价申请后 14 天内审批完毕。发包人逾期未完成审批或未提出异议的，视为认可承包人提交的变更估价申请。发包人因变更引起的价格调整应计入最近一期的进度款中支付。（《施工合同文本》第10.4.2款［变更估价程序］）。

注意变更估价程序所规定的时限：14天承包商提交变更估价申请、7天监理工程师审查完毕、变更估价申请后的14天（7+7）内审批完毕。

4. 承包人合理化建议

承包人提出合理化建议的，应向监理人提交合理化建议说明，说明建议的内容和理由，以及实施该建议对合同价格和工期的影响。除专用合同条款另有约定外，监理人应在收到承包人提交的合理化建议后7天内审查完毕并报送发包人，发现其中存在技术上的缺陷，应通知承包人修改。发包人应在收到监理人报送的合理化建议后7天内审批完毕。合理化建议经发包人批准的，监理人应及时发出变更指示，由此引起的合同价格调整应按照有关变更估价规定进行约定执行。发包人不同意变更的，监理人应书面通知承包人。合理化建议降低了合同价格或者提高了工程经济效益的，发包人可对承包人给予奖励，奖励的方法和金额在专用合同条款中约定。（《施工合同文本》（第10.5款［承包人提出合理化建议］）。

5. 变更引起的工期调整

因变更引起工期变化的，合同当事人均可要求调整合同工期，由合同当事人通过按照商定或确定方式，并参考工程所在地的工期定额标准确定增减工期天数。（《施工合同文本》第10.6款［变更引起的工期调整］）。

4.2.3 施工承包合同索赔

1. 合同索赔的意义

合同索赔是指合同当事人双方在施工合同实施过程中，依据法律、合同规定及惯例，对并不是由于自己的过错而是属于应由合同对方承担责任的情况造成，且实际发生了损失时向对方提出给予补偿或赔偿的权利要求。在建设工程市场管理日益法制化、规范化的今天，合同索赔管理越来越引起承包商们的重视，它成为合同双方维护其自身利益获得经济效益最有效的手段之一。

同时合同索赔活动还有着更深远、更重要的经济和社会意义，它有利于我国市场经济的发展，有利于政府职能的转变，可以使政府工作重点转移到提供法律保障、政策指导和建筑市场宏观调控和管理上，有利于强化业主和承包商的法制观念和合同契约意识。进一步促进企业经营机制的转变，有利于业主和承包商双方自身素质和管理水平的提高，有利于促进建筑商品价格合理化，有利于清理工程拖欠款，有利于国内工程建设管理与国际接轨。

2. 合同索赔的种类

（1）按索赔的合同依据分类可分为合同中的明示、默示。

（2）按索赔主体分类可分为承包商同业主之间、承包商与分包单位之间、承包商同供货单位之间的索赔。

（3）按索赔的处理方式分类可分为单项索赔、总索赔等。

（4）按发生索赔的原因分类可分为增加（或减少）工程量索赔、地基变化索赔、工期延长索赔、加速施工索赔、不利自然条件及人为障碍索赔、工程范围变更索赔、合同文件错误索赔、工期拖期索赔、暂停施工索赔、终止合同索赔、设计图纸拖交索赔、拖延付款索赔、物价上涨索赔、业主风险索赔、特殊风险索赔、不可抗拒天灾索赔、业主违约索赔、法令变更索赔。

（5）按索赔的目的分类可分为工期、费用以及利润索赔：①工期索赔即由于非承包商责任的原因而导致施工进程延误，要求批准延误合同工期的索赔；②费用索赔即当施工的客观条件改变导致承包商增加开支，承包商要求对超出计划成本的附加开支给予补偿，以换回不应由他承担的损失；③由于业主原因造成合同终止，承包商有权向业主提出预期利润索赔。

3. 承包商索赔的原因

（1）施工准备阶段的索赔原因。在施工准备工作中，主要由于不具备或不完全具备开工条件而导致不能按合同协议约定的开工日期按时开工，从而产生工期的索赔；或者虽然按期开工，但开工后为处理以上遗留的问题给承包商增加了额外的工作，引起费用和工期的索赔等，具体有以下九个方面的原因：

1）业主未按合同约定的日期和份数，在开工前向乙方提供施工图纸。

2）业主未在合同规定的期限内，办理土地征用、青苗树木赔偿、房屋拆迁、拆除地面、架空和地下障碍等工作，施工场地没有或没有完全具备施工条件。

3）业主未按合同规定将施工所需水，电、电讯线路从施工场地外部接至协议条款约定地点，没有保证施工期间的需要。

4）业主没有按合同规定开通施工场地与城乡公共道路的通道，以及协议条件约定的施工场地内的主要交通干道，没有满足施工运输的需要，没有保证施工期间的畅通：业主没有按合同约定及时向承包商提供施工场地的工程地质和地下管网线路资料，或者提供的数据不符合真实准确的要求。

5）业主未及时办理施工所需各种证件、批件和临时用地、占道及铁路专用线的申报批准手续，影响施工。

6）业主未及时将水准点与坐标控制点以书面形式交给承包商。

7）业主未及时组织有关单位和承包商进行图纸会审，未及时向承包商进行设计交底。

8）业主没有妥善处理好施工现场周围地下管线和邻近建筑物、构筑物的保护。

9）在有毒有害环境中施工，业主未按有关规定提供相应的防护措施。

（2）进度控制中索赔产生的原因。在进度控制中，可能会导致工期的延长和停工费用损失，从而引起工期和费用的索赔。具体表现在：

1）由于业主原因，业主以书面形式通知推迟承包商开工日期或者承包商不能按时开工，承包商已在合同协议条款约定的时间内向业主提出延期开工的理由和要求，得到业主代表批准或在规定时间内未予答复。

2）业主代表要求承包商暂停施工，后经查实停工责任在业主。

3）由于以下原因，导致工期延误、工程量变化和设计变更：一周内，非施工方原因停水、停电、停气造成停工累计超过 8h、不可抗力、合同中约定或业主代表同意给予顺延的其他情况。

（3）在质量控制中索赔产生的原因。在质量控制中，由于业主或非承包商的其他原因导致材料、设备和工程的质量达不到要求或提高标准，从而增加费用、影响工期，导致索赔的原因为：

1）业主负责供应的材料设备：在种类、规格型号、质量等级和供应时间方面与合同清单和约定的供应时间不符，导致额外的处理费用和时间。

2）施工方负责采购的材料设备：由于业主不能按时到场验收，使用中发现材料设备不符合规范和设计要求，虽然由施工方修复或拆除及重新采购，承担发生的费用，赔偿业主的损失，但会引起由此延误工期的索赔。

3）由于业主不能正确纠正或其他非施工方原因引起工程质量不符合标准、规范和设计的要求，导致返工、修改。

4）业主要求部分或全部工程质量达到优良标准，由此增加工程费用，影响工期。

5）业主指示施工方对已覆盖的工程剥露或凿开检查。

6）由于设计原因或业主负责采购的设备、制造原因试车达不到验收要求，需重新设计、拆除及重新安装。

（4）投资控制中的索赔原因。由于合同价款的调整、支付、竣工结算和保修款退还的索赔原因包括以下几方面：

1）由于业主代表确认的工程量增减。设计变更或工程洽商，工程造价管理部门公布的价格调整以及合同约定的其他增减或调整导致的合同价款调整。

2）业主未按合同约定的时间按时预付工程款。

3）业主代表完成工程计量后，业主不按时支付或被银行延误支付工程进度款。

4）业主不按协议条件约定日期组织竣工验收，引起工程保管费用的索赔。

5）业主无正当理由在收到竣工报告后的协议规定时间内不办理结算。

6）工程保修期届满，业主不按协议约定的时间退还剩余保修金和相应利息。

（5）管理方面产生的索赔原因。主要是指由于业主代表（或监理工程师）和其管理行为不当，可能会对施工造成影响，增加工程费用或产生停工、降效损失，延误工期，从而导致费用、工期索赔，主要因素有：

1）业主代表（或监理工程师）委托具体管理人员没有按合同程序、时间通知承包商。

2）业主代表（或监理工程师）发出的指令、通知有误。

3）业主代表（或监理工程师）未按合同规定及时向承包商提供指令、批准、图纸或未履行其他义务。

4）业主代表（或监理工程师）对承包商的施工组织进行不合理干预。

（6）其他方面产生的索赔原因。主要是引起承包商的意外损失，停工、窝工或降效损失，影响工期，从而引起费用和工期索赔，依据新版施工合同文本规定，包括以下几个方面：

1）施工中发现文物、古墓、古建筑基础和结构、化石、钱币等有考古、地质研究等价值的物品以及其他影响施工的地下障碍物。

2）由于自然灾害、社会动乱、暴乱等不可抗力因素，给承包商造成损失，影响工期的。

3）由于政策变化，不可抗力以及甲乙双方之外原因导致工程停建或缓建。

4）由于货币贬值，外汇汇率变化等。

5）由于合同本身的缺陷而造成承包人损失的。

4．承包商索赔依据

索赔依据是基于能够证明索赔事件的一切材料，因为任何一项索赔事件的成立，都必须具备正当的理由。只有这样，提出索赔的一方才能做到有理有据，确保索赔获得成功。所以要达到索赔的目的，就必须在工程实施过程中注意收集和积累与索赔有关的资料，为索赔提供真实的依据。施工总承包索赔的依据如下：①招标文件，合同文本及附件，发包人认可的工程实施计划，各种图纸和技术规范；②建设工程实施的各项会议纪要，来往信件如发包人的变更指令、通知、答复、认可信；③施工进度计划和现场施工的工程文本文件，备忘录；④工程变更、技术交底记录的日期和送达份数；⑤有关工程部位的照片、录像，检查验收报告和各种技术鉴定报告；⑥工程现场的气候记录，水电停送记录，道路的封堵开通记录；⑦有关建筑工程材料、设备的采购、订货、运输、进场、验收、使用等方面的记录、凭证和报表；⑧各种会计核算资料，工程进度款、预付款支付的日期和数量记录，市场行情资料包括官方的文件规定、市场价格，央行汇率。

5. 承包商索赔程序

索赔事件发生后，承发包双方应当按合同规定的有关条款及时、合理地按一定的程序来处理索赔事件。首先强调一下索赔成立的条件：(1) 与合同对照，事件造成了承包人工程项目成本的额外支出或直接损失；(2) 造成费用增减或工期损失的原因，按合同约定不属于承包人的行为责任或风险责任；(3) 承包人按合同规定的程序提交索赔意向通知和索赔报告，在实际工作中有时索赔意向通知要在索赔事项发生之前提交，这样可避免将来推诿扯皮。要解决索赔问题，就要按照一定的程序来处理。

依据《施工合同文本》第 19.1 款 [承包人的索赔] 规定，承包商应按以下程序向发包人提出索赔：

(1) 承包人应在知道或应当知道索赔事件发生后 28 天内，向监理人递交索赔意向通知书，并说明发生索赔事件的事由；承包人未在前述 28 天内发出索赔意向通知书的，丧失要求追加付款和（或）延长工期的权利。

(2) 承包人应在发出索赔意向通知书后 28 天内，向监理人正式递交索赔报告；索赔报告应详细说明索赔理由以及要求追加的付款金额和（或）延长的工期，并附必要的记录和证明材料。

(3) 索赔事件具有持续影响的，承包人应按合理时间间隔继续递交延续索赔通知，说明持续影响的实际情况和记录，列出累计的追加付款金额和（或）工期延长天数。

(4) 在索赔事件影响结束后 28 天内，承包人应向监理人递交最终索赔报告，说明最终要求索赔的追加付款金额和（或）延长的工期，并附必要的记录和证明材料。

注意：承包商提出索赔的三个 28 天，即索赔通知书在事发后 28 天内发出；索赔通知书发出后的 28 天内提交正式索赔报告；对持续影响事件，除按照（3）的规定外，在索赔事件影响结束后 28 天内，承包商递交最终索赔报告。

6. 对承包人索赔的处理

《施工合同文本》第 19.2 款 [对承包商的索赔处理] 规定：

(1) 监理人应在收到索赔报告后 14 天内完成审查并报送发包人。监理人对索赔报告存在异议的，有权要求承包人提交全部原始记录副本。

(2) 发包人应在监理人收到索赔报告或有关索赔的进一步证明材料后的 28 天内，由监理人向承包人出具经发包人签认的索赔处理结果。发包人逾期答复的，则视为认可承包人的索赔要求。

(3) 承包人接受索赔处理结果的，索赔款项在当期进度款中进行支付；承包人不接受索赔处理结果的，按照新版施工合同文本第 20 条 [争议解决] 约定处理。

注意对承包商索赔的处理中的时限，无异议的，业主应在索赔报告递交后的 28 天内对承包商给予答复；其中 14 天是监理工程师完成将索赔报告递交业主的时限。有异议的，在承包商提交进一步证明材料后的 28 天内，业主应给予答复。

7. 索赔期限

承包商接收竣工付款证书后，已无权再提出在工程接收证书颁发前所发生的任何索赔；提交的最终结清申请单中，只限于提出工程接收证书颁发后发生的索赔。提出索赔的期限自接受最终结清证书时终止（《施工合同文本》第 19.5 款 [提出索赔的期限]）。

8. 索赔计算

索赔事件发生后，如何正确地计算索赔补偿给承包人造成的损失，直接涉及到承包人的利益。建设工程索赔费用的主要组成部分同工程款的计价内容相似。承包人有索赔权利的工程成本增加，都是可以索赔的费用。但对于不同原因引起的索赔，其费用的具体内容不完全一样，有的可以列入索赔费用，有的则不能列入。这就要求从事建设工程项目的管理人员按照各项费用的特点、条件进行分析论证，灵活地对待具体的索赔问题。索赔最终应以工期和费用的准确计算来确定其索赔值。

9. 业主的索赔

业主如果认为承包商未能按合同约定履行各项义务或发生错误，给业主造成损失，业主也可以按照有关约定向承包方提出索赔。参照《施工合同文本》第19.3款［发包人的索赔］、第19.4款［对发包人索赔的处理］有关条款规定进行索赔。

10. 新旧版文本索赔条款比较（表4-2）

表4-2　13版、99版施工合同条件关于索赔条款的比较

	2013版合同文本	注释	1999版合同文本
承包人的索赔	19.1承包人的索赔 （1）承包人应在知道或应当知道索赔事件发生后28天内，向监理人递交索赔意向通知书，并说明发生索赔事件的事由；承包人未在前述28天内发出索赔意向通知书的，丧失要求追加付款和（或）延长工期的权利； （2）承包人应在发出索赔意向通知书后28天内，向监理人正式递交索赔报告；索赔报告应详细说明索赔理由以及要求追加的付款金额和（或）延长的工期，并附必要的记录和证明材料； （3）索赔事件具有持续影响的，承包人应按合理时间间隔继续递交延续索赔通知，说明持续影响的实际情况和记录，列出累计的追加付款金额和（或）工期延长天数； （4）在索赔事件影响结束后28天内，承包人应向监理人递交最终索赔报告，说明最终要求索赔的追加付款金额和（或）延长的工期，并附必要的记录和证明材料	1. 注意两个28天：承包人应在28天内，向监理人递交索赔意向通知书——28天内，向监理人正式递交索赔报告。 2. 承包人要善于依法索赔、依约索赔： （1）在工程建设管理过程中，注重与索赔相关资料的收集； （2）项目管理人员必须熟知合同的内容，严格按照合同约定的程序进行索赔； （3）对于发包方提出的口头变更指令应及时进行书面确认	36.2发包人未能按合同约定履行自己的各项义务或发生错误以及应由发包人承担责任的其他情况，造成工期延误和（或）承包人不能及时得到合同价款及承包人的其他经济损失，承包人可按下列程序以书面形式向发包人索赔： （1）索赔事件发生后28天内，向工程师发出索赔意向通知； （2）发出索赔意向通知后28天内，向工程师提出延长工期和（或）补偿经济损失的索赔报告及有关资料； （3）工程师在收到承包人送交的索赔报告和有关资料后，于28天内给予答复，或要求承包人进一步补充索赔理由和证据； （4）工程师在收到承包人送交的索赔报告和有关资料后28天内未予答复或未对承包人作进一步要求，视为该项索赔已经认可； （5）当该索赔事件持续进行时，承包人应当阶段性向工程师发出索赔意向，在索赔事件终了后28天内，向工程师送交索赔的有关资料和最终索赔报告。索赔答复程序与（3）、（4）规定相同
对承包人索赔的处理	19.2对承包人索赔的处理 （1）监理人应在收到索赔报告后14天内完成审查并报送发包人。监理人对索赔报告存在异议的，有权要求承包人提交全部原始记录副本； （2）发包人应在监理人收到索赔报告或有关索赔的进一步证明材料后的28天内，由监理人向承包人出具经发包人签认的索赔处理结果。发包人逾期答复的，则视为认可承包人的索赔要求； （3）承包人接受索赔处理结果的，索赔款项在当期进度款中进行支付；承包人不接受索赔处理结果的，按照第20条〔争议解决〕约定处理	发包人一定要在约定的期限内对承包人提出的索赔进行答复，否则视为认可承包人的索赔要求	

续表

	2013版合同文本	注释	1999版合同文本
发包人的索赔	19.3 发包人的索赔： 发包人应在知道或应当知道索赔事件发生后28天内通过监理人向承包人提出索赔意向通知书，发包人未在前述28天内发出索赔意向通知书的，丧失要求赔付金额和（或）延长缺陷责任期的权利。发包人应在发出索赔意向通知书后28天内，通过监理人向承包人正式递交索赔报告		36.3 承包人未能按合同约定履行自己的各项义务或发生错误，给发包人造成经济损失，发包人可按36.2款确定的时限向承包人提出索赔
对发包人索赔的处理	19.4 对发包人索赔的处理： (1) 承包人收到发包人提交的索赔报告后，应及时审查索赔报告的内容、查验发包人证明材料； (2) 承包人应在收到索赔报告或有关索赔的进一步证明材料后28天内，将索赔处理结果答复发包人。如果承包人未在上述期限内作出答复的，则视为对发包人索赔要求的认可； (3) 承包人接受索赔处理结果的，发包人可从应支付给承包人的合同价款中扣除赔付的金额或延长缺陷责任期；发包人不接受索赔处理结果的，按第20条［争议解决］约定处理		—
索赔的期限	19.5 提出索赔的期限： (1) 承包人按第14.2款［竣工结算审核］约定接收竣工付款证书后，应被视为已无权再提出在工程接收证书颁发前所发生的任何索赔。 (2) 承包人按第14.4款［最终结清］提交的最终结清申请单中，只限于提出工程接收证书颁发后发生的索赔。提出索赔的期限自接受最终结清证书时终止	承包人一定要在合同约定的期限内进行索赔，否则会丧失索赔的权利	—

4.2.4 施工总承包合同索赔案例

【案例要旨】在项目施工中，由于甲方未完全履行合同往往给乙方带来索赔机会，乙方依据合同，及时提出索赔意向和具体内容，能减少损失或获取一定利润。某项目施工前，甲乙双方签订了施工合同，由于甲方未完全履行合同及开工日期推迟，导致乙方进场后人员、设备闲置，施工材料价格上涨等不利于乙方的事件发生。乙方依据合同，及时向甲方提出了多项索赔要求。甲乙双方经过多轮协商，达成了协议。这一索赔案例，对与总承包商如何做好索赔工作进行了有益的总结。

【项目背景】某项目为一城中村改造项目，为多栋高层商住楼，底层为商铺，分三期建设。甲乙双方就项目的一期施工签订了协议书。协议约定：(1) 乙方施工总承包一期项目约20万平方米的建安工程（不含消防及电梯等工程），其中乙方直接承建8～10万平方米，其余部分由甲方指定分包，乙方收取3%的管理费；(2) 乙方承担一期施工期间整个项目的现场管理工作，费用包含在合同总价中，甲方不再另行支付；（3）材料价格按照当地2007年第4季度的信息价执行；（4）施工期间人工及材料单价不作调整；（5）施工总工期按日历天计，星期天、法定节假日等因素已包含在总工期内。

【索赔事件】协议签订后，发生了以下事件：（1）开工日期比协议日期推迟了8个月，但现场管理人员已按协议要求时间进场并展开工作；（2）原一期建设总面积为20万平方米，后改为一期建设40万平方米；（3）甲方只给了乙方10万平方米自行施工部分。另外30万平方米，甲方直接与另外两家施工单位签订了施工总承包合同。乙方不再负责总承包，甲方指定分包部分；（4）施工1个月后，因甲方原因工程停工4个月。

【索赔确认】依据上述事实，乙方认为甲方已经对自己造成了损失，遂向甲方提出了索赔，甲方就乙方的索赔内容也提出了自己的观点。

1. 现场管理工作费用补偿

乙方观点：因工程推迟开工达8个月之久，而现场管理人员均已进场并展开了工作，成本费用实实在在发生了。正是因为协议中说明该费用包含在总价（施工费用）中，造成了因没有施工收入，而没有现场管理费用的结果。产生这种结果是因甲方未按时开工造成的，工期延误造成的额外支出，是由于合同中甲方单方面要求过于苛刻，约束不平衡而造成的。实际上管理费用包含在总价中有个隐含前提，即工程正常施工，不因甲方原因造成工期延误的前提下，甲方可不另行支付。鉴于乙方因停工增加了现场管理费用，工期延误期间的现场管理费用甲方应另行支付，主要包括：停工期间有关人员的工资、奖金、集体伙食补贴等人头费用，有关设备（主要是车辆）折旧费及使用费，现场住房折旧、水电费、上交管理费、税金等。

甲方观点：甲方认为根据协议条款，现场施工管理费包含在总价中，甲方不应另行支付，何况因为没有开工，乙方的现场管理工作也没有正常施工条件下那么多，但考虑到工程开工延迟的实际情况，可以给予部分的补偿；补偿主要涉及因为延期而增加的费用，而不是期间发生的全部费用，如乙方的内部招待费用不应补偿，现场住房是临时住房，不至于说使用期恰好是施工工期，因而现场住房折旧费不予补偿；既然是补偿，不应含上交管理费。

2. 或有利润补偿

乙方观点：协议中规定，乙方承担20万平方米的施工任务。但在乙方不知情，也未同意的情况下，甲方擅自将其中的10万平方米交由他人施工，使乙方失去了获得利润的机会。按当地相同类型的房屋结构1 500元/平方米的平均施工单价，乙方指定分包施工应获得管理费用（利润）450万元。该部分利润甲方应支付给乙方，或将10万平方米的项目交由乙方承包。另外，原协议规定，乙方为施工总承包单位，因此，整个项目由20万平方米改为40万平方米后，另外20万平方米也应补偿相应的或有利润，或交由乙方承包。

甲方观点：甲方认为将另外10万平方米交给第三方施工事出有因，希望乙方理解，这一部分可以给予或有利润补偿，但因为乙方不再参与另外10万平方米的施工管理，没有承担任何风险，也没有做任何工作，与指定分包管理相比，目前这种方式，乙方是没有任何消耗的，因而不能全按3%的管理费用补偿。因为协议中明确规定，乙方承包的是20万平方米，因而另外增加的20万平方米与乙方无关，更不存在补偿之说了。

3. 停工补偿

乙方观点：由于甲方在停工初期，不确定停工时间，要求所有人员都不能走。一个月以后，才通知说只留下管理人员，施工作业人员可以离场。据此，乙方向甲方提出了索赔，主要内容有：

（1）人工费。停工期间的人员工资，看守人员工资，工人进退场费用，管理人员停工期间的管理费用（除工资外的其他支出，如伙食费、水电、办公费用等）；

（2）材料费。已进场而未使用的钢筋、模板等材料支付不及时引起的供应商罚款，租用材料（如脚手架等）多付的租金；

（3）机械设备费。自有机械的折旧费、设备租赁费、停工期间的设备维修保养费等；

（4）现场工程恢复费。如现场设备的检修，未用钢筋的除锈，锈蚀多不能再用的钢筋，已完工程的修补等；

（5）资金占用费。已完工程进度款滞后支付，应支付贷款利息。

甲方观点：

（1）人工费。人工费可以补偿，但要认真核对人员，对于停工期间不应留在现场的人员不作补偿；工人进退场费用按实际需要的人数核对；管理人员停工期间的管理费用只补水电、办公费用；伙食费在哪都应由自己出的，不应补偿。

（2）材料费。对于供应商的罚款，乙方应尽力去和供应商协商，争取不出，协商不成的，乙方凭有关证明材料，双方再谈；租用材料（如脚手架等）多付的租金按实际停工天数及租用价补偿。

（3）机械设备费。停工期间停留在现场的自有机械只补闲置费，租赁设备可以补租赁费，但有租赁人工的（如塔机驾驶员）则不补人工费；停工期间的设备维修保养费与现场工程恢复费重复，不予考虑。

（4）现场工程恢复费中，现场设备的检修费可以部分补偿，钢筋的除锈和损耗系因乙方保管不善造成的，不予赔偿；已完工程中出现的问题，有些是施工质量造成的，这部分不补偿。

（5）资金占用费。按合同规定，对于乙方已完工程支付，应在乙方报量的45天内核定，核定后还有2个月的缓付期。超过缓付期后未支付的，按银行同期贷款利率计算，因而在计算贷款时间时，应扣减105天，再按剩余天数的银行贷款利率计算贷款利息。

4. 合同调整

乙方观点：由于复工时间是2008年7月，其间正是原材料价格处于最高峰的时期，仅钢筋一项，市场价就比合同价上涨了50%，人工预算单价当地政府也上调了25%，其他材料（如油料）几乎都大幅上涨，按照原合同，基本上是无法采购到任何材料了。因此，乙方认为从实际出发，应该调整主要材料计价方式和人工预算单价，主要理由就是甲方原因造成工期滞后，使施工条件与合同签订时的情况发生了重大变化，价格上涨完全超出了正常的价格上涨幅度，属不可抗力的范畴；且因为停工，乙方无法为此做一些预防性工作，材料供应商也不可能再按与乙方签订的原供应合同供应材料；至于人工单价这一块，则因为当地政府出台了新的人工预算单价，且甲方明确要求乙方将工人遣散，再复工，需要重新招聘，也已无法按原价格招到合适的工人了。

甲方观点：按合同规定，人工及材料单价在整个施工期间都是不作调整的，市场价高的时候乙方补贴一点，但也会有低的时候，这时候乙方可以多获得一些利润。甲方考虑到市场价格的起伏太大，也考虑到以后双方风险的合理承受，可以对该部分条款进行调整，其中，材料价格执行浮动价，可以参照施工期当地政府部门发布的信息价，在施工期内的平均价执行；人工预算单价按理不应调整的，考虑到保证质量的要求，也考虑到协议是一年前签订的，一年中实际施工不多的事实，可以参照当地政府发布的指导价格，双方各让一步，以保证施工的正常进行。

5. 补偿施工工期

乙方观点：虽然总体施工面积减少了10万平方米，但按协议要求，总体20万平方米是同步施工的，不存在缩减工期的问题。根据复工后的计划工期，施工期将多包含一个春节。按照当地农民工习惯，农历的腊月的二十三就要回到家，农历正月十五以后才会出门。原合同的总工期考虑了不延误工期条件下的节假日停工时间，但并没有考虑工期滞后中所要包含的节假日停工。因此，除了实际耽误的工期要延后外，还要另外增加30个日历天的春节延误时间。

甲方观点：停工期间的天数计算可以按实际情况延后，由于原合同是按日历天计算的，因而不存在是否横跨春节的问题，考虑到实际情况，横跨春节的天数双方应各自承担一部分。

【索赔结果】上述索赔提出后，经双方多轮友好协商，达成了协议。需要说明的是，协议是双方妥协的结果，是一种朝前看的结果。双方依据事实、合同及国家的有关规定进行协商，但最终结果却不一定完全符合规定、条款的要求。虽然这样，结果却是工程实践中的真实反映。双方达成的协议如下：

(1) 据实补偿因推迟施工增加的现场管理费用；

(2) 或有利润补偿。给予10万平方米管理费五五折补偿，另20万平方米不予补偿；

(3) 停工补偿。据实给予人工及机械费的补偿，给予材料费部分补偿，给予现场工程恢复费包干使用，资金占用费适当补偿；

(4) 合同调整。人工预算单价参照当地政府发布的上涨幅度的9折执行。材料价格执行浮动价，参照当地政府部门发布的施工期信息价格予以调整；

(5) 施工工期按照实际耽误的时间延后，并加一个春节假期（20天）。

【案例评析】从索赔事件发生时间上来看，本案例的索赔时间主要是发生在还未施工或刚施工时。从诱发原因上看，主要是因为甲方未完全履行合同引起的。这类索赔往往带有全局性，数额比较大，因此，索赔处理起来比较困难。当发生可索赔事件时，承包商要及时提出索赔意向和具体内容。在索赔协商时，一定要有理有节，有进有退（实际上还有一些未在本文提到的索赔甲方完全未同意）。毕竟承包工程还要继续进行，合同双方应相互配合与理解是最重要的。

在施工承包活动中，承包商要充分考虑到合同履行的各种可能风险，才能最大限度地保证乙方利益。如本协议中，已经写明由乙方施工总承包，总承包面积20万平方米，而实际上项目开工总面积却由20万平方米调整为40万平方米，另外20万平方米未索赔到或有利润。又如，协议中明确规定人工及材料单价不作调整，如不是因为停工及2008年整个市场环境出现的重大变化的话，要想调整人工及材料单价是很难的。由此，通过本案例我们可以得到以下五点启示：

(1) 做好说服甲方的工作是取得好的索赔结果的前提；索赔要掌握技巧，要以事实为依据，以理服人，说服对方，这是索赔成功的前提条件。

(2) 充分掌握国家政策及甲方心态是取得好的索赔结果的关键；索赔谈判要运用国家政策为依据，把握对方心态和变化，根据政策走向和摸清对方心理，索赔才能取得较好的结果。

(3) 相关资料、证明材料是取得好的索赔结果的必要条件；以事实为依据是取得索赔成功的必要条件，证据资料不全很难得到好的索赔成果。

（4）乙方经营人员的业务素质与沟通能力是取得好的索赔结果的保证。良好素质、沟通能力强的乙方经营人员，会给甲方良好的形象，会产生最佳的沟通效果，有利于索赔的解决。

（5）在谈合同条款时，一定要根据以往的经验，尽可能地想到各种可能性，保证合同条款的完整性与覆盖的全面性。合同条款完整与全面覆盖，可以为乙方在索赔中提供更多的合同依据，对索赔工作极为有利。

4.3 施工总承包合同管理应注意的问题

4.3.1 充分运用合同

合同是平等主体的自然人、法人、其他组织之间设立、变更、终止民事权利义务关系的协议。通俗地讲，合同是双方同意且已达成的约定，并通过书面或口头等方式确定下来。合同的形式有多种，并不仅仅是我们周知的专业分包合同、采购供应合同、施工总承包合同等，像结算书、各方签字的会议纪要、备忘录、还款协议、意向书、对量表、技术协议、承诺书、竣工验收表、传真件、信函、电子邮件、折扣信、索赔函、洽商、变更、书面通知等都可能成为独立的合同、合同的一部分或合同的附件，都有可能产生法律效力。但在日常的合同管理工作中，当事主体和执行主体往往忽略了这些资料，认为无所谓或不重要，究其原因主要是没有意识到这些资料同样具备约束效力或法律效力，同样可以作为解决争议的证据。

在以往的合同管理中，常常出现这样的情况：合同签完了就归档在资料柜里，甚至有的项目快结束了，技术负责人、质检员、安全员等职能管理人员还不知道合同都有哪些内容，或还是按照既往习惯，以前怎么干，现在还怎么干，或是想怎么干就怎么干。这样的管理方法，在激烈市场竞争中显然不适应现代施工企业的管理要求。轻视合同的管理常带来这样的结果：本不该违约却违约了，本可以追究对方违约责任却自动放弃了，甚至是本可以获得利益却承担了损失。所以作为总承包企业特别是合同管理人员，一定要会用合同、巧用合同。为做好合同管理工作，企业和项目部在合同实施前必须对相关人员和项目管理人员进行合同交底、合同答疑的培训，组织学习合同条款和合同总体评审要领，把合同责任具体地落实到各责任人和合同实施者身上。具体工程项目，该工作可由项目经理牵头，商务经理（合同管理责任人）实施；要对合同的主要内容做出解释和说明，做到人人熟悉合同中的主要条款、相关规定、管理程序等。

4.3.2 完善合同管理制度

在法制社会里，法律是调整和规范合同关系的规则，不懂规则就会被规则所伤。知《合同法》、懂《合同法》可以保护自身的合法权益，并避免不必要的违约出现。按照《合同法》规定，施工总承包企业应从如下四个方面完善合同的管理工作：

（1）根据《合同法》中关于代理权的规定，制订严格的授权管理制度。

（2）根据《合同法》中关于标的物验收的规定，制订合理的收货管理制度。

（3）根据《合同法》关于合同权利义务转让的规定，制订严格的债务管理制度。

（4）根据《合同法》关于合同变更的规定，制订合同变更审批管理制度。

除此之外，还应建立其他合同管理制度。如协调会议制度、合同交底制度、行文和信息反馈制度、合同管理绩效评价制度，等等。

4.3.3 实施全程合同管理

在合同履行过程中难免会出现问题和风险，全过程合同管理就成为必然要求和重要抓手。而在合同履约过程中对潜在风险因素进行预测，对产生的纠纷运用规避风险技巧进行化解或谈判，对已处理完的问题及时进行总结，就成为合同全过程管理的方法和原则。在合同的履行过程中应注意三方面管理：

（1）利用合同条款从施工进度、工程质量、安全保卫、结算支付等各专业口进行有效的监督管理，并及时对各部门进行合同交底，明确工程控制重点；

（2）对已产生的合同纠纷及时进行谈判协商，可用增加补充条款或签订补充协议等方式将约定内容落实在文字上，避免日后发生同样的问题；

（3）要对已产生的纠纷进行合同分析，检查纠纷产生的原因，对最终处理结果进行跟踪记录，建立信息台账。工程项目结束后要及时更新合同信息台账，对未履约的合同要清楚地记录未完成的原因，已完成的进度，尚需待解决的问题等。

4.3.4 注意合同设定的时限

《施工合同文本》通用条款涉及承包人活动的主要期限条款见表 4-3。

表 4-3 合同文本涉及承包人活动的主要期限条款

序号	内容	期限	违约后果	所涉条款
1	变更文书送达地址、接收人	提前 3 天以书面形式通知对方		1.7.2
2	更换项目经理	提前 14 天书面通知发包人、监理人，并征得发包人书面同意	擅自更换，按照专用合同条款的约定承担违约责任	3.2.3
3	隐蔽工程的检查	隐蔽工程具备覆盖条件的，承包人应在共同检查前 48 小时书面通知监理人检查		5.3.2
4	施工组织设计的提交	承包人应在合同签订后 14 天内，但至迟不得晚于开工日期前 7 天，向监理人提交详细的施工组织设计		7.1.2
5	暂停施工	因承包人原因暂停施工，且承包人在收到监理人复工指示后 84 天内仍未复工	视为承包人明确表示或者以其行为表明不履行合同主要义务	7.8.2 16.2.1
6	发包人供应的材料与工程设备	承包人应提前 30 天通过监理人以书面形式通知发包人供应材料与工程设备进场		8.1
7	承包人采购的材料和工程设备	承包人应在材料和工程设备到货前 24 小时通知监理人检验		8.3.2
8	样品的报送	承包人应在计划采购前 28 天向监理人报送样品		8.6.1
9	材料、工程设备的替代	承包人应在使用替代材料和工程设备 28 天前书面通知监理人		8.7.2

续表

序号	内容	期限	违约后果	所涉条款
10	变更估计	承包人应在收到变更指示后14天内，向监理人提交变更估价申请		10.4.2
11	非依法必须招标的暂估价项目（第1种方式）	承包人在签订暂估价项目采购合同、分包合同前28天向监理人提出书面申请		10.7.2
12	预付款担保	发包人要求承包人提供预付款担保的，承包人应在发包人支付预付款7天前提供预付款担保		12.2.2
13	单价合同的计量	应于每月25日向监理人报送上月20日至当月19日已完成的工程量报告		12.3.3
14	总价合同的计量	应于每月25日向监理人报送上月20日至当月19日已完成的工程量报告		12.3.3
15	总价合同支付分解表的编制	承包人应当在收到经批准的施工进度计划后7天内，将支付分解表及编制支付分解表的支持性资料报送监理人		12.4.6
16	分部分项工程验收	经自检合格并具备验收条件，承包人应提前48小时通知监理人进行验收		13.1.2
17	单机无负荷试车	承包人在试车前48小时书面通知监理人		13.3.1
18	竣工结算申请	应在工程竣工验收合格后28天内向发包人、监理人提交竣工结算申请单		14.1
19	对竣工付款证书的异议	承包人有异议，应在收到发包人签认的竣工付款证书后7天内提出	逾期未提出异议，视为认可发包人的审批结果	14.2（3）
20	最终结清申请单	承包人在缺陷责任期终止证书颁发后7天内向发包人提交最终结清申请单		14.4.1（1）
21	承包人的索赔	索赔事件发生后28天内向监理人递交索赔意向通知书	未在28天内发出索赔意向通知书，丧失追加付款、延长工期的权利	19.1
		发出索赔意向通知书后28天内，向监理人正式递交索赔报告		
		索赔事件影响结束后28天内，承包人应向监理人递交最终索赔报告		
22	对发包人索赔的处理	收到索赔报告或有关索赔的进一步证明材料后28天内答复发包人	逾期未答复，视为对发包人索赔要求的认可	19.4（2）

4.3.5 重视授权控制管理

合理的授权可加强总承包单位经营管理的机动性和灵活性，反之必然带来管理的混乱、失控。授权控制注意事项主要有：

（1）在发包人授权特定人（一般应指定项目经理）管理和签认工程施工过程中所有变更、洽商、零星用工的签认、合同外工作的签认和工期、费用索赔时，必须规定除特定人之外的其他人签字无效，且发包人不予认可；所有的变更洽商、零工、合同外工作和索赔所增加款项，承包人必须在当期工程款申报时进行申报，否则视为承包人放弃了相应的权利。

（2）在结算时（包括数量结算），明确结算的程序和权力，在合同中明确只有特定人有权进行结算，以及结算程序确认；结算单必须加盖公司公章方能生效，或规定“联合签署生效”特别条款等。

（3）在付款时写明收款单位，必要时需在支票上注明“不得背书转让”，并要求收款人员出具授权文件。上述方法主要是以时间、范围、对象三个方面作为授权控制节点，由此不仅可以在很大程度上加强总承包单位协调各专业分包的管理能力，同时避免了不当授权。

4.3.6 强化合同索赔管理

合同实施过程中的索赔管理任务是：善于发现索赔、提出索赔与实施索赔，并在此过程中应用恰当的工作技巧，力求索赔成功，从而取得比较好的经济效益。主要体现在以下几个方面：

（1）及时确认口头变更指令。工程师常常乐于用口头指令工程变更，如果承包商不对工程师（业主代表）的口头指令予以书面确认，就进行变更工程的施工。事后，如果工程师（业主代表）否认，拒绝承包商的索赔要求，承包商就有苦难言。

（2）及时发出索赔意向通知书。一般合同都规定，索赔时间发生后的一定时间内。合同示范文本条款规定：承包人应在知道或应当知道索赔事件发生后 28 天内，向监理人递交索赔意向通知书，并说明发生索赔事件的事由；承包人未在前述 28 天内发出索赔意向通知书的，丧失要求追加付款和（或）延长工期的权利；过期无效。

（3）注意并重视索赔资料与准备。索赔的成功很大程度上取决于承包商对索赔最初的解释和具有强有力的证明材料。因此，承包商在正式提出索赔报告前的资料准备工作极为重要。这就要求承包商注意记录和积累保存以下各个方面的资料，并可随时从中索取与索赔有关的证明资料，包括施工日志、来往信件、气象资料、备忘录、会议记录、工程照片和工程声像资料、工程进度计划、工程核算资料、工程图纸、招投标阶段有关现场考察和编制标书资料、各种原始单据（工资单、材料、设备采购单等）、各种法规、证明等。

（4）编写好索赔报告。索赔报告应做到简明扼要、条理清楚、论证充足、目的明确，索赔的要求要实事求是，切忌夸大损失。

（5）采用恰当的索赔计算方法。计算方法要科学合理，要经得起推敲与分析。

（6）力争单项索赔，避免一揽子索赔。单项索赔事件简单，容易解决，而且能及时得到补偿。一揽子索赔，时间长、金额大、问题复杂，不易解决。承包商对实在不能单项解决、需要一揽予索赔的，也应力争在工程建成移交之前完成主要索赔事项的谈判与付款。否则，工程完工后，业主有可能赖账，使索赔问题长期得不到解决。

（7）搞好索赔谈判。索赔谈判是索赔能否取得成功的关键。因此，在谈判之前做好充分的准备，对谈判的可能过程要做分析。谈判中要抓住实质性问题，不轻易让步。谈判要做到有礼有节，要始终保持谈判在友好和谐的气氛中进行，从而促成索赔的成功实现。

（8）注意公共关系工作。监理人是处理解决索赔问题公正的第三方，注意同监理人搞好关系，争取第三方的公正裁决，竭力避免仲裁或诉讼。

4.3.7 注重分包合同管理

1. 分包合同签约管理

签订分包合同应以总包合同为基础。在签署分包合同时，要以业主方与总承包商签订的合同为依据和基础，订立分包及采购合同条款，要关注和把握总承包合同与各专业分包、采购合同的联动性，使合同成为工程顺利开展的重要保障。在订立分包合同时，要关注以下节点和事项：

（1）在时间上，对分包合同及采购合同的约定要以进场或到货能满足工程施工的需要为前提。

（2）以业主方付款为前提，使分包及采购合同的付款节拍与总承包合同保持一致性；付款进度可根据总包单位收款的进度安排，避免出现垫资情况。

（3）将分包及材料供货单位的违约责任与工程总包施工合同约定事项相联系，有效规避施工进度风险。

（4）将施工合同对质量的要求贯彻到分包及材料供货合同中，明确质量不符合要求时的处理办法。

2. 分包合同履约管理

分包合同履约管理是施工总承包合同管理的重要组成部分，对分包合同管理的好坏，是主包合同目标顺利实现的关键，一旦出现分包单位违约的情况，总承包商就违约内容需向业主方承担连带责任，为此，施工总承包商必须加强对分包商的合同管理工作。对分包合同的管理内容包括两个方面：一方面是对指定分包商的管理，另一方面是对一般专业分包合同的管理。对分包商的合同管理主要从实际进度是否滞后、工程质量是否达标、安全生产是否合格三个方面来控制。

值得注意的是指定分包商由于是业主方指定的，不可避免地使分包人存在心理优越感，对总承包单位的协调管理消极怠慢等。这些负效应的产生势必影响整个工程项目的最终结果。另一个问题是施工总承包商要加强对二级分包行为的控制能力，因为分包商可能会突破现有法律规定的分包不能再分包的规定，所以总承包单位不仅要对一级分包进行管理，还要增强对二级分包的控制。

5　施工总承包合同常见风险与对策

当前建设工程市场是发包方的市场，承包方处于相对被动的地位，而建筑工程在整个施工过程中受自然条件、社会条件、技术条件等不可预见因素的影响，各种风险随时都可能发生，也正是由于风险的客观存在和不确定性，施工企业要加强合同管理，在合同管理过程中，对施工总承包合同所可能面临的各种风险及时进行分析并加以防范，这对总承包商顺利完成合同目标，赢得施工利润来说是相当重要的。本章首先对施工总承包商合同风险进行分析，在此基础上，探讨防范合同风险的对策。

5.1　施工总承包合同风险分析

5.1.1　来自业主方面的风险

（1）业主资信产生的风险。业主的信誉差，不诚实，或对承包商合理的索赔要求置之不理，或故意拖延承包商递送的各种签证材料。业主为了达到不支付或少支付工程款的目的，在工程中苛刻、刁难承包商，滥用权力，施行罚款。业主经常改变主意，改变设计方案，扰乱施工秩序而又不愿意给承包商以补偿。特别对于一些房地产开发商业主，其资信更难以保证。许多房地产开发商通过银行贷款、拖欠施工企业工程款、“售楼花”等方式来获取暴利。

（2）业主的经济状况变化带来的风险。由于业主经营状况变化或工程款挪作他用引起经济状况变化，工程款项不能及时到位支付给承包商，致使承包商面临着施工资金风险压力。

（3）业主主体资格不符合法律规定的风险。“泡沫经济”下虚假的房地产市场常会使许多本身不具备资格的投资者也频频涉足房地产开发。合同法规定，业主作为合同当事人，必须具备民事权利能力和民事行为能力。具备民事权利能力和民事行为能力才能成为合同主体资格的当事人。通常具备民事权利与民事行为能力的对象有自然人、法人、委托代理人。而建设工程施工合同的主体还应具备建设主体资格。

1）发包人不具备法定的主体资格给承包商带来的风险。例如，某项目的建设单位以其合作方某投资咨询公司的名义对外签订工程承包合同，在施工单位履行合同过程中，因投资咨询公司无力支付工程进度款而形成诉讼，法院判决投资咨询公司不具备发包人主体资格，合同无效，施工单位对合同无效承担部分责任。

2）有时发包人资格不完全也会给承包人带来的风险。例如，某房地产项目由A、B二家单位合作开发，A出地，B出资。以B一方与施工单位签订施工合同，施工完成后，B欠款不还。施工单位以B为被告诉到法院，法院判决施工单位胜诉。但B已经无清偿能力，随后施工单位起诉A，要求A承担连带清偿责任，法院以A不是施工合同当事人，A对B的工程欠款连带清偿责任于法无据为由，判决施工单位败诉。

3）业主设立复杂的代理关系，导致合同主体模糊，也会给承包商带来的风险。例如，某基础设施项目经过招投标代理选择了施工承包单位，招标人为政府部门项目指挥部，施工合同由一家国有公司签订，实际履行合同时又由另一家国有独资公司出面，形成工程款拖欠后，由于招标人、合同签订人与合同履行人之间没有明确的书面代理关系，施工单位被踢皮球而至今不敢贸然诉讼。

再如，某政府投资项目，授权一家国有公司A代签施工合同并履行合同，授权委托书中载明代理人的权限为在工程总投资5000万元的范围内，代为签订并履行合同。A以自己的名义与施工单位的合同中约定，工程投资暂定为人民币5000万元，如有增减，据实调整。项目施工完毕后，经决算工程价款为6700万元。政府部门在支付了5000万元之后，以其余款项超过授权范围为由拒绝付款，而代理人也因长期经营不善而宣告破产，施工单位1700万元欠款无法受偿。

4）业主的资金状况来源不明引起的承包商风险。作为业主，其资金来源状况应该明确，而且在合同中应标明业主的资金来源状况。《建设工程施工承包合同文本》协议书部分，对工程概况中设定的“资金来源”的条款，承包商应倍加注意，对于业主自筹资金或贷款的项目应该特别加以谨慎。

5）业主施工手续不齐全带来的风险。《中华人民共和国建筑法》第八条规定，申请领取施工许可证的项目应该具备下列条件，即：①已经办理该建筑工程用地手续；②在城市规划区的建筑工程，已经取得规划许可证；③需要拆迁的，其拆迁进度符合施工要求；④已经确定施工企业；⑤有满足施工要求的施工图纸及技术资料；⑥有保证工程质量和安全的具体措施；⑦建设资金已经落实；⑧落实了有关法律、行政法规规定的其他程序。

业主的手续不齐全而导致承包商面临合同风险的例子很多。例如某学院教学住宅综合楼（9层框架剪力墙结构，建筑面积14400m²），建设单位为行政机关单位。当时经协商由A建筑公司承建，施工过程中，A公司被有关行政管理单位处罚，因为工程进行到一半时，发现业主的手续还没有办理齐全，施工单位中途不得不停工，要求业主办理相关手续。

5.1.2 来自承包商自身风险

（1）承包商技术风险。随着生活水平的提高，人们对工程的使用功能要求越来越高。有些工程需要最新的技术、最新的施工工艺，需要投入特殊的或进口的设备，而且对人才素质要求高，如果承包商因技术不足而造成工程不能按时、保质地完成，承包商将会造成重大损失，甚至会影响施工企业的健康发展。

（2）承包商报价风险。工程量清单模式是由业主自己或委托有相应资质的单位编制工程量清单，由各投标单位自主报价，按合理低价中标的原则来确定中标单位。由于工程量清单的单价中考虑了风险因素，因而给承包商报价带来了一定的不确定性，承包商报价太高，则可能失去工程的中标机会；若报价太低，则可能亏损成为废标，这无疑给施工企业提出了一个难题。目前，我国施工企业普遍缺乏自主报价能力，企业内部消耗量指标还未真正建立起来。施工企业无疑要承担报价不确定性带来的巨大风险。

（3）承包商资金风险。业主不可能一次性地将工程款全部支付给施工企业，目前根据建设工程市场来看来，施工企业能拿到预付款的毕竟不多，多数施工企业都得自己垫一部分资金才能承接到工程，有些业主甚至要求施工企业无限制地垫资，如果承包商没有一定的资金储备，将很难在工程承包市场站稳脚跟。一旦业主要求承包商垫资而承包商的资金储备不足，则会给承包商带来资金风险。

（4）施工材料使用风险。建筑施工企业所使用的建筑材料主要是钢材、木材、水泥、砂石料等，这些材料在国内市场上供应充裕。但是由于生产厂家数量众多，同样的材料质量可能差别较大。例如，在某工程项目的施工过程中，业主要求承包商的材料供应商提供几种外墙装饰材料的样品，材料商提供了业主选择的一种石材，仅外观一模一样的这种石材就不少于三种，如果不加以仔细辨别，很难分清材料的差别。因此，一旦承包商使用不当，可能会影响工程质量，造成直接经济损失。

（5）施工材料价格风险。工程的中标价格包括了施工材料的价格，施工材料的价格由于工程的施工周期较长，可能会有变动，如果上涨，便会减少施工承包企业的利润。在采用清单计价模式后，承包商将承担市场建筑材料价格的上涨带来的风险。按传统的定额计价，承包商可计取价差，不用担心材料涨价带来的风险（固定总价合同除外），而实行清单计价后，承包商得在报价中考虑建材价格上涨的风险，这增加了承包商报价的不确定因素，同时更进一步增加了承包商的风险。

5.1.3 来自自然或社会风险

（1）发生自然灾害等不可抗力时可能带来承包商的风险。如项目所在地区发生百年不遇的洪涝灾害、台风、泥石流、地震等都可能给承包商带来损失；

（2）工程施工受制约因素较多，如现场场地狭小，地质条件复杂，水电供应、建材供应不能保证等；

（3）交流方面的障碍而导致理解错误给承包商带来的风险，特别是在国外或国内少数民族地区，对当地的风俗习惯、法律、语言不熟，在交流中造成理解错误而给承包商带来风险；

（4）社会环境变化可能引起承包商的合同风险。如所在地区发生流行疾病、恐怖分子暴乱等。将会使承包商面临经济风险；

（5）国家的产业政策风险。建设工程施工企业的发展，与国家建设投资结构和规模密切相关，国家产业结构的调整对建筑业的需求会产生直接影响，同时也可能影响施工企业主营业务的开拓；

（6）行业内部竞争风险。全国各类建设工程施工企业数量众多，市场竞争激烈，同行业企业的快速发展以及市场竞争的加剧会使施工企业市场开拓面临很大的困难。

5.1.4 来自合同条款的风险

合同一经业主与承包商签订，就具备法律效力，因而应慎重地对待合同，认真分析合同条款、合同内容，有助于减少合同风险，将合同风险降到最低程度。总体说来，来自合同条款方面的风险主要包括以下内容：

1. 来自工期的风险

工期是工程施工合同的重要内容，它是指工程施工活动从开始直到竣工验收交付使用的时间间隔。在合同协议书中明确地规定了合同工期内容：开工日期，竣工日期，合同工期总日历天数。工期的单位为“日历天”，包括法定的节假日。工期的合理与否是决定一个承包商能否赢利的一项重要内容。科学合理的工期有利于承包商提高工程质量，提高施工企业的经济效益。然而投标书的工期只是一种经过计算的理想工期，还受各方面因素的制约。承包商常常面临来自工期风险有以下两个方面：

(1) 延期开工和工程延误风险。尽管合同文本通用条款规定，因发包人原因未按计划开工日期开工的，发包人应按实际开工日期顺延竣工日期，确保实际工期不低于合同约定的工期总日历天数，并赔偿因延期开工造成承包商的损失，但实际上承包商往往只能获得因延期开工造成的直接经济损失的全部或部分损失，间接损失一般不容易得到补偿。大多数情况下，承包商都希望及时开工，缩短投标和开工之间的时间。延期开工会造成承包商原定人、材、机调配计划的变更风险，分包商的报价有效期到期风险等。

(2) 加速赶工缩短工期带来的风险。业主出于提前投产产生经济效益的考虑，常常在招标文件中给出一个工期的上限，当业主给定的工期明显地小于合理工期时，承包商为了能接到工程常常不得不接受业主提出的工期要求。在合同文本的专用条款中，业主为提前完工，常要求承包商将工期安排得很紧，且还要求夜间施工，而不支付赶工措施费，在这种情况下可能引起承包商的加速赶工而增加施工组织费和措施费用的风险。有些业主在合同专用条款中还限定：合同工期一经确定，承包商不得以任何理由延期竣工。由此造成的一切损失由承包商负责，这实质上是剥夺了承包商进行工期索赔的权利。

例如：由某单位建设的职工住宅楼，建筑面积 4600m^2，六层砖混结构，水电部分设计较粗略。业主采取协商招标，招标部分为土建（不含室内精装修）、水电安装，业主在招标文件中限定工期不能超过 80 日历天，而且制定了严厉的误期罚款条款。此工程项目共有四家投标单位议标，最后，业主确定一家工期为 80 个日历天的投标单位中标，其余三家投标单位因为工期不合业主要求而未中标。最后，在业主召开的询标会议上有两家投标单位提出了如下质疑：经过科学合理地计算，该工程的工期最少也得 100 天，请业主说明选择中标单位的理由，由于业主请来的评标人员都是相关领导，而没有工程专家，最后询标会议不了了之。

再例如：在某工程的施工合同专用条款中，关于工期延误的具体规定如下：承包人必须按照专用条款第三条中有关工期要求完成发包人进度要求，因承包人原因造成的工期延误，每延误一天，按工程款的万分之五予以罚款，并罚工程价款的 1%的合同履约保证金，承包人提前合同工期完成，发包人给予一定的奖励，奖励金额按合同总额的百分数实施或另行协商。

上述关于工期方面的合同条款对承包人而言是不公平的，承包人违约时要以“工程价款”作为处罚的基数，履约保证金同样如此，而承包人提前完成工程任务时作为奖励的基数却是“合同价款”。大家知道，合同价款是施工单位中标时与业主签订的价款，它只是一个投标价，而工程价款却是工程竣工后与业主实际结算的价款，由于工程施工过程中不可预见因素多，业主常常变更设计方案，或增加工程量，从绝大多数工程实践来看，工程结算价款都要比合同价款高出许多，因而承包商的上述关于工期的合同条款明显是不公平的，其中隐蔽了处罚过高的内容。

2. 来自工程价款的风险

工程量清单计价模式下的合同是单价合同，单价合同中的单价一经确定，不得随意更改，承包商承担自主报价带来的风险，而在工程施工过程中，变更是不可避免的。有些业主为了防止承包商使用报价策略（不平衡报价策略、开口升级策略、多方案报价策略）而在合同中规定：“承包商不得以任何理由要求调整合同单价”。众所周知，在建设领域，拖欠工程款现象已经成为一种普遍现象，有些业主甚至将拖欠承包商的工程款作为一种经营策略。有些业主在合同签订时就预设拖欠工程款的陷阱，而且方法隐蔽，不为承包商所觉察，待形成拖欠后解决纠纷时，将施工单位置于被动境地，甚至可能导致施工单位“有理而败诉”或者赢了官司而讨不回债来。因此，承包商应认真分析合同条款中关于工程价款及其支付方面内容，努力将工程价款可能形成的风险降到最低。业主为了拖欠工程款，常设立的合同陷阱有以下几种：

（1）在合同条款中规定，发包人的指令通知到达承包人后生效，而承包人向发包人发出的通知须发包人指定的代表签署后才能生效。或在合同中约定，在工程竣工后的保修期内发生房屋使用权人因房屋质量问题提出的经济索赔时，除非承包人能够证明出现的工程质量是由于房屋使用权人使用不当造成的，否则承包人应承担赔偿责任，发包人有权从预留的承包人保修金中扣除。

（2）合同条款中虚设施工承包商无效的“权利”，或为施工承包商行使权利设置苛刻条件。在合同中设置高质量标准，最终在业主组织的验收中评定为达不到该等级但合格的标准，从而以此作为拖欠工程款的借口。

（3）故意设置有歧义或者语义模糊的条款或前后矛盾的合同条款。如在合同中约定，承包商垫资至整个项目工程总价款的某一百分比，同时又在合同中约定一个较低的暂定的工程造价，工程总价款在结算后据实调整。又如由于施工合同中对竣工验收参加单位及验收通过的标志日期约定不明，导致最高法院判决施工方在拖欠工程款的纠纷中承担一半的责任。

例如：由某建筑公司承建的某办公大楼的合同专用条款第八条规定：工程变更，按通用条款执行，并由发包人、设计院、监理公司及承包商四方签字认可后生效。第九条规定：竣工验收及结算，按通用条款执行，最终按发包人委托的中介审计机构审定的结算额结算。而在最终结算审计合同外的工程价款部分时，业主提出对已经由业主、设计院、承包商和监理公司四方签字的变更签证进行重新审计，业主的理由是按上述专用条款第九条。这实际上是由于合同条款前后矛盾不一致引起的合同纠纷，第八条中已经说明由业主等四方签字认可后生效，但第九条实际上却隐含了最终的中介审计机构，可以推翻上述四方签字认可的条款。

（4）以合同中暗含的词句加重对承包人的责任和义务，或免除发包人的责任和义务。例如，通过合同约定：“除仅由于发包人自身的过错或违约行为等导致的工期延误可顺延以外，承包人对工期的延误负全部责任”的条款。再如，“发包人或其工程师的此类批准检查或检验，不解除合同规定的承包人的任何责任和义务”之类的词句。上述条款词句均加重了承包商的责任和风险负担。

（5）业主需要向承包商支付工程预付款、工程进度款，承包商需要向业主提供履约保证金或银行保函及质量保修金。

1）预付款风险。施工合同示范文本中规定：预付款的支付按照专用合同条款约定执行，但至迟应在开工通知载明的开工日期7天前支付。但在当前“僧多粥少”的建设工程承包市场下，承包商要想业主支付预付款实在难上加难，即使业主实行了工程预付款，工程预付款的数额也不足作为承包商的启动资金。

建筑产品不同于一般的工业产品，它的特点是生产周期长，投入资金大，受天气等自然因素条件影响较大。而且施工生产的协作面广泛，因而只要是建设工程生产一开始，就得投入一定的启动资金，大家知道，施工生产准备活动中发生的费用包括很多内容：现场临时设施费，大型机械进出场费用以及管理费和周边居民的协调费等。由于工程建设项目投入资金大，承包商应努力争取工程预付款，以使工程能顺利进行，并力争将工程预付款的金额定为一个合理的数字。为此，承包商在和业主签订合同时应按合同文本的规定，在专用条款中应明确工程预付款的金额。

2）进度款风险。工程进度款是业主在施工过程中，按逐月（或形象进度或控制界面等）完成的工程数量计算的各项费用总和而支付给承包商的款项，有形建筑市场运行的不规范使许多业主不按时支付进度款，承包商还要面临垫资承包与降价带来的合同风险。

施工合同文本只是一种非强制性使用文本，关键问题是缺少法律层面的约束。我国现行的《建筑法》第十八条规定：发包单位应当按照合同的规定，及时拨付工程款项。其中并未提到不及时支付的法律责任。还有《合同法》第二百八十六条中虽有相关的违约规定：发包人逾期不支付的，除按照建设工程的性质不宜折价、拍卖的外，承包人可以与发包人协议将该工程折价，也可以申请人民法院将该工程拍卖。但没有对不宜折价、拍卖的建设工程范围做出解释。另外，现行的法律法规缺乏对工程竣工决算的期限、方式等的规定，致使业主利用决算来实施“缓兵之计”，从而拖欠工程款。

3. 合同其他方面的风险

(1) 合同文件风险。承包合同签订后，施工的具体工作中会出现大量各式各样的问题。如鲁布革水电站施工时，由于业主与承包商对项目的具体技术条款的解释出现了纠纷，从而形成索赔，特别是条款间不协调与二义性方面是产生具体风险的重点。

(2) 施工总承包商需要直接与各种分包商签订合同，总包商与分包商之间形成界定相关责任主体的经济义务和权利，总包商与分包商共同对业主负责，承担责任，分包商可能在质量、项目拖期和安全等方面可给总承包商带来各种风险。

(3) 工程变更风险。工程变更是工程施工过程中经常出现的现象，它的主要内容是设计变更、技术方案调整、工程量的临时调整等。工程变更对承包商的直接经济效益会产生影响，同时承包商要承担工程量变更的风险。承包商还要承担合同约定的工程量变更范围以内报价的风险。

(4) 指定分包商风险。业主经常将主体工程发包给承包商，而将室内装饰工程分包给指定的分包商，当业主指定的分包商由于技术和其他方面达不到要求时，承包商就得承担业主指定分包商带来的工期或协调风险。

(5) 限定期限风险。合同文本中有许多关于限定期限的条款，业主有时还会在专用条款中限定更为严厉的期限条款，承包商一旦与业主签订施工承包合同，稍有不慎或遇有特殊情况，承包商就得承担由此带来的风险。《施工合同文本》通用条款中对承包商进行的限定期限见表5-1。

表5-1　施工合同通用条款涉及承包商的主要期限条款

序号	内容	期限	违约后果	所涉条款
1	变更文书送达地址、接收人	提前3天以书面形式通知对方		1.7.2
2	更换项目经理	提前14天书面通知发包人、监理人，并征得发包人书面同意	擅自更换，按照专用合同条款的约定承担违约责任	3.2.3
3	隐蔽工程的检查	隐蔽工程具备覆盖条件的，承包人应在共同检查前48小时书面通知监理人检查		5.3.2

续表

序号	内容	期限	违约后果	所涉条款
4	施工组织设计的提交	承包人应在合同签订后14天内，但至迟不得晚于开工日期前7天，向监理人提交详细的施工组织设计		7.1.2
5	暂停施工	因承包人原因暂停施工，且承包人在收到监理人复工指示后84天内仍未复工	视为承包人明确表示或者以其行为表明不履行合同主要义务	7.8.2 16.2.1
6	发包人供应的材料与工程设备	承包人应提前30天通过监理人以书面形式通知发包人供应材料与工程设备进场		8.1
7	承包人采购的材料和工程设备	承包人应在材料和工程设备到货前24小时通知监理人检验		8.3.2
8	样品的报送	承包人应在计划采购前28天向监理人报送样品		8.6.1
9	材料、工程设备的替代	承包人应在使用替代材料和工程设备28天前书面通知监理人		8.7.2
10	变更估计	承包人应在收到变更指示后14天内，向监理人提交变更估价申请		10.4.2
11	非依法必须招标的暂估价项目（第1种方式）	承包人在签订暂估价项目采购合同、分包合同前28天向监理人提出书面申请		10.7.2
12	预付款担保	发包人要求承包人提供预付款担保的，承包人应在发包人支付预付款7天前提供预付款担保		12.2.2
13	单价合同的计量	应于每月25日向监理人报送上月20日至当月19日已完成的工程量报告		12.3.3
14	总价合同的计量	应于每月25日向监理人报送上月20日至当月19日已完成的工程量报告		12.3.3
15	总价合同支付分解表的编制	承包人应当在收到经批准的施工进度计划后7天内，将支付分解表及编制支付分解表的支持性资料报送监理人		12.4.6
16	分部分项工程验收	经自检合格并具备验收条件，承包人应提前48小时通知监理人进行验收		13.1.2
17	单机无负荷试车	承包人在试车前48小时书面通知监理人		13.3.1
18	竣工结算申请	应在工程竣工验收合格后28天内向发包人、监理人提交竣工结算申请单		14.1
19	对竣工付款证书的异议	承包人有异议，应在收到发包人签认的竣工付款证书后7天内提出	逾期未提出异议，视为认可发包人的审批结果	14.2（3）
20	最终结清申请单	承包人在缺陷责任期终止证书颁发后7天内向发包人提交最终结清申请单		14.4.1（1）

续表

序号	内容	期限	违约后果	所涉条款
21	承包人的索赔	索赔事件发生后28天内向监理人递交索赔意向通知书	未在28天内发出索赔意向通知书，丧失追加付款、延长工期的权利	19.1
		发出索赔意向通知书后28天内，向监理人正式递交索赔报告		
		索赔事件影响结束后28天内，承包人应向监理人递交最终索赔报告		
22	对发包人索赔的处理	收到索赔报告或有关索赔的进一步证明材料后28天内答复发包人	逾期未答复，视为对发包人索赔要求的认可	19.4（2）

5.1.5 来自分包商方面的风险

施工总承包模式的合同关系是复杂的，除与业主具有合同关系，总包商还与各分包商具有合同关系。因此，来自分包商方面的风险是施工总承包合同的重要风险源之一。例如分包工程的工期、质量和安全，有可能给总承包商带来麻烦。

5.2 施工总承包合同风险对策

5.2.1 对发包人主体资格的分析

1. 对发包人主体资格的要求

（1）发包人应当具有工程发包主体资格。发包人是指在协议书中约定，具有工程发包主体资格和支付工程价款能力的当事人以及取得该当事人资格的合法继承人。所谓合法继承人是指因资产重组后，合并或分立后的法人或组织可以作为合同的当事人。作为合格的发包人应具有法人资格或者对外能独立地承担民事责任，发包工程时需持有建设用地规划许可证、建设工程规划许可证、土地使用证等证件。建设工程项目依法应报建、立项、审批，办理相关手续，建设单位办理合法的手续后，才能对工程对外发包。如何准确判断建设工程合格的发包人？首先，应审查是否具备一个发包人的主体资格，是否具有建设工程项目的合法手续；其次，审查各种审批文件上的建设单位的主体是否与发包人的主体相一致。作为建设工程的发包人应具有合法性，才能成为法律意义上的发包人。

在建设项目的建设单位主体资格上，我国《城市房地产开发经营管理条例》对房地产开发经营企业还做出了一些具体要求的规定。根据我国《城市房地产开发经营管理条例》第九规定："房地产开发主管部门应当根据房地产开发企业的资产、专业技术人员和开发经营业绩等，对备案的房地产开发企业核定资质等级。房地产开发企业应当按照核定的资质等级，承担相应的房地产开发项目。具体办法由国务院建设行政主管部门制定。"从此规定可以看出，房地产开发经营企业在具体开发项目时，应具备相应的资质条件。当然，房地产开发经营企业只有在开发项目主体资格合法的基础上作为发包人对外发包工程时，也才可能是合法的发包人。对非房地产开发项目而言，并不存在发包人的房地产开发资质问题。

（2）发包人应具有相应的支付工程价款能力。发包人按照合同约定支付工程价款是履行合同的最主要义务，也是发包人具有民事行为能力的直接体现。根据原建设部《建筑工程施工许可管理办法》规定：建设资金已经落实是办理《建筑工程施工许可证》的必备条件，建设工期不足一年的，到位资金原则上不得少于工程合同价的50%；建设工期超过一年的，到位资金原则上不得少于工程合同价的30%。建设单位应当提供银行出具的到位资金证明，有条件的可以实行银行付款保函，或者第三方担保。

2. 法人分支机构主体资格分析

根据最高人民法院关于适用《中华人民共和国民事诉讼法》若干问题的意见（法发[92] 22号）第四十、四十一条规定，法人依法设立并领取营业执照的分支机构可以作为民事诉讼的当事人。即依法设立并领取营业执照的机构才能是具有合法的发包人资格。但法人非依法设立的分支机构，或者虽依法设立，但没有领取营业执照的分支机构，以设立该分支机构的法人为当事人，该分支机构就不具有合法的发包人资格。

3. 政府职能部门主体资格分析

政府职能部门为政府处理具体事务的机构，如果合法成立、具有一定的组织机构和财产，可以作为发包人。一般来说，县级及以上政府的职能部门，可以作为发包人。但乡镇政府的职能部门没有独立财产，对外不能独立地承担民事责任，不能作为发包人。

4. 内部机构的主体资格分析

内部机构对外发包工程签订合同有两种情形：一是内部机构以法人名义签订合同，法人明知而不反对，若无其他违法情节，可以认定合同有效。内部机构未经发包人事先授权又无事后追认，亦不能构成表见代理的，合同无效。二是以内部机构签订合同，法人明知而不表示反对并准备履行或者已经开始履行合同的，可以认定合同有效，其他情况（法人不知道、反对、不准备履行）认定合同无效。当然，双方当事人对合同效力不提出异议的，可按合同有效处理。

5. 临时机构的主体资格分析

对于临时机构对外发包工程合同的效力，应审查临时机构是否是行政机关正式发文成立，有一定的机构、办公地点、财产和职责，并在授权的范围内签订合同，具备以上条件并符合其他条件的，认定合同有效，否则合同无效。

6. 筹建单位的主体资格分析

新筹建单位依法经过工商登记或者其他核准登记，认定其对外发包有效。未经登记或者登记正在申请中，可以根据实际情况，确认是否具有民事行为能力来判断合同的有效性。

7. 无处分权人的主体资格分析

《合同法》第五十一条规定："无处分权的人处分他人财产，经权利人追认或者无处分权的人订立合同后取得处分权的，该合同有效。"无处分权的发包人不是以权利人名义签订合同，权利人与无处分权的发包人之间不能形成委托代理关系。权利人的追认仅是补正无处分权人处分权的瑕疵，并使合同确定地发生效力，但这只意味着追认使无处分权人事后获得了合法的授权，合同主体并未变更，合同当事人仍然是无处分权人与相对人，不能使非合同当事人（即权利人）成为合同当事人。所以，无处分权的发包人可以通过取得权利人的追认，成为合格的发包人。

5.2.2 合同签订阶段风险对策

（1）做好调研完善专用条款。施工承包企业在投标之前应就该工程项目所存在的风险因素进行调研并分类。在合同谈判时，用专用条款来明确风险范围。范围越明确越详尽，施工承包企业在合同执行过程中所承担的意外风险就越小。例如，在北京某工程中，开发商要求将合同价定死，施工单位在进行市场分析调查后，认为存在材料价格上涨的风险因素，要求在专用条款中明确："由于政府指令造成的材料涨价由开发商进行补偿"。由于当时北京正在进行永定河的治理，在施工过程中政府全面禁止开采砂石，使当地砂石材料每立方米增长了十几元。施工单位事前的调研工作，使其避免了增加成本的损失。

(2) 避免合同条款出现矛盾。由于工程合同条款多，其中的矛盾和二义性常常是难免的。尤其是在国际工程中，由于不同语言的翻译和不同国家的工程惯例，常常会对同一条款产生不同的理解。按照一般原则，承包商对合同的理解负责，即由于自己理解错误造成报价、施工方案错误，由承包商负责。因此，承包商应对合同中意义不清、标准不明确或前后矛盾之处应及时向业主提出征询意见。如业主未积极答复，承包商可按对其有利的解释理解合同。

(3) 采用合同担保避免欠款风险。在目前竞争激烈的建设工程市场，许多业主（或开发商）要求承包商垫资建设或不支付预付款或采取其他变相垫资的形式。这样就加大了施工承包企业的风险。为确保所垫付资金能够收回，承包商应采取积极措施要求业主提供担保。担保应采用书面形式，在合同中设立保证条款或抵押条款，明确担保期限、范围等，设立抵押的还应办理抵押登记。要求业主提供的保证担保主要是支付保证。支付保证是指业主通过保证人为其提供担保，保证工程款如期支付给承包商，如业主未按合同支付工程款，保证人应向承包商履行支付责任。因此，承包商在签订合同之前应就担保人的资格和信誉认真进行调查。实行合同担保可有效防止工程款拖欠现象的发生。

(4) 利用工程保险规避风险。为应对各种风险源的潜在威胁，承包商应积极投保《建筑法》和《施工合同文本》所规定的相关保险，未雨绸缪、防患于未然。例如，建工险、建安险、工伤险、意外险等。建工险、建安险是一种针对自然灾害或意外事故造成标的物损失的综合性保险；工伤险是国家通过立法建立的一种社会保障机制，使劳动者在工作中遭受事故伤害或者患职业病时，能够及时按照法定的标准得到医疗救治，并获得经济补偿；同时，均衡和减轻用人单位的负担，分散用人单位的风险。意外险是指被保险人受到意外伤害时，保险公司给予一定的经济补偿的险种，属于商业保险范畴，同样具有分散被保险人风险的功能。落实各种工程保险制度，是承包商以及业主应对自然、社会突发事件风险、安全生产风险的事后有效对策。

5.2.3 合同履约阶段的风险对策

(1) 研究合同预测风险。项目管理人员首先要对施工合同进行完整、全面、详细的研究分析，切实了解自己和对方在合同中约定的权利和义务，预测合同风险，分析进行合同变更和索赔的可能性，以便采取最有效的合同管理策略。

(2) 明确项目管理目标。在开工准备阶段，要根据合同要求编制施工组织设计，安排生产计划，制定下期目标、质量目标、成本目标，建立配套的组织体系、责任体系，确保目标实现。

(3) 加强现场施工管理。现场施工管理是防范风险的重要环节，组建强有力的项目班子，对工程实施全过程管理，对工程质量、进度、成本严格控制，做好事前、事中和事后控制，避免因工期延误、质量问题、人员、材料、设备的浪费带来的风险。

(4) 加强安全生产管理。实行全员、全过程的安全管理，教育员工必须严格遵守安全操作规程，并每人对现场进行检查考核，建立严格的奖惩措施，杜绝安全事故的发生，避免由于生产过程当中的安全因素造成责任事故和人身伤亡等重大风险。

（5）重视索赔资料的收集。在施工合同履行过程中，由于一些不可预测风险的发生，发包人不能履行合同或不能完全履行合同，而使承包商遭受到合同价款以外的损失和影响了工期的，承包商就要依法索赔。索赔的成功很大程度上取决于承包商对索赔做出的解释和强有力的证据。索赔证据有：会议纪要、施工日志、工程照片、设计变更、指令或通知、气象资料、造价指数，等等，注意和重视索赔资料的收集，及时合理地提出索赔，是使工程风险合理合法转移的有效措施。

（6）注意索赔方法和策略。索赔方法以单项索赔为主，单项索赔事件简单，容易解决，而且能及时得到补偿。当索赔事件发生后，严格按合同规定的要求和程序提出索赔。保证索赔事件的真实，要有足够的证据来证明索赔事件是由于对方责任引起的。如遇突发性索赔事件，要强调即使一个有经验的工程师也难以预见，并且要指出在事件发生后承包商为减少损失，已经采取了最有力措施，用证据和事实促使索赔成功。

6 施工总承包合同管理案例

我国推行总承包模式三十多年来，许多施工企业在工程实践中积累了丰富的合同管理的经验，本章案例从总承包商角度出发，介绍了三个案例，详细阐述了在合同管理工作的做法和经验，对行业从业者了解、熟悉、掌握合同管理内容、管理要点具有一定的参考价值。

6.1 某住宅施工总承包合同管理案例

6.1.1 施工总承包工程概况

重庆市某住宅小区1＃楼、2＃楼工程由W房地产有限公司开发，A建工集团公司总承包施工（以下简称A公司）；B建设项目管理有限公司监理，C国际工程集团设计研究院设计，工程地质由D勘察设计研究院勘察设计。

结构概况：该工程建筑物采用人工挖孔桩基础，主体结构体系为短肢剪力墙-筒体结构。工程抗震设防类别为丙类，烈度为6度，屋面防水等级为Ⅱ级，该建筑物的安全等级为Ⅱ级，地基与基础的安全等级为甲级。地下室负3层以上砌体采用200厚陶粒混凝土小型空心砌块砌筑，砂浆强度等级M5，地下室负4层砌体与屋面女儿墙砌体采用200厚的页岩砖砌筑，砂浆强度等级M7.5。剪力墙厚180～300mm，板厚100～180mm。

混凝土等级：1＃、2＃楼地基与基础混凝土等级均为C30；1＃楼梁板混凝土强度等级4层以上为C30，4层以下为C35；2＃楼梁板混凝土强度等级除转换层局部为C40，其余均为C30；1＃、2＃楼柱墙混凝土强度等级从C50～C30不等。

建筑概况：工程总建筑面积为57657m²。其中1＃楼住宅部分为32层；其他各建筑面积为30297m²，建筑高度96.8m。2＃楼住宅部分为31层；建筑面积为27360m²，建筑高度93.6m。l＃楼、2＃楼地下室（裙房）部分连为一体为4层，其间设一200mm宽温度缝，建筑±0.000标高相当于绝对标高279.200m。其中地下室负1层至负3层作为停车库，负4层作为消防设备房、温泉设备房、商业网点以及其他综合用房。

外墙装饰：一层至屋顶采用某陶瓷厂家出厂的“某某牌”白色、泥黄色、红棕色、蓝灰色，设计规格为45mm×95mm的纸皮砖，面砖颜色以白色为主调；地下室外墙贴砖采用某陶瓷厂家出厂的“某某牌”浅灰色与深灰色，设计规格为45mm×95mm的两种纸皮砖，外墙面砖颜色以浅灰色为主调；1＃楼外墙面积约为22000m²，2＃楼外墙面积约24000m²。

室内装饰：天棚，非公共部分室内天棚采用1∶2∶5水泥砂浆；公共部分消防楼梯的天棚采用1∶2.5水泥砂浆，面层再用白色的乳胶漆罩面；公共部分电梯前室与非前室天棚采用硅酸盖板吊顶（吊顶高度大于2.3m）；地下室天棚采用1∶2.5水泥砂浆，面层再用白色的乳胶漆罩面。

墙面：非公共部分室内墙面采用1∶3水泥砂浆，公共部分的消防楼梯墙面采用1∶2.5水泥砂浆，面层再用白色的乳胶漆罩面，公共部分电梯前室墙面，电梯非前室墙面采用1∶3水泥砂浆，面层再用白色的乳胶漆罩面；地下室墙面采用1∶3水泥砂浆，面层再用白色的乳胶漆罩面（除负4层公厕采用200mm×300mm的面砖外）。

楼地面：非公共部分±0.00以上楼面采用墙面1∶2.5水泥豆石地面（卫生间、厨房、露台采用1∶2.5水泥砂浆除外）；公共部分电梯前室与非前室部分采用600mm×600mm的玻化砖地面；±0.00以上公共部分的消防楼梯楼面1～5层采用300mm×300mm的玻化砖地面，其余的消防楼梯地面均采用1∶2.5水泥豆石地面，面层再用地坪漆罩面；地下室负1～负3层车库楼面采用C20素混凝土地面：负4层地面公共部分采用330mm×330mm的玻化砖地面，各设备用房地面采用C20素混凝土地面，其余地面面层待二次装修。

屋面装饰：地下室车库屋面采用种植屋面做法；采光井屋面采用非上人屋面做法；顶层屋面采用上人屋面做法；电梯井筒体屋面采用非上人屋面做法；1#楼3层平台屋面采用非上人屋面做法。

其他：入户门采用钢质防火防盗门；外墙的门窗为铝合金门窗框，无色透明玻璃；阳台栏杆采用玻璃栏杆。在施工过程中，A公司依据设计图纸，精心组织、科学管理，积极推广应用建筑新工艺、新技术、新材料、新设备，确保实现合同目标。整个建筑立面美观时尚，风格独特，不失为高尚品位住宅。

6.1.2 总承包施工情况

A公司承包分部工程共有8项，即地基及基础、主体结构、门窗工程、楼地面工程、装饰工程、屋面工程等6个土建分部和给排水工程、电气工程两个分部的安装工程。甲方指定分包分部工程如下：电梯分部工程由甲方发包给上海某电梯有限公司；给排水工程中消防分项由甲方发包给重庆某机电消防公司；楼宇自动化系统分项工程由甲方发包给厦门某实业有限公司；铝合金门窗分项工程由甲方发包给福建某建筑工程公司；防水工程由甲方发包给福州某知名防水装饰工程有限公司；阳台栏杆以及铁花栏杆分别由甲方分别发包给重庆某实业发展有限公司和重庆某铁艺工程有限公司；进户门由甲方发包给重庆某门业有限公司；内外墙涂料分项工程由甲方发包给福州某贸易有限公司。

6.1.3 施工合同签订阶段的管理

1. 合同签订前的准备工作

（1）资格预审阶段：

1）A公司一贯注意平时的资料积累。对企业的基本情况、人员状况、技术力量、设备装备能力、企业资信、获奖、荣誉等方面，特别是企业的财务状况和相类似工程经验等，在平日通过计算机建立一个专用的资料库。A公司参与该项目的资格预审时，从资料库调出，针对招标单位的要求加以修正和补充，既准确又快捷。

2）在投标决策时，A公司做好市场调研工作，注意搜集信息，根据资格预审的评审要求和竞争对手的情况，以及自身的竞争实力，用科学的决策方法加以分析，研究对策，确立投标策略。在进行投标决策时，采用10项主要指标组织有关专家来判断是否参与投标，见表6-1，其指标 ΣWC 值为0.60以上即可参与投标。从附表看该工程权数指标 ΣWC 值为0.77，因此，A公司决定参与投标。

表 6-1 专家评分比较法对投标机会的评价

序号	投标考虑的指标	权数（W）	等级（C）					WC
			好	较好	一般	较差	差	
			1.0	0.8	0.6	0.4	0.2	
1	管理条件：是否有足够的，水平相当的管理人员	0.15		▲				0.12
2	工人条件：技术水平、工种、人数能否满足工程需要	0.1		▲				0.08
3	机械设备条件：设备的品种、数量能否满足工程需要	0.1	▲					0.1
4	工程项目条件：工程性质、规模、复杂程度、自然条件、材料供应、工期要求	0.15			▲			0.09
5	业主和监理的情况	0.1			▲			0.06
6	业主的资金条件	0.1			▲			0.06
7	合同条件	0.1		▲				0.08
8	竞争对手情况：对公司投标有利程度	0.1		▲				0.08
9	相类似工程经验	0.05	▲					0.05
10	今后的发展机会：在该地区是否有发展前途	0.05	▲					0.05
	合计							0.77

3）在编制资格预审书时，A公司对项目所要采取的措施（如投入工程项目的管理人员、主要施工机械设备等）不作过高、过多和不切实的承诺，力求科学、合理。

4）做好递交资格预审书后的追踪工作。递交了资格预审书后，通过各种渠道，关注资格评审的进展情况，以便及时地得到信息，期间A公司发现一些问题并及时地补充了资料。

（2）投标报价阶段。投标报价是合同管理工作的重要环节。A公司投标小组在投标的过程中，对招标文件进行反复细致而深入的研究，对施工现场做好详尽的调查，如地形、地貌、水文地质条件、施工场地、交通、物资供应等条件。通过对招标文件的研究和现场调查所发现的问题，进行分类归纳，并做好书面记录，以便在合同管理的各个阶段引起高度重视。

除此之外，A公司还设立专门的编制标书小组；仔细研究招标文件中条款及图纸等方面的技术问题，包括业主提供的原始技术资料、数据等，是否满足报价需求、是否正确合理、有哪些技术方面的风险等，根据这些因素，制定出切实可行的施工规划和主要施工方法。

（3）制定总体战略目标。由于A公司也算竞争力较强的施工企业，其市场竞争能力较强，市场前景看好，目前有十分饱满的工程任务，对于新的工程的有无对企业的影响不大，不存在因为接不到工程而存在企业无法生存的后顾之忧，不存在开拓市场的问题，因而制定该工程施工总承包合同的总体战略目标：该工程项目必须盈利为总造价的20%。

2. 合同谈判阶段

（1）谈判准备工作

1）组建谈判小组：A公司根据工程项目特点组建谈判小组，结合谈判的需要和小组成员的特长做好分工：小组负责人由精通业务、熟悉合同文本和具备良好的协调能力的公司总工担任。

2）拟定谈判方案：谈判前对自己一方想解决的问题及解决问题的方案做好准备，并整理出谈判大纲，对希望解决的问题按轻重缓急排队，对解决的主要问题和次要问题拟定达到的目标要求。

3）谈判的资料准备：谈判前准备好谈判使用的各种参考资料，准备提交给对方的文件资料以及计划向对方索取的各种文件资料清单。

4）谈判的议程安排：谈判的议程安排由业主提出，征求A公司意见后确定。该项目议程安排松紧适当，既不拖得太长，也不过于紧张。整个谈判在和谐的气氛中进行。

（2）谈判的阶段及主要内容

1）决标前的谈判：在决标前，业主与A公司谈判的主要内容有两个方面：一是技术答辩，二是价格问题。技术答辩由评标委员会主持，评标委员会对我司提出将如何组织施工，如何保证工期和质量，对技术难度较大的部位采取什么措施等技术问题。我司在编制投标文件时对上述问题早已有准备，圆满地回答评标委员会提出的这些技术问题，顺利通过技术答辩。价格问题是双方关注的十分重要的问题，业主利用他的有利地位，要求A公司降低报价，并就工程款中贷款利率、延期付款条件，甚至要求带资承包等方面做出让步。A公司在此阶段沉着冷静，对业主的要求进行逐条分析，在保证该工程施工总承包合同的总体战略目标的前提下，做了适当的让步。

2）决标后的谈判：经过决标前的谈判，业主最终确定A公司中标并发出中标通知书，并与业主进行决标后的谈判，即将过去双方达成的协议具体化，并最后签署合同协议书，对价格及所有条款加以确认。

（3）谈判的技巧。谈判是一门技术性、技巧性很强的学问，其策略、技巧运用的好坏，直接关系到谈判的成功。在该工程项目C公司同业主谈判能取得预定和满意的收获，其中技巧的运用是必不可少的。该工程项目我司用到如下谈判的技巧：1）反复阐述自己的优势；2）对等的让步；3）调和折中。

3. 承包合同内容的审查与签订

A公司对该工程合同签订时的合同内容进行详细的分析与审查，且对总承包合同审查的重点是：总承包商的主要合同责任以及分包商合同责任，工程范围，业主（包括工程师）的主要责任和权力，合同价格，工程款的支付方式，计价方法和价款的补偿条件，工期要求和顺延条件，合同双方的违约责任，合同的变更形式、程序和工程验收方式，争执的解决等。该内容经A公司审查无误后，于2004年5月20日同业主签订了施工总承包合同。

6.1.4 施工履约阶段的合同管理

1. 建立内部合同管理机制

A公司实施阶段建立的内部合同管理机制如图6-1所示。

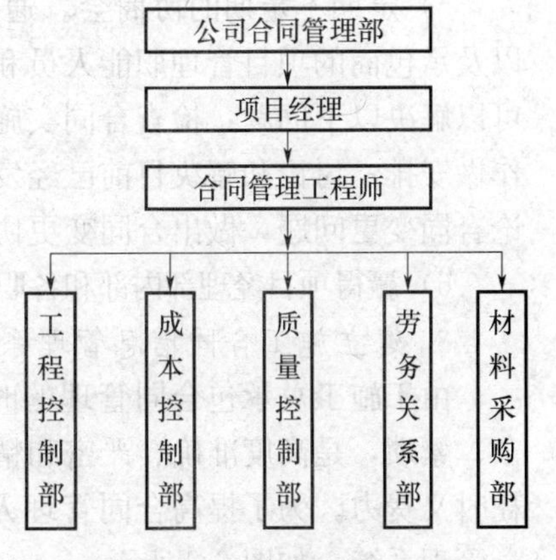

图6-1 内部合同管理机制图

2. 进行合同交底

由于我国建立了招投标制度，工程项目承接已转为市场行为，工程项目目标和承包商的责任都是合同来定义的。为了保证能按合同要求，A公司非常重视合同交底，要求施工项目经理部所有成员，包括施工员、工长、操作人员都应明确合同赋予他们的目标和责任。该工程合同交底由公司合同管理处的领导和合同工程师组织项目部学习合同条件和合同总体分析结果，对合同的主要内容、各种规定、管理程序逐一熟悉，了解我司的合同责任和工作范围，各种行为的法律后果等，使项目部全体成员树立全局观念，避免在执行中的违约行为，同时，使项目部全体成员的工作协调一致。

（1）该工程合同交底的工作内容：

1）由A公司合同管理处和合同工程师牵头，在项目开工、各合同事件即将实施前，组织该事件的参与者及项目经理部各有关人员参加。

2）将各种合同事件的责任分解落实到各工程小组或分包商，分解落实如下合同和合同分析文件：合同事件表（任务单、分包合同）；施工图纸；设备安装图纸；详细的施工说明等，并对这些活动实施的技术和法律问题进行解释和说明，其中，最重要的内容有：工程的质量，技术要求和实施中的注意点；工期要求；消耗标准；相关事件之间的搭接关系；各工程小组（或分包商）责任界限的划分；与其他甲方指定分包商的责任界限划分；完不成的责任影响和法律后果。

3）在合同事件实施前，与其他相关的部门如业主、监理工程师、承包商沟通，召开协调会议，落实各种安排。

4）在每个合同事件的实施过程中进行经常性的检查和监督，对合同做解释。

5）在项目实施中，当干扰事件发生后，如何及时调整各个合同事件相应的内容，如何及时向其责任人和参加者重新交底。

（2）该工程合同交底的具体工作。合同交底对实现项目目标及合同目标是一件十分有意义的工作。A公司在该工程实施中进行合同交底主要做好如下几项工作：

1）项目经理部下设合同管理小组，并由合同工程师全面负责合同交底工作。

2）对该工程合同进行总体分析和详细分析。通过总体分析了解业主的要求、监理工程师的权力、承包商的责任等。详细分析形成合同事件，根据分析结果来进行合同交底。

3）及时对该工程实施情况进行反馈。分析工程中出现的新情况，及时把项目经理部的处理意见反馈到还未实施的合同事件表中，并做适当调整，使以后的合同交底始终建立在正确的工程现状的基础上。

4）把合同交底作为合同管理的一个重要工作来做，并做到合同管理中各项工作的相互配合。

5）定期不定期的协商会。通过业主、工程师和各承包商之间，承包商和分包商之间，以及承包商的项目管理职能人员和各工程小组负责人之间都应有定期的协商会。通过协商会可以解决以下问题：检查合同实施进度和各种计划落实情况；协调各方面的工作，对后期工作做安排；讨论和解决目前已经发生的和以后可能发生的各种问题，并做出相应的协议；讨论合同变更问题，做出合同变更协议，落实变更措施，决定合同的工期和费用等。

6）赢得项目经理部内部和各职能部门的支持，并征求他们意见，及时向他们反馈有关信息。

3. 建立施工合同信息管理系统

由于施工总承包合同管理的时期长，是一个动态管理的过程，且合同管理工作极为复杂、繁琐，是高度准确、严密和精确的管理工作，使得单纯地依靠人工来进行合同管理，既耗时又费力。为了提高合同管理人员的工作效率，A公司在该工程施工过程中建立合同信息管理系统，如图6-2所示。

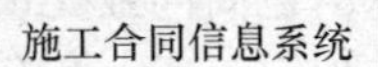

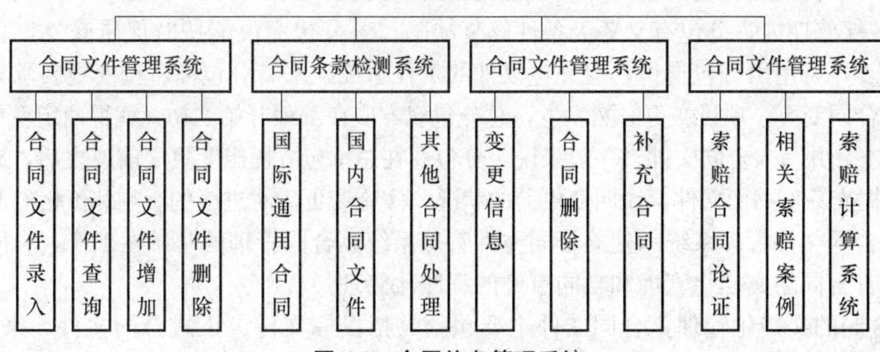

图 6-2　合同信息管理系统

4. 对分包合同管理的策略

在工程实施阶段，总承包商除了要加强总承包合同管理，还应该加强分包合同管理，因为在工程项目的实施阶段，处理好总分包关系的协调，对总承包商顺利完成总承包合同显得特别重要，而总分包关系的协调必须以分包合同为基础，此外所有分包商的行为后果（包括投资、进度、质量目标）总承包商要承担相应的连带责任。本案工程由于分包商较多，给项目管理增加了一定的难度，结合实际情况，A 公司采取的分包合同管理策略涉及的内容如下：

（1）分包合同的执行。A 公司根据分包计划进行合同范围确定，合同范围不仅指工作内容，还含质量标准、技术规范、材料规格、开竣工时间、进度安排、责任和义务、使用设备、技术和管理人员、风险分摊等因素。对多分包商构成的项目合同管理的关键是理清各分包商之间的责任和组织界面。确定合同范围采用穷举法，即对构成合同价格的所有因素包括细节进行罗列，再根据实际情况编辑。对合同范围做了尽可能的清晰准确的描述，对工作内容、技术规范、材料品质和规格，进度安排、双方责任和义务做了细致而明确的描述，总包与分包之间、分包与分包之间责任归属做了明确划分，对于一些因信息不足无法明细的情况，则依据经验判断说明和列举可能发生的情况，有时还运用否定语言规定合同约束以外的情况，确定的合同范围作为形成分包工程的项目招标书或询价依据。合同的管理是一个动态过程，实质是监督合同的执行情况，努力促使按合同要求认真完整地履行合同义务。

（2）不断明确和深化分包合同范围。不断明确合同范围是总承包商监督分包商履行合同的过程。因项目有渐进明细的特点，随项目的不断进行，许多前期没有明确的问题逐渐地清晰起来。为了保证项目的顺利进行，就必须不断向分包商给予明确和理清，总承包商必须时刻解释、理清合同范围，甚至重新定义合同范围，这是合同管理在执行阶段的重要工作。另外，不断地理清合同范围，起到了监控分包商按合同履行的作用和主动协调分包商的作用。对合同范围的管理由下列管理过程来实现：1）实施计划以总承包商按合同规定，要求分包商执行进度计划；2）检查绩效，不断检查分包商是否按计划展开工作；3）质量控制，监控分包商工程质量和服务是否满足合同规定；4）变更控制，因渐进明细的特点，变更在所难免，按合同规定程序处理变更，既公平合理又有效率，合同执行的首要任务，就是监督分包商履约义务。

（3）验收交接和缺陷修补

1）合同内应规定验收和交接程序进行分包，分包商认为完工可验收时，应该通知总承包商，总承包人不得无故拖延，如因总包拖延造成的损失，分包商可以索赔；总承包商视情况可对分包工程部分或全部接受；由于总承包商向业主的移交与分包商向总承包商移交分包工程同时，一般要规定分包商在其分项工程完工后，仍负有照管责任，直至工程顺利交接。

2）在保修期内，分包有义务无条件修复缺陷，若分包商没能按时保质修复，总承包商可自行修复，费用由分包支付，但分包以外的责任造成缺陷，分包商可按变更要求索赔。

（4）合同变更。项目变更必然发生，总分包双方应在工程开始之初，就得商定变更的处理程序和方法，并写入合同文件。一般来说，分包商在总承包方提出变更之前或之后，有义务就变更内容提交一份书面文件，说明变更前的状况，实施变更后对进度的影响和价格的调整。

（5）合同文件管理系统。建立合同文件管理系统是合同管理的基础性工作，合同文件管理系统应有合同的文档化管理和合同事件的程序化管理。

1）合同的文档化管理，合同文件主要包括：招投标文件、正式合同文件、来往信函、会议纪要、各类的支付款记录、变更文件、施工记录、财务报表、索赔文件、进度报表、开竣工文件、技术质量文件等合同文件。

2）合同事件程序化管理，一般包括合同前期管理程序、合同执行管理程序、变更控制管理程序、索赔程序等。

建筑工程项目分包管理中的"合同管理"是分包管理过程的重中之重，贯穿于整个施工过程之中，因此，总包单位要以人为本，具有高素质的管理人才，充分发挥他们的主观能动性，只有这样分包管理才有可能取得较好的成效。

5. 工程成本控制的措施

自颁布《合同法》《建筑法》《招标投标法》以来，合同管理对规范建设工程市场交易行为和推动市场的正常运转起到了积极的作用。但是由于种种原因，因合同管理不善而引起的成本失控、项目亏损的现象时有发生。因此，A公司认为研究合同管理的方法和总结合同管理过程中的成本控制变得越来越重要。A公司在该工程施工阶段合同管理，主要通过以下几种方式实现成本控制。

（1）加强对分包合同的管理，实现成本控制。项目部在工程项目施工中，施工队伍的选择是否恰当，对工程进度、质量，尤其是对工程成本有很大的影响，为此A公司做了如下工作：

1）坚持程序管理，建立分包商档案，择优选择分包单位。根据拟分包的工程项目，收集整理分包单位的有关资料。其步骤如下：①工程部、物资部、计财部等分工负责对各分包单位做深入细致的调查；②对各分包单位的技术力量、机械设备、资金保障、安全质量、履约信誉等方面进行评价，做出结论；③对经评价合格的分包单位建立《合格分包商名册》，并报总工程师审核和项目经理批准；④将分包商的业绩、《分包商评价报告》、证明其质量保证能力和施工能力的有关资料复印件建档保管；⑤在《合格分包商名册》中，择优选择分包单位。

2）发挥集体智慧，统一组织谈判和签订。A公司领导组织工程部、物资部、计财部等有关人员，与分包商就合同价格、安全保证、质量保证、工期保证等合同条款进行谈判；计财部门记录谈判结果，协办部门会签；项目经理和总工程师签署意见；最后形成并签订正式分包合同。采取项目各部门统一组织签订合同的这种形式，既集中了各部门和项目领导的智慧，保证了合同的质量，又增加了透明度，便于A公司内部人员对合同条款的正确理解，利于控制工程成本。

3）合同内容和形式的规范标准化。合同制定的好坏，对工程进度和质量，特别是对工程成本有很大的影响。A公司项目部采用统一制定的标准，以分包合同加补充条款的方式来保证合同的质量。使分包合同做到内容全面、条款明晰，并要求业主与分包商共同承担义务和风险。

（2）加强与业主签订的施工合同的管理，实现成本控制。在与业主签订的施工合同管理过程中，由于成本控制的因素很多，A公司主要是和业主及监理搞好关系，及时处理好施工索赔和工程变更工作。

1）和业主及监理搞好关系，为控制成本创造条件。处理好与业主及监理等方面的关系，是确保工程按照合同要求顺利施工，是工程变更与索赔成功的重要条件。所以，A公司主动和业主及监理等各方建立友好融洽的关系。在商量工作时，做到态度谦和、谈话措辞得体、尊重对方，认真了解对方的背景和观点，用恰当的语气表达自己的想法和愿望，以赢得业主和监理的信任和好感，建立良好的关系，为变更和索赔等工作的顺利开展创造有利的条件。

2）严格执行合同，加强施工索赔。索赔是挽回经济损失的重要手段之一，是合同管理的重要环节。整个索赔的过程就是执行合同的过程。因此，A公司从工程一开始，就对合同进行分析，吃透合同精神，根据实际施工情况，收集与合同有关的一切资料，认真整理和分析索赔依据，核算索赔价款，撰写索赔文件，及时按合同文件规定提出高质量的索赔报告。同时，注意索赔依据全面准确、客观合理，为索赔成功打好基础。

3）及时处理工程变更，追加成本损失。在该工程施工阶段，由于各方面情况的变化，引起工程量变更、施工进度变更和施工条件变更，以及因修改设计引起的变更，A公司在对施工阶段处理工程变更非常重视与及时。

（3）加强合同综合管理，实现成本控制

1）强化组织管理，健全合同管理机构。合同签订以后，只是理论上控制了工程成本，然而为了把支出控制在合同金额以内，A公司还特意在计财部门设置一位既熟悉合同条款又熟悉工程技术和经济管理，还具有实践经验的预算人员，作为合同成本的专职管理人员，对合同进行归档管理，并负责处理执行合同过程中有关政策法规和计价依据的变化，以及各种工程变更等方面引起的索赔事宜。同时负责对合同的履行实施监督检查，及时发现和处理合同履行过程中违反合同条款的行为，避免由于履约不佳造成的成本增加。

2）实行全员管理，严格过程控制。A公司的合同管理是以经济效益为中心的全员、全过程的系统性管理。施工、技术、质量、成本、安全等在合同中融为一体。合同的管理和执行，依赖全体职工，任何人在任何时候都有义务随时监督合同的履行情况，发现问题及时反馈。在合同签订以后，我司合同管理处组织项目部的各部门认真学习、研究合同，使项目部成员深入理解合同文件精神，确保工程的顺利实施，避免时间、人力、财力、物力等方面造成不必要的损失，达到成本控制的目的。

3）实行合同管理同日常工作紧密结合的动态控制。A公司项目部在日常的施工管理过程中，坚持实行把合同管理同现场管理和过程控制相结合的动态控制。合同管理人员经常深入施工现场了解情况，协同技术人员搜集当日施工情况和存在的问题，如气象资料、备忘录、会议纪要、工程照片、工程进度计划等方面的资料；将每日实施合同的情况与原合同规定的技术规范、施工要求、工作范围、图纸要求等相对照，发现合同规定以外的情况或合同在执行中受到干扰，马上研究是否就此提出索赔，做到信息的及时反馈和事前控制，防患于未然，实现了成本控制。

6.1.5 施工履约阶段的索赔管理

1. 本案项目发生的索赔事件

在施工阶段，通过合同管理，加强索赔管理是施工企业避免不必要的损失、保证工期、质量和经济效率的一种必要途径。因此，A公司在该工程合同履约阶段，非常重视索赔管理。在该工程施工过程中，发生以下几个索赔事件：

（1）按照签订的合同要求：甲方应该在乙方主体结构施工到20层时开始付进度款。2005年4月21日主体结构20层施工完毕，按合同要求，A公司向甲方发出付进度款的函件，甲方收到函件后，以各种理由拒付进度款，迫于资金压力，2005年5月19日工地停工，甲方最终在2005年5月27日开始向A公司付进度款，2005年5月28日工地开始复工。造成A公司工期延误8天和费用损失50万元。

（2）进户门由甲方指定发包某门业有限公司施工，按照甲方与该门业公司签订的合同要求，门业公司必须最迟于2005年9月20日进场施工，但是由于门业公司资金原因，结果于2005年10月21日才进场施工，造成A公司土建装修进度拖延20天，费用损失40万元。

（3）在附属工程交通塔的外墙施工过程中，甲方先是将4.5cm×4.5cm的面砖改为4.5cm×9.0cm面砖，口头通知A公司后，正当A公司准备采购材料和调配劳动力时，甲方又将附属工程交通塔外墙面的设计方案改为正南面为4.5cm×9.0cm面砖，而正北面为文化石材，东西两面为石材加玻璃幕墙。给A公司造成约80万元的损失，工程工期耽误30天。

2. 对本案索赔事件的处理

上述索赔事件发生后，A公司对索赔管理的具体工作主要包括以下几个方面：

（1）收集进行索赔的主要依据资料。索赔依据是基于能够证明索赔事件的一切材料，因为任何一项索赔事件的成立，都必须具备正当的理由。因此，A公司本工程收集索赔的依据资料如下：

1）招标文件、合同文本及附件，发包人认可的工程实施计划，各种图纸和技术规范；

2）建设工程实施的各项会议纪要，来往信件如发包人的变更指令、通知、答复、认可信；

3）施工进度计划和现场实施的工程文本文件，备忘录；

4）工程变更、技术交底记录的日期和送达份数；

5）有关工程部位的照片、录像，检查验收报告和各种技术鉴定报告；

6）工程现场的气候记录，水电停送记录，道路的封堵开通记录；

7）有关建筑工程材料、设备的采购、订货、运输、进场、验收、使用等方面的记录、凭证和报表；

8）各种会计核算资料，工程进度款、预付款支付的日期和数量记录，市场行情资料包括官方的文件规定、市场价格，央行汇率。

（2）工期和费用索赔数值的计算

1）由于甲方不按合同要求付进度款，造成A公司由于资金压力停工，导致工期和费用的损失，属于甲方的责任造成的，因此，A公司向甲方索赔工期8天和费用50万元。

2）由于甲方指定分包商某门业有限公司进场时间延误造成C公司工期和费用的损失，属于甲方的责任造成的，因此，向甲方索赔工期20天和费用40万元。

3）由于甲方提出更改附属工程交通塔的外墙装修设计方案造成A公司工期和费用的损失，属于甲方的责任造成的，因此，向甲方索赔工期30天和费用80万元。

索赔工期损失共计：58天；费用损失共计：170万元人民币。

（3）按照索赔程序，提交索赔文件。本工程在索赔事件发生后，A公司严格按照我国《建设工程施工合同（示范文本）》规定程序进行，及时提交索赔文件。具体按照以下的程序进行：甲方未能按合同的规定履行自己的各项义务或发生错误以及应由甲方承担责任的其他情况，造成工期延误或向我司延期支付合同价款及A公司的其他经济损失，A公司按索赔程序以书面形式向甲方提出索赔。

（4）索赔管理的对策。施工项目索赔是一门涉及面广，融技术、经济、法律、管理、财会、公共关系为一体的边缘学科，又是一门艺术，因此，灵活应用索赔技巧是索赔成功的关键。A公司在合同实施过程中的索赔管理对策是：善于发现索赔、提出索赔与实施索赔，并在此过程中应用恰当的工作技巧，力求索赔成功，从而取得比较好的经济效益。主要体现在以下几个方面：1）及时确认口头变更指令；2）撰写好索赔通知书并及时发出索赔意向通知书；3）注意并重视索赔资料与准备。

（5）索赔报告编写技巧。在工程承包活动中，承包商常常处于不利的地位，这是市场激烈竞争造成的。在解决索赔问题中，由于双方利益和期望的差异性，在谈判过程中常常会出现大的争执。因此，在索赔谈判中，承包商应避免和业主发生冲突，要善于整合当事双方的差异，寻找付出较小代价就能给业主带来很大利益的条款。此外，让步是解决争议的常用技巧。在具体操作中，承包商应提出较高的期望，经双方谈判，在业主感兴趣或利益所在之处做出让步，如缩短工期，提高工程质量等，同时争取业主做出相应的让步，从而实现索赔目标。我司在编写索赔报告时注意运用一些以下的技巧。

1）慎用“索赔”二字。当发生了要索赔的事件时，一方面不用索赔报告的形式向业主索赔，另外，在编写索赔报告时，尽量不用索赔二字，以免引起业主的反感。例如，本案工程索赔事件三：在附属工程交通塔的外墙施工过程中，业主先是将4.5cm×4.5cm的面砖改为4.5cm×9.0cm面砖，口头通A公司后，正当A公司准备采购材料和调配劳动力时，业主又将附属工程交通塔外墙面的设计方案改为正南面为4.5cm×9.0cm面砖，而正北面为文化石材，东西两面为石材加玻璃幕墙。由于业主变更设计方案，给A公司带来很大的损失，为此，A公司以函件的形式给业主发去了一份索赔通知单如下：

致××房地产开发有限公司函

主送：××房地产开发有限公司和×建设项目管理有限公司监理

内容：

由贵方建设，我司施工的××住宅社区1#楼、2#楼工程附属工程交通塔的外墙施工过程中，贵方一再调整设计方案。但贵方的指令扰乱我方的施工部署，我方已经尽量将人工、机械和材料分散到其他工作面上，但由于工程已处于装饰收尾阶段，工作面较少，贵方的指令仍造成我方现场机械设备、人工闲置，贵方的指令给我方造成约80万元的损失，使工程竣工时间耽误30天。故请贵方给予我方相应的费用损失补偿和工期顺延为谢！

关于详细的损失计算将另行报送。

××住宅小区项目经理部

年　月　日

业主签收栏：　　　　　　　　监理签收栏：

年　月　日　　　　　　　　年　月　日

由于上述的关于费用索赔的报告中始终没有提到索赔二字，加上业主从自己的行为中认识到给 A 公司造成了损失，最后经双方友好协商业主同意给予一定的经济补偿。

2）即使当非用索赔报告不可时，索赔报告的编写也要注意用语，不能过分强调人为的过错，比如说工程师或业主代表的行为过错，要强调损失存在的客观性，并说明这种损失是一个有经验的承包商所无法预见的。在损失发生时，承包商已经采取了相应的补救措施，但损失还是无法避免。

巧妙地编写索赔通知及报告书对承包商实现索赔也起着非常重要的作用，下面是一份 A 公司索赔通知书的标准格式：

索赔通知书

×××单位：

根据合同第×条×款的规定，我方特此向贵方通知，我方对于在×年×月×日实施的×××工程发生的额外费用及展延工期，保留取得补偿的权利。具体额外费用及展延工期的数量，我方将按照合同第×条的规定，按时向你方报送。

施工单位：××××

报送日期：×年×月×日

业主单位签收栏：

×年×月×日

监理单位签收栏：

×年×月×日

该工程索赔结果经过上述一系列的工作和索赔谈判，A 公司最终获得费用损失共计 170 万元人民币，获得索赔工期损失共计 58 天。

6.1.6 对施工合同预决算的管理

在工程施工阶段，合同管理工作对该项工程能否按期、保质地建成，取得好的经济效益关系甚大，每项工程的施工，只有严格按照施工合同等全套合同文件的规定，尤其是施工技术规程的要求进行，才能保证工期和质量，并使工程成本控制在合理的范围内，从而使合同顺利实施，使工程圆满的建成。

对施工单位来讲，其合同管理的工作内容是固定的。施工单位作为施工合同的实施者，总的任务是按合同规定建成工程项目，并取得自己应得的利益。对施工阶段的合同管理，A 公司主要做好以下十个方面的工作：

（1）按照合同或建设单位确定的进度组织好施工，保证在不发生意外的前提下，按合同规定的日期建成工程。

（2）按照合同文件的规定进行施工，保证工程质量符合设计标准并做好安全生产。

（3）按照建设单位或施工监理下达的工程变更指令，完成变更的施工项目，并落实取得补偿款额。

（4）根据工程变更或施工条件的变更，及时提出索赔报告，取得相应的工期延长及经济补偿。

（5）根据合同规定，按时提出月进度工程款结算书，并按合同程序进行催款工作，适时得到工程款。

(6) 注意施工过程中出现的客观不利条件，在遇到特殊风险及不利自然条件的情况时，适时地向建设单位和设计单位报告。

(7) 注意国家及地方有关物价浮动情况，按照合同规定的价格调整办法，适时调整工程款的数额。

(8) 注意工程项目合同文件中规定的“工作范围”，认真做好范围内指定的工作，对超出工作范围的施工任务，及时提出补偿要求。

(9) 注意劳务分包的工作状况，认真按劳务分包协议办事，保证劳务分包的施工质量。

(10) 重视施工现场记录及录像等工作，做好合同文件及信函保管工作，系统地积累施工资料，建立施工档案，作为日后总结或索赔时参考使用。

A公司对某住宅小区1#楼、2#楼工程施工总承包合同管理总体来讲，还算比较成功，按合同工期和质量的要求顺利竣工，完成公司制定该工程施工总承包合同的总体战略目标，即该工程项目必须盈利为总造价的20%的目标顺利实现。但是由于施工总承包合同管理工作是一项细致的任务，其间还有许多管理不到位的地方，需要今后在其他工程合同管理中不断地完善和提高。

6.2 某水利工程合同变更管理案例

工程变更管理是施工过程合同管理的重要内容，工程变更常伴随着合同价格的调整，是合同双方利益的焦点，因此，合理确定并及时处理好工程变更，既可以减少不必要的纠纷，保证合同的顺利实施，又有利于业主对工程造价的控制。

由于某水利工程的建设周期长，涉及的经济法律关系复杂，工程受自然条件和客观因素的影响大，导致工程项目的实际施工情况相对项目招标投标时的情况会发生一些变化，故工程变更在施工过程中不可避免。

6.2.1 工程变更的分类

1. 工程变更的定义

工程变更是指合同实施过程中由于各种原因引起的设计变更、合同变更。包括工程量变更、工程项目变更、进度计划变更、施工条件变更以及原招标文件和工程量清单中未包括的新增工程等。

《大坝和电站厂房二期工程土建与安装施工招标文件》规定：合同履行过程中，在规定的权限内监理单位认为有必要，可以指示承包人进行以下范围的变更，但下述变更不应以任何方式使合同作废或无效。即：增加或减少合同中约定的工程量；省略工程（但被省略的工作不能转由业主或其他承包人实施）；更改工程的性质、质量或类型；更改一部分工程的基线、标高、位置或尺寸；进行工程完工需要的附加工作；改动部分工程的施工顺序或施工时间；增加或减少合同的工程项目。

从以上变更的类型可以看出，工程变更的范围很广，但由于各种原因的变更最终往往表现为设计变更，且考虑到设计变更在工程变更中的重要性，故按照我国《建设工程施工合同(示范文本)》的规定，通常将工程变更分为设计变更和其他变更两大类。本案水利工程变更分类也基本如此。

2. 设计变更

设计变更主要包括：增加或减少合同中约定的工程量；更改工程有关部分的基线、标高、位置或尺寸；改变有关工程的施工时间或施工顺序；其他有关工程变更需要的附加工作。这些变更均涉及设计图纸或技术规范的改变、修改或补充。基于以上变更的类别，在工程建设实践中，依据变更的具体内容及重要程度，设计变更又分为三大类：

重大设计变更。指涉及该项工程总体的工程规模、特性、标准、枢纽总体布置、主要设备选择、已经批准的总工期及阶段性工期等项改变的设计变更。

重要设计变更。指涉及单位工作的布置、调整、建筑物结构形式的改变等内容的设计变更。

一般设计变更。指涉及分部分项工程细部结构及局部布置的改变、施工详图的局部修改以及施工中一般设计问题处理引起的改变等内容的设计变更。

设计变更必须有监理单位的设计变更通知，承包人才能执行；未经监理单位同意，承包人不得擅自对原工程设计进行变更。

3. 其他变更

除上述设计变更外，其他导致合同内容发生实质性变化的变更均属于其他变更，如合同双方对工程质量要求的变化（高于强制性标准）、对工期要求的变化、施工条件和环境的变化导致施工机械和材料的变化等。

这类变更应当由业主和承包人平等协商、签署变更协议后，方可由监理工程师监督承包人按变更协议执行。

6.2.2 工程变更的审查

1. 审查的授权

审查和批准工程变更是业主给监理工程师的一项授权，业主可以通过监理合同的有关条款对监理工程师的上述权力进行限制或通过业主的监督和审查来进行进一步的管理。

在本案水利工程的变更管理工作中，业主通过《工程建设监理统一管理办法（试行）》规定了审查设计变更的监理工作原则，并对不同种类设计变更（重大、重要、一般）的分类、提出设计变更建议书的内容及期限、设计变更建议的审查原则及期限、设计变更的批准权限、设计变更的实施程序等内容均做了详细规定，要求监理单位严格执行。监理单位根据该管理办法及监理合同的要求，编制了《工程变更监理实施细则》，针对变更项目的确定、变更费用的处理程序以及变更费用的审核办法等内容制定了详细的处理办法和工作流程。

2. 业主的管理

（1）业主要求监理单位内部，加强对工程量、施工方法和预算各专业之间的协调，由主管现场的监理人员审核工程量和施工方法，由预算人员审核价款，确保工程量及价格的可审性。

（2）业主要求监理单位在对变更形成初步审核意见、报业主审批前，应就审核的工程量、施工办法与施工单位充分交换意见，使其尽量准确。

（3）经过业主项目部及合同管理部对变更工程项目、工程量和合同价款合理性的再次审核，力求变更工程的结算既有合同依据，又公平合理，能够客观地反映施工成本以及竞争、供求等因素对价格的影响，使工程总造价控制在概算或投资估算的范围之内。

3. 监理的措施

审查工作中，监理可采取的主要控制措施有：对变更的经济技术合理性进行全面的比较分析，以确定变更的必要性；定量的分析预测变更对合同价以及工程项目总造价的影响控制；提出变更建议书，协助和协调业主对变更进行的谈判及变更处理工作；发布变更令，监督变更的执行。

6.2.3 工程变更处理程序

以设计变更为例，按照《工程建设监理统一管理办法（试行）》的规定，变更的一般处理程序为：

（1）变更的提出。在工程建设中，为设计的优化、设计问题的处理或为施工中实际情况及其变化的需要等，设计单位、承包人、业主和监理单位都可以而且必须是向监理单位（设计单位也可通过业主向监理单位提出）提出书面的设计变更的要求和建议书。

（2）变更建议的审查。参与工程建设任何一方提出的设计变更要求和建议，必须首先交由监理单位审查，分析研究设计变更经济、技术上的合理性与必要性后，提出设计变更建议的审查意见，并报业主。监理单位在审查中应审定变更建议书中提出的变更工程量清单，对变更项目的单价与总价进行估价，分析因变更引起的该项工程费用增加或减少的数额。另外，监理单位还应充分与业主、设计单位、承包人进行协商，做好组织协调工作。

（3）变更的批准。变更的批准按其类别分别确定。重大设计变更由国家指定的机构批准：重要设计变更由业主组织最终审查后批准；一般设计变更，在业主授权范围内由监理单位审查批准，报业主备案，属业主授权范围外的，由监理单位组织审查，业主单位批准。特殊紧急情况下的设计变更一律由监理单位审查批准，报业主备案。

（4）变更的实施。经审查批准的变更，仍由原设计单位负责完成具体的设计变更工作，并应发出正式的设计变更（含修改）通知书（包括施工图纸）。监理单位对设计（修改）变更通知书审查后予以签发，同时下达设计变更通知。在组织业主与承包人就设计变更的报价及其他有关问题协商达成一致意见后，由监理单位正式下达设计变更指令，承包人组织实施。

（5）特殊情况处理。在业主和承包人未能就工程变更的费用等方面达成协议时，监理单位可提出一个暂定的价格，作为临时支付工程款的依据。该工程最终结算时，应以业主和承包人达成的协议为依据。例如，本项目二期工程 IIA 标段排砂孔和电站进水口通气孔，设计孔径分别为 750mm 和 1500mm，由于孔径小，采用现浇成型施工无法拆模，经设计变更，同意改现浇为预制混凝土施工。未达成变更协议前，按现浇混凝土合同价作为暂定价格临时支付工程款；最终结算时，按双方最终核定的预制混凝土单价进行补差。该变更的处理即为特殊情况下变更处理程序的实际运用。

6.2.4 工程变更处理原则

1. 变更合同量清单的审查与处理

《大坝和电站厂房二期工程土建与安装施工招标文件》规定：原合同清单中有项目和单价的，如果发生变化，致使该分项工程经审查的实际工程量超过原合同此分项工程量的15%（不含15%），应按业主的规定办理变更合同量清单的审查，再据以填列工程月报表和价款结算单。工程量变化在15%以内的，或原合同有项目和单价，实际施工时，仅因规格和型号发生变化，经业主和承包商协商后可使用就近单价，并按业主要求提交工程量调整清单。

2. 确定变更价款

我国《建设工程施工合同（示范文本）》规定，变更合同价款按下列方法进行：合同中已有适用于变更工程的价格，按合同已有的价格变更合同价款；合同中只有类似于变更工程的价格，可以参照类似价格变更合同价款；合同中没有适用或类似变更工程的价格，由承包人提出适当的变更价格，经监理工程师确认后执行。基于以上原则，本案水利工程变更管理工作中，处理工程变更价款的具体方法分为两类：一类是合同中有相应计价项目时的变更，另一类是合同无相应计价项目时的变更。

（1）合同中有相应计价项目时的变更工程定价方法

1）当合同中有相应的计价项目时，原则上采用合同中工程量清单的单价和价格，即按其相应项目的合同单价作为变更工程的计价依据。此时，可将变更工程分解成若干项与合同工程量清单对应的计价项目，然后根据其完成的工程量及相应的单价办理变更工程的计量支付。

单价和价格的采用具体分为以下几种情况：①直接套用。即从工程量清单上直接拿来使用；②间接套用。即依据工程量清单，通过换算后采用；③部分套用。即依据工程量清单，取其价格中的某一部分使用。

2）做到公平合理。施工过程中，工程任何部分的标高、基线、位置、尺寸的改变引起的工程变更，以及设计变更或工程规模变化而引起的工程量增减均可按上述原则来定价。因为合同工程量清单的单价和价格系由承包人投标时提供，用于变更工程，容易为业主、承包人及监理工程师接受，从合同意义上讲也是比较公平的。这样既能保持合同履行的严肃性，有效地发挥通过招标而产生的合同价格的作用，又能有效地避免双方协商单价时的争议以及对合同正常履行带来的影响，且只要合同单价公平合理，这一原则亦公平合理。若合同单价不合理时，按上述原则计价时可能给业主或承包人带来不利影响（单价偏高时对业主不利、单价偏低时对承包人不利），但只要不违背公平原则或出现显失公平的现象，则上述计价原则仍应坚持。

3）实例说明。厂坝二期工程增加限裂钢筋的工程变更，由于混凝土施工过程中，为防止长间歇块产生裂缝，以及仓面发生表面裂缝后为防止裂缝发展，承包人根据设计要求及监理指示增设了限裂钢筋。对于设计变更要求增设的钢筋，属于工程量清单项目，直接套用合同单价；对于仓面出现裂缝后为防止裂缝发展而增设的钢筋，由于裂缝原因复杂，责任难以划分，风险应由业主和承包人分担，故虽属于工程量清单项目，但只能部分套用合同单价，即补偿合同单价中的直接费及税金。

（2）合同中无相应计价项目的变更工程定价

1）以计日工为依据定价。《大坝和电站厂房二期工程土建与安装施工招标文件》规定：监理单位认为有必要时，可以通知承包人以计日工的方式进行任何一项变更工作。其金额应按承包人在投标书中提出并经业主确认后列入合同文件的计日工项目及单价进行计算。这种方式适用于一些小型的变更工作，此时可分别估算出变更工程的人工、材料及机械台班消耗量，然后按计日工形式并根据工程量清单中计日工的有关单价计价。对大型变更工作而言，这种计价方式并不适用。一方面它不利于施工效率的提高，另一方面，难以准确核定发生的计日工数量。

2）协商确定新的单价。这是合同中无相应计价依据时的常见做法。协商确定单价的方法通常有以下两种：

① 以合同单价为基础，按照与合同单价水平相一致的原则确定新的单价或价格。该方法的特点是简单且有合同依据。但如果原单价偏低，则得出的新单价也会偏低，反之，原单价偏高，则得出的新单价也会偏高。所以其确定的单价只有在原单价是合理的情况下才会相对合理，当原单价不合理（有不平衡报价）时，该方法对增加的工程量部分的定价是不合理的。

② 以概预算方法为基础，重新编制工程项目报价单，采用现行的概预算定额，用综合单价分析表的形式，比照投标报价的编制原则进行编制。这种方法适用于新增工程的定价。

6.2.5 处理工程变更的意义

（1）合理处理工程变更能促进合同管理的深化和细化。工程变更为承包商摆脱合同价偏低困境，扩大自身利润提供了机会，也为业主和监理单位进行管理和控制带来了很大的难度。因此，要搞好工程变更的管理和控制，首先，监理单位应严格按照变更的处理程序和处理原则开展审查工作，确保变更工程项目、工程量和变更单价的合理性。其次，审查时，应对承包人的合同造价进行深入的分析和评估，确定该项目的成本以及承包人可能获得的预期利润，不仅加强单价合理性分析，而且加强对工程总造价的管理和控制，并注意由此引起的其他索赔和反索赔的可能性，确保工程总造价的公平与合理。

（2）合理处理工程变更是投资控制的主要环节。本水利工程的合同管理工作，由于重视和加强了对工程变更的管理，尤其是结算阶段项目主管部门及合同管理部对工程变更的管理，通过多次审核，层层把关，取得了一定的经济效益。以 2002 年为例，该年度合同管理部共处理合同变更及索赔 239 项，在项目主管部门申报工程变更合同金额的基础上，经过审核，核减金额 2194 万元，接近申报变更金额的 6.86%，由此可见，加强工程变更管理，不仅减少了工程变更的数量，避免了不合理变更，而且降低了工程造价，节省了工程投资。

（3）合理处理工程变更能促进工程的顺利实施。合理处理工程变更，维护业主和承包人的合法权益，可以促进工程的顺利实施。鉴于工程变更管理是施工过程合同管理的重要内容，工程变更常伴随着合同价格的调整，是合同双方利益的焦点，因此，合理确定并及时正确处理好工程变更，既可以减少不必要的合同纠纷，保证施工合同的顺利实施，又有利于业主对工程造价的控制。

7 施工专业分包合同管理概述

随着建设工程总承分包体系的建立，人们关注的焦点逐渐由业主与总承包商之间的合作与纠纷转移至总承包商与分包商之间的合作与纠纷方面。行业内流行一句话："成也分包，败也分包"，可见对分包商的管理具有极其重要的意义。总承包商与分包商之间合作和纠纷处理的法律基础就是分包合同，为此，从本章开始，从承包人角度，对分包合同的管理做初步探讨，本章首先对施工专业分包合同管理的基本知识进行介绍。

7.1 施工专业分包合同

7.1.1 施工分包合同概念

施工专业分包（Construction specialized sub-contract，简称 CSSC）是指总承包人经过选择具有专业资格的其他建设施工企业，经报业主同意，将自己所承包的部分工程交于该企业来完成的工作。总承包商（专业分包工程发包人）与分包商（专业分包工程承包人）就某项施工所签订的合同就是分包合同。建立专业分包体系主要源于以下几个方面的原因：

（1）首先是源于学习建设工程市场发达国家的分包体系，国外大型工程承包公司同国内的工程公司相比管理人员比例高，素质高，在承担项目时，将所有的具体施工任务分包出去，专门从事项目管理工作，项目管理工作的专业化最终会提高项目建设效率。

（2）市场发展必然趋势。施工专业分包是国际建设工程市场向完善的专业化分包体系发展是必然趋势，建设工程市场竞争日益激烈，利润空间越来越小，分工更趋专业化，提高竞争力将集中于提高专业技术水平。

（3）为增强核心竞争力。大型建设工程施工企业必将甩掉低端生产资源，专注于项目管理。对专业分包队伍来说，提高管理能力，培育优秀的专业技术人员，使用机械设备，提高专业化施工能力是必由之路。

理解施工专业分包合同的概念，应注意以下要点：

（1）合同中的分包商必须具有相应专业资格。我国实行专业分包资质管理制度，根据《建筑法》第二十九条第一款、《招标投标法》第四十八条第二款有关规定，总承包单位应将工程分包给具备相应资质条件的单位；不具有相应专业资格的专业分包商，属于非法分包，所签订的分包合同无效。

（2）选择的合同分包商必须得到业主的同意。《建筑法》第二十九条第一款规定，除总承包合同中约定的分包外，必须经建设单位认可。《招标投标法》第四十八条第二款规定，中标人按照合同约定或者经招标人同意，可以将中标项目的部分非主体、非关键性工作分包给他人完成。《房屋建筑和市政基础设施工程施工分包管理办法》第九条：专业工程分包除在施工总承包合同中有约定外，必须经建设单位认可。专业分包工程承包人必须自行完成所承包的工程。

（3）专业分包商所承包的工程是部分工程。《建筑法》第二十九条规定，建筑工程总承包单位可以将承包工程中的部分工程发包给具有相应资质条件的分包单位。施工总承包的，建筑工程主体结构的施工必须由总承包单位自行完成。《招标投标法》第四十八条第二款规定，中标人按照合同约定或者经招标人同意，可以将中标项目的部分非主体、非关键性工作分包给他人完成。

(4) 禁止施工专业分包商将其承包的工程再分包。专业分包商如果将自己所分包的工程再次予以分包，属于违法分包，所签订的分包合同不具有法律效力。《建筑法》第二十九条第三款规定："……接受分包的分包商不得再次分包。"《招标投标法》第四十八条第二款规定："……接受分包的人应当具备相应的资格条件，并不得再次分包。"

(5) 禁止业主指定分包商。为了鼓励发展专业分包企业，从而更好地保证建筑工程质量和安全生产，依据《房屋建筑和市政基础设施工程施工分包管理办法》，在专业分包市场中，禁止建设单位（业主）直接指定分包商，但允许业主对不适于招标发包的可以直接发包。

7.1.2 施工分包合同类型

1. 按照施工专业内容划分，施工专业分包合同可以分为：土方工程分包合同、地基处理工程分包合同、安装专业工程（建筑给排水与采暖、建筑电气、电梯、智能建筑、通风与空调等）分包合同、装饰装修专业工程（装饰装修、建筑幕墙）分包合同、钢结构专业工程分包合同、供排水专业工程分包合同、园林绿化专业工程分包合同等。

2. 按确定分包商的不同主体，专业分包合同可以分为一般分包合同和指定分包合同：

(1) 一般分包合同。一般分包合同是指由施工总承包商根据工程需要选择的分包商，并经过业主同意，将自己部分承包的工程交由其他建筑企业来完成，分包商直接与总承包商施工签订的合同，并不与业主直接发生合同关系。

(2) 指定分包合同

1) 指定原因。有时在业主与总承包商签订的合同中规定了有承担施工任务的指定专业分包商，这是由于大多因业主在招标阶段划分承包合同时，考虑到部分施工的工作内容有较强的专业技术要求，一般总承包商不具备相应的能力，但如果以一个单独的合同对待又限于现场的施工条件或合同管理的复杂性，工程师无法合理地进行协调管理，为避免各独立合同之间的干扰，则只能将这部分工作发包给指定分包商实施。

2) 合同关系。指定分包商也是与总承包商签订分包合同，因而在合同关系和管理关系方面与一般分包商处于同等地位，在施工过程中对其的监督、协调工作纳入总承包商的管理之中。指定分包合同的工作内容可能包括部分工程的施工，供应工程所需的货物、材料、设备，工程设计以及提供技术服务，等等。

3) 两者的区别。虽然指定分包合同与一般分包合同处于相同的合同地位，但二者并不完全一致，主要差异体现在以下几个方面：① 选择分包商的权利不同。承担指定分包工作任务的单位由业主或工程师选定，而一般分包商则由总承包商选择。② 分包合同的工作内容不同。指定分包工作属于总承包商无力完成，不属于合同约定应由总承包商必须完成范围之内的工作，即总承包商投标报价时没有摊入间接费、管理费、利润、税金的工作。因此，不损害总承包商的合法权益。而一般分包商的工作则为总承包商承包工作范围的一部分。③ 工程款的支付开支项目不同。为了不损害总承包商的利益，给指定分包商的付款应从暂列金额内开支。而对一般分包商的付款，则从工程量清单中相应工作内容项内支付。由于业主选定的指定分包商要与承包商签订分包合同，总承包商需指派专职人员负责施工过程中的监督、协调、管理工作，因此也应在分包合同内具体约定双方的权利和义务，明确收取分包管理费的标准和方法。如果施工中需要指定分包商，在招标文件中应给予较详细说明，总承包商在投标书中填写收取分包合同价的某一百分比作为协调管理费。该费用包括现场管理费、公司管理费和利润。④ 业主对分包商利益的保护不同。尽管指定分包商与总承包商签订分包合同后，按照权利义务关系其直接对承包商负责，但由于指定分包商终究是业主选定的，而且其工程款的支付从暂列金额内开支。因此，在合同条件内列有保护指定分包商的条款。国际合同通用条件规定，承包商在每个月末报送工程进度款支付报表时，工程师有权要求他出示以前已按指定分包合同给指定分包商付款的证明。如果总承包商没有合法理由而扣押了指定分包商上个月应得工程款的话，业主有权按工程师出具的证明从业务发生月应得款内扣除这笔金额直接付给指定分包商。对于一般分包商则无此类规定，业主和工程师不介入一般分包合同履行的监督。⑤ 总承包商对分包商违约行为承担责任的范围不同。除非由于总承包商向指定分包商发布了错误的指示要承担责任外，对指定分包商任何违约行为给业主或第三者造成损害而导致索赔或诉讼，总承包商不承担责任。如果一般分包商有违约行为，业主将其视为总承包商的违约行为，按照主合同的规定追究承包商的责任。

7.1.3 施工分包合同特征

1. 分包合同性质

建设工程订立分包合同是附条件的民事行为，分包合同成立的前提是业主与总承包商签订达成协议，完成了主合同的签订，没有业主与总承包商（主承包人）主合同的签订，即使分包商已经向总承包人报价或总承包商在投标书中将其列入分包商名单，或只有一个分包商，或总承包商在投标报价中使用了分包商的报价，但总承包商与分包商也不能形成合同关系。根据《合同法》中规定的合同成立的条件，还需要总承包商的承诺，才能形成合同关系。业主签发的任何中标通知书或签订施工合同的行为，对于分包商来说没有任何约束力。

分包属于从属民事法律行为，按照民法规定，从属性民事法律行为是以主债为前提条件的，随主债的转移而转移，并随主债的消灭而消灭，典型的从属民事法律行为是担保物权、如保证、留置权和抵押权等。分包是分包商承揽部分工程的行为，其分包合同关系（或称分包合同之债）是以主合同之债的成立为前提，并随主合同之债的消灭而消灭。

2. 分包合同法律特征

与法律性质相对应，分包合同的法律特征表现在以下几个方面：

（1）合同当事人。建设工程项目合同中，业主签订的主合同的当事人包括：监理合同的工程师、总承包商、设备材料采购供应商等。这些当事人之间的关系是以不同的合同形式相联系，依据他们所签订的合同，确定当事人之间的权利和义务。分包合同是与业主签订主合同的总承包商将自己所承包的部分工作内容交与其他人完成，并与之签订合同的行为，为此，分包合同存续于总承包商与分包商之间，而业主与分包商之间没有合同关系。

（2）工作范围和内容。分包是分包商承揽一部分工程而不是全部工程的行为，且非主体工程。在工程实践中，可能涉及设计专业分包、施工总承包的施工分包、设备采购分包以及设备材料供应分包等，以上均是分包一部分工程而不是全部工程。

（3）合同链的特征。在主合同与分合同的合同链中，分包合同的订立迟于主合同，只有主合同的承包范围确定之后，总承包商才选择分包人并与之签订分包合同。由于主合同、分合同两个合同当事人不同，合同当事人之间的权利、义务的设定也不相同。

（4）分包合同并没有使主合同项下的总承包商的权利、义务转移或分割给分包商，分包行为没有改变总承包商对于业主负责、分包商对总承包商负责的合同关系；总承包商不能以分包为由，向业主主张合同项下的权利、义务转移给分包商。

（5）总承包商不能以分包商延误、工程缺陷等为由推脱他对业主的责任。总承包商对工程工期、质量、投资实施控制，对业主负责，分包商无论在哪个环节出现偏差，总承包商都要对业主承担法律责任。

（6）由于指定分包商是业主直接选择和指定的，在工程建设过程中，如果在总承包人履行了管理职责的情况下，指定分包商造成建设工程质量缺陷，业主应当承担过错责任。

7.1.4　总包人与分包人的合同责任和义务

就分包工程范围内的有关工作，分包商应当执行经总承包商确认和转发的发包人或工程师发出的指令与决定。如果分包商拒不执行由总承包商发出的指令和决定，总承包商有权雇佣其他人完成其发出指令的工作，发生的费用从应付给分包人的款项中扣除。并且分包商根据分包合同的约定，对发包人发出的涉及分包工程的指令和决定，都必须经总承包商确认后，由总承包商转发给分包商执行，分包商不得直接接受发包人的任何指令和决定。

总承包商为分包商在施工场地内进行的分包工程提供条件。根据我国《建设工程施工专业分包合同示范文本》中规定："总承包商向分包商提供根据总包合同由发包人办理的与分包工程相关的各种证件、批件、各种相关资料，向分包商提供具备施工条件的施工场地。"每个建设工程在施工过程中都需要办理一些证件，如施工许可证等，承包人应当根据具体工程情况，向分包商提供与分包工程相关的证件和批件，免除分包商因这些证件、批件不全而承担的责任。同时，总承包商还应该在规定的时间组织分包商参加图纸的会审和交底，并与分包商一起认真研究分包工程和总包工程的相关部分的衔接和存在的问题，以使得分包工程能够顺利进行。除此之外，总承包商还需为分包商提供确保分包工程的施工所要求的施工场地和通道等，能够确保分包工程顺利进行及在规定日期圆满完成的条件，避免因此而发生的责任承担。

除总承包商应为分包商提供的条件外，分包商也应按照分包合同约定的时间和内容，完成其在分包工程中应当完成的工作。如：分包商必须按分包合同的约定，对分包工程进行设计、施工、竣工和保修。在分包工程施工准备、施工过程中，如果发现设计或技术要求存在问题，应当及时通知总承包商，并与总承包商一起协商解决，以保证分包工程能够顺利施工；分包商应当根据总包工程的进度计划，向承包人提供分包工程相应的年、季、月度工程进度，以及分包工程进度统计资料，如果总包工程进度需要修订或者分包工程进度计划需要修订时，分包商应及时提交修订的进度计划，以保证分包工程积极配合总包工程施工或分包工程的顺利施工，如期竣工；分包商应积极配合发包人、总承包商和工程师就分包工程的质量、安全施工等进行的检查，并为此提供方便。这些在《建设工程施工专业分包合同示范文本》中都有详细的规定，若分包商不能按约定履行，给总承包商带来损失，分包商应当承担赔偿损失的责任。

在工期方面，分包商应当按照分包合同的约定日期开工、竣工。但是由于分包商的原因或施工场地的某些情况制约下，使分包商不能按期开工、竣工的，分包商应当以书面的形式通知总承包商，在得到总承包商的同意后，工期才可相应顺延。若是由于总承包商的原因不能使分包工程如约开工的，总承包商也应当以书面的形式通知分包商，并承担因此给分包商造成的损失，并延期开工。

在工程质量方面，根据《建设工程质量管理条例》的规定：总承包单位依法将建设工程分包给其他单位的，分包单位应当按照分包合同的约定对其分包工程的质量向总承包单位负责，总承包单位与分包单位对分包工程的质量承担连带责任。根据这项规定，分包商应就分包工程向总承包商承担合同规定的总承包商应承担的工程质量义务，同时总承包商根据合同应承担在工程质量管理方面的责任。总承包商和分包商对分包工程质量发生争议时，应当由总承包商和发包人按约定的工程质量检测机构进行鉴定。

在安全施工方面，分包商应当遵守与工程建设安全生产有关的管理规定，严格按照安全标准组织施工，承担由于其自身安全措施不力造成事故的责任和因此发生的费用。在施工场地涉及危险地区或需要安全防护措施施工时，分包商应当提出安全防护措施，经总承包商批准后方可实施，发生的相应费用由总承包商承担。根据《建筑法》的规定：建筑施工企业和作业人员在施工过程中，应当遵守有关安全生产的法律、法规和建筑行业安全规章、规程。因此，分包商必须严格按照分包合同约定遵守有关安全生产的管理规定，承担由于分包商自身原因造成事故的责任和发生的费用。《建筑法》还规定，作业人员对影响人身健康的作业，有权获得安全生产所需的防护用品。分包商在施工场地内涉及危险地区或需要安全防护措施施工时，分包商应当提出安全防护措施，经总承包商批准后实施，发生的相应费用由总承包商承担。

在工程价款方面，总承包商根据分包合同支付分包商工程价款，如总承包商不按合同的规定支付工程款，因此导致分包工程施工无法进行的，分包商可以停止施工，所造成的损失由总承包商承担。

在竣工验收时，分包商应当向总承包商提供完整的竣工资料和竣工验收报告，总承包商根据分包商提供的资料通知发包人进行验收。分包商应该配合总承包商进行验收，若分包工程竣工验收时由于分包商的原因未能通过验收，由分包商负责修复相应的缺陷并承担因此而产生的费用。

在质量保修方面，当包括分包工程的总包工程竣工交付并使用后，分包商应该按照国家的有关规定，对其分包的工程在出现问题时进行保修。关于保修的具体责任，总承包商与分包商应在工程竣工验收之前签订质量保修书。

总承包商与分包商就其分包工程的质量、安全、保险、工期、竣工验收、质量保修等多方面都有各自的责任和义务，总承包商为分包商就分包的工程提供条件外，分包商根据分包合同中的规定，遵守安全规则在指定的日期内交付质量合格的工程。同时总承包商在竣工验收之后，按时支付工程价款，并且就分包工程的质量对发包人负责。这些在总承包商与分包商签订的分包合同中都应有详细的规定。

7.2 施工专业分包合同管理

7.2.1 专业分包合同管理内容依据

施工专业分包合同管理是以总承包商与分包商所签订的施工分包合同为管理对象对分包

活动所进行的一系列管理活动，其管理内容包括：对分包商资质审查和合同评审、分包合同的签订、分包合同履约的监控、分包商的索赔处理、分包合同纠纷解决以及分包合同文件的归档等方面。

施工专业分包合同管理必须依据有关法律法规进行，除《建筑法》《合同法》《招标投标法》《民法通则》《建设工程质量管理条例》《建设工程安全生产管理条例》等法律法规外，还应包括一系列部门规章，如《工程建设项目施工招标投标办法》《房屋建筑和市政基础设施工程施工分包管理办法》《建设工程价款结算暂行办法》《建设工程施工专业分包合同（示范文本）》等。

7.2.2 专业分包合同管理关系

专业分包合同关系图，如图 7-1 所示。由图 7-1 中可以看出，三个合同当事人之间，只有两个合同关系，一个是业主与总承包商之间签订的工程总承包合同，一个是总承包商与分包商签订的分包合同，总承包商对分包工程负有全面管理责任，而业主不是分包合同的当事人，对分包合同权利、义务的约定并不参与意见，与分包商没有任何合同关系。由此可见，分包合同的管理关系如下：

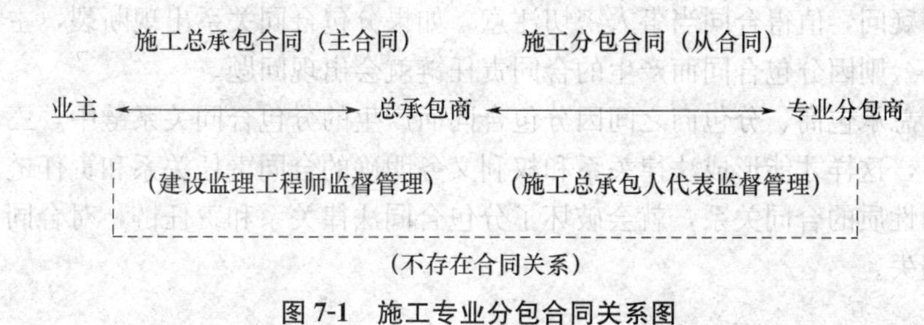

图 7-1　施工专业分包合同关系图

（1）业主对分包合同的管理。由于业主不是分包合同的当事人，与分包商没有任何合同关系，但是作为工程的投资方和施工主合同的当事人，业主对分包合同的管理则主要体现在对分包工程的批准，包括投标书同意的分包工程的内容以及实施分包工程的确认。

（2）监理工程师对分包合同的管理。工程师仅仅与总承包商建立监督与被监督的关系，对分包商在现场的施工则不承担协调管理业务，只是依据主合同对分包工作内容及分包商的资质进行审查，行使确认权和否认权；对分包商使用的材料、工艺、质量、变更管理等进行监督管理。为了准确地区分合同责任，工程师就分包工程施工发布的任何指令均应由承包商确认。《建设工程施工分包合同文本》明确规定，分包商收到经总承包商确认的发包人发出的变更指令或总承包商发出的变更指令后，方可实施变更。

（3）总承包商对分包合同的管理。总承包商作为两个合同的当事人，不仅对业主承担整个合同按预期目标完成的责任，而且对分包工程的实施负有全面管理的责任。总承包商要委派代表对分包人的施工进行监督、管理和协调。承担如同主合同履行工程中监理工程师的职责。接到监理工程师就分包工程发布的指令后，应将其要求列入自己的管理工作内容，并及时以书面确认的形式转发给分包商令其遵照执行。也可以根据现场的实际情况自主地发布有关协调、管理的指令。

在分包合同关系存在的情况下，业主、总承包商、监理工程师、分包商之间形成了四个方面的关系，详见表 7-1。

表 7-1 施工专业分包中的四方面关系

关系人	合同责任义务关系	具体责任表现
承包商与分包商	形成合同责任义务关系	分包商对承包商负责，承包商也应对分包商的违约行为向业主负责
业主与分包商	没有合同责任义务关系	分包商不能对其分包项下的额外费用或损失直接向业主索赔或起诉；业主也不能向违约的分包商得到合同款
工程师/监理工程师与分包商	没有合同责任义务关系	工程师具有审查、同意分包商权利；通过承包商对分包工程下达指令；双方无权起诉对方违约（侵权责任除外）
承包商与工程师/监理工程师	没有合同责任义务关系	双方不能相互起诉（承包商对工程师侵权行为除外）

业主、总承包商和分包商之间形成的合同责任链中，业主的风险在于业主与分包商之间没有合同关系，业主不能就分包人延误、不当行为、疏忽、缺陷工程或不良设计直接要求分包商赔偿其损失，业主只能依靠三者之间形成的合同责任链，即业主通过向总承包人索赔来实现。

主合同与分包合同责任链的衔接问题，看似理所当然，表面上不存在什么问题，但实际上却存在诸多疑问，值得合同当事人密切注意。如果分包合同关系出现断裂，主合同与分包合同衔接不好，则因分包合同而产生的合同责任链就会出现问题。

在业主、总承包商、分包商之间因分包合同而产生的分包合同关系链中，三者之间的关系应清晰明了，这样才能形成法律关系和权利义务明确的合同责任关系和责任链。三者之间如果出现其他性质的合同关系，就会破坏了分包合同法律关系和责任链，对合同关系当事人造成损害或损失。

7.2.3 专业分包合同管理意义

（1）提高总承包企业项目管理能力。要全面使用项目管理工具、提高项目管理能力，就必须加强分拨管理工作，建立完善的合同管理制度，其中包括分包合同管理制度，对分包合同进行有效的管理。因为一项分包工程管理是否到位，效果好坏，很大程度上反映出总承包人的工程管理的水平。分包合同管理的绩效决定着施工总承包合同是否能按期按质的完成，直接关系到总承包企业的根本利益，分包合同管理成为提高项目管理的关键环节和重要内容。

（2）提高总承包企业经济效益。加强施工总承包企业的分包合同管理对施工企业来说意义重大，分包合同管理不但能提高施工企业项目管理水平，还能有效控制工程成本，保证工程质量和安全生产，从而提高施工企业的经济效益。

（3）维权合同双方权益的法律依据。施工专业分包合同是分包工程所在项目的重要法律性文件，分包合同由协议书、通用条款和专用条款组成，约束双方各项权利、责任和利益，以及索赔、争议与纠纷的裁决等相关内容，分包合同是解决分包施工纠纷、化解分包矛盾的重要法律依据，做好分包合同的管理工作，对于维护承包商与分包商的合法权益具有十分重要的意义。

7.3 施工专业分包合同文本简介

7.3.1 施工分包合同文本

为了适应新形势下的法律法规和市场需要，规范和提升工程建设市场的施工管理活动，尤其是工程分包管理活动，并进一步明确承包人和分包人的权利义务，保护工程分包中各方主体的合法权益以及建设工程的质量、安全利益，在遵循法律法规的前提下，结合国内外建设工程分包市场的通行做法及最新发展趋势，2014 年 6 月，国家工商总局、住房和城乡建设部联合下发对 99 版《建设工程施工专业分包合同（示范文本）》修订的征询意见稿（以下统称施工分包文本）。

1. 施工分包文本结构

施工分包文本分为协议书、通用条款和专用条款三部分。分包合同协议书共分 7 个部分，包括分包工程概况、分包合同工期、质量标准、签约合同价和合同价格形式、合同文件构成、承诺和其他。

通用条款共分 25 个部分，分为一般约定、承包人、分包人、总包合同、分包工程质量、安全文明施工和环境保护与劳动用工管理、工期和进度、材料与设备、试验和检验、分包合同变更、合同价格、价格调整、计量、工程款支付、成品保护、试车、完工验收、分包工程移交、结算、缺陷责任期与保修期、违约、不可抗力、保险、索赔、争议解决。专用条款部分与通用条款设定相同。

2. 施工分包文本特点

(1) 施工分包文本反映了现行法律规范要求

1) 根据 2013 版《建设工程工程量清单计价规范》和《建设工程价款结算暂行办法》等规范，施工分包文本将合同价格形式设置为总价合同和单价合同，并予以分别约定。该种约定不仅符合现行法律法规及国家标准的要求，而且符合专业分包工程的实践，通过相关条款的履行更能够达到引导专业分包工程实践的作用（施工分包文本通用条款第 11 款）。

2) 为了更好地落实《房屋建筑和市政基础设施工程施工分包管理办法》中关于禁止转包和再分包的规定，施工分包文本专门设置了“不得转包和再分包”条款，将前述法规中的原则性规定转化成可量化、可执行的管理手段，以杜绝分包工程转包和再分包现象。施工分包文本规定：分包人不得将分包工程转包给第三人。分包人转包分包工程的，应按专用合同条款的约定承担违约责任。同时规定：分包人不得将分包工程的任何部分违法分包给任何第三人。分包人违法分包工程的，应按专用合同条款的约定承担违约责任（施工分包文本通用条款第 3.4 款）。

3) 根据《建设工程质量保证金管理暂行办法》，施工分包文本则引入缺陷责任期术语：缺陷责任期是指分包人按照分包合同约定履行缺陷修复义务、承包人扣留质量保证金的期限，提前使用的分包工程自开始使用之日起计算，其他分包工程自总包工程实际竣工之日起计算。缺陷责任期与质量保修期相衔接，便于处理总承包人对分包人的工程质量保证金久拖不退的问题（施工分包文本通用条款第 1.22 款）。

4)《建筑法》第四十八条规定：建筑施工企业应当依法为职工参加工伤保险缴纳工伤保险费。鼓励企业为从事危险作业的职工办理意外伤害保险，支付保险费。新版分包文本在保险条款中明确约定：分包人应依照法律规定参加工伤保险，并为其履行合同的全部员工办理工伤保险，缴纳工伤保险费，并要求其聘请的第三方依法参加工伤保险。同时还规定，除专用合同条款另有约定外，分包人应为其雇佣的人员办理意外伤害保险，为其施工设备等办理财产保险。分包合同当事人应在专用合同条款约定保险金额等具体事项（施工分包文本通用条款第 23.1、23.2 款）。

(2) 承继了 2003 版《建设工程施工合同（示范文本）》的先进理念

1) 重视示范文本指导作用，同时，尊重分包合同当事人的意思自治。

2）词语定义最大限度地与 2003 版建设工程分包合同文本保持一致。

（3）有利于解决专业工程分包领域的常见问题。当前施工分包工程领域中的主要问题包括以业主支付为前提的工程款支付问题、挂靠问题、交叉作业问题、施工人员管理问题、民工工资支付问题，等等。新版文本为解决前述问题专门设计了相应条款。

1）支付工程款问题。在工程实践中，总承包商往往以业主没有支付自己工程款为由，拒绝向分包商支付工程款，从而引发工程款纠纷案增多。以业主支付为前提的工程款支付问题，是总承包商与分包商合同支付的主要难题。为解决该问题，新版文本没有将业主支付设置为总承包商向分包商支付分包合同价款的条件，也就是说对于分包的工程款，总承包商不能以此作为不向分包商支付工程款的借口，保持了分包工程款价款结算和支付的独立性（施工分包文本通用条款第 14 款）。

2）挂靠问题。挂靠问题是承包合同中常见的问题，分包合同也不例外。为解决该问题，新版分包合同文本从挂靠行为特点入手规定，分包商项目经理和其他主要项目管理人员要求分包商必须设立管理分包工程的项目管理机构，并对分包商主要现场管理人员的劳动关系和社会保险关系等方面做出具体要求，以确保项目管理机构组成人员为分包商的雇员。同时，通过分包商项目经理及主要管理人员锁定、分包商擅自更换分包商项目经理、主要施工人员违约的责任等条款，保证分包商的实际施工管理人员与合同文件中载明的人员保持一致（施工分包文本通用条款第 3.2 款）。

3）交叉作业管理问题。在分包合同履行中，因各种因素导致的交叉作业管理是比较常见的施工管理问题，且极易引起工期延误和质量、安全事件。因此，在不同的分包人之间以及分包商与承包商之间的责任界定成为必须予以规范的问题。为此，施工分包文本专门设置了“交叉作业中的工期管理”等条款，明确约定了承包商和分包商在交叉作业过程中的权利、义务。同时规定，承包商应严格按总包工程施工组织设计对分包工程及其他工程的工期进行管理，并按分包工程施工组织设计向分包商提供正常施工所需的施工条件，因其他工程原因影响分包工程正常施工时，承包商应及时通知分包商，分包商应立即调整施工组织设计并取得承包人批准，因此而产生的费用和（或）延误的工期由承包商承担。

分包商应按经批准的施工组织设计组织分包工程的施工，在施工过程中应配合其他工程的施工。由于分包商原因造成分包工程施工影响其他工程正常施工的，分包商应立即通知承包商，调整施工组织设计并取得承包商批准，因此而产生的费用和（或）延误的工期由分包商承担（施工分包文本通用条款第 7.2 款、第 7.1.2 款）。

4）民工工资支付问题。民工工资支付问题是一个具有普遍影响的社会问题。当前对于民工负有支付义务的主体主要是专业工程分包商和劳务分包商。通过在合同示范文本中设置相关条款对于解决民工工资拖欠问题具有重要意义。为此，新版文本专门设置了“工程款支付”条款，对预付款、安全文明施工费用、工程进度款的支付进行了详细规定（施工分包文本通用条款第 14 款）。

（4）进一步加强总承包的管理责任。基于对未来建设工程市场发展方向的展望，合理分配总承包商和分包商的权利义务，进一步加强总包的管理责任是建设工程市场健康发展的总体要求，也是行政机关进行建设工程监管的重要方面。为了体现行政管理机关对于分包合同当事人的管理要求，新版分包文本对于承包商和分包商的合同权利、义务进行了适当的调整，在合理的限度内强调了承包商的总包管理义务。比如，关于分包工程施工组织事宜，新版分包文本就加强了总承包商的总承包管理责任，明确约定：“承包人应严格按总包工程施工组织计划对分包工程及其他工程的工期进行管理，并按分包工程施工组织计划向分包人提供正常施工所需的施工条件。发生影响分包工程正常施工的情况，承包人应在前述情况发生时通知分包人，分包人应立即调整施工组织计划并取得承包人批准；因此而产生的费用和（或）延误的工期由承包人承担。”（施工分包文本通用条款第7.1.2款）。

3. 施工分包文本内容

（1）分包合同的内容。分包合同内容包括：协议书、通用条款和专用条款三大部分。

（2）分包合同文件的组成。专业分包合同的当事人是总承包商和分包商。业主方和其他指定分包商除外。对总承包商和分包商具有约束力的合同是指根据法律规定和合同当事人约定具有约束力的文件，包括：分包合同协议书、中标通知书（如果有）、投标函及其附录（如果有）、专用合同条款及其附件、通用合同条款、技术标准和要求、图纸、已标价工程量清单或预算书以及专用合同条款约定的其他分包合同文件。在分包合同订立及履行过程中，分包合同当事人签署的与分包合同有关的文件均构成分包合同文件组成部分。前述各项分包合同文件包括合同当事人就该项分包合同文件做出的补充和修改，属于同一类内容的文件，应以最新签署的为准。

从合同文件组成来看，专业分包合同（从合同）与主合同（建设工程施工合同）的区别主要表现在：除主合同中总承包商向发包人提交的报价书之外，主合同的其他文件也构成施工分包合同的有效文件。

（3）施工分包合同文件的优先顺序。组成分包合同的各项文件应互相解释，互为说明。除专用合同条款另有约定外，解释分包合同文件的优先顺序如下：①分包合同协议书；②中标通知书（如果有）；③投标函及其附录（如果有）；④专用合同条款及其附件；⑤通用合同条款；⑥技术标准和要求；⑦图纸；⑧已标价工程量清单或预算书；⑨其他分包合同文件。

上述各项分包合同文件包括分包合同当事人就该项分包合同文件做出的补充和修改文件，属于同一类内容的文件，应以最新签署的为准。在分包合同订立及履行过程中分包合同当事人签署的与分包合同有关的文件均构成分包合同文件组成部分，并根据其性质确定优先解释顺序。

（4）总承包商的义务。包括总承包商应向分包商提供履行分包合同所需的相应资料；总承包商应按法律规定和总承包合同的约定对分包商和分包工程进行管理并承担总包管理责任。总承包商负责协调分包商与其他分包商之间的交叉施工作业；总承包商应保证分包商免于承担因总承包商、其他分包商的行为或疏忽造成的人员伤亡、财产损失、或与此有关的任何索赔等。

（5）分包商的义务。一般义务包括：办理专用合同条款约定的与分包工程有关的许可和批准手续；按法律规定和分包合同约定完成分包工程，对所有施工作业和施工方法的完备性和安全可靠性负责，并在保修期内履行保修义务；对施工场地进行查勘，并充分了解分包工程所在地的气象条件、交通条件、风俗习惯以及与履行分包合同有关的其他情况；按照法律规定完成分包工程资料的编写、管理和归档；确保分包工程资料的准确完整。

（6）合同价款。总承包商和分包商应在合同协议书中选择下列一种合同价格形式：

1）单价合同。单价合同是指合同当事人约定以工程量清单及其综合单价进行合同价格计算、调整和确认的建设工程专业分包合同，在约定的风险范围内合同单价不作调整。合同当事人应在专用合同条款中约定综合单价包含的风险范围和风险费用的计算方法，并约定风险范围以外的合同价格的调整方法，其中因市场价格波动引起的调整按有关市场价格波动引起的调整约定执行，因法律变化引起的调整按有关法律变化引起的调整约定执行。

2）总价合同。总价合同是指合同当事人约定以图纸、已标价工程量清单或预算书及有关条件进行合同价格计算、调整和确认的建设工程专业分包合同，在约定的风险范围内合同总价不作调整。合同当事人应在专用合同条款中约定总价包含的风险范围和风险费用的计算方法，并约定风险范围以外的合同价格的调整方法，其中因市场价格波动引起的调整按有关市场价格波动引起的调整约定执行，因法律变化引起的调整按有关法律变化引起的调整约定执行。

3）其他价格形式。合同当事人可在专用合同条款中约定其他合同价格形式。

（7）合同工期。文本对施工组织、开工、测量放线、工期延误、暂停施工等方面做了约定，明确约定：分包合同履行过程中，因总承包商原因造成工期延误的，由总承包商承担延误的工期和（或）增加的费用，并向分包商支付合理的利润。因分包商原因造成工期延误的，分包商应按照专用合同条款的约定承担逾期完工的违约责任。分包商支付逾期完工违约金后，并不免除或减轻分包商继续完成工程及修补缺陷的义务。

（8）分包合同变更。分包合同变更的范围、分包合同变更的提出和执行、分包合同变更估价、变更估价程序等进行约定。约定除专用合同条款另有约定外，分包商应在收到变更指令后 7 天内向承包商提交变更估价申请。承包商应在收到变更估价申请后 21 天内审查完毕，总承包商对变更估价申请有异议的，应通知分包商修改后重新提交。承包商逾期未完成审批或未提出异议的，视为认可分包商提交的变更估价申请。因变更引起的价格调整应计入最近一期的进度款中支付。

（9）工程款支付。文本对预付款、工程进度款支付、支付账户等方面的内容、支付期限、责任等进行了约定。总承包商逾期支付预付款的，总承包商按专用合同条款的约定承担违约责任。总承包商应在分包工程开工后 35 天内支付安全文明施工费总额的 50%，其余部分与进度款同期支付。总承包商逾期支付安全文明施工费超过 7 天的，分包商有权向总承包商发出要求支付的催告通知，总承包商收到通知后 7 天内仍未支付的，分包商有权暂停施工，并追究总承包商的违约责任。总承包商应在进度款支付证书或临时进度款支付证书签发后 7 天内完成支付，承包商逾期支付进度款的，应按照中国人民银行发布的同期同类贷款基准利率支付违约金。

（10）完工验收。施工分包文本对分包工程完工验收条件、完工验收程序、完工日期、完工退场等方面进行约定。明确约定，完工验收不合格的，总承包商应按照验收意见发出指示，要求分包人对不合格工程返工、修复或采取其他补救措施，由此增加的费用和（或）延误的工期由分包商承担。分包商完成不合格工程的返工、修复或采取其他补救措施后，应重新提交完工验收申请报告，并按本款约定的程序重新进行验收。同时约定，分包商应保证分包工程自完工验收合格至移交承包商的期间一直保持质量合格状态，否则分包商应按专用合同条款的约定承担违约责任。

（11）分包合同索赔。对分包商、总承包商的索赔程序、索赔的处理、索赔的期限进行约定。分包商认为有权得到追加付款和（或）延长工期的，应按以下程序向承包商提出索赔：分包商应在知道或应当知道索赔事件发生后 14 天内，向总承包商递交索赔意向通知书，并说明发生索赔事件的事由；分包商未在前述 14 天内发出索赔意向通知书的，丧失要求追加付款和（或）延长工期的权利。承包商应在知道或应当知道索赔事件发生后向分包商提出索赔意向通知书。总承包商应在发出索赔意向通知书后向分包商正式递交索赔报告。

（12）分包争议处理

1）调解。分包合同当事人可以就争议请求建设行政主管部门、行业协会或第三方进行调解，调解达成协议的，经双方签字并盖章后作为合同补充文件，双方均应遵照执行。

2）仲裁或诉讼。因分包合同及合同有关事项产生的争议，分包合同当事人可以在专用合同条款中约定以下列任意一种方式解决争议：①向专用合同条款约定的仲裁委员会申请仲裁；②向专用合同条款约定的有管辖权的人民法院起诉。

7.3.2 FIDIC 施工分包合同文本简介

2009 年 12 月，FIDIC 在伦敦正式颁布了用于由业主设计的建筑和工程的新版《施工分包合同条件（2009 试用版）》（以下简称 FIDIC 新版分包文本），FIDIC 新版分包文本与 1999 年第 1 版 FIDIC《施工合同条件》（新红皮书）配套使用。

1. 编制原因和遵循原则

FIDIC 起草和编制分包合同的原因是多样化的。一方面随着 99 版新红皮书的普及，广大用户迫切需要使用与新红皮书相配套的分包合同格式；另一方面，多边发展银行坚持在其融资的 EPC 项目中，需要使用国际公认的分包合同格式。分包合同起草小组在编制新版分包合同格式时，采用了与 1994 年第 1 版 FIDIC 分包合同格式相同的基础和原则，即：

（1）对于分包工程、分包商承担了与主合同项下承包商相同的义务和责任。其他原则还有：

1）分包商与业主没有合同关系；

2）承包商不能将整个工程分包出去；

3）未经业主或工程师的同意，承包商不能将工程的任何部分分包出去；

4）承包商对业主承担合同责任，分包商对承包商承担合同责任；

5）分包商对主合同全部知晓；

6）业主不能直接起诉或对分包商直接申请仲裁，但侵权责任除外；

7）业主或工程师不能直接向分包商发出指示，而应通过承包商。

（2）FIDIC 新版分包文本沿用了 1994 年版分包合同格式中的附条件支付条款的原则，即在业主支付后承包商才向分包商付款的条款。但在附条件支付条款在某些国家和司法管辖区是无效的，在英国，根据 1996 年《住宅许可、建造和重建法》第 113 条的规定，明文禁止附条件的支付条款，但业主破产的情形除外。美国的纽约州、亚利桑那州等以违反公共秩序为由认定这种附条件支付条款无效。

2. FIDIC 新版分包文本体例和内容

FIDIC 新版分包文本由三大部分组成：①一般条件。②分包合同专用条件编制指南。其附录有：附录 A：主合同主要条件；附录 B：分包工程范围和分包文件清单；附录 C：提前竣工奖励、承包商的接管和分包工程工程量表；附录 D：承包商提供的设备、临时工程、设施和免费材料；附录 E：保险；附录 F：分包合同进度计划；附录 G：其他内容。③范例格式。包括分包商投标函；投标商的中标函；分包协议书的格式。

与 1999 年版新红皮书相同，在一般条件之前，FIDIC 新版分包文本列出了分包合同的流程时间表，包括：

1）施工分包合同中主要事项的典型顺序。

2）第 14 条规定的付款事项的典型顺序。

3）第 20 条规定的分包商索赔和争议事项的典型顺序。

4）《施工分包合同编制指南》第 20 条第一项替代条款中的分包商索赔和争议事项的典

型顺序。

5）《施工分包合同编制指南》第20条第二项替代条款中的分包商索赔的典型顺序。

6）《施工分包合同编制指南》第20条第二项替代条款中分包商争议事项的典型顺序。

FIDIC新版施工分包合同条件采用了与1999年版新红皮书相同的体例和条款安排，共20条94款（表7-2）。

表7-2 FIDIC新版《施工分包合同条件》条款目录

条款序号	标题内容	条款序号	标题内容
1	定义与解释：	11	缺陷责任
2	主合同	12	测量和估价
3	承包商	13	分包工程的变更和调整
4	分包商	14	分包合同价格和付款
5	分包合同的转让和分包	15	主合同的终止和承包商终止分包合同
6	合作、职员和劳务	16	分包商暂停和终止
7	设备、临时工程、其他设施、生产设备和材料	17	风险和保障
8	开工和竣工	18	分包合同的保险
9	竣工试验	19	分包合同不可抗力
10	分包工程的竣工和接管	20	通知、分包商的索赔和争议

3. FIDIC新版分包文本的主要特点

与1994版FIDIC分包合同条件相比，FIDIC新版分包文本的主要特点是：

（1）合同体例、条款安排和措辞不同。由于1994版FIDIC分包合同是1987年版红皮书配套使用的分包合同格式，因此，1999年版分包合同格式与1987年版红皮书相匹配，共有22条70款。而2009年新版分包文本格式与1999年版新红皮书配套使用，在体例与条款安排上与1999年版新红皮书一致，除FIDIC新版分包文本第2、3、4条与新红皮书的内容不同外，其他条款均与新红皮书的条款顺序和内容相一致。另外，FIDIC新版分包文本在措辞方面力求与1999年版新红皮书相一致。

（2）增加了分包合同的定义。1994版分包合同格式在第1.1款中对21个名词进行了定义，而FIDIC新分包文本中新增加的定义有：接受的分包合同金额和附件、承包商的指标、承包商的分包合同代表、分包商的投标函、主合同的争议裁决委员会、主合同的竣工试验和当事人、分包合同争议裁决委员会、分包合同缺陷通知期限、分包合同的货物、分包合同履约担保、分包合同的生产设备、分包合同的进度计划、分包合同区段工程、分包合同竣工试验、分包合同变更、分包合同的文件、分包商人员、分包商的代表。

（3）建立了解决分包商争议的裁决委员会机制。根据1994版分包合同有关规定，关于工程师无权介入承包商和分包商之间发生的分歧和争议，更不能做出决定。因此，承包商与分包商发生分歧和争议时，虽然第19.1款规定了友好协商和仲裁的规定，但承包商与分包商往往不能达成一致，只有通过诉诸仲裁解决，加大了承包商与分包商解决问题的成本。2009版新分包合同引入了1999年版新红皮书中争议裁决委员会机制，采用了分包合同争议裁决委员会制度，在发生争议时，承包商和分包商可以根据分包合同的规定任命特别争议裁决委员会，将争议递交争议裁决委员会做出决定，这样减少了直接诉诸仲裁的机会，在友好协商和仲裁之间建立了一道防火墙，起到了缓冲器的作用。

（4）分包商对分包工程设计承担满足使用功能的设计责任。1994 年版分包合同没有明示规定分包商进行分包工程的设计责任，但根据 4.1 条规定的“应有的慎重和努力”和设计咨询人员应承担“谨慎义务”的标准设计责任，可以推断在 1994 年版分包合同中，分包商对其设计承担谨慎义务。但根据 FIDIC 新版分包文本第 4.1 款的规定，分包商要对其设计承担满足使用功能的义务，及承担了比谨慎义务更为严格的设计责任。因此，在分包商承担了满足使用功能的设计责任时，分包商应投保与满足设计适应功能相适应的职业责任保险。

在 1999 年版新红皮书中，承包商对其设计承担了满足使用功能的义务，根据分包商承担与主合同项下主承包商相同义务的原则，分包商也应承担同等的设计义务。

（5）引入了与主合同的“相关索赔”和“无关索赔”的制度。FIDIC 新版分包合同第二部分专用条款编制指南第 20.2、20.6、20.4 款引入了与主合同的“相关索赔”和“无关索赔”的概念。按照 20.2 款的规定，“相关索赔”是指分包商的索赔涉及主合同项下承包商和业主之间争议的索赔，虽然新版分包合同没有对“无关索赔”的定义做出明示规定，但显然“无关索赔”是指承包商与分包商之间的索赔事项。

第 20.3 款“无关索赔”规定了处理无关索赔的程序和时间要求。如果分包合同索赔是无关索赔，则分包商应在知道无关索赔事件或情况后的 42 天内，或在分包建议的并经承包商批准的其他期限内向承包商递交索赔细节。如果导致无关索赔事件或情况后造成持续影响，则应视为分包商提出的无关索赔是临时性的，分包商应按月递交进一步索赔详情，并在无关索赔事件或情况结束后的 28 天内递交最终索赔报告。在收到分包商递交的索赔详情后的 42 天内，或在分包商建议的并经承包商批准的其他期限内，承包商应对分包商提出的无关索赔做出答复，做出同意或不同意的决定，并给出理由。承包商还应与分包商协商分包商提出的额外付款和延期索赔。如果双方未能达成一致，则承包商可做出公正和合理的决定。如果承包商同意分包商提出的无关索赔，则承包商应向分包商支付额外付款和给予工期延长。第 20.4 款还规定了处理相关索赔的程序和时间要求。

（6）引入了“相关争议”和“无关争议”的概念和解决机制。FIDIC 新版分包文本第二部分专用条款编制指南第 20.6、20.7、20.8 款引入了与主合同的“相关争议”和“无关争议”的概念，依据第 20.6 款的规定，“无关争议”是指因无关索赔引起的争议，而相关争议是指因有关索赔引起的争议。按照第 20.7、20.8 款的规定，在发生了与主合同的“相关争议”时，可以将分包合同的争议提交主合同争议裁决委员会做出决定。如果发生了与主合同的“无关争议”时，即只是承包商与分包商之间的争议，不涉及主合同的情况下，当事人只能将争议提交分包合同的争议裁决委员会做出决定。

第 20.7 款“无关争议”规定了处理无关争议的程序和分包商的义务。第 20.8 款“相关争议”规定了处理相关争议的程序和分包商的义务。

（7）引入了承包商指示的概念。1994 年版分包合同文本第 7.1 款虽然规定了分包商可根据工程师和承包商的指示对分包工程做出变更，但没有明示规定“承包商指示”的概念，参照 2005 年版 CJT 标准建筑分包合同，2009 年 FIDIC 新版分包文本引入了“承包商指示”的概念，分包商不仅应按照分包合同的规定实施、完成分包工程，还需要按照承包商的指示实施和完成分包工程项目。

（8）强化了时间的限制。与 1999 年版新红皮书相对应，FIDIC 新版分包文本强化了时间限制。以第 20.2 款的规定为例，分包商应在得知或应当知道发生了索赔事件或情况后的

21天内向主包人发出索赔通知，并应在不迟于35天内递交索赔详情。第20.2款第d项规定，承包商应在收到索赔详情后的42天内对分包商提出的索赔做出公正的决定。在发生争议时，按照第20.4款规定，承包商应在收到争议通知书后的14天内通知分包商有关意见。

(9) 注重平衡承包商和分包商之间的权利和义务。1994年版分包合同文本第17条“主合同的终止”和第18条“分包商的违约”规定了如何处理分包商的违约问题，但没有规定承包商违约时，分包商的权利。FIDIC新版分包文本对此做了大幅修改，除第15条“承包商终止总包合同和终止分包合同”的规定与1994年版第17条、第18条相似外，FIDIC新版分包文本第16条“暂停和分包商终止分包合同”的程序和要求，赋予了分包商暂停和终止分包合同的权力，从而平衡了承包商和分包商的权利和义务。

与1994年版FIDIC分包合同相比，2009年FIDIC新版分包文本采用了与1999年版新红皮书相适应的全新体例、格式、文字和措辞，引入了新的概念，建立了新的机制。虽然FIDIC告知正式版分包合同与试验版分包合同没有太大的差别，但2009年FIDIC新版分包文本还需要长期实践的检验。

8 施工专业分包合同管理过程

施工分包合同管理在是指承包商对分包合同的管理。施工分包合同管理应坚持全过程管理的原则，即对过程分包合同签订阶段进行管理，同时更要对分包合同履约阶段实施有效的合同管理工作，形成了一个完整的管理链条，任何阶段的管理出现疏漏，都有可能影响主合同义务的顺利履行，给业主、总承包商的经济利益带来损失。为此，总承包人应认真对待分包合同每一阶段的合同管理，本章仅就专业合同管理的关键环节进行探讨。

8.1 施工专业分包合同签约管理

8.1.1 对施工分包商的选择

选择有相应分包项目资质的单位。目前，就我国建筑企业而言，依据现行建筑企业资质管理法规，施工专业分包企业资质等级分有 60 个专业承包资质。在选择分包商的时候，必须根据拟分包工程的情况，确定需要什么样资质的分包商。如果选择的分包商没有资质或没有对应的资质，则分包是违法的，要承担相应的法律后果。

1. 选择分包商的方法

(1) 招标选择的方法。总承包商应从专业施工能力、财务能力、履约历史和地区条件加以选择。在选择分包商的过程中，总承包商往往强调分包商的报价是否合理和低廉，因为这关系到承包商投标价格的竞争力，以及总承包商能否中标后以低于合同价格将工程分包出去，是否能够盈利和盈利多少的问题。招标选择分包商一般应该设立考察指标体系，如上所述，专业施工能力、财务能力、履约历史和地区条件等方面进行考察进行比较加以选择确定。

(2) 经验选择的方法。经验选择法是工程实践中普遍采取的一种选择分包商的方法。总承包商在多年的工程市场上会形成自己的分包商和合作伙伴，在投标前或获取一项工程后会找寻已经建立长期合作关系和互信的分包商进行合作，而这些长期跟随一家总承包商的分包商已经了解、熟悉和适应了这家总承包商的管理方式、方法，形成了一定的默契和合作关系。这种方法的优点是实用、节约时间。但对于过去的合作伙伴分包商应建立备案制度，对花名册的企业要经常对其进行履约能力、诚信度等方面的评估，做到心中有数。

2. 选择分包商的方式

(1) 标前选择。标前选择是工程承包中较多采用的一种方式，主合同承包商在事先考察好的分包商进行谈判，确定分包工程的种类、范围、工程规范和工程数量，由分包商向总承包商报价，然后总承包商根据其报价进行考虑，再行加价（管理费或其他费用）后上报业主。这种方式的优点是可以避免标后分包商抬价风险，也可以验证承包商的报价水平。为避免分包商报价过高，一般总承包商需要请几家分包商同时报价，相互对比，选择合理报价的分包商。

(2) 标后选择。标后分包是指承包商中标后再寻找分包商，分包商报价签订合同，这也是在我国分包市场中常见的分包人选择的方式。其主要优点是总承包商可以将价格低的单项工程进行分包，转嫁潜在的亏损风险。但是如果中标时间与开工时间间隔较短，要想在短时间内找到信誉好、价格低、经验丰富的分包商往往是非常困难的，有时会有个别分包商趁机抬高价格使总承包商利益受损的情况。另外一种情况是，如果标后分包随着事件的推移，受通货膨胀和物价上涨的影响，分包项目的材料和服务费用等出现上涨，可能会导致原来合同价格包不住的情况。有经验的总承包商大多采取标前分包方式，特别是大包的项目分包商和总承包商共同分析标书和规范，进行标价，将有利于项目具体执行和实施。

(3) 指定分包。大多数业主在招标阶段策划时，就考虑到有些施工内容较为特殊，具有较强的专业技术要求，为确保工程质量和进度的需要，业主也会将这部分具有特殊技术要求的工程直接发包给指定的分包商。

8.1.2 施工分包合同的起草和编制

1. 分包合同的来源

分包合同是总承包商与分包商之间签订的分包工程的法律文件，是总承包商管理分包商的法律依据，也是解决双方索赔、合同纠纷的法律基础。施工专业分包合同文本的主要来源有三：①业主编写的招标文件中提供分包合同文本；②分包商自己编制，并由承包商与分包商经过谈判而确定最终文本；③有关国际咨询机构、政府部门或专业机构编制的分包合同标准式文本，住建部和工商总局推荐的《建设工程专业分包合同（示范文本）》就是其中一种来源。

2. 编制分包合同原则

施工专业分包合同涉及与主合同相同的内容，并且具有一定的特殊性，为此，总承包人在编制施工专业分包合同时，应根据项目的具体情况，依据三点原则处理分包合同内容与条款。

(1) 与主合同相一致的原则：也称“背靠背”的原则或相同义务原则，这是编制分包合同的最基本的原则。一致性原则体现在合同条件、规范、图纸数量以及与工程师的关系等各个方面，但分包合同毕竟与主合同不同，分包合同可以不受主合同条款的约束，可以由总承包商与分包商协定。

(2) 分包商知晓原则：应在分包合同中明确写明分包商已阅读和全面知晓和了解了主合同对分包工程规定的合同条件、图纸、规范、数量、现场情况等条款，要求分包商承担主合同对分包工程的要求、责任、和应承担的风险，以利于分包工程的顺利实施。

(3) 完整性原则：应在合同条件中进行全面的规定，形成完整的合同条款，在保证合同条款完整的同时，还应注意组成施工分包文件的完整性。

8.1.3 专业分包招标文件格式与合同文件

1. 招标文件格式

招标文件的编写应尽可能完整、详细，不仅能够使投标人对项目有充分的了解有利于投标竞争，而且招标文件中的许多文件将作为未来合同的有效组成部分，由于招标文件的内容繁多，必要时可按卷、分章编写，依据施工招标文件范本所推荐的招标文件组成结构包括以下几部分：

第1卷投标须知、合同条款及合同格式：第1章投标须知；第2章合同条件；第3章合同协议条款；第 4 章合同格式。第 2 卷技术规范：第 5 章技术规范。第 3 卷投标文件：第 6 章投标书及投标书附录；第 7 章工程量清单与报价单；第 8 章辅助资料表；第 9 章资格审查表。第 4 卷图纸：第 10 章图纸。

2. 分包合同文件的构成

依据《施工分包合同文本》规定，分包合同文件构成应包括以下几个方面的内容：①中标通知书（如果有）；②投标函及其附录（如果有）；③专用合同条款及其附件；④通用合同条款；⑤技术标准和要求；⑥图纸；⑦已标价工程量清单或预算书；⑧其他分包合同文件。

在分包合同订立及履行过程中分包合同当事人签署的与分包合同有关的文件均构成分包合同文件组成部分。各项分包合同文件包括合同当事人就该项分包合同文件做出的补充和修改，属于同一类内容的文件，应以最新签署的为准。

8.1.4 施工分包合同提供支付类型的选择

分包合同支付类型可以按照不同的标准加以分类，支付类型不同，其应用条件也不相同，合同双方的责任、权利和义务的分配也不尽相同，承担的风险也不同。《施工分包合同文本》规定：承包人应根据工程项目的实际情况选择合适的支付价款类型，承包人和分包人应在合同协议书中选择下列一种合同价格形式：

（1）单价合同。单价合同是指合同当事人约定以工程量清单及其综合单价进行合同价格计算、调整和确认的建设工程专业分包合同，在约定的风险范围内合同单价不作调整。合同当事人应在专用合同条款中约定综合单价包含的风险范围和风险费用的计算方法，并约定风险范围以外的合同价格的调整方法，其中因市场价格波动引起的调整按有关条款约定执行，因法律变化引起的调整按有关条款约定执行。单价合同支付可分为估计工程量单价支付和纯单价支付。

单价支付的优点是：总承包商可以减少招标准备工作，不用投入太多的精力用在发包工程过程范围上，从而缩短招标准备时间，承包人对工程的总价易于控制，结算时程序也比较简单，只需要调整支付中规定的和不可预见的工程单价，此外还可以激励分包商提高工作效率，从而节约成本，提高利润。例如部分土建工程中，尤其是零星的一些土建施工，没必要花费大量的时间去提前估算和发包工程，而且造价在工程中占的比例微乎其微，直接根据实际施工工程量计算总的工程价款即可。

（2）总价合同。总价合同是指合同当事人约定以图纸、已标价工程量清单或预算书及有关条件进行合同价格计算、调整和确认的建设工程专业分包合同，在约定的风险范围内合同总价不作调整。合同当事人应在专用合同条款中约定总价包含的风险范围和风险费用的计算方法，并约定风险范围以外的合同价格的调整方法，其中因市场价格波动引起的调整按有关约定执行，因法律变化引起的调整按有关约定执行。总价支付可分为固定总价支付、调整总价支付、固定工程量总价支付等。

总价合同适合于施工任务和范围明确，发包人目标、要求和条件清楚的项目，招标时已完成施工图设计。总价支付的优点是：总价优先，最终的结算按照约定的合同总价支付。在对分包商招标、评标时一目了然，易于快速选择最低低价单位，在报价竞争状态下，易于快速确定项目总价，使承包单位大致心中有数，承包商的风险较小，则分包商的风险较大。

（3）其他价格形式。合同当事人可在专用合同条款中约定其他合同价格形式。例如成本补偿支付方式。成本补偿合同也称为成本加酬金合同，工程施工的最终合同价格将按照工程实际成本再加上一定的酬金进行计算。在合同签订时，工程实际成本往往不能确定，只能确定酬金的取值比例或者计算原则。在分包工程中是由总承包单位向分包单位支付工程项目的实际成本，并按事先约定的某一种方式支付酬金的合同类型。

8.2 施工专业分包合同履约管理

对施工分包合同履约管理方面的工作较多，本节只对施工分包合同的履约控制、工程变更、工程索赔三个方面的履约管理加以论述。

8.2.1 施工分包合同的履约控制

1. 分包合同履约控制依据

（1）合同和合同分析结果，如各种计划、方案、合同变更文件等，它们是对比分析的基础，是合同目标和方向；

（2）各种实际的工程文件，如原始记录、各种工作报表、报告、验收结果等；

（3）工程管理人员每天对现场的直观了解，如对施工现场的巡视、与各种人员的谈话、召开小组会议、检查工程质量、报告等。

2. 分包合同履行控制程序

在合同实施过程中，必须对整个工程活动全面监测和跟踪，对其实施有效的控制：

（1）对比分析。需要将监测收集到的资料和实际数据进行整理，得到能够反映工程施工状况的各种信息。如各种质量报告、施工进度报表、成本与支出报表及其分析报告。然后将这些信息与工程目标（如合同文件、包括合同分析文件、计划、设计等）进行对比分析，从而检查差异，根据差异来调整工程执行。

（2）纠偏处理。一旦出现差异，要分析差异原因，采取纠偏处理措施。差异表示实际工程偏离目标的程度，必须详细分析差异产生的原因和影响，有针对性地采取纠偏措施。

（3）合同控制的方法。合同控制有很多种类型，按照采取措施与偏差产生的时间顺序可分为：事前控制、事中控制和事后控制。按照控制信息的来源划分：前馈控制和反馈控制；按照是否形成闭合回路划分可分为：开环控制和闭环控制。归纳起来可以大致分为两类：被动控制和主动控制。

1）被动控制。被动控制是控制者从计划的实际输出发现偏差，对偏差采取措施，及时进行纠正的控制方法。因此，要求管理人员对计划的实施进行跟踪，对其收集的工程信息进行加工整理，传递给控制部门，使控制人员从中发现问题，找出原因，寻求解决问题和纠正偏差的控制方法。

2）主动控制。主动控制就是预先分析目标偏离的可能性，并事先拟定和采取各种预防措施，以保证目标的实现。主动控制是一种对未来的控制，它可以最大可能地改变即将成为事实的被动局面，使偏差消灭在发生之前，从而使控制更加有效。

3. 分包合同履行日常工作

（1）指导合同工作，合同管理工作人员有必要对各工程小组和分包商进行工作指导，作经常性的合同解释，对双方的往来信件、会谈纪要等进行法律方面的审查，及时发现合同执行过程中的问题，并提出解决问题的建议，指导合同工作。

(2) 落实合同计划。现场合同管理人员需要落实合同实施计划，为工程小组分包商的工作提供必要的保证，如施工现场的安排、人工、材料、机械等计划的落实，工序搭接之间的关系，安排以及其他一些必要的准备工作。

(3) 协调各方关系。在工程实施中，经常会出现一些合同尚未明确工程活动责任，造成承包商与业主、各分包商、材料及设备供应商，以及各分包商之间互相推诿、扯皮、引起内部和外部争执。现场合同管理人员就必须做好判定和调解工作，即在合同范围内协调业主、工程师、项目管理各职能人员、所属的各工程小组和分包商之间的工作关系，解决出现的问题。

(4) 合同实施情况的分析。合同跟踪可以通过实施情况分析找出偏差，及时采取措施，调整合同实施过程，达到合同总目标。

(5) 工程变更和索赔。合同管理工作进入现场后，任何变更都应该由合同管理人员提出和审查。索赔作为一种重要的合同行为，加强索赔工作对承包商是至关重要的。

4. 分包合同履行中的跟踪

分包合同的履行跟踪是指工程建设的承包人和分包人根据合同规定的时间、地点、方式、内容和标准等要求，各自完成合同义务状况的观察分析活动。合同的履行是合同当事人应尽的义务，任何一方违反合同，不履行合同或者不完全履行合同义务，给对方造成损失时都应承担赔偿责任。

5. 分包合同履行情况偏差分析和处理

合同实施的偏差分析是在合同实施情况跟踪的基础上评价分析合同实施情况、偏差的大小以及其影响程度、产生的原因，预测合同实施未来发展趋势，以便对该偏差采取调整措施。合同偏差分析主要有以下内容：

(1) 产生偏差的原因分析。通过对合同执行情况和合同计划的对比分析，不仅可以发现合同实施的偏差，也可以探索引起偏差的原因。

(2) 合同实施偏差的责任分析。分析产生检查的原因是由谁引起的，应该由谁承担责任。责任分析必须以合同为依据，按照合同的规定落实双方的责任。

(3) 合同实施趋势分析。针对合同实施的偏差情况，可以采取不同的措施，分析在不同的措施下，合同执行的结果和趋势，包括最终的工程状况（总工期的延误、总成本的超支、质量标准、所能达到的生产能力等）；违约方将承担什么样的后果（如被罚款、被清算、被起诉、对承包商咨信、企业形象、战略经营的影响等）；最终影响工程的经济效益（利润）水平。

施工分包合同实施偏差处理。根据对分包合同实施偏差分析的结果，通常采取下列四种措施：①合同措施：如进行分包合同变更、签订新的附加协议、采取索赔手段解决费用超支问题；②组织措施：如增加人员投入、调整人员安排、调整工作流程和工作计划等；③技术措施：如变更技术方案、采取新的高效率的施工方案等；④经济措施：如增加投入、采取激励措施，等等。

8.2.2 施工分包合同变更管理

1. 施工分包合同变更范围

除专用合同条款另有约定外，合同履行过程中发生以下情形的，应按照合同条款约定进行变更：①增加或减少分包合同中任何工作，或追加额外的工作；②取消分包合同中任何工作，但转由他人实施的工作除外；③改变分包合同中任何工作的质量标准或其他特性；④改变分包工程的基线、标高、位置和尺寸；⑤改变分包工程的时间安排或实施顺序（《专业分包合同文本》第10.1款［分包合同变更的范围］）。

2. 施工分包合同变更的后果

分包合同变更不仅给总承包商、分包商、合同价格带来影响，还会给分包商或总承包商带来索赔的机会，同时将会影响工程的竣工时间，会给承包商、分包商、监理工程师带来较大的影响，分包合同变更产生的影响主要有以下几个方面：

可能会延误竣工计划；专业人员之间产生争议；给分包商或承包商额外付款；产生不良专业关系；产生不良安全条件；损害公司名誉；延迟供货；重新施工或开除；采购延误；生产率下降；质量下降；延迟付款；增加管理费用；重新雇佣新专业人员；增加项目成本；影响进度甚至造成延误等。根据调查，变更造成影响后果的前六位方面是增加项目成本、延迟付款、延误供货、延误竣工计划和给分包商或承包商额外付款。

3. 施工分包合同变更程序

（1）总承包商依据主合同发布变更指令。分包商收到经承包商确认的业主的变更指令或承包商发出的变更指令后，方可实施变更。未经许可，分包商不得擅自对工程的任何部分进行变更。涉及设计变更的，应由总承包商提供设计人签署的变更后的图纸和说明。

分包商收到总承包商下达的变更指令后，认为不能执行的，应在收到变更指令后24小时内提出不能执行的理由。分包商认为可以执行变更的，应按分包合同变更估价确定变更估价（《分包合同文本》第10.2款［分包合同变更的提出和执行］）。

（2）承包商依据分包合同单独发布变更指令。承包商依据分包合同单独发布的指令大多与主合同没有关系，通常属于增加或减少分包合同规定的部分工作内容，为了整个合同工程的顺利实施，改变分包商原定的施工方法、作业次序或时间等。

注意对施工分包合同变更时限的规定：承包商下达的变更指令后，专业分包商认为不能执行的，应在24小时内提出不能执行的理由。在《施工承包合同文本》中规定，承包商收到监理工程师下达的变更指示后，认为不能执行的，应"立即"提出不能执行该变更指示的理由，采用的是"立即"的措辞。

（3）施工分包商的合理化建议引起的变更。分包商可以向承包商提出合理化建议并说明实施该建议对分包合同价格和工期的影响。承包商批准前述合理化建议的，承包商应及时发出变更指令。承包商不同意前述合理化建议的，应书面通知分包商。合理化建议降低了分包合同价格或者提高了分包工程经济效益的，承包商可对分包商给予奖励，奖励的方法和金额在专用合同条款中约定。（《施工分包合同文本》第10.4款［分包人的合理化建议］）。

4. 施工分包合同变更估价

（1）施工分包合同变更估价原则。分包合同文本与施工合同文本变更估价原则是一致的，合同变更估价有三原则即：

1）已标价工程量清单或预算书有相同项目的，按照相同项目单价认定；2）已标价工程量清单或预算书中无相同项目，但有类似项目的，参照类似项目的单价认定；3）变更导致实际完成的工程量与已标价工程量清单或预算书中列明的该项目工程量的变化幅度超过15%的，或已标价工程量清单或预算书中无相同项目及类似项目单价的，由合同当事人按照成本加合理利润的原则认定（《施工分包合同文本》第10.3.1款［变更估价原则］）。

（2）施工分包合同变更估价程序。分包商应在收到变更指令后7天内向承包商提交变更估价申请。承包商应在收到变更估价申请后 21 天内审查完毕，总承包商对变更估价申请有异议的，应通知分包商，修改后重新提交。总承包商逾期未完成审批或未提出异议的，视为认可分包商提交的变更估价申请。因变更引起的价格调整应计入最近一期的进度款中支付(《施工分包合同文本》第 10.3.2 款[变更估价程序])。

注意施工分包合同文本与施工承包合同文本在合同变更估价程序上时限的区别：分包商应在 7 天内向承包商递交变更估价申请，21 天内承包商审查完毕。《施工承包合同文本》规定，承包商 14 天内向监理工程师递交变更估价申请，监理工程师 7 天内报送业主，业主 7 天内审批完毕，即业主应在承包商提交变更估价申请后 14（7+7）天内审批完毕，两者均应在 28 天内走完变更估价程序。

5. 合同变更引起的工期调整

因变更引起工期变化的，合同当事人均可要求调整分包合同工期，由合同当事人按专用合同条款约定的方法确定增减工期天数（《施工分包合同文本》第 10.5 款[变更引起的工期调整]）。

6. 合同变更的备案制度

《房屋建筑和市政基础设施工程施工分包管理办法》第十条规定："分包合同发生重大变更的，承包人应当自变更后 7 个工作日内，将变更协议送原备案机关备案。"

8.2.3 对施工分包合同的索赔管理

1. 施工分包合同的索赔分类

在施工分包合同中索赔可以是相互的，分包商的索赔和承包商的反索赔。分包商索赔就是分包商根据分包合同约定，认为有权得到追加付款和（或）延长工期的索赔。分包商索赔又可分为两种，有关索赔和无关索赔。有关索赔是指分包商提出的索赔事件与主合同有关，涉及承包商的利益；无关索赔是指分包商提出的索赔事件与业主（主合同）没有关系，只与承包商有关。承包商索赔就是承包商根据分包合同约定，认为有权得到赔付金额和（或）延长缺陷责任期的，可以向分包商提出索赔，工程实践中反索赔事件发生的较少。

2. 施工分包商的索赔

（1）分包商应在知道或应当知道索赔事件发生后 14 天内，向承包商递交索赔意向通知书，并说明发生索赔事件的事由；分包商未在前述 14 天内发出索赔意向通知书的，丧失要求追加付款和（或）延长工期的权利。

（2）分包商应在发出索赔意向通知书后 14 天内，向承包人正式递交索赔报告；索赔报告应详细说明索赔理由以及要求追加的付款金额和（或）延长的工期，并附必要的记录和证明材料。

（3）索赔事件具有持续影响的，分包商应按合理时间间隔继续递交延续索赔通知，说明持续影响的实际情况和记录，列出累计的追加付款金额和（或）工期延长天数。

（4）在索赔事件影响结束后 14 天内，分包商应向承包商递交最终索赔报告，说明最终要求索赔的追加付款金额和（或）延长的工期，并附必要的记录和证明材料（《专业分包合同文本》第 24.1 款[分包人的索赔]）。

注意索赔程序时间的限定：专业分包商对承包商的索赔程序时限设定的三个 14 天，事发后 14 天发索赔意向书；意向书后的 14 天递交正式索赔报告；持续事件除按照（3）执行外，事件结束后的 14 天内提交最终索赔报告。另外应注意在《施工承包合同文本》中承包向业主的索赔时限设定为三个 28 天。

3. 对施工分包商的索赔处理

（1）承包商应在收到索赔报告后 35 天内完成审查。承包商对索赔报告存在异议的，有权要求分包商提交全部原始记录副本。承包商应在收到索赔报告或有关原始记录副本后的 35 天内向分包商出具索赔处理结果。承包商逾期答复的，视为认可分包商的索赔要求。

（2）分包商接受索赔处理结果的，索赔款项在当期进度款中进行支付；分包商不接受索赔处理结果的，按照争议解决的约定处理。（《施工分包合同文本》第 24.2 款［对分包人的索赔处理］）。

注意两个 35 天，无异议的，承包商接到索赔报告 35 天内完成审查并给予分包商答复；有异议的，承包商在接到分包商提交的全部原始记录副本后的 35 天内应给予答复。

4. 提出索赔的期限

（1）分包人按合同约定认可结算付款证书后，应被视为已无权就结算付款证书签发前所发生的事项提出任何索赔。

（2）分包商按合同约定提交的最终结清申请单，只限于提出结算付款证书签发后发生的索赔。分包商提出索赔的期限是最终结清申请单被承包商确认时终止（《施工分包合同文本》第 24.5 款［提出索赔的期限］）。

5. 承包方提出索赔

分包商未能按合同约定履行各项义务或发生错误，给承包商造成损失，承包方也应按照有关要求向承包方提出索赔。参见《施工分包合同文本》第 24.3 款［承包人的索赔］和第 24.4 款［对承包人索赔的处理］。

8.2.4 施工分包合同索赔案例

【案例要旨】实践中，分包商索赔比较总承包索赔更为困难，一是分包商不仅要面对与承包商的合同争端，而且要面对与业主合同的争端，有时分包商和总承包商配合从业主那里得到索赔，而承包商并不把分包商应得的那部分给分包商；二是分包商和总承包商之间没有第三方监督，因此索赔更不容易获得成功；三是分包商与承包商之间产生的争议原因更是种类繁多。本索赔案例是一起分包商向承包商索赔的案例，对总承包商处理好分包索赔和分包商做好索赔的管理工作，都具有一定的参考价值。

【工程背景】某大型水利枢纽工程，由于具有技术难度高、坝体填筑量大、引进外商范围广、被国内外水利专家公认为世界上最具挑战性的工程之一，从而吸引了国际上众多具有很强实力的承包商参与了工程建设。该项目的基础工程部分的承包商为 W 国地基公司，分包商为中国某基础工程局，在履行分包合同过程中，发生诸多分包商向承包商提出索赔的事件。

【索赔事件一】A、B 段停水停电损失补偿项目

（1）索赔原因：该工程在左右岸固结帷幕灌浆施工中，由于业主的停水停电引起分包商工期延误，造成经济损失，分包商对此向承包商提出索赔，同时也因此向业主提出索赔。此次索赔是由于业主方面的原因导致工期拖延，从而加大了工程成本，承包商在有权获得工期索赔的同时，要求经济索赔。

（2）索赔计算：索赔的计算原则按照工期拖延的索赔计算方法，见表 8-1 和表 8-2。

表 8-1　停水停电人工停等补偿计算单（A 段和 B 段）

闲置名目	停水停电人工停等					
	人员类别					
	G1	G2	G3	G4	工长	工程师
	h	h	h	h	h	h
闲置时间	1319.92	1243.93	1018.78	734.39	164.44	164.44
人员单价或机械闲置费/（元/h）	2.66	3.58	5.10	6.30	7.25	10.05
人员或机械闲置费/（元/h）	3510.99	4453.27	5195.27	4624.66	1192.19	1652.62

注：G1：一级工，G2：二级工，G3：三级工，G4：四级工。

表 8-2　停水停电机械停等补偿计算单（A 段和 B 段）

闲置名目	机械类别			
	钻机停等	搅拌槽停等	灌浆泵停等	记录仪
	冲击钻/岩心钻	JJS _ 2A		
	h	h	h	h
闲置时间	1744.57	1242.21	1218.21	791.01
人员单价或机械闲置费/（元/h）	48.00	20.00	33.00	55.00
人员或机械闲置费/（元/h）	83369.33	24844.20	40200.93	43505.55

注：总计费用（人民币）：21921.54 元。

【索赔事件二】厂房建设

（1）索赔原因：放置发电机组的厂房采取分包施工，规定授标后 8 个月建成。开工后项目实施发生了很大的变化，业主多次通过承包商发出指令，增加工程量和施工项目，最后该项目 275 天完成。较原合同要求完工日延长 93 天，这是一个因工期拖延而采取加快措施引起的索赔事件。在这一项目建设过程中，业主先后发出 65 个指令，包括改变场地条件、给边设计、增加施工项目等。在 65 个变更指令中，50 次发生在开工后 4 个月内，而且均涉及延长工期的问题。

面对以上事实，业主也采取了相应措施。业主在开工后 4 个月后向承包商发函，指出施工进度比较合同的规定拖后了，因而要求分包商采取一切措施，如增加班数、延长工时和增加设备，等等，以挽回工期，而所增加的费用由分包商自己负担，对分包商延长工期一事，不予理睬，没有表态。对此，分包商正式提出反对意见，要求赔偿。

（2）索赔计算：在工程建成后，分包商向工程师和业主报出下列索赔清单，见表 8-3。

表 8-3　厂房建设索赔清单　　　　单位：美元

项目	金额	项目	金额
1. 因采取加快措施的工效	573197	4. 资金开支	100000
2. 管理费增支	119154	5. 行政开支 5%	48682
3. 物价上涨增支		6. 利润	1268381
劳动力	8200	7. 保函	6342
材料	62100	共计	174723
设备	21100		

【索赔事件三】现场试验与质量控制

(1) 索赔原因：根据国内分包合同细目表Ⅳ(b)款规定，现场试验应由承包商免费提供，而承包商未能提供，因此，分包商对此付出的费用140968.82元应由承包商承担。另外，根据合同规定，质量控制由承包商免费提供，而目前承包商对此项提供进行了扣款是违反合同的，应予以返还并支付利息。

(2) 索赔计算：此项索赔的计算按照经济索赔的计算其直接费用、管理费和利息，见表8-4。

表8-4 现场试验损失单

开始时间	结束时间	天数	小时数	单位小时工资/元	小计
**	**	417	1008	5.64	5644.50
**	**	295	7080	5.64	39931.20
**	**	5	120	5.64	676.80
**	**	99	2376	5.64	13400.64
		816	19584		110453.76

1) 直接费用：110453.76元；

2) 管理费用(15%)：16568.06元；

3) 利息：13947.00元(依据当年零存整取三年利率计算)；

4) 共应返还金额：140968.82元。

【索赔事件四】水泥消耗索赔项目

(1) 索赔原因：W国地基公司作为承包商在合同中规定，给分包商提供大宗施工材料，其中包括水泥。但是承包商W国地基公司在施工过程中，函至分包商，认为其在帷幕灌浆中水泥消耗过量，并在应支付给分包商的款项中予以扣除，分包商经过计算认为，其水泥的用量在合同规定的允许范围之内，要求承包商在下次支付中将扣款返还并支付利息，共计：135851.75元。

(2) 索赔计算：关于水泥过量消耗计算

1) 固结孔二次封填用水泥：427.56t，平均孔深按照5.7m计算，其中基岩5m，砼0.7m；平均孔径按80mm计算。

单位孔深固结孔体积=3.1415926×(40/1000)×(40/1000)×1=0.005027m³

① 固结孔砼部分封填用水泥量：

固结孔砼部分总进尺：64038/5.7×0.7=7864.32m；

固结孔砼部分总体积：单位体积×总进尺=39.5339m³；

固结孔砼部分封填用水泥量：122.160t。

② 固结孔基岩部分二次封填用水泥量：

固结孔基岩部分总进尺：64038/5.7×5=56173.68m；

固结孔基岩部分总体积：282.39m³；

基岩部分封孔干缩率：35%(0.7∶1浆)；

需封填体积：98.835m³；

基岩部分封填用水泥量：305.40t。

2) 帷幕孔二次封填用水泥：118.071t；总进尺：49646.85m；平均孔径按70mm计算，单位孔深的帷幕孔体积为0.003848m³；全部按基岩计算，总体积为191.053；在采用0.5∶1浆封孔下，干缩率约为 20%；故尚待二次封孔，体积为 38.2121m³；所用水泥应为 118.071t。

3）非正常水泥消耗（如停水停电等）。即使排除非正常消耗和其他因素，仅考虑固结孔和帷幕孔的二次封填，即消耗水泥 545.631t。

依据 W 国地基公司的结算单：

理论消耗：14292.5t；

实际消耗：16110.7t。

考虑固结孔和帷幕孔的二次封填用水泥：545.631t；

实际消耗应为：15565.07t；

合同允许范围：15721.80t。

显然，分包商水泥消耗量并未过量，所以承包商的扣款不合理。

【索赔事件五】脚手架费用

（1）索赔原因：依据国内的合同细目表 VI（I）（b）款的规定，承包商应免费提供平台，而承包商未能予以提供，要求分包商自行搭建。因此，分包商搭设脚手架的费用（含利息）由承包商承担。分包商要求在下次支付中对此费用予以支付。否则，分包商将在此基础上按照流动资金贷款利率继续计息。

（2）索赔计算

1）人工费。根据实际出勤，人工费见表 8-5。

表 8-5　人工费计算成本表

职务	姓名及工种	CATEGORY	小时工资/(元/h)	出勤小时/h	累计工资/元
现场负责人	邓＊＊ 何＊＊	1ᵃᵗ Assistant	11.05	3384	37325.52
队长	何＊＊ 鲁＊＊	2ᵐⁱˡ Assistant	9.31	3816	352226.96
组长	郭＊＊ 杨＊＊ 杨＊＊	3ʳᵘᵗ Assistant	7.6	7320	55632.00
熟练工	钢架子工、焊工、司机	G4 Labour	6.3	87516	551359.8
普工	架子帮工 运输普工	G5 Labour	3.58	58344	208871.52
小计					888706.80

2）机械费。按当时现行的机械台班费定额，并按施工当年一类费用调整系数修正，机械费见表 8-6。

表 8-6　机械费计算成本表

机械名称	现行定额	台数	一类费用/(元/h)	一类费用/(元/h)	当年一类费用系数	当年台时费/(元/h)	工作小时/h	机械费用/元
A	B	C	D	E	F	G=D×F+E	H	I=C×G×H
自卸车 8t	1270	2	19.23	9.34	1.79	43.75	3384	296100.00

续表

机械名称	现行定额	台数	一类费用/（元/h）	一类费用/（元/h）	当年一类费用系数	当年台时费/（元/h）	工作小时/h	机械费用/元
A	B	C.	D	E	F	G=D×F+E	H	I=C×G×H
手风钻	1074	5	0.64	5.01	1.39	5.86	1692	49575.60
切割机	1859	1	0.60	1.97	1.90	3.12	3384	10558.08
电焊机	1841	1	0.53	2.59	1.46	3.36	3384	11374.64
小计								367608.32

3）高空危险搭设增加成本＝［（1）＋（2）］×25％＝（888706.80＋367608.32）×25％＝314078.78元。

4）管理费＝［（1）＋（2）＋（3）］×15％＝235555908元。

5）合计成本＝［（1）＋（2）＋（3）＋（4）］＝1805952.98元。

6）利息：当年政府公布的一年整存利息为7.47％，一年计息期满利息＝1805952.98×7.47％＝134904.69元。

7）承包商应补偿分包商的费用＝［（5）＋（6）］＝1940857.67元。

【索赔事件六】排水沟开挖计算项目

（1）索赔原因：在开挖一条深沟排水分包工程中，标书的地质报告申明：沟沿沿线的土质主要为松散未胶结的砾石层，仅在深层有少量钙质层和石灰岩。需要爆破开挖，其体积约为950m³。但分包商在施工中发现，坚硬掩饰的体积多达3000m³。均需爆破开挖。因此，分包商在发现上述问题后，以开挖中岩性和开挖量与合同文件不符为由，根据承包合同中“工地条件变化”条款，提出工期索赔和经济索赔。

（2）索赔计算：要求索赔的金额见表8-7和表8-8。

表8-7 附加开支汇总表（1） 单元：元

开支项目	人工费	设备费	材料费	合计
增加的工程开支	267035	175170	59372	501577
物价上涨	28502		21385	49887
咨询开支			66204	66204
回填料开支				
小计	295537	175170	192639	623218

表8-8 附加开支汇总表（2） 单元：元

人工附加费（人工费的61％）				180278
小计				84362
利润（10％）				927986
总部管理费（5％）				46399
小计				974385
附加保函费				4872
小计				979257

【案例评析】分包合同是建设工程市场中最常见、最主要的一种交易形式。但又是最棘手、最难办的问题之一。分包合同不是独立合同，必须受制于主合同的约束，分包合同的实施涉及业主、工程师、承包商和分包商四方，他们之间在合同中的地位、权利、责任和义务错综复杂，很难明确。在当今建设工程市场上，由于承包商与分包商的地位不平等，这就为分包商的合同索赔带来极大的困难。尽管如此，小浪底项目的基础工程部分的分包商充分利用合同条款，对施工中遇到的各种问题及时向承包商提出了索赔，维护了分包公司的利益，为分包商提供了有益的经验。

在分包工程中，承包商同分包商之间的索赔程序一般是这样规定的：总承包商是向业主承担全部合同责任的签约人，其中包括分包商向总承包商所承担的那部分合同责任。总承包商和分包商，按照他们之间所签订的分包合同，都有向对方提出索赔的权利，以维护自己的利益，获得额外开支的经济补偿。分包商向总承包商提出的索赔要求，经过总承包商审核后，凡是属于业主方面责任范围内的事项，均由总承包商汇总加工后向业主提出。凡属于总承包商责任的事项，则由总承包商同分包商协商解决。有的分包合同规定：所有的属于分包合同范围内的索赔，只有当总承包商从业主方面取得索赔款后，才拨付给分包商。这是对总承包商有利的保护性条款，在签订分包合同时，应由签约双方具体商定。对于分包商来说，索赔经验如下：

(1) 索赔证据的取得。要取得索赔证据，应对施工现场进行全面了解并搜集相关的资料。索赔资料搜集工作的重点在施工现场发生的各种异常情况记录上，这是索赔的有力证据。一是要做好承包商所指定的各种日报表；二是异常工作情况记录要求做到时间准确无误，受影响的工作情况清楚明了。对每次发生的事件，均写出备忘录交给承包商现场工长签字。

(2) 索赔资料的整理。对搜集到的有关资料进行分析整理。在承包商向分包商提出索赔时，分包商要通过搜集到的有关资料，找出索赔事件发生的具体原因，对其进行分析和驳斥，将承包商的索赔减到最低程度。同时，分包商也根据事件发生的具体情况，向承包商进行反索赔。

(3) 索赔文件的编写。索赔文件的编写一般是按照索赔事件的发生、发展、处理及事件的最后解决过程进行编写的。在索赔文件编写时应注意：(1) 在论述索赔事件过程中造成损失时要明确指出文件所附证据、资料的名称及编号；(2) 在引用索赔事件中发生的各种事实条件时，要尽量做到详细、准确地把所有证据和盘托出，使对方对事件有详细了解；(3) 在论述索赔理由时，引用合同有关条款要做到准确并具有说服力，最好是原文引用，所引用的合同文本都应与索赔事件相对应。

8.3 施工专业分包合同管理应注意的问题

8.3.1 合同签订阶段应注意的问题

1. 审查施工分包商资质与资信

(1) 严格审查施工分包商的资质。专业工程必须由具备相应专业资质的施工企业负责施工，以不具备相应等级专业资质的专业工程分包商或个人的名义签订专业工程分包合同，根据最高人民法院《关于审理建设工程施工合同纠纷案件适用法律问题的解释》的规定，不具备专业分包资质所签订的合同不发生法律效力。合同无效的后果，显然对承包人非常不利：

一是承包企业构成违法分包；二是该工程发生的事故责任或违约责任，承包人应承担赔偿责任，而且无法依据无效的分包合同条款追究实际施工人的责任；三是只要该专业工程竣工验收合格，实际施工人仍可以依照合同约定要求支付工程价款，等等。因此，承包商在签订专业分包合同过程中，应注意审查分包商的施工资质条件，杜绝以个人名义或不具备专业资质的单位名义签订专业分包合同。

（2）全面考查分包商资信状况。承包商应全面考查分包单位资信状况，谨慎选择分包商。正如上文所述，选择的分包商的专业化施工能力对承包管理非常重要。为加强专业工程分包管理，签订专业工程分包合同过程中，对分包商的资信状况全面考查显得尤为重要。主要审查内容包括主体资格、注册资本、股东情况、合同履约能力（如施工业绩）、近期同时施工的项目情况、垫资能力、企业信用，等等。签订分包合同时，应要求分包人完整地提供上述情况的证明资料。

2. 明确分包范围与文件解释顺序

（1）明确分包范围。根据施工现场管理人员收集的问题，发现专业分包工程施工过程中，经常发生因合同施工范围约定不明确，责任划分不明确，引发争议。对策：总承包企业应善于总结经验教训，在过程中不断收集施工范围界定不清、容易引发纠纷的情形，并反馈到合同起草和签订部门，不断完善分包合同条款。例如施工分包中常见的有：总承包方在配合专业分包过程中，对于门窗洞口塞缝、收口、收边及洞口修补工作，到底由门窗专业分包负责还是由总包负责，常常引发纠纷，这就需要在签订合同过程中加以明确。

（2）合同文件解释顺序。合理约定合同文件及解释顺序：看似无足轻重的条款，却能发挥很重要的作用。通过灵活运用该合同文件优先解释顺序条款，可以解决在不同合同文件之间就相同事项的约定发生冲突的问题。总承包方应当根据实际情况，合理设置该条款。分包示范文本对分包合同文件的优先顺序约定，组成分包合同的各项文件应互相解释，互为说明。除专用合同条款另有约定外，解释分包合同文件的优先顺序如下：

分包合同协议书；中标通知书（如果有）；投标函及其附录（如果有）；专用合同条款及其附件；通用合同条款；技术标准和要求；图纸；已标价工程量清单或预算书；其他分包合同文件。

上述各项分包合同文件包括分包合同当事人就该项分包合同文件做出的补充和修改；属于同一类内容的文件，应以最新签署的为准。在分包合同订立及履行过程中分包合同当事人签署的与分包合同有关的文件均构成分包合同文件组成部分，并根据其性质确定优先解释顺序。

3. 约定质量安全、验收与保修条款

（1）施工质量管理条款不容忽视。在签订施工分包合同过程中，质量管理条款往往不被重视，即使是建立了合同评审制度的企业，对于质量管理条款的评审大多也流于形式。然而在实际施工过程中，项目管理承包商又苦于没有明确的合同依据，在实际管理过程中发生质量纠纷难以约束分包人。质量问题是专业工程分包管理中的重点和核心。在专业工程分包实践中，存在很多关于专业分包质量问题引发的纠纷和争议，列举部分问题如下：

1）由于施工分包质量问题，导致总承包人受业主罚款。罚款大多由总承包商承担，而总承包商却很难落实对分包商的处罚。为此，承包商对此问题的应对措施是：①在分包合同中明确约定质量标准和质量管理要求，并在履约过程中开展技术交底，特殊事项加以明示，同时应做好交底记录，要求分包单位相关技术人员在交底记录上签字；②分包合同中设置过程质量监控程序，并在履约过程中加强质量监控，发现问题及时发整改单，做好发文记录，并及时拍照收集证据；③为落实罚款，在分包合同中明确罚款程序，并在签订合同时对该条款加以明示。

2）由于施工分包的质量问题，在工程移交时很难一一发现。进入保修期后，保修责任均落到总承包人身上。为此，承包人应在分包合同应明确约定，根据专业的性质分别约定质量保修期并扣留部分质量保修金，保修期内分包商应履行保修义务，如果不履行，总包有权代为履行，同时加倍扣除保修款。保修期满扣除保修费用后将剩余保修金无息退还分包人。

3）分包施工对总包成品、半成品造成破坏，没能及时落实责任。对此类问题的对策是：承包商应在分包合同明确约定分包商支付赔偿款的程序，如收到承包商的索赔通知及索赔证据资料后某个日历天内向承包商支付赔偿款，或约定在当期分包工程款中直接扣除。

4）对施工分包队伍的施工监管部分存在失控现象。施工过程中隐蔽施工作业完成后，分包商没有通知承包商参与验收，施工质量难以保证，因此，承包商很可能承担维修费用。因此，承包商在分包合同中应完善约定对分包施工的监管体系和监管要求，同时区分情形约定处罚条款，并在履约过程中严格执行。

(2) 竣工验收资料的盖章问题。业主单独发包施工工程虽然不符合法律关于总承包管理的规定，但实践过程中此现象却非常普遍。例如某一房地产项目，除土建工程外，其他全部为业主指定分包，所有分包均由业主直接管理，土建施工方不参与其付款以及施工过程管理等。但到工程竣工验收备案时，业主却强令土建工程的主承包商无条件与所有指定分包单位签订分包协议、办理备案手续、收集整理其竣工资料等。承包商不享有总包职权，却要承担总包职责，显然对该总承包商不公平。如果要求总承包商配合，业主应向总承包出具承诺书，总承包商不应承担因业主指定分包单位工期、质量、安全、工程款支付等所有合同义务。同时，因承包商实际上并不直接管理业主指定分包施工，不负监管职责，也同样不应该承担总包连带责任。另外，如果因盖章问题给承包商造成损失，业主应承担赔偿责任。

(3) 质量保修期及保修责任问题。分包合同应当明确工程质量保修期及保修责任。在施工实践中，专业分包工程，特别是防水工程，保修概率非常大。因此，在分包合同中应当对专业分包商的工程质量保修条款进行明确约定，根据法律规定及总承包合同约定设置保修期和保修责任条款。对分包商不履行或不适当履行质量保修义务，应当明确其承担的违约责任，包括总承包商有权中止支付竣工结算款。

(4) 关于安全交底工作问题

在工程施工过程中，往往分包方人员发生工伤事故，分包商逃避责任，或只承担其中的部分赔偿责任，而由总承包商承担大部分赔偿责任。另外，近期建筑安全事故频发，不少总承包商的管理人员因此被追究刑事法律责任。专业分包工程发生重大安全事故，总承包商逃脱不了干系。结合上述问题，总承包商在签订专业分包合同过程中，应当注意以下两点：

1）在分包协议中，必须明确双方在安全事故的责任划分，以及事故发生后的赔偿责任承担问题。该条款约定应尽可能详尽，明确分包单位的事故责任。其次，在专业工程招标过程中，应当做好分包商的资质审查工作，个人承包应当杜绝。

2）明确约定保险缴纳主体问题。尽可能不约定由总承包代扣代缴，由分包按造价分担的约定形式。

4.约定工程款支付等有关问题

（1）重视工程款支付问题。其一，关于工程款支付的问题，分包合同应当明确，专业分包工程的工程款应由总承包方收取，之后再支付给分包商。出于风险及监管考虑，总包商应当避免分包商直接向业主收取工程款。其二，关于延迟支付问题，因业主延迟支付，或企业内部运作等原因，总包对专业分包商延迟支付现象难免会发生。如何降低或规避延期支付的法律责任？总包商的对策：

1）分包合同应当明确约定，因业主拖延支付导致总包商无法及时支付分包工程款，不应视为总包商违约，总包不需承担违约责任。分包商则应配合总承包商共同向业主索赔。

2）为避免因总包商自身原因无法及时支付导致违约，建议分包合同中设置一个宽裕的付款期间，并且约定在此期间内无须支付利息。

（2）关于完善经济签证条款。完善经济签证条款，做好分包成本控制。随着建筑市场竞争日益加剧和分工专业化，低成本竞争成为建筑施工行业的发展趋势。在向项目部收集关于分包管理的相关信息时，项目部反映最多的就是关于专业分包签证管理的问题，例如：项目部反映，在结算过程中，专业分包单位突然整理出很多的变更签证单，过程中没有确认，但事实属实，在协商过程中不得不给予考虑。可是分包报送的量价往往水分太多，往往项目部因为时日已久，当时情景难以再现，结算时被分包单位占尽便宜。经济签证管理也是专业工程分包管理的核心内容，为杜绝上述现象发生，总承包企业在签订专业分包合同时，应注意完善签证条款：

1）应明确分包商办理签证的申请期限，以督促及时办理签证。其中对分包商提交签证申请的期限作明确限制，并约定逾期提交视为放弃签证权利。签约时应将该条款进行明示。

2）对提交签证的辅助证据资料完整性作明确要求。证据不充分，或只有复印件，均不作为结算依据，总包商有权不予结算。

3）注意完善签证流程和签证单格式。为避免乱报签证，合同条款应对有权签字人员的权限及签字流程进行明确。关于签字流程，应由多人参与见证。

（3）关于结算款延期支付条款。工程结算款延期支付的因素很多，就分包商自身原因来说，存在一些问题，例如迟延提交竣工结算书，或提交的竣工结算报告和结算材料不符合要求，拖延了结算支付时间。为此，总承包商在签订专业工程分包合同时，应在合同条款中明确约定在特殊情况下的责任免除条款。例如：1）应当结合以往的结算实践，在分包合同中设置合理的结算期和结算款支付的宽限期，避免违约；2）分包商延期提交竣工结算资料及结算报告，或竣工结算资料不符合要求，经总承包商提出审核意见后迟延回复，影响竣工结算的进度的，总承包商不承担结算延迟的责任；3）在结算期内，分包商不履行质量保修义务构成违约，总承包商有权主张履约抗辩权，延期支付工程结算款，等等。

（4）有关税的约定。根据现有财务制度规定，应当明确约定由专业分包商提供分包发票，除额度很小外，总承包商一般不代扣代缴。另外，专业工程分包计价条款，应当明确分包价格是否含税，避免在税收缴纳的问题上发生争议。

5.明确工期计算方法

分包方工期进度慢，总包方的管理压力大，催促加快进度，而分包商却要求支付赶工措施费或赶工奖励。为顾全大局，总承包商不得不支付一笔赶工费或工期节点奖励，这是总承包商管理过程中很常见的现象。分包工期延误，总包商为其违约买单，显然是不公平的。其实在实际操作中，工期处罚执行很难，实践中几乎没有工期违约处罚的先例。究其原因，一方面与合同约定有缺陷有关系；另一方面，通过工期处罚催促加快进度，难以操作。总承包商签订的专业工程分包合同往往存在以下缺陷：①工期要求不具体，难以追究工期延误责任；②没有过程工期监控措施约定；③工期违约处罚条款，或处罚只作泛泛约定。

结合上述问题的分析，总承包商在签订专业分包合同时，应注意以下两点：

首先，应当改变合同工期约定方式，以便工期要求更加明确。分包合同大多是模糊地约定“配合总承包进度要求完成施工任务”，总承包商苦于工期进度滞后，总承包商问责时，跟分包商又扯不清。分包合同中工期要求之所以无法明确，原因往往在于施工过程中存在交叉作业、互相影响的问题，导致分包工程工期难以明确约定自何年何月何日起开工，至何年何月何日完工。为解决这一约定模糊不清的问题，总承包商可以结合施工组织计划网络图，约定自总承包商提供工作面后多少日内完成。如确实存在客观因素导致工期延误，由分包商办理工期签证。但为避免分包商乱报工期签证，应当约定逾期办理视为不影响工期的条款。

其次，增加过程监控措施条款，并在履约过程中认真执行，做好过程发函等证据收集工作。如发生专业分包商延迟进场、工期延误（严重），总承包商应及时发函催促，告知工期延误的事实及违约责任条款。除发函外，还可以通过会议纪要、往来函件的形式，收集相关证据。

再次，需要改变过去单一的工期违约处罚形式。工期违约处罚条款仍应设置，不可删除。另外，为加强工期违约处罚的可执行性，总承包商可以将工期延误与工程款支付比例（工程款审批）挂钩，唯有达到合同工期要求，才能依合同约定比例支付工程款。否则视为分包商工期违约，总承包商有权追究分包商工期延误违约责任，同时相应减少支付比例，甚至有权停付工程进度款。

6. 合同签订的其他问题

（1）业主强行指定分包问题。大部分业主指定分包均在招标文件以及施工总承包合同中作了明确约定。但在施工过程中，却也时常发生业主违反施工总承包合同约定，擅自改变总承包范围，分割部分专业分包工程另行指定分包的情形，损害了总承包的预期利益。对策：开发商直接发包专业工程，不符合现行法律规定，属于违法分包。如果业主仍强行单独发包专业工程，总承包商在签订专业分包合同时，应特别注意以下问题：

1）将业主列入协议签订中来，共同签订三方协议。

2）总承包商主张收取总包管理费以及总承包配合费等条款。在这里注意一个问题应尽可能地明确，总承包商提供哪些配合，切忌模糊不清，否则施工过程中容易发生扯皮现象。

3）明确该分包商由开发商指定，规避总承包商承担选任不善的过错责任。

4）约定该工程质量、安全、文明施工、工期进度、质量保修、材料设备供应等合同义务完全由甲方指定的分包商负责，与总承包商无关。因此，给总承包商造成损失的，分包商承担赔偿责任。

5）约定由业主直接承担工程款支付义务，拖延支付工程款的违约责任由业主承担，而与总承包商无关。以上内容在分包示范合同文本中一般没有此类条款约定，合同履行中极易引发双方争议，从而影响合同履行，应注意予以补全。

（2）现场材料管理。施工专业分包管理过程中，现场材料管理是一项老大难的问题。分包合同应当明确关于现场材料的保管责任划分。分包合同针对总包方提供的分包工程材料进场后，应约定材料移交及验收程序，并明确约定材料的保管风险，自总承包商将材料移交转移后，总承包商不再承担保管责任。

（3）业主指定分包商不服从管理问题。现场分包队伍多由总承包商协调与管理，造成总承包商非常大的管理难度和工作压力，尤其是甲方指定分包商不服从管理问题很严重。为此，分包合同提供有力的处罚依据，即制度完善的现场管理制度体系，根据管理需要建立施工管理奖罚制度，并列入分包合同作为合同的有效组成部分。为落实奖罚，除加强执行管理力度外，分包合同应当赋予总承包商享有对指定分包工程款支付的审批权。

（4）关于对分包的扣款等问题。在施工过程中，经常会发生分包的扣款、水电费、违反制度的各项罚款难以收取的问题。可以采取在支付分包工程进度款时直接扣款的形式落实对分包商的罚款。这一问题涉及《合同法》第九十九条及第一百条关于抵消权的规定。抵消权的行使，只需主张抵消的一方通知对方，自通知到达对方时生效。

《合同法》关于抵消权分为法定抵消和合意抵消。法定抵消是指当事人互负到期债务，该债务的标的物种类、品质相同的，任何一方可以将自己的债务与对方的债务抵消。当事人主张抵消的，应当通知对方。通知自到达对方时生效。抵消不得附条件或者附期限。合意抵消是指当双方互负债务，债务种类、品质不相同的，经双方协商一致，也可以抵消，这种抵消就是合意抵消。

结合上述问题，总承包商对分包商是分包工程款支付的债务人，分包商对总承包商是支付罚款的债务人，双方互负债务，两种债务的标的物种类、品质相同，依法可以直接抵消即上述的法定抵消，不需要合意。因此，总包商对分包商的罚款可以直接在分包工程款中扣除，但必须通知对方。为规范分包合同，建议在专业工程分包合同中作明确的权利约定，即当分包商不及时支付过程罚款、分包管理费、总承包商的配合费等费用，总承包商有权直接在分包工程款中扣除。在签订分包合同时，将相关条款向分包商进行明示，以期通过分包合同在工程款支付上提供有力的约束，实现对分包商的有效监管。

8.3.2 合同履行阶段应注意的问题

1. 定期分析分包合同履约情况

在分包合同履约过程中，总承包商应定期分析分包商对合同的履行情况，以发现合同履行中存在的问题并及时纠正。对于分包商可在其进度计划质量保证措施等方面给予必要的协助。如同时有几家分包公司时，还要协调他们之间的关系，使之全面履行其义务，以保证分包工作正常开展。

2. 洽商变更应重视价款请求权时限

《施工分包合同文本》第 10.3.2 款［分包合同变更估价程序］对分包商提出变更估价申请和承包商确认变更估价申请做出了明确的时限规定：分包商应在收到变更指令后 7 天内向承包商提交变更估价申请；承包商应在收到变更估价申请后 21 天内审查完毕，承包商对变更估价申请有异议的，应通知分包商修改后重新提交。承包商逾期未完成审批或未提出异议的，视为认可分包商提交的变更估价申请。因变更引起的价格调整应计入最近一期的进度款中支付。总承包商应注意的是：承包商应在收到变更估价申请后 21 天内审查完毕，承包商逾期未完成审批或未提出异议的，视为认可分包商提交的变更估价申请。

3. 重视经济索赔的管理

依据《施工分包合同文本》有关条款的规定：对分包商的索赔，承包商应在收到分包商索赔报告后 35 天内完成审查。承包商逾期答复的，视为认可分包商的索赔要求。对分包商的索赔约定，分包商应在索赔事件发生后 14 天内，向承包商递交索赔意向通知书，未在前述 14 天内发出索赔意向通知书的，丧失要求追加付款和（或）延长工期的权利。发出索赔意向通知书后 14 天内，向承包商正式递交索赔报告。

总承包商对分包商的索赔，应及时进行处理，核实索赔事件原因、查证索赔合同条款依据、复查索赔金额计算相关证据和费用的计算方法等。总承包商在处理索赔时应注重诚信，为分包商的索赔解决创造良好的合作基础，应正确掌握索赔的尺度，既不能有关系至上、义气第一的思想，也不能过分斤斤计较，忽视分包人应有的合理索赔，以免影响到融洽的项目合作关系。应将当前利益与长远利益、工作关系与企业信誉相互权衡而做出所需的合理取舍，以实现预期的管理目标。当然，在索赔过程中，对于某些过度索赔的分包商，总包商应运用反索赔手段，来维护自身的合法权益。

4. 关于按结算工程款

项目实践中常常存在由于业主的推诿而迟迟不能顺利进行工程结算的情况，甚至影响分包商的结算工作进行。最高人民法院为此出台了《关于审理建设工程施工合同纠纷案件适用法律若干问题的解释》，其中的第二十条规定：当事人约定，发包人收到竣工结算文件后在约定期限内不予答复，视为认可竣工结算文件的，按照约定处理。该司法解释确立了“过期视为认可”的原则，其立法用意即有效制约发包人逾期不结算工程价款，从而鼓励合同双方对结算期限的法律后果做出明确约定。同时，《施工分包合同文本》第 14 条工程款支付中，并没有将业主支付设置为总承包商向分包商支付分包合同价款的条件，也就是说承包商应按期对分包商支付工程款，否则，承包商承担违约责任。为此，总承包商应按照合同约定或按照《建设工程价款结算暂行办法》的规定，做好分包工程的结算。

5. 做好工程资料的管理

施工过程会形成各种类型的大量工程资料，其中对诉讼工作具有较高价值的资料主要有：招投标文件、合同、洽商记录、认（限）价单、会议纪要、工作联系单、竣工验收单、图纸等。总承包商应在分包合同管理中做好此等资料原件的收集和保管。法律规定：无法与原件核对的复印件不能单独作为认定案件事实的依据；在只有复印件而没有原件、对方当事人又对该证据予以否认的情况下，复印件不能单独作为认定事实的依据，需要其他相关证据进行证据补强。施工总承包企业应规范相关文件的签字、签收手续，洽商记录、索赔报告、结算书应有接收单位授权签收人的签收记录，会议纪要应有与会人员的亲笔签名，打印的名字不具有法律效力。在对方拒绝签收情况下，可采用特快专递或者公证送达的方式完成相关的证据保全。

6. 注重提高形成证据的能力

总承包商在注重工程资料积累的同时，还应注意每份证据是否具有证明力以及所具有证明力的大小。例如，对于同样一份工期延期协议，一份协议书表述为：“某某工程竣工时间为某年某月某日”；另一份协议表述为：“某某工程经双方协商同意，工期延期至某年某月某日竣工。”或“应分包商要求，某某工程竣工日期延至某年某月某日”。第一份协议显然仅能证明工程的实际竣工时间，总承包商仍有权追究分包商的工期延误赔偿责任；而第二份协议则说明了分包商不承担相关的工期延长责任，只要分包商在顺延后的竣工日期前完工，即不承担相关的工期延误赔偿责任。《会议纪要》的内容反映了施工过程的实际进展情况，纪要上有总承包商、分包商、监理单位三方的签字，故每份会议纪要实质上相当于一份协议，在诉讼中具有很强的证明力，特别是对于索赔事件的处理。总承包商都应对监理单位整理的《会议纪要》认真审阅、修改及谨慎签字，并应努力将详细情况尽可能地载入《会议纪要》中，以作为日后索赔或反索赔的依据。

7. 适当采取反索赔策略

任何一个工程分包项目在实施过程中，总承包商都要面临着大量而频繁的索赔。对此，总承包商应树立正确的、对待索赔的观念，把索赔行为视为履行合同的正常经济活动，除了分析索赔原因以及及时正确处理分包商的索赔事件外，对于过度索赔的某些分包商，总承包商应该打破“一团和气”思想和其他的顾虑，可以适当反索赔策略，针对分包商违反分包合同约定的某些行为向分包商提出索赔，一方面可以维护总承包企业的合法权益，另一方面也可以有效地抑制某些分包商的过度索赔的行为。

随着目前建设工程市场法律体系的逐步完善、各种合同标准文本的推广使用，以及施工企业内部印章管理、合同会签、合同交底等制度的建立和完善，总承包企业的合同管理工作在预防和减少纠纷产生，降低经营风险和成本、促进企业健康发展上越来越发挥着巨大的作用。总承包企业只有遵循合同的约定正确履行合同义务、并通过自身合同管理水平的不断提高，才能满意实现预期的管理目标。

8. 注重履约总结积累经验

当一项分包工程完成以后，总承包商应对本项目分包合同管理情况做出总结，对合同管理中的得失以及对分包商的索赔处理情况做出全面检查，这样不仅可以为以后的分包工作提供借鉴，而且可以及时发现尚未解决的遗留问题，并预测其法律后果，为圆满解决问题赢得时间。同时，还应对分包商的施工能力、施工进度、工程质量以及信誉等情况做出评价，并上报合同管理部门存入分包单位的档案中，作为下次是否使用该分包单位的依据。

9　施工专业分包合同常见风险与对策

在工程实践中，总承包商往往要面临着几个、十几个，甚至上百个分包合同，分包工程越多，潜在的矛盾越多，总承包商面临的分包合同风险也就越大，施工承包企业如果不能有效地对分包合同风险进行规避，将之化解为企业的可容风险，必将影响承包工程的利润，甚至会给承包企业持续、健康和科学发展带来很大影响。因此，对工程项目分包合同风险分析和对策的研究，是总承包企业合同管理的重要组成部分，对总承包企业顺利实现承包目标是十分必要的。

9.1　施工专业分包合同风险分析

9.1.1　分包商转包、再分包风险

总承包商在施工分包合同中，面临着分包商将分包工程转包，或再次分包的责任风险。在这里，所谓“转包”是指分包商承接分包工程后，不履行分包合同约定的责任和义务，直接将其所承接的全部分包工程转包给他人，或者将其承接的全部分包工程肢解以后，以分包的名义分别转给其他单位的行为。“再分包”是指分包单位将其承接的分包工程再分包的行为。

转包、再分包是我国法律所禁止的。《建筑法》第二十八条明确规定：禁止承包单位将其承包的全部建筑工程转包给他人，禁止承包单位将其承包的全部建筑工程肢解以后以分包的名义分别转包给他人。第二十九规定：禁止分包单位将其承包的工程再分包。

从实践中看，转包行为有较大的危害性。一些单位将其承包的工程压价倒手转包给他人，从中牟取不正当利益，形成“层层转包、层层扒皮”的现象，最后实际用于工程建设的费用大为减少，导致严重偷工减料；一些建筑工程转包后落入不具备相应资质条件的包工队手中，留下严重的工程质量隐患，甚至造成重大质量事故。从合同法律关系上说，转包行为属于合同主体变更的行为，转包后，建筑工程承包合同的承包方由原承包商变更为接受转包的新承包商，原承包商对合同的履行不再承担责任。而按照合同法的基本原则，合同一经依法成立，即具有法律约束力，任何一方不得擅自变更合同，既不能变更合同的内容，也不能变更合同的主体。承包方将承包工程转包给他人，擅自变更合同主体的行为，违背了发包方的意志，损害了发包方的利益，是法律所不允许的。

《建筑法》所规定的分包单位不得将其承包的工程再分包，即对建筑工程项目只能实行一次分包，而不能进行二次分包，主要是为了有效避免由于层层分包，极容易造成责任不清，以及因工程中间环节过多而造成实际用于工程的费用减少，将可能导致工程质量降低的情况。

在施工分包过程中，如果分包商发生转包或再分包的行为，分包工程出现问题，依据《建筑法》第二十九条第二款的规定：建筑工程总承包单位按照总承包合同的约定对建设单位负责；分包单位按照分包合同的约定对总承包单位负责。总承包单位和分包单位就分包工程对建设单位承担连带责任。也就是说，因分包工程出现的问题，总承包商应向业主负责，

总承包单位难免其责，将承担法律风险。

案例：W集团是某高铁工程的总承包商。W集团承接工程之后，将其均分给5家所属单位。2008年无业人员王某与李某某商量一起合伙承接工程项目，李某某承诺出面借用N通讯公司出具的营业执照、授权委托书（后证明为虚假）及一系列材料交给王某，王某负责与W集团第七分部签署了关于《某高铁项目的施工协议》。李某某于2009年1月7日又与实际施工人张某某签订了《承包某高铁工程合同书》，双方约定李某某负责W集团和当地外部环境的关系协调，并承担一切费用；张某某负责具体施工，工程竣工后按项目部结算工程总造价一次性由甲乙双方进行清算，工程总造价的15%上交给李某某。此后，王某在内的分包商因工程款陷入内讧，导致对实际施工人张某某的工程款不能兑现，在此情形之下，王某一纸诉状将W集团及通联公司告上法院，要求法院判定自己以N通讯公司名义与W集团第七分部签订的协议无效，获得法院支持。显然，本案属于层层分包行为，由于总承包商W集团监管不力，造成各种损失，对此，法院认定W集团应承担部分法律责任。

9.1.2 分包商挂靠的合同风险

在施工分包合同中，分包合同主体不当会给总承包商（主包方）带来各种风险。合同当事人主体合格，是合同得以有效成立的前提条件之一。而合格的主体，首要条件应当是具有相应的民事权利能力和民事行为能力的合同当事人。挂靠分包商则是分包合同主体不当的典型表现，也是总承包商在工程实践中经常面临的一种合同风险。

“挂靠”是在建设工程借名行为通行的一个潜规则俗语，也许正是由于存在争议，目前还没有政府部门或司法界给出的明确解释，但实质上来讲，应当是包含在借用名义的工程范围。《建筑法》第二十六条规定：禁止建筑施工企业超越本企业资质等级许可的业务范围或者以任何形式用其他建筑施工企业的名义承揽工程。禁止建筑施工企业以任何形式允许其他单位或者个人使用本企业的资质证书、营业执照，以本企业的名义承揽工程。因此，工程挂靠行为是指企业或个人（简称挂靠人），借用有相应资质的建筑企业（被挂靠方）承揽工程业务，挂靠人向被挂靠的建筑企业上交管理费的行为。

《建设工程质量管理条例》第二十五条第一、二款规定：施工单位应当依法取得相应等级的资质证书，并在其资质等级许可的范围内承揽工程。禁止施工单位超越本单位资质等级许可的业务范围或者以其他施工单位的名义承揽工程。

不管是总承包商挂靠承包工程后将工程分包给分包商，还是分包商挂靠有资质的建筑公司，总承包商和分包商所签订的合同都是违反法律规定的。依据《合同法》第七条第二款、《民法通则》第五十八条第（五）项“违反法律的合同无效”的规定，总承包商与挂靠人签订的合同无效。由此可见，总承包商如果将工程分包给挂靠人，一旦发生纠纷，将会给总承包商带来许多不必要的麻烦。这样的合同纠纷案例有很多，值得吸取教训。

案例：郑某与A公司签订一份工程分包合同，郑某系挂靠。合同书上没有郑某的任何签字，签订手续全部是被挂靠公司办理，加盖公章和法人签字的位置是合同乙方B公司，合同形式合法，即B公司是合同的当事人。同时，B公司出具了一份非正式委托书，即只在一张A4纸上写明委托郑某办理工程款字样，B公司加盖了公章和法人签字，明确表明郑某是B公司委托人，没有表明郑某是挂靠B公司等字样。甲方A公司即在合同书上履行上相关手续，合同形式合法。

工程完成了80%时，由于郑某和A公司发生了工程材料纠纷，遂停止施工进行工程结算，办理了一系列相关手续，且都是郑某签字后到财务部门办理。在银行转账支票时，问题来了，财务主管要求郑某提供B公司的银行账号和相关手续，郑某却要求将工程结算款直接拨付给本人。虽然项目行政领导指示可以拨付，但财务仍坚持按原则拨付给B公司账号，没有支付给郑某。事后，郑某与被挂靠B公司发生经济纠纷，因为A公司手续合法，风险意识强，而没有被牵扯进去。如果直接支付给郑某，该总承包方必将发生经济损失，因为A公司与郑某签字的挂靠合同无效，根据已完工程的事实情况，即已签订的合同为事实合同，订立合同的当事人为B公司，而不是郑某，发包人应将剩余工程款拨付给B公司，而不是郑某个人。

挂靠分包合同纠纷的例子很多，上述案例所揭示的问题，具有现实指导意义，值得深思。挂靠是国家所明令禁止的行为，在住房和城乡建设部近期发布的《关于推进建筑业发展和改革的若干意见》（建市［2014］92号）再次强调，要严厉查处挂靠、违法分包、转包等违法违规行为。分包合同中出现挂靠分包合同的主要根源是总承包企业合同风险管理意识较差，法律意识淡薄，对分包商资质审查不严，缺乏对合同当事人的充分了解，同时，总承包商合同公章使用制度不健全、不规范也是出现此类风险的根源之一。为此，在合同管理实务中应重点防范的就是这种个人挂靠单位与总承包商签订的合同，这是造成经营风险与法律风险的重灾区，应引起总承包商的高度重视。

9.1.3 施工分包商对外赊购租赁风险

分包商对外赊购租赁风险是总承包商在分包合同中承担连带责任的另一种风险。分包商在施工中，其材料来源主要部分由业主或承包商供应外，同时，分包商自己也需要采购其他的一些材料，租赁机械设备。他们在外面打着主承包商的名义，采取签订合同、打白条等手段骗购，然后拖欠付款或租金，其行为总承包商并不知晓，待债主要款时，分包商则以没钱为借口将风险转移到承包商，使承包商承担连带责任纠纷风险。

案例1：某总包单位与A分包商签订了合法的分包合同，施工后发现，A分包商欠了一个材料商大理石货款35万，欠条是在A分包商施工过程中写的，材料商作为原告把A分包商作为第一被告，总承包商作为第二被告告上法庭。实际上总承包商早就把工程款与分包商结清了，但是A分包商却一直未与材料商还清货款。对于本案例的情况，倘若总包单位尚拖欠分包工程款，材料商可根据《合同法》第七十三条的规定，提起代位权诉讼。总承包商在其欠付工程款的范围内承担连带责任，大致分两种情况：一是如果总包商尚欠分包商工程款不足支付材料商的材料款，总包至多支付工程欠款为限；总包商支付材料商之后，不足部分的材料款，材料商可继续向分包商追索。二是如果总承包商尚欠分包商工程款数额超过材料商的材料款，材料商可要求总包商支付材料款；总包在支付材料款之后，对尚欠分包商的部分工程款中予以扣除。

案例2：某分包商在履行合同过程中，项目部擅自为分包人租赁设备、购置材料提供担保，使得分包商将数十万元的债务转嫁到项目部；分包人无力偿还，最后退场，遗留大量债务给项目部，债主为索要欠款经常到项目部闹事，不仅干扰项目工作，而且严重影响公司声誉。

实践中这样的例子有很多，产生此类风险的原因主要还是在合同管理过程中，承包商合同管理人考虑问题不够细致，企业缺乏相应制约机制，制度不健全所致，项目部对分包商实施的过程监控有所欠缺。总承包商对分包商的控制十分重要，对分包商的债权债务应做到掌握，应在施工期间，支付工程款时以分包商委托付款的方式，由总承包商进行代付，以防止分包商冒用承包商名义对外赊购或机械租赁纠纷风险。

9.1.4 施工分包商的索赔风险

分包索赔，分包商又俗称为“二次经营”或“费用补偿”，是分包商经常采取的经营策略。分包商要求费用补偿，索赔的理由大致有施工过程中发生停工、误工、材料供应不及时，总承包商提供的机械设备不能满足施工需要等情况，致使分包商成本增加，以此为由，向总承包商狮子大开口，索要大额费用。在这种情况下，无论是和解还是诉讼，难度都很大，最后结果往往都是承包商吃亏，和解也是总承包商进行了一部分费用补偿，索赔才算完事。从表面看，与承包商向业主索赔的理由和方式一样。但是，从以往的纠纷案例来看，多数是总承包商败诉，究其原因，对分包商的索赔有以下内容让承包商无法陈述。

1. 分包合同本身违法

按照《建筑法》《招标投标法》等法律、法规要求，分包的工程不能是主体工程结构或工程量不能超过总量的30%。而承包商分包出去的合同无法满足这一规定，由于违反了法律有关规定，往往害怕牵连出其他问题。

2. 利用承包商的管理漏洞

(1) 分包商的企业资质是挂靠的或是假资质或分包商是通过关系介绍来的，总承包商设防不严或根本就没设防，合同签订后，形成事实合同。

(2) 利用总承包商领导一些口头表态，利用总承包商管理人员的手写条子做原始资料，利用技术人员的变更设计交底书，因为有些条子、变更设计交底书签发出去后，根本没实施，但原始条子、变更设计交底书未及时收回，最后成为证据。

(3) 打质量举报威胁牌，按照分包合同规定，分包商需要与业主、监理工程师的往来必须通过承包商。但是，分包商在施工中，往往采取非正常手段，主动与业主、监理工程师接触，在工程施工时，偷工减料，改变原设计施工后进行隐蔽。当索赔无法得到满足时，用此要挟总承包商。

(4) 利用不正当手段，达到其二次经营的目的。

3. 利用总承包商怕打官司的心理

总承包商通常怕打官司，因为无论官司大小，总承包商的信誉、资质、资金和精力等都要受到损失。而分包商则不怕，他的生存空间是总承包商无法比的，一旦打官司，就采取“死缠烂打”。

产生分包商索赔的根源在于总承包商在合同履行全部过程没有进行有效的监控，或监控不到位，因此为了避免这类合同风险，总承包商应对分包合同履行的全过程制订严密的管理计划，才能尽可能地降低分包商对总承包商进行索赔的风险。

9.1.5 指定施工分包商的风险

指定分包是国家法律所禁止的，但在实践中却屡禁不止，因此，成为总承包商重要的风险源之一。在指定分包的情形下，由于分包商是由业主选定的，而按照《建筑法》的相关规定，承包商必须分包的，就分包工程对业主承担连带责任，建筑工程实行总承包的，工程质量由工程总承包人负责。因此，指定分包合同风险其实主要是总承包商的风险，粗略分析如下：

1. 指定分包商选定阶段风险

指定分包商的选定是指对于列入总承包合同整项暂估价部分中的专项或专业工程及材料、设备、服务采购，由业主选定专项或专业分包商进行施工或选定供应商、服务商提供材料、设备、服务的行为。

指定分包中的“指定”主要体现在对于分包商的选定上业主具有决定权。指定分包商的选定阶段截至中标通知书发放或选定通知发放。实践中的指定分包商选定方式包括招标（公开招标、邀请招标）、议标或比质比价等。在指定分包的选定阶段，总承包商的主要风险包括以下几方面内容：

(1) 指定分包范围无约定或约定不清。我国目前的建设工程市场仍属于建设单位市场，很多建设单位随便扩大指定分包范围，对于属于总承包单位自行施工范围内，利润比较高的分部分项工程（如消防、幕墙、机电等）擅自决定自行分包。在自行选定分包单位后只是口头通知总承包商，将由某某施工单位进行某项专业分包，这种情形造成了总承包单位极大的被动和潜在风险。

(2) 指定分包人的选定方式、程序不透明或无约定。实践中，一个施工总承包工程指定分包的内容均比较多，指定分包选定方式和选定程序的不透明或无约定，必定造成指定分包过程的混乱，总承包商对于建设单位选定程序的朝令夕改也是疲于应付，在指定分包商进场施工后，也容易造成总承包商与指定分包商之间的摩擦与矛盾。

(3) 总承包商在指定分包商选定过程中的参与权被剥夺。按照建筑法的有关规定，总承包单位需对自己承包范围内的整个工程负责，包括指定分包工程。因此，对于指定分包商的选定应当赋予施工总承包单位一定程度的参与权。但实践中，建设单位在选定分包商时，为了经济目的或一些非法目的，故意将总承包商排除在外。而保障施工总承包单位在选定指定分包商过程中的参与权，对于整个总承包合同目标的实现极为重要：

1) 施工总承包商可以根据总包合同约定和工程的实际情况，对指定分包合同的工期、质量、技术、安全等目标提出要求，从而有效实现分包合同目标与总包合同目标的一致；

2) 总承包商作为最了解施工现场环境与条件的主体，其参与选定过程，可以有效减少指定分包合同有关条款中的漏洞、歧义、不明确，从而减少合同履行中的争议；

3) 总承包商的参与，可以使总承包商提前了解指定分包合同条件及合同内容，并有针对性地预先准备满足该要求的措施。

2. 指定分包合同签订阶段风险

指定分包合同签订阶段，指中标通知书或选定通知发放后至指定分包合同签署的阶段。该阶段的合同风险主要包括以下两个方面：

(1) 招标主体（直接发包的主体）与合同签约主体不一致，这种情况尤其是在采用招标方式的情况更为普遍，如建设单位独立招标，但要求总承包商根据招标文件和投标文件，与指定分包商单独签署分包合同或采购合同。按照《招标投标法》第四十六条的规定：“招标人和中标人应当自中标通知书发出之日起三十日内，按照招标文件和中标人的投标文件订立书面合同。招标人和中标人不得再行订立背离合同实质性内容的其他协议。”该规定中的“不得再行订立背离合同实质性内容的其他协议”，当然也包括招标主体与合同签订主体的不一致。

但是，按照《招标投标法》第五十九条的规定：“招标人与中标人不按照招标文件和中标人的投标文件订立合同的，或者招标人、中标人订立背离合同实质性内容的协议的，责令改正；可以处中标项目金额5‰以上10‰以下的罚款”，即，在招标人与中标人不按招标文件和投标文件签署合同的，其承担的是行政责任，同时参照《最高人民法院关于审理建设工程施工合同纠纷案件适用法律问题的解释》第一条的规定，该行为并不构成合同无效，最多只能主张建设单位承担过错责任。因此，在这种情况下，根据合同的相对性原则，总承包商就成为相对于指定分包商的、在指定分包合同的唯一的义务主体，除非有特别约定，这将对总承包商极其不利。如，在建设单位拖欠工程款的情况下，也不能免除对总承包方对指定分包单位的付款义务。

（2）指定分包合同对合同签约主体在该合同中的权利义务约定不明或无约定，该情形以建设单位、总承包商和指定分包商签署三方当事人合同的为多。在三方的指定分包合同中，若对建设单位的权利义务，总承包商承担的综合管理职责，总承包商为指定分包商提供的配合、协调、服务范围、标准等责任，指定分包合同付款主体及程序、结算方式、各方违约责任的承担等约定不明或无约定，就会引起诸多争议。

3. 指定分包合同履行过程中的风险

指定分包合同履行过程中的风险，对于总承包商而言，主要体现在指定分包合同在履行过程中的多头管理，除了建设单位、监理单位，对于一些外资建设单位，还存在建设单位聘任的管理公司、咨询公司，当然还有总承包商。对于一般的施工总承包商而言，并不具备对专项或专业分包工程进行全面管理的能力，同时作为选定该专项或专业分包单位的建设单位，也势必要求对专项或专业分包商进行管理。尤其对于一些较为复杂的工程，如酒店工程、医院工程，在专项或专业分包施工和精装修阶段，会存在大量的设计变更，会导致大量的拆改和再拆改，总承包商根本无从管理，指定分包工程逾期完工、质量不合格，往往会引起总承包商在总承包合同下对建设单位的违约。特别是在建设单位、管理公司、咨询公司之间权责划分不明确的情况下，于是就引起了总承包商、建设单位、管理公司、咨询公司、指定分包商之间对该等责任承担的争议和纠纷。

9.2 施工专业分包合同风险对策

从上述合同风险的根源分析可见，总承包商要规避分包商带来的风险，必须按照分包工程发生合同纠纷的特点，从分包前的分包计划、分包队伍的选择、分包合同的签订、分包队伍施工过程的合同管理，全过程全方位的对分包合同风险采取对策。

9.2.1 制订施工分包计划

在工程项目有可能中标之前，总承包商应根据工程项目的需要对企业的人财物等资源进行预配置，对企业自身不足之处，项目部编制工程分包策划书，策划书中做出拟分包量、对分包队伍的要求、达到什么分包目标、分包合同纠纷风险预测等内容。项目部编制分包策划书，报上级批准。

9.2.2 建立施工分包档案

根据国外经验，对分包队伍的考核内容十分详细，特别是首次合作的，其预审资料长达四十多页，包括施工过的施工项目、近期在建的工程、施工机械设备、财务资金状况、员工情况等，而我国有些企业却做得十分简单，往往等着分包商上门，有的分包商打着总承包商的旗号去承接任务，谁找的活就归谁干，这就形成了在与分包商的谈判处于被动的地位，为工程履约带来了许多不利的影响。这一切都是需要高度重视的。施工承包商必须建立起企业内部的分包商档案库，使资质合格，信誉好的、实力强的分包商作为首选。

对于业主指定分包商，总承包商应当积极争取在指定分包商选定过程中的参与权，业主应当保证总承包商具有的参与权。在招标方式中，对于指定分包原则上应当由业主和总承包商进行联合招标，联合招标的招标文件应当由业主与总承包商双方共同起草，招标文件中的各项标准和条件应当经过双方共同认可，其中业主主要侧重于与功能要求和价格有关的因素，总承包商主要侧重于工期、质量和安全等的要求。评标委员会应当为总承包商保留适当比例的名额。联合招标应分别确定各专业分包的合同价格、指定分包商的权利和责任、指定分包商的违约责任、分包工程款的支付方式、指定分包商与总承包商签订分包合同的前提以及总承包商对指定分包商的选定予以否决的条件、指定分包商的保修责任等。若采用比选的方式确定指定分包商，应由业主和总承包商共同协商确定比选的方式及程序。

9.2.3 认真签订施工分包合同

（1）签订条款要详细。总承包商应与分包商签订一份明确的分包合同或协议书。合同签订要及时。分包合同的形式、条款及订立审查程序等不可随意。作为总承包商，还应在分包合同或协议书中明确分包工程的范围、价格及结算方式、变更调整、结算条款、质量技术要求、工期、双方的责任和义务以及最终验收的标准。还要将总承包合同中的有关变更调整及结算条件、时间、标准、方法等相联系，在分包中化解或降低总包合同的相应风险。另外，对现场管理的方式如质量监督、安全检查、施工配合、分项评定等，均应在分包合同或协议书中得到确认，合同签订必须明确是专业分包合同，还是劳务分包合同。

（2）推荐使用示范文本。目前，有些施工承包企业的施工项目分包合同大多由各个项目部自主签订和管理，施工集团公司无法做到适时监督和跟踪，即使分包企业由企业整个负责，但许多施工企业都有自己的合同范本或格式合同。但很多合同采用范本签订合同后，执行中发现合同漏洞多，特别是可操作性差，又没有及时进行协商签订补充协议，造成合同签订时就留下后患。因此，合同签订一定要结合工程具体情况，认真对合同范本内容尽心研读，进行补充完善后再签订，并建议推行使用住房和城乡建设部与工商总局推荐的《建设工程施工专业分包合同示范文本》，执行分包商缴纳履约保证金制度。

（3）关于指定分包合同的签订。

1）完善指定分包的合同依据。在比较规范的施工总承包招标文件中，对于列入总包合同中的整项暂估部分中的专项或专业工程及材料、设备、服务采购，对于属于指定分包的，建议明确规定如下内容：①指定分包的范围；②指定分包估算金额；③指定分包单位选定大概时间表；④指定分包单位选定的方式、程序以及总承包单位在选定过程中的参与权；⑤建设单位和总承包单位在指定分包合同条款具体内容确定上的权利及义务；⑥与指定分包单位签署分包合同的主体；⑦建设单位、总承包单位在指定分包合同中的权利义务与责任；⑧总包管理职责、总承包商对指定分包商提供配合、协调、服务的职责内容；⑨总包管理服务费的计取方式及支付方式。若总承包施工招标文件中没有上述规定的，在进场施工后，总承包商应当与建设单位就上述问题签署补充协议，或通过会议纪要等书面形式予以确定。

2）指定分包合同的内容应当能分担总承包合同的风险。合同签署应当规范，合同条款应当全面、明确。指定分包合同的内容应当能分担总承包合同的风险，如工期、质量、技术、违约责任等条款的标准不能低于总承包合同的约定。对于指定分包合同的签署，应当由建设单位、总承包商、指定分包商共同签署三方合同。三方合同应对建设单位的权利义务，总承包商承担的综合管理职责，总承包商为指定分包商提供的配合、协调、服务范围、标准等责任，指定分包合同付款主体及程序、索赔及结算方式、各方违约责任的承担等进行明确约定。对于由总承包商与指定分包商签署的两方分包合同，在合同形式上并不能体现出指定分包的本质，从法律上等同于总承包人自行分包的工程，因此，对于这类签署两方合同的指定分包，应当注意以下几个方面的问题：

① 在签署分包合同前，总承包商应当要求建设单位向其出具选定该分包商的书面函件。

② 对于应由建设单位提供，而总承包商无法提供、分包合同又要求提供给指定分包商的资料文件，如图纸、施工证照等，应当提前与建设单位协调沟通。

③ 指定分包合同应当明确付款的条件、比例和程序。而对于指定分包合同的主体，实际上在两方签署的分包合同中，总承包商是当然的主体，类似于"本合同的付款义务人为建设单位"或者"本合同的价款由建设单位直接向分包人支付"的约定，属于为合同外的第三方设定一项义务，原则上是无效的。但是，可以增加如下条款，达到分散指定分包合同付款责任的效果："本合同项下总承包商应向分包商支付的所有款项均须在本工程的建设单位向总承包商支付相应款项后方能支付给分包商。该约定构成总承包商向分包商支付每一笔设备款的附加条件，此条件不成立的，可以成为总承包商拒绝付款的理由。建设单位未向总承包商支付相应款项，导致总承包商未能按本合同约定向分包商支付合同款项的，总承包商不承担利息及违约责任。"该条款实际上成了一个附条件的付款约定。

④ 指定分包合同应当明确约定，在施工总承包商按约履行了总包管理职责和总包配合、协调、服务职责的条件下，指定分包商应当保证免除总承包商因其未全面履行合同所引起的总承包商应向建设单位承担的责任。若总承包商因指定分包商未全面履行其义务、责任，导致总承包商损失的，应当由指定分包商按照何等方式予以弥补该等损失。

⑤ 对于合同价款的调整、索赔、结算等，总承包商应当与指定分包商形成共同体，共同面向建设单位。

9.2.4 为分包商设立担保须慎重

分包商借用承包商名誉在外欠负债务时有发生，有时基于材料、设备供应商对分包商诚信及支付能力的怀疑，要求项目部提供担保，承包商需谨慎对待。否则将致使承包商无故承担了担保连带责任，给承包企业造成经济风险。

《担保法》规定，对于担保的债务，当债务人不履行债务时，均要求担保人按照约定履行债务或者承担责任。即使担保合同被确认为无效，债务人、担保人、债权人有过错的，还应当根据其过错各自承担相应的民事责任。因而如果债务人不履行债务或者无力履行债务时，履行债务的风险就转嫁给担保人。虽然担保人事后可以向债务人求偿，如果债务人破产或者最终无法承担返还责任（此种可能性极大），则由担保人自行承担损失。由此可见，担保的风险显而易见。

在司法实践中，在主合同之外签订担保合同、在主合同中列明担保条款或者仅在他人双方签订的合同上签章，均认定为担保意思表示，均属有效担保行为；特别是在他人双方签订的合同上签章，担保法认定要对主合同的履行承担连带担保责任。因而，担保的设置必须慎重。为此，承包企业应建立严格的对外担保审批制度，应明确规定承包企业本部各部门、分公司、项目经理部等不得作为第三方在他人签订的合同上签章，不得以任何形式对外设置担保；承包企业以自身名义对外设置担保应当先经公司董事会批准，然后由具体主办单位审查对方主体资格，确定担保形式及范围，草拟担保合同或担保条款，合同部对合同条款进行审核，设立相应部门对担保的合法性进行审核，报公司领导核准并取得合法授权后签订担保合同或担保条款，具体主办单位对该合同的履行进行监督，并及时与相关部门沟通等。

9.2.5 代为履行义务应征得分包商事先认可

总承包商有时为了保证项目工期按时完工，有时自行为分包商租赁机械设备，但事后却未得到分包方签认，造成机械租赁费索要困难；之所以索要困难是代为履行应当征得收益方事先同意事后认可。根据民法理论，此行为系无因管理行为，即是指没有法律上的根据（既未受委托，也不负有法律义务）而为他人管理事务，其中管理他人事务的人为管理人，其事务受管理的人为本人（受益人）。根据《民法通则》第九十三条规定："没有法定的或者约定的义务，为避免他人利益受损失进行管理或者服务的，有权要求受益人偿付由此而支付的必要费用。"虽然法律规定，实施无因管理行为发生的费用可以要求受益人偿付，但管理人必须提供实施管理行为的证据及发生的必要费用的证据。因而，总承包商遴选的分包商必须有一定的资金垫付能力，让分包商直接与第三方建立合同关系，尽量避免这种出力不讨好的现象发生；如果为满足施工需要不得已而为之，也必须取得实施管理行为的证据及发生的必要费用的证据。

9.2.6 严格分包履约过程控制

合同生效后，合同的管理是合同能否履行兑现的核心任务，也是合同纠纷风险出现的主要阶段。对分包合同履约管理主要抓好以下几个方面：

（1）建立完整的组织机构。完整的组织机构是总承包商控制分包商的基础，作为总承包商必须配备以项目经理、项目总工为首的高效精干的项目经理部。

（2）对施工工序质量的监督检查。总承包企业的质检人员应对分包工程施工中的工序质量进行定期或不定期的监督检查。对需要隐蔽的部位，在隐蔽前总承包商的质检人员应参与隐蔽验收，并督促分包单位及时办理验收签证手续。

（3）对施工进度管理。总承包商应加强现场进度检查监控，制定激励、奖罚措施，与有关各方及时沟通。因工地实际情况不能按计划施工或因天气不好不能施工需要调整施工进度时，劳务分包单位应以"工程联系单"等书面形式上报总承包商认可。

（4）安全文明施工的检查。总承包商的现场安全员应对分包商进行安全技术交底，并对其施工现场进行定期或不定期的监督检查。安全检查可按《建筑施工安全检查标准》逐项评分，若发现有安全隐患，能马上整改的，对整改情况进行验证；不能马上整改的，应发出《安全隐患整改通知单》限期整改。整改期限结束，检查人员应对其进行复查，直到复查合格。

（5）强化资金控制。对总承包商而言，资金是管理、管好分包商的重要因素。

1）作为总承包商要有严格的财务管理制度，必须按照总分包合同的规定付款，决不能超付。

2）要求分包商每月按期上报完成的合格工程的工作量，总承包商要留足本月实际发生的材料划拨、机械设备和周转材料租赁等费用。

3）资金的拨付要与工期、质量、安全、文明施工挂钩，要经过主要部门负责人联合会签。

4）财务人员、材料人员要详细掌握分包商的债权债务，代发其员工工资，对其采购金额大的合同，代其付款；对其资金利用情况，时时做到心中有数，以便做到有理有据的控制。

5）严格印章管理，绝不允许分包商冒用总承包商的名义，在社会上签订供货合同和借款协议。

6）及时对双方往来的账目清算并完善手续，及时对双方共用项目费用分摊，及时做好工程结算工作，达到工完账清目的。总承包商要协调好对内对外关系。对外的关系，总承包商一定要坚持不让分包商参与；对内双方要通力合作，做好在手工程。

（6）指定分包合同履行监控。对指定分包合同履行过程中，除了总承包商应当全面履行管理职责外，还应当与业主就指定分包工程协商管理流程，就管理职责进行全面约定。如果还存在管理公司和咨询公司，应当要求业主提供其与管理公司和咨询公司签署的管理、咨询协议，了解管理公司和咨询公司在整个工程中的权限和职责。在指定分包工程施工过程中，总承包商还应注意全面收集、整理与指定分包商之间的来往函件、会议纪要、签证记录等文件资料，对于指定分包商违约或可能违约的情形，及时与业主通过书面文件进行沟通，并留存资料。

通过以上所述，虽然能将分包合同纠纷的风险大大降低，但是，仍无法杜绝合同纠纷，无法杜绝官司。因此，总承包商出现合同纠纷或官司是正常的，要有足够的心理准备，以良好的心态沉着应对。在分包合同管理过程中，总承包商应加强照片、声像资料、分包商施工现场情况记录等原始资料收集、整理和保管。一旦出现合同纠纷，通过这些资料作为证据，就能心里有数，掌握主动。

10 施工专业分包合同管理案例

总承包是龙头、分包是基础。为此，总承包商应加强对分包合同的管理工作，将分包合同管理纳入总承包合同管理体系之中。做好施工分包合同管理工作，才能顺利完成总承包合同目标。本章介绍一个某化工项目承包商对分包合同管理的成功案例，具有一定的借鉴价值。

10.1 某化工项目概况与分包合同状况

10.1.1 工程项目概况

100万吨/年乙烯装置工程占地93.3公顷，本装置的设计进度从工艺包设计到开始投料只有45个月的时间，从收到国外专利商W公司的基础设计文件到投料开车只有36个月的时间，考虑到该地区冬季天气比较恶劣，很难在户外施工作业，所以建设工期非常短，在进度安排、施工策划和工期保证上，存在很大的难度。建设单位、W公司和工程承包商必须紧密配合，缩短协调和审批时间，设计、采购、施工各组织机构必须遵守统一安排，统一调度，紧密衔接，工作范围必须提前介入，有效节约工期，专利商W公司技术标准比较高，在采购和施工环节存在一定难度，如果达不到要求，会造成对装置操作的影响，甚至造成装置达不到性能设计考核指标，所以必须优选技术可靠的供应商，严格进行工厂检验，在施工安装方面，必须选用有乙烯装置业绩的承包商，严格控制质量，加大现场检测力度，最大限度地满足W公司的标准要求。

100万吨/年乙烯装置工程项目的总承包人是中国A工程公司担任着提供主合同中规定工作范围内的各项服务工作，包括：设计、采购服务和施工管理。

在施工分包合同管理方面，总承包商和业主在主合同中约定，总承包商的施工管理的工作范围概括如下：①推荐协助业主进行施工招标；②编制施工招标文件；③考察、确定施工投标商名单；④进行施工技术评标，选择施工分包商；协助业主与施工分包商进行合同洽谈；编制施工分包合同的技术附件；⑤编制施工总计划；⑥编制现场材料供应计划；⑦监督施工准备工作；⑧协调和报告给业主有关施工分包商及所有第三方的工作；⑨管理施工材料的订货；⑩施工安全控制；⑪施工质量的监督与检验；⑫施工进度的管理与控制；⑬施工现场总体管理；⑭监督施工现场的恢复和清理工作；⑮保证施工工作符合相关法律；⑯现场材料的供应和管理；⑰现场库房管理；⑱根据业主的施工合同和分包商的工作状况，及时向业主发出付款通知；⑲施工现场管理组应配备必要的技术人员和质量控制人员，相应人员应在适当时间派往现场并保证足够的现场工作时间，以满足施工进度与质量控制的需要，同时，承包商应派遣专业设计人员提供临时技术服务以解决相应的专业技术问题；⑳承包商在派遣现场人员前一个月，应通知业主相应人员的姓名和职责，并要求其现场人员通晓现场所有规章制度，安全问题尤为引起重视；㉑承包商应负责进行与施工现场管理相关的工作，包括监督材料质量、检验材料数量、分包商的声明及发票等；㉒承包商负责项目的库房及仓储管理，并采取有效的措施保证工作的进行。承包商在任何时候都应能够向业主通报仓储设备的数量和单价以实证接受设备的使用情况；㉓机械竣工前的机械试车指导；㉔乙烯装置工程施工分包计划。

该100万吨/年乙烯装置工程由于非常复杂和庞大，根据其工艺性能划分为七个工区。详见表10-1。

表10-1 乙烯装置工区划分表

工区号	工区（单元）名称	备注
01	炉区	锅炉给水和裂解炉部分
02	热回收区	原料预热、急冷油、急冷水、稀释蒸汽发生和丙烯精馏部分
03	压缩和甲烷化区	裂解气压缩、乙烯和丙烯制冷压缩、碱洗、甲烷化部分
04	分离和汽油加氢区	裂解气干燥、碳二加氢、冷分离、热分离、汽油加氢、冷热火炬部分
05	废水区	废碱氧化、污水预处理部分
06	配变电所和机柜室	配变电所、机柜室、泡沫站、润滑油和注剂转存室
07	装置主管廊	

10.1.2 工程分包状况

根据乙烯装置工程情况，业主与总承包商中国A工程公司签订了EPC总承包合同，随后总承包商协助业主将整个工程依据其工艺性能和具体的施工内容将工程分为七个标段，并依次对这七个标段进行了施工分包商的招标管理，并与这七个分包商签订了施工分包合同。当然，这七个标段只是整个装置工程根据其工艺性能分成的七个大标段进行施工分包招标管理，在工程的实际执行中还有大量的专业分包商、劳务分包商、现场零星劳务分包商参与整个工程施工之中。

乙烯装置工程分包工作范围：分包的工作范围依据其施工内容之间的不同而区分。签订在不同的分包合同中，以土建A标段为例，施工分包工作范围包括乙烯装置界区内范围中除地下管网系统、绿化外的所有土建施工承包工作（不包括土建基础上部安装的高强螺栓连接的钢结构工程），包括但不限于钢筋、混凝土、地脚螺栓、预埋件等土建主材以及各类施工辅材的采购、运输、装卸、倒运、进场检验、施工和各类施工质量检试验、施工过程管理、交竣工资料编汇，以及在质量保修期内的消缺等全过程的施工承包工作，并按照工期要求和规定达到标准，即在满足其他责任和义务的同时，符合《石油化工建设项目竣工验收规定》等的要求。

施工分包商所承包的上述工作范围内的工作应是依据主合同进行的最新版的详细设计、现场变更，以及相关的其他工程技术文件的体现。施工分包商具体工作内容可分为直接工作范围和间接工作范围。直接工作范围包括以下描述的工作范围内的施工以及各种必要的服务，间接工作范围见表10-2所示的间接工作范围划分部分。

直接工作范围：①所有材料的采购与供货；②所有运抵现场材料（包括总承包商采购材料如地脚螺栓模板等）的卸车；③总承包商及业主采购材料的领用、运输和保管、领用地点包括但不限于总承包方库房及业主库房供应处仓库；④在业主提供场地初平条件上的其他现场场地的准备工作；⑤本合同区域内测量放线工作，以及总承包商指派给的水准点保护工作；⑥现场临时施工道路的修筑与维护；⑦总图竖向布置（道路、地坪、排水沟、井等施工图全部工作内容)；⑧建构筑物（管廊、设备基础、框架、厂房、建筑物及建筑物内部装修装饰等)；⑨零星混凝土工程等（基础二次灌浆)；⑩现场临时排水工作，以及排水设施的提供；⑪施工用水、用电的连接、因链接而发生的费用和水、电压金、使用费（包括损耗分摊费用)；⑫总包商根据总体施工组织安排以及总平面管理要求，提出的分包区域内土方外运、材料、设备、设施等的拆除、搬运等工作；⑬与其他分包商交叉工作界面而被总承包商指定或认为应包含的工作；⑭工程完工后的场地清理；⑮完成本合同工程所需要的所有临时设施、施工机具及各种技术措施等所需辅助材料、工装、手段用料的动员、维护与遣返；⑯所有入场材料的试验、检验和复验工作；⑰为业主/监理以及政府部门委托的第三方检测机构提供的检测条件，并负责不合格缺陷处理工作；⑱所有施工工序的试验和检验工作；⑲按业主/监理以及总包商要求提交所有施工记录和实验检验报告；⑳材料供应、施工、试验和检验所需的所有人员、机械和材料以及动迁和遣返等工作；㉑负责合同缺陷责任期内因质量问题产生的消缺工作。间接工作范围应包括但不限于下列各项，见表10-2。

表10-2　乙烯装置工程土建A标段分包间接工作范围

序号	工作分类	总承包商	分包商	注解
1	要求分包商提供临时设施计划并由总承包商及业主同意			
1.1	住宿及生活区			要符合业主要求
1.1.1	地址		√	
1.1.2	建筑材料		√	
1.1.3	分包商工作人员住宿及生活设施		√	
1.1.4	建筑与维护		√	
1.1.5	生活污水系统		√	
1.2	现场办公临时设施			要符合业主要求
1.2.1	地址、面积和要求	√	√	总包商批准
1.2.2	建筑材料		√	
1.2.3	建筑及维护		√	
1.2.4	办公室空调及办公设备		√	
1.2.5	生活污水系统		√	
1.3	仓库和储存区			
1.3.1	地址、面积和要求	√	√	总包商批准
1.3.2	仓库和储存区的建筑材料		√	
1.3.3	建筑与维护		√	
1.3.4	仓库用具及照明设备		√	
1.4	预制场			
1.4.1	地址、面积和要求	√	√	总包商批准
1.4.2	预制车间的建筑材料		√	
1.4.3	建筑和维护		√	

续表

序号	工作分类	总承包商	分包商	注解
1.4.4	必要的设备、工具、用具及照明设备等		√	
1.5	现场的休息室、保卫室及厕所			
1.5.1	地址和要求	√	√	总包商批准
1.5.2	休息室、保卫室及厕所建筑材料		√	
1.5.3	地址和要求		√	
1.6	现场临时道路、栅栏和照明设备			要符合业主要求
1.6.1	地址和要求		√	总包商批准
1.6.2	材料		√	
1.6.3	地址和要求		√	
1.7	临时设施的建设与拆除		√	总包商批准
2	设施机具及操作人员维护及维修			
2.1	施工机具			
2.1.1	一般施工机具		√	
2.1.2	特殊施工机具		√	
2.2	摩托、汽车及驾驶员		√	
2.3	2.1的操作人员		√	
2.4	维护维修备品备件		√	
3	施工消耗品及小型工具			
3.1	燃料、润滑油等		√	
3.2	消耗材料		√	
3.3	机械及手工工具等		√	
3.4	脚手架			要符合业主要求
3.4.1	材料		√	
3.4.2	安装		√	
3.4.3	保护网		√	
3.5	施工用临时防火隔离棚		√	
4	公用工程			
4.1	水			
4.1.1	饮用水/工业用水			
	(a) 生活区		√	
	(b) 现场办公室		√	
	(c) 仓库车间		√	
	(d) 施工现场		√	
	(e) 其他必要的地方		√	

续表

序号	工作分类	总承包商	分包商	注解
	(f) 水费及押金		√	包括损耗的分摊
4.2	电			
4.2.1	生活设施供电		√	
4.2.2	现场办公室供电		√	
4.2.3	仓库车间供电		√	
4.2.4	施工用电		√	
4.2.5	电费和押金		√	包括线损及空载费用的分摊
4.3	其他		√	
5	人力动员及控制			
5.1	分包商的人力动员（全体职工及工人）			
5.1.1	选择/招收雇员	√	√	总包商批准分包商的主要管理人员和机构设置
5.1.2	分包商人员的当地许可证		√	
5.1.3	分包商工作许可证		√	
5.1.4	分包商雇员所需要的差旅费		√	
5.1.5	分包商雇员的工资、福利		√	
5.1.6	培训			
	(a) 入场培训和上岗培训		√	满足总承包商的要求
	(b) 专门培训、在职培训等		√	
	(c) 培训期工资		√	
5.2	控制、监督施工与现场操作所有间接工作		√	
6	一般费用与供应			
6.1	生活区运转费用			
6.1.1	分包商雇员餐厅		√	
6.1.2	清理、保洁工作		√	
6.1.3	洗衣服务		√	
6.1.4	消防设备		√	
6.1.5	娱乐设施、俱乐部		√	
6.1.6	其他费用		√	
6.2	医疗服务			
6.2.1	分包商雇员的定期体检		√	
6.2.2	现场分包商雇员与总包员工急救药品和运输工具		√	
6.2.3	医院的其他治疗设备和手术室（包括运输工具）		√	

续表

序号	工作分类	总承包商	分包商	注解
6.3	现场通勤（分包商的员工和工人）		√	
6.4	门卫和保安			
6.4.1	生活区		√	
6.4.2	工作区		√	
6.4.3	仓库和储存区		√	
6.5	垃圾处理			
6.5.1	生活区		√	
6.5.2	现场办公室		√	
6.5.3	工作区		√	
6.6	电报、电话和电传		√	
6.7	复印机和纸		√	
6.8	文具和办公用品（纸、计算器、及其他办公用品）		√	
6.9	与工作有关的邮件服务		√	
6.10	分包商的头盔、工作服、劳保鞋和手套	√	√	总包商统一规定制式、标准和标记，分包商承担费用
6.11	分包商雇员的身份证明和徽章	√	√	总包商统一规定制式、标准和标记，分包商承担费用
6.12	现场办公室、生活区和仓库等处的灭火设施		√	
7	保险			
7.1	综合一般责任险		√	
7.2	工程一切险			业主办理
7.3	分包商雇员（包括当地的雇工）人身伤害险工伤险		√	
7.4	第三方责任险		√	
7.5	机动车责任险及机械损伤险		√	
7.5.1	总包商的机动车	√		
7.5.2	分包商的机动车及施工机具		√	
7.6	其他险			如果分包商认为必要
8	货物的运输			
8.1	海运、空运、当地运输费和有关的其他费用			

续表

序号	工作分类	总承包商	分包商	注解
8.1.1	分包商海运、空运、当地运输费和有关的其他费用		√	
8.2	运输的相关工作			
8.2.1	包装、必要的运输文件的制备		√	
8.2.1.1	总包商的货物	√		
8.2.1.2	分包商的货物		√	
8.2.2	装卸		√	分包商工作范围内
8.2.3	施工现场内的运输		√	
8.2.4	施工现场内货物存储和保管		√	
8.2.4.1	总包商的货物	√		
8.2.4.2	分包商已领用的货物或分包商自行采购的货物		√	
9	第三方检测		√	符合规范与业主的要求
10	税金			如被要求，则由承包商代扣代缴
10.1	分包商的公司所得税		√	
10.2	分包商雇员（所有员工和工人）的个人所得税		√	
10.3	交易及合同税、印花税		√	
10.4	分包商的营业税和其他税		√	
10.5	分包商雇员（所有员工和工人）的社会保险金		√	
10.6	处理分包商设备、设施等，及工作现场/生活区的废水、生活用水、垃圾的处理责任和费用		√	
11	分包商需缴纳的规费及各种行政事业性收费		√	

注：√表示其相对应的行中工作由其所对应的列内的一方负责。

对于工程承包商来说，施工分包管理的前期最主要的工作内容是：首先要明确提出承包商和业主签订的合同中工作的范围，根据项目的实际情况和自身的资源配置科学地制定出符合这个工程项目特点的具体分包计划，划清楚施工分包商的工作内容和具体工作范围。在大型的石化工程项目中，势必会有大量的分包商一同参与到工程项目的建设中，这样施工分包商之间的工作界面交叉多，总包商协调管理复杂，施工分包工程执行过程中容易出现盲区，所以在签订施工分包合同前就要求，项目合同的管理人员能够准确地掌握承包方和业主之间合同内容，根据乙方承担的具体施工工作内容与协商技术部门的管理人员和项目管理人员制定出符合工程项目特点的科学的施工分包计划，清楚划分每个分包商的工作范围，具体到直接工作范围和间接工作范围。这样虽然会增大总承包方施工分包合同签订前期管理人员和技术人员的投入，增加总承包方的工作量，但是对施工分包合同签订后的顺利执行打下了坚实的基础。

10.2　某化工项目施工分包合同订立管理

10.2.1　施工分包商的选择

100 万吨/年乙烯工程具有涉及面广、工程量大的特点，因此，在建设过程中需要的施工分包单位较多，乙烯装置是整个工程的核心，而每一个分包工程又是整个装置不可或缺的组成部分，一旦施工分包商选择不慎，造成分包工程的延误或失败，可能会产生连锁反应，影响整个乙烯装置的开车时间，进而影响到其他所有化工装置的原料，造成不可估量的损失，也将使总承包商陷入困难的境地，可谓是“一招不慎，满盘皆输”，为了公平合理地选择合格的施工分包商，总包商选择了招投标方式。

1. 选择分包商的原则

总承包商规定施工分包工作将遵循下列一般性原则：

（1）从技术和经济的角度，在相对经济合理的条件下对所承揽的项目进行施工分包工作。

（2）在施工分包合同中应遵从主合同条件、条款和技术要求，当出现矛盾时应以主合同为准。

（3）施工分包商应优先从施工资质满足分包工程要求，主要管理技术人员有相关的经历和经验、施工队伍的以往的业绩和社会信誉较好、履约能力强、资信良好、于本单位以前有过良好合作等方面考虑，施工分包商名单最终由现场经理、项目经理和公司施工部主任在公司的合格供方名录内共同选择确定。

（4）在确定施工分包商的名单时，如有特殊情况，可考虑在名单中增加分包商，但增加的分包商由现场经理请示项目主任批准，并报施工部备案。

承包商对施工分包商招标的流程如图 10-1 所示。

2. 选择分包商的具体安排

总承包人对施工分包人的招标工作进行了具体安排，包括招标机构的组成、招标机构的职责、制定投标人一览表、招标文件准备、开标、评标等。

（1）招标机构的组成

1）招标领导小组：以总承包公司施工部主任、项目经理、项目主任、公司主管领导等组成招标领导小组，对招标重大问题进行决策。

2）招标工作组：以乙烯项目现场经理为组长、现场控制部以及项目相关人员共同组成施工招标工作小组（对外称招标办公室），具体负责招标方案、招标程序和招标进度计划的制订，招标文件的起草、编制，招标文件的誊清，技术及商务谈判，并最后汇总形成中标推荐意见书或招标报告，推荐拟订的分包商。

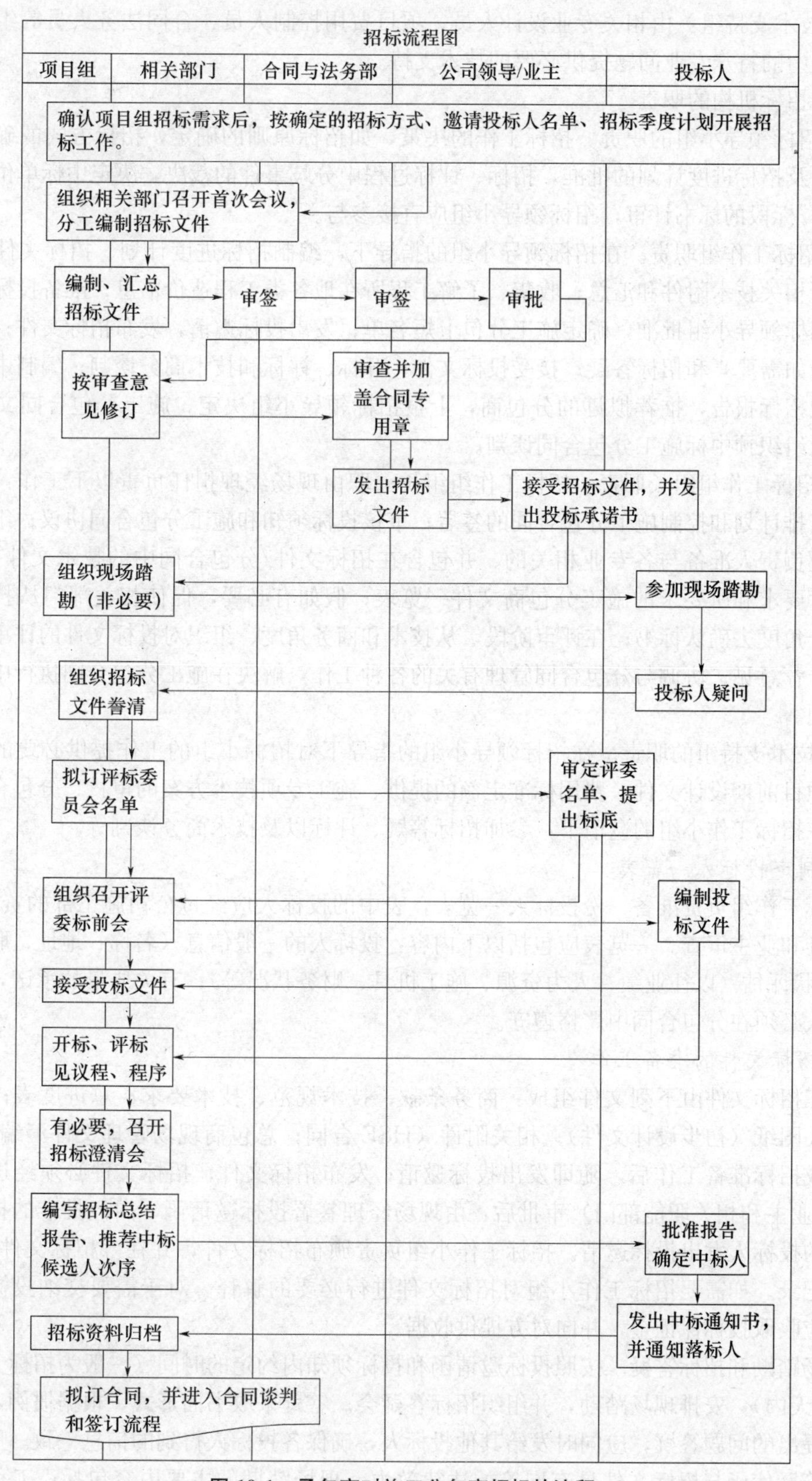

图 10-1　承包商对施工分包商招标的流程

3）技术支持组：由相关专业设计人员、项目费用控制人员、合同法务人员等组成，对招标过程中的特殊专业问题提供必要的技术支持。

（2）招标机构的职责

1）招标领导小组的职责。招标工作的决策，如招标原则的确定，招标方式的确定，招标程序以及招标进度计划的批准，招标、评标过程中分歧事件的裁决，决定中标单位等。对重大工程/标段的标书评审，招标领导小组应直接参与。

2）招标工作组职责。在招标领导小组的指导下，编制招标进度计划、招标文件及牵头组织编写相关技术附件和汇总；收集、了解工程所在地各类工程造价信息；准备投标人一览表，经招标领导小组批准，确定施工分包上短名单；发出投标邀请，发布招标文件；组织现场踏勘（如需要）和招标答疑；接受投标文件；开标、评标和技术商务谈判；编制中标推荐意见书或招标报告，推荐拟订的分包商，上报招标领导小组决定；施工分包合同文本的准备，以及组织预中标施工分包合同谈判。

3）招标工作组组长职责。招标工作组组长一职由现场经理担任负责以下工作：根据项目总体安排计划和控制施工分包合同的签署；审核投标须知和施工分包合同协议；组织、敦促各专业负责人准备与各专业相关的、并包含在招标文件/分包合同中的技术文件一览表；特殊技术要求和所要求的施工分包商文件一览表；假如有必要，促使相关部门从技术、质量、安全角度去确认标书；在评审阶段，从技术和商务角度、组织对投标文件的评审，并形成中标推荐意见；协调与分包合同管理有关的各种工作，解决在施工分包合同执行中存在的各种问题。

4）技术支持组的职责。在招标领导小组的指导下对招标小组的工作提供必要的技术支持，如项目前期设计文件、费用标准定额的提供、施工专项技术方案的审核、分包合同的评审等；在招标工作小组的邀请下，参加招标答疑、评标以及技术商务谈判等。

3. 制定投标人一览表

招标工作组负责准备一份投标人一览表，表中的投标人应经过公司施工部的资格审查，并经批准和业主审查。一览表应包括以下内容：投标人的一般信息（名称、地址、联系方式等）；现状评估（以往业绩、人力资源、施工机具、财务状况等）；有关质量的承诺，一旦中标投标人必须在分包合同中严格遵守。

4. 招标文件的准备工作

施工招标文件由下列文件组成：商务条款、技术规范、技术要求；总进度表；投标文件；有关图纸（初步设计文件）；相关附件（HSE合同；总包商现场管理文件汇编等）。承包商完成招标准备工作后，随即发出投标邀请；发布招标文件；招标文件必须经过内外部（主要是业主和相关职能部门）审批后，由现场经理签署投标邀请函，向经批准的投标人一览表中的投标人发出投标邀请。招标工作小组负责颁布招标文件，并在《招标文件领取表》上签字记录。如需要招标工作小组对招标文件进行必要的解释。对于需要交纳投标保证金的，还应收取投标保证金，并向对方提供收据。

现场踏勘和招标答疑。按照投标邀请函和投标须知内约定的时间（一般为招标文件发出后3～5天内），安排现场踏勘，并组织招标答疑会。答疑采取书面形式，根据惯例，就一家投标人提出的问题答疑，应同时发给其他投标人，确保各投标人得到的信息一致。所有答疑纪要、答疑信函与招标文件具有同等的法律效力。现场踏勘的主要内容包括：工程现场地质；地貌、工程现场水文情况、工程现场气候条件、周围环境、三通一平情况、现场平面布置等。

5. 承包商接受分包商递交的投标书、开标、评标

（1）接标：招标工作小组接受标书并签署《投标书接受记录表》，记录接收日期、时间；检查标书密封是否符合要求，对未按规定时间和密封不符合要求的标书原封不动退回或作废标处理；投标书交专人保管，注意保密。

（2）开标：开标会由招标工作组主持，招标领导小组和技术支持小组成员参加了开标会，开标时由投标人代表检查了所有标书的密封情况，确认无误，工作人员当场拆封，宣读投标人名称、投标价格和投标文件主要内容。对于迟到、密封或文件组成不符合要求的标书，宣布为废标，并作记录。

（3）评标：按照业主的要求，本项目评委由 7 人组成，其中 3 人为业主派出，评委在评标前做了对外保密。

评标委员会首先对投标人的技术标进行分析和初步评审，主要是对投标文件是否按照招标文件的格式内容审查：确认投标文件的正本的法人代表及授权代理人的签字是否齐全；投标人是否按照招标文件规定的格式、时效和内容提供了投标担保；投标人法人代表的授权代理人及授权书是否符合招标文件的规定；投标人如果有分包计划应提交分包协议；但是承担的主体工程不得分包；一个投标文件只能有一个投标报价，在招标文件没有规定的情况下，不得提交选择性报价；投标文件载明的招标项目完成期不得超过招标文件规定的时限；投标文件不应附有招标人不能接受的条件。

在符合了初步评审条件的投标人可以参与详细评审，详细评审主要从合同条件、综合能力和履约信誉方面进行。合同条件详细评审的内容主要有：投标人是否接受招标文件规定的风险划分原则，不得提出新的风险划分方法；不得增加招标人的责任范围或减少投标人的义务；投标人不得提出不同的工程验收、计量、支付方法；对于招标文件约定的合同纠纷、事故处理的方法不得提出异议；投标人在投标活动中不得有欺诈行为；不得对合同条款有重要保留。

履约信誉详细评审的主要内容包括：承诺的质量标准是否低于国家强制标准要求；关键工程技术方案是否可行；履约证明材料是否虚假。凡上述条件之一出现问题者，投标书属于重大偏差，评委会有权将其标书作废标处理。

综合能力的评价过程主要是通过综合评分体系进行的，综合能力的得分为技术部分得分和商务部分得分之和。本案对施工分包商评分细目和评分标准见表 10-3。

表 10-3　乙烯装置工程施工分包商评分细目和评分标准

序号	评价内容	评审标准	分值标准
技术部分		评委技术部分各项得分的算数平均值之和，各项得分是指 7 位评委中去掉一个最高分和去掉一个最低分后的算数平均值	50
1	财务能力	近三年净利润为正	2
2	项目经理	项目经理为企业班子人员得 3 分，类似管理经验人员得 2 分	5
3	技术负责人及主要管理人员	技术负责人及主要管理人员有类似管理经验者得 4 分	4
4	设备状况	数量及性能满足施工进度要求，确保进度需求，设备为自有或租赁	10

续表

序号	评价内容	评审标准	分值标准
5	施工工艺及技术	先进可靠	5
6	施工组织、总体策划	合理性、完善性	4
7	安全环保体系	程序、制度、控制	4
8	进度保证及措施	进度保证体系及措施完善、三级计划符合工程进度控制点要求、进度计划采用 p3c/c	5
9	质量保证体系及措施	程序、制度、措施、控制	4
10	业绩	按投标人完成或在建规模相同的项目，每完成一个同类工程加1分	5
商务部分			
1	商务价格	对投标人修正过的报价作为最终投标报价，经投标人确认后作为评标价。设立评标基准价格 C 值，采用 5∶3∶2 的原则设立，$C=0.5X$ 最低价$+0.3X$ 次低价$+0.2X$ 最高价，基准价格在整个评标阶段保持不变，不随通过初审和详审投标人的数量以及投标报价的变化而变化。当评标人的评标价等于基准评标价时得满分 48 分，每高于评标基准价格的 1%扣减 1 分，每低于评标基准价格的 1%扣减 0.5 分，投标人得到最终的商务得分	48
2	财务状况	投标保证金	2
		合计	100

依据上述评标办法完成后，向招标领导小组报告，确定合格的中标候选人。

整个乙烯装置工程施工分包的过程中，对于评审的内容和标准都是依据多年的石化项目经验的积累。技术评审得分采取去掉一个最高值和一个最低值后的各项技术部分得分算数平均值；商务部分采取评标基准价格 $C=0.5X$ 最低价$+0.3X$，次低价$+0.2X$ 最高价经验公式的评分方法，可以有效地从科学手段上减少可能发生违规舞弊产生的影响，技术部分合理分配的权重能够优化资源配置，形成优胜劣汰的市场机制，有效避免常见的一些承包商没有一套科学的方法，单纯看中报价高低、且整个评分方法重定性评分，轻定量评分的倾向。避免专家评审水平和职业素质不高造成的施工分包商选择不当的情况。本案工程施工分包招标、评价体系在后期的分包合同执行过程中得到了证明，是科学的、有效的，值得其他同行工程借鉴。但是施工分包商的评标只是采用了科学的综合评分体系方法，并不能在评标人员责任管理方面、评标现场管理、评标复核程序管理、扩充完善随机参与评标专家库、合理限定最高价格等方面防范和监督玩忽职守、不认真评标、违规舞弊或对施工分包商选择不利，建议承包商在这方面可以进一步加以完善。

承包商与中标候选人谈判内容包括：在评标报告和相关文件的基础上，招标工作小组邀请中标获选人进行谈判；由招标工作组编制了谈判报告应指明在与施工分包商进行谈判的过程中，涉及的任何备忘录保留意见和/或解释；承包商要求投标人修改或解决的任何有关质量保证工作都列入了谈判报告中；最终的谈判文件由现场经理和合格的中标候选人共同签署，项目经理批准。一旦授标，谈判文件中包括的所有条件和参考信息都将包含在施工合同中。

（4）中标通知：招标工作小组向中标人发出中标通知书，同时将中标结果通知所有未中标的投标人，总包商并将未中标的投标人的投标保证金予以返还。招标工作小组对于中标人对接受中标通知书进行了书面正式确认。

本案工程实践证明，合格分包商的选择，不仅是顺利执行施工分包合同的基础，也是确保分包工程质量、安全、进度和效益的可靠保证。针对目前建设领域存在诚信缺失，施工分包商提供虚假资料进行诈骗屡见不鲜，承包商加强对施工分包商资质审查的问题不容忽视。所以，建立有效的施工分包商名册、严格执行注册准入制度、对相关性资料的真实性进行定期复查，确保资格审查到位，施工分包方身份真实合法。只有通过对分包商的综合能力、资信状况、资源组织能力、专业特色等进行重点把关，完善一系列相关科学考评办法，才能避免施工分包商的选择失误，才能有效地防范承包商的经营风险。

10.2.2 施工分包合同签订环节

1. 施工分包合同的编制

由承包商现场合同控制工程师负责、该单项工程负责人参与共同起草，并经现场控制经理审核。施工分包合同基本参照 FIDIC 条款的要求和格式。包含施工分包合同协议书、施工分包合同通用条款、施工分包合同特殊条款和施工分包合同附件。

对于施工分包合同文件优先顺序规定如下：施工分包协议书（包括双方签订的补充协议以及纪要）、施工分包合同特殊条款、施工分包合同通用条款、施工分包合同附件。当合同签订后双方签订的补充协议及纪要相同内容有矛盾时，以最新版本的补充协议及纪要所载内容为准。在施工分包合同中约定文件优先顺序可以有效地利用合同的手段避免施工分包商在工程执行过程中的索赔要求。

2. 施工分包合同评审工作

施工分包合同文本起草完成后，承包商现场合同控制工程师负责组织相关部门人员，如项目 HSE（健康、安全和环境）管理部门、项目设计部门、施工管理部门、质量管理部门以及项目费用控制工程师、项目合同工程师、现场经理（项目经理）等进行合同条款评审工作，以确保合同条款达到合同中与产品或者服务有关的要求已达到规定；双方的义务、责任、权利是明确的；上述要求是准确的、充分的、进而最终确定施工分包合同文本的条件和附件。分包合同评审的范围，可以根据项目的具体情况规定（如合同额大小来划分等级），对于事件比较紧张的，可以通过传阅方式评审。根据各方对合同文件的评审意见对合同条款与合同附件内容进行修改，形成正式分包合同文本，为施工分包合同谈判和签订做好准备，并将修改内容上报相关部门审核、备案。

3. 施工分包合同谈判工作

承包商现场合同控制工程师负责组织施工分包合同谈判会议，并编制合同谈判会议纪要。经双方讨论修改后的合同文件和附件应由双方最后确认，为合同草签做好准备。在施工分包合同谈判前，项目组首先组建谈判小组。谈判小组组长由现场经理担任，成员由现场施工控制经理、现场合同控制工程师、费用控制工程师以及其他相关部门人员组成。在谈判中，凡涉及标的和各条款主要内容已确认的原则有更改时，及时报项目领导，取得处理意见后继续谈判；对于不涉及标的和各条款主要内容已确认的原则变动时，而仅对文字的表达方式进行修改和补充，可给予修改。谈判小组将双方谈判过程中初步取得的认可整理成记录，并向项目领导进行汇报，项目小组根据项目领导的意见做出纠正或继续进行谈判。

4. 施工分包合同签订工作

在确认合同符合以下要求后，承包商与分包商签订正式的施工分包合同：

（1）与前表述不一致的合同要求已经解决。

（2）双方有能力满足合同规定的要求。施工分包合同内容应与招标文件内容一致，而且与施工分包商有关的工程洽谈商、变更等书面协议或文件以及谈判期间誊清的内容都将视为施工分包合同的组成部分。本项目施工分包合同内容及组成文件的顺序依次为：合同协议书；中标通知书；投标书及其附件；合同特殊条款；合同通用条款；招标文件（询价文件）；标准、规范及有关技术文件；图纸和技术附件；工程量清单；工程报价单和预算书。特别是在协议书中必须明确规定工作范围和质量要求。

当施工分包合同准备就绪后，施工分包合同文件以及所有的附件复制成两原件，按照约定的时间、地点，由双方签订施工分包合同。合同签署要符合以下程序：

1）施工分包商的法人代表授权委托人正确签署施工分包合同及附件，每页合同文件均应小签，且加盖了中标人的合同专用章。

2）本项目由A工程公司总经理正式授权的项目经理（或施工部主任）代表招标人对外签约，项目现场经理（项目经理）负责小签合同文件的每一页。

3）公司合同与法律部从法律的角度在分包合同的编制及签署过程中给以支持和协助，并在分包合同上加盖公司合同专用章。

4）签署后的两份合同原件，一份原件返还给施工分包商，另一份原件由公司合同与法律部保存，施工部和项目管理小组各保留一份施工分包合同复印件。

本项目施工分包合同的编制、评审、谈判以及到最后的签署，等等，可说是事无巨细，但是毕竟涉及合同化的问题。虽然许多法律条文指出了口头等其他方式仍有法律效力，但是相对于合同额上亿元为单位的石化工程实际操作过程中，相关条文没有落实到分包合同条款中的话，将给整个项目执行人员以及合同双方来说都将是一个灾难，有许多经验都是在残酷的事实教训中得出来的。因此，整个分包合同的编制一直到签署，都必须要专人专项地监督实施，而且对分包合同中的每一条款都需要相关专业工程师去评审和确认，这样才能保证施工分包合同可以高效地保质保量执行。科学的考评方法能够选择出最适合的施工分包商去完成工作任务，而整个施工分包合同的内容，在这个过程中必然成为约束双方的尚方宝剑，这些制约双方的法律条文，当然得是经过认真细致的推敲而形成的。

10.2.3 现场合同控制工程师

针对石化工程规模大，工作量大，装置工艺复杂，涉及土建、钢结构、动力设备和制造安装、加热炉、管道焊接及热处理、电气、自动化仪表、给排水暖通、消防、防腐防水、HSE等专业多，施工周期长、分包工程多、分包商工作接口多、进度要求严、质量要求高、HSE管理难度大的特点，承包商为了实现有效的管理，采取了设立总承包人现场合同控制工程师的方法，需要明确的是现场合同控制工程师与业主邀请的工程师是两个不同的概念。

1. 设立现场合同控制工程师的原因

早期的石化工程规模小，施工分包合同的签订是由法务人员依据合同条款和工作内容来完成的，侧重于法律层面对分包合同在签订过程的管理，并没有参与到施工分包合同履约管理中去，现场施工分包合同管理通常委派现场的专业管理人员进行代管，例如，施工分包合同的进度由承包商进度计划控制人员代管、质量由承包商质量管理人员代管，许多施工分包合同管理工作需要依靠业主聘请的工程师去监督协调管理，同时，施工分包合同的履约管理过程很大程度上依赖分包合同的约束作用和分包商的自觉程度。随着化工工程规模的扩大，单纯依靠现场专业管理人员兼顾分包履约合同管理已经显得力不从心了，尤其是专业工程管理人员虽然掌握各自的“工程要素”的管理方法，但是缺乏法律方面的知识，不善于利用法律武器去约束分包商，同时，单纯依靠业主邀请的工程师协调管理也难免出现管理失误或有失偏颇的情况，承包商的合同管理面临着挑战。

2. 现场合同控制工程师的主要工作内容

施工分包合同的起草；研究合同的所有文件，包括合同条款、合同谈判记录、备忘录等，熟悉合同谈判背景及相关资料；与进度、质量、费用等项目专业管理人员协商后制定出合同管理主要控制点；协助项目管理部门研究制定分包合同执行策略；全面参与工程进度、质量、费用、安全等“工程要素”管理工作，完善与专业管理人员工作交叉界面的借口管理；研究潜在风险的可能性，制定出预防和避免风险的措施；定期向项目领导汇报情况。

3. 现场合同控制工程师的选择

乙烯工程现场合同控制工程师从 A 公司的合同与法务部门中选择，依据从其在石化工程施工分包管理的经验、标准合同条款的把握、合同管理法律的熟悉程度等方面进行衡量和选择的。在具体执行过程中，承包商也可以通过外部招聘的方式挑选有此类项目施工分包合同管理经验的管理人员来协助承包商现场合同控制工程师进行管理。

现场合同控制工程师的设立，有效地对施工分包合同实施进行及时高效的管理，实现专人专责，让工程其他管理人员可以全力以赴进行分工细化后的工程管理工作，提高了工作效率，降低了施工分包合同管理工作被遗漏的可能，确保了分包工程管理目标的实现。

10.3 某化工项目施工分包合同实施管理

承包人对分包合同实施管理主要是在施工现场进行，首先承包商明确了对分包合同管理工作的主要内容包括：对分包方的活动进行规范、监督和检查，为项目创造必要的执行条件，尽量减少索赔的产生，保证合同全面履行。对现场施工分包合同履约管理以承包商现场合同工程师为主，由其负责向现场控制经理及现场经理汇报合同履约情况，乙烯装置工程分包合同管理流程如图 10-2 所示。

10.3.1 分包合同交底与履约跟踪管理

1. 分包合同交底的重要性及工作内容

在施工分包商签订合同之后，承包商项目经理提出要求，现场合同控制工程师必须认真研究分包合同的所有文件，包括合同条款、合同谈判记录、备忘录等，熟悉合同谈判背景及相关资料；协助项目管理部门制定出分包合同管理的主要控制点，如进度控制点、质量控制点、费用控制点等；研究制定分包合同的执行策略，研究潜在风险的可能性，制定出预防和避免风险的措施，并向项目领导定期汇报项目执行情况。

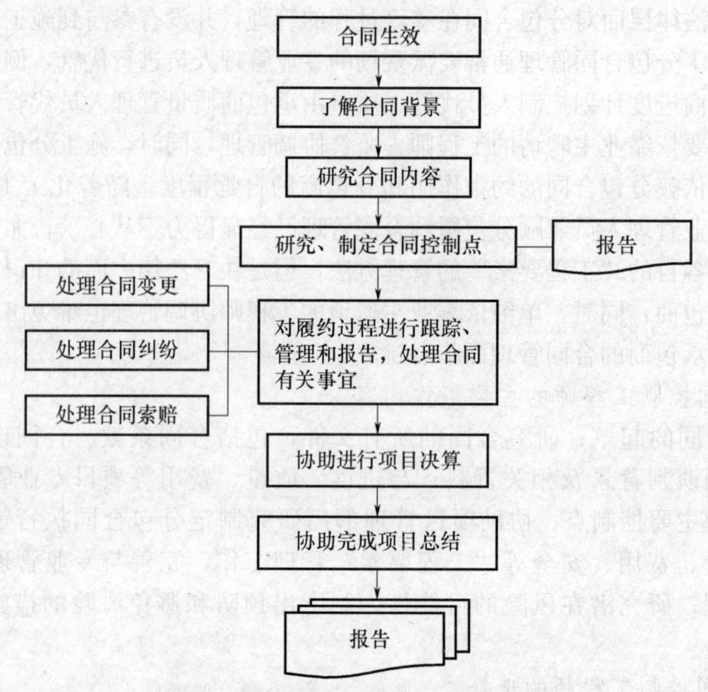

图 10-2　乙烯装置工程分包合同管理流程

在完全掌握了分包合同内容和责任后，合同管理控制工程师向项目经理以及管理人员进行合同交底，全面陈述分包合同签订背景、工作范围、合同目标、执行要点；向项目职能部门负责人进行合同交底并陈述分包合同基本情况、分包合同执行计划、各职能部门执行要点、分包合同风险防范措施，并解答各部门人员提出的问题，形成交底记录。然后项目各部门将交底情况反馈给合同控制工程师，由其对分包合同执行计划、管理程序、管理措施及风险防范措施进一步完善，最后形成分包合同管理文件下发各执行人员，指导施工分包合同管理活动。同时，承包商现场合同控制工程师也需要把各种合同工作的责任和范围分解到各个工程小组或分包商头上，让他们对合同工作量表、施工分包合同、施工图纸、规范、设备安装图纸、过程执行计划、施工方案等有一个十分详细的了解，并对技术与法律问题进行解释和说明。例如，工程质量、技术要求和实施中的注意点、关键控制点、工期要求、消耗标准、偏差分析表、各施工分包商之间责任界限的划分、完不成工作任务的影响和法律后果，等等。

本项目工程分包合同交底让有关人员对分包合同有了全面的了解和认识，达成统一的认识，有效地避免了对合同理解不一致带来的工作上的失误，合同交底也使得项目人员集思广益、及时发现合同中可能存在的问题和隐藏的风险，避免在执行中措手不及，造成工作的被动。同时，也规范了项目人员的工作，让项目人员和分包商进一步了解自己权利的界限和义务范围、工作程序、工作依据以及法律后果，有效地防止了施工分包合同中由于权利、义务的界限不清而引发的职责争议，提高分包合同管理效率，最后它也使合同管理程序、制度以及保证体系落到实处，所以分包合同交底是分包合同管理中不可或缺的一环。

2. 施工分包合同履约跟踪管理原则

承包商要求施工分包商必须按照分包合同约定的进度控制点计划、控制人员批准的进度计划和承包商在执行过程中提出的合理要求组织施工。在分包合同规定的时间内完成约定的施工任务，尤其要准点到达分包合同约定的进度控制点，不得拖延开工日期、竣工日期、否则将承担违约责任。承包商现场合同控制工程师按照合同要求跟踪，提醒项目相关部门履行各项职责和义务，为工程开工和顺利实施创造条件，尽量减少分包商提出索赔的机会，促使其按时完成施工合同任务，对于分包商在执行过程中的偏差也要及时调整和纠正。对于分包商履行合同过程中的各类控制点所产生的偏差要分析其产生的原因、实施偏差的责任、合同实施的趋势、并通过合同措施、组织措施、技术措施和经济措施等多种方法进行纠偏调整。

10.3.2 分包合同履约计划与进度控制

本案工程进度计划控制人员对分包工程的计划和进度目标负责。计划与进度的日常管理工作由进度计划控制管理人员负责。承包商现场合同控制工程师依据各施工分包合同中关于计划与进度的内容要求，对分包合同进度控制点、总体计划的变更、里程碑计划的变更、工程索赔和其他影响合同履约过程中有关计划与进度的事件进行监控，以保证施工分包合同中有关计划和进度目标的实现。

在施工分包合同履行中，进度计划控制人员需要向现场合同工程师提供以下有关信息：

项目一、二级计划；各施工分包商的控制计划；定期计划与进度的重大差异；进度计划控制人员收到或发出备忘录中有关分包合同的信息；施工分包商提出索赔意向通知书和备忘录。由于施工分包商原因使工程进度延误，且将影响项目一、二级计划，或影响其他分包商工作进度 7 天以上的，进度计划管理人员应通知业主雇佣的工程师向其发送合同备忘录或提出索赔意向通知书，由于分包商原因使工程进度延误，虽未影响项目一、二级计划或里程碑计划，但其工期延误超过 14 天以上的，也将做同样处理。

施工分包商提出的工期索赔，进度计划管理人员应提出审核意见，并将信息传递给现场合同控制工程师，现场合同控制工程师需要向进度计划管理人员提供以下信息：

反馈的分包合同控制信息；有关计划进度的分包合同控制点的设置；提醒的当月有关计划与进度控制点信息，或对有关控制点的建议信息；现场合同控制工程师发出的合同备忘录有关计划与进度的信息；工期索赔处理中工程师的意见及最终得到批准的索赔工期。

在明确了进度计划控制人员和现场合同控制工程师的工作界面关系后，承包商 A 公司采取了以下一些具体的方法进行分包合同进度管理：

(1) 建立健全进度控制机构。在监理和业主的监督下，按照承包商的现场进度控制管理规定，承包商以及分包商建立了完善的进度控制组织机构，上从承包商的项目管理组、下至各个分包商的项目经理、进度控制经理以及各个施工队队长，各个班组组长、落实了各个层次项目进度控制负责人员，负责计划的编制、跟踪、检查、调整及落实，为整个工程进度控制执行提供了有力的组织保障。

(2) 先进的进度控制系统。在计划编制上，A 公司总包承包商要求分包商必须利用网络计划技术原理、利用 P3 或 Project 编制进度计划。根据实际进度信息比较和分析进度计划，又利用网络计划的工期优化，工期和成本优化和资源优化的理论调整计划，保证了计划的科学、真实有效。

在分包合同履行过程中，承包商按照总合同的要求编制施工总体二级计划，待各个施工单位进场前期要求施工单位按照承包商的总体二级计划根据实际情况编制能够指导具体施工的三级、四级分步分项施工计划，经过承包商审批后方可指导施工。

在项目的施工阶段，分包商必须按照承包商审批的施工计划指导施工，依据承包商编制的《项目进度控制文件》，按时向承包商提交日报、周报、月报，在报告中要真实记录施工的实际情况，及时反映施工中发现的问题，并根据施工经验预测以后影响工程进度的因素，未雨绸缪，尽量减少或消除这些因素对工程进度的影响。

另外，要求分包商按期向承包商提交三周滚动计划，三月滚动计划、对施工计划产生的偏差进行调整，实现对工程进度的动态控制，对总进度计划中的关键项目进行重点跟踪控制，保证该施工分包商的总体目标能够实现。

(3) 严格的进度控制手段。承包商定期召开每周一的进度协调例会，每周五的现场协调例会，根据各个施工单位准备的进度报告和滚动计划，及时收集施工进度信息，检查实际进度与计划进度是否有偏差，分析影响进度的因素，采取措施，根据实际情况制定新的进度计划，使后续工程在新的进度计划下运行，这样循环往复形成进度动态控制，以保证进度目标的实现。

对于施工中需要重点监控的关键路径，项目组还不定期地召开计划专题例会，如罐体安装计划会议、工程扫尾计划专题会议、管道试压吹扫专题会议等赶工会议，重点分析施工过程中可能出现的影响进度因素及处理方法，落实赶工期间各个施工单位的施工活动，保证赶工计划得以顺利实现。

(4) 有效的进度控制措施。本项目工期紧、任务重，现场同时施工的单位很多，现场交叉作业经常发生。在施工过程中影响进度计划执行的因素较多，必须及时发现，采取有效的处理措施，否则对项目按时竣工目标的实现将会产生严重的影响。承包商在现场施工控制中，采取了以下控制措施，收到较好的效果：

1）采取科学的技术措施。在施工过程中遇到不可预测的因素影响施工继续进行时，采取有效的技术措施可以缩短处理时间，最大限度地减少了损失的工期。

2）加大投入，增加作业班次。由于天气恶劣原因，导致工程部分塔器的安装计划一拖再拖，塔器安装是关键线路上的关键作业，为了保证塔器的安装顺利进行，不影响其他工程，承包商要求安装施工单位缩短施工周期，增加施工人力及机具，加班加点，保证施工进度，极大地抢回了由于天气等自然因素给项目带来的工期损失。

3）采用激励机制。本项目工期紧，任务重，赶工措施在所难免，为赶工期、抢进度，鼓励施工分包方加班加点，同时要求在进度快的情况下确保工程质量，合理支付分包方的部分赶工措施费，项目组还实行了“赶工奖”的激励机制，要求施工单位增加施工力量，并根据赶工效果给予奖励。

本工程分包合同履行中的进度管理，采用了分包合同履行跟踪管理原则，分清进度计划控制人员和现场合同控制工程师的工作界面，充分发挥他们各自在分包工程进度管理中的作用，采取了健全的进度控制机构、先进的进度控制系统、严格的进度控制手段，以及有效的进度控制措施等进度控制方法，及时调整和纠正了进度出现的偏差，保证了施工分包合同履行过程中进度管理目标的实现。

10.3.3 分包合同履约中的质量控制

承包商必须牢固树立质量第一的意识，点点处处按规范、标准要求办事，多方消除质量通病，同时又以高于国家规范为标准，即强调内部质量，更突出感官效果，最终达到高标准的质量等级。

依据施工分包合同规定，施工分包商质量体系必须符合 GB/T 19000—2000 与 ISO 9000：2000 系列标准的要求，分包商进场后必须在指定时间内向承包商提交质量保证计划书，计划书必须包括以下内容：质量内容、质量管理保证措施、关键部位质量的跟踪控制、质量通病的防治等。分包商的质量体系必须保证有能力对所分包工程质量进行有效的过程控制，达到质量要求，对分包商实行质量终身责任制，确定分包商项目经理为第一责任人，对承建的工程质量终身负责。

承包商要求质量控制人员依据其岗位职责对分包工程质量目标负责，业主雇佣的工程师依据合同对项目质量的结果进行监控，以保证分包工程的质量目标实现。

在施工分包合同履行过程中，质量控制人员将项目质量管理和控制动态信息传递给承包商的合同控制工程师，包括：质量控制点及完成情况的信息；重大质量问题（包括现场不符合项）及处理信息；质量控制人员发出和收到的备忘录中有关合同信息；质量计划及其重大变更；分包商质量控制体系不正常的信息。

现场合同控制工程师则需要向质量控制人员提供的信息内容为：与质量有关的合同控制点的设置；当月有关控制信息的提醒；或对有关控制点的建议信息；发出和收到的合同备忘录中有关质量的信息。

在明确了现场合同控制工程师与质量控制人员工作界面之后，对分包合同履行过程中的质量，承包商采取了以下几个方面的措施：

（1）组织分包商参加图纸会审。分包单位入场后，承包商及时将施工图纸分发给分包单位，并组织分包商参加承包人主持，业主及监理单位参加的施工图会审会议。会议要求分包商的项目经理、技术负责人对分包设计图纸进行详细阅读，对图纸中存在的不清楚的地方和相互矛盾的地方列出问题清单，并在会议上提出，由专业设计人员给予明确答复。

（2）对分包工程《施工组织设计》《施工方案》审批。承包商要求分包商编制分包工程的《施工组织设计》《施工方案》并上报总包，进行审批。在审批时，承包商充分考虑组织设计和施工方案是否满足了图纸及图纸会审和分包合同的要求，是否满足了承包商的施工组织设计方案的要求（特别是工期紧张需要检查作业的情况下，施工进度安排是否合理并便于实施)，是否满足法律法规和技术标准要求；经承包方审批后，上报监理公司进行审查，认可后分包工程正式开工。

（3）核查分包队伍进场人员和设备。针对目前建设市场存在不规范行为，防止分包商转包，承包商重点加强了核查分包队伍进场人员、设备工作，核查主要以《施工组织设计》《施工方案》为依据，核查现场实际进入人员、设备与《施工组织设计》《施工方案》重配置是否一致，若发现不一致的地方，现场管理人员会及时向分包商提出，要求其进行整改或做出必要的说明，直到符合规定。对施工配置特种工种，如焊工、探伤工、电工、起重工、架子工等，主要核查他们的资质，必要时要进行现场考试，只有符合现场要求和国家规定的工人，才能允许进入现场。

（4）加大分包工程现场施工管理力度。承包方的现场管理人员，在分包工程开工后，都督促其进行技术交底，并通过质量检查对分包工程施工进行监督，加强对质量控制五要素即："人"、"机"、"料"、"法"、"坏" 的管理。

1）对材料、半成品、设备的监督检查。材料、半成品、设备的质量是工程质量的基础，质量的好坏，是否合格直接影响到工程质量甚至会造成质量事故。为此，总包商要求分包商选择信誉良好可靠的供应商，选用有产品合格证、社会信誉好的产品，对国家规定要求复查的，应进行见证取样送检，比如，塔预埋螺栓，第一次试验不合格，立即退场，重新进货，经试验验收合格后，方允许使用。

2）对施工工序质量的监督检查。承包商质量管理人员对分包工程施工工序质量进行检查，主要检查其工序是否按图施工，是否满足经审批的《施工方案》的要求，工序质量是否满足现行标准和法律法规要求；对重要的关键工序，如桩基和混凝土浇灌过程等，派人进行全过程监控。对需要隐蔽的部位，在隐蔽前，总包商的质检人员都参与隐蔽验收，并督促分包单位及时办理验收签证手续。在监督检查过程中，若发现不符合要求的地方，特别是不符合强制性条文要求的，勒令其进行整改，整改合格后，方可进入下一施工工序。

3）施工人员、机械的监督检查。虽然承包商进行了人场审查，为了更好地控制施工质量，承包商在施工过程中定期、不定期地对施工人员、机械还进行监督检查，特别是对要求持证上岗的人员，如项目经理、技术负责人、五大员、电工、焊工、机械操作工（包括桩基操作工、搅拌机操作工、起重机操作工）、架子工等进行检查；对追至运输设备，应要求有安装、拆卸方案，并由有资质的单位安装检验后方可使用。

4）有效的管理措施。在施工过程中，承包方采取了有效的管理措施，比如，每周四的质量例会、每月一次的质量大检查、及时发现质量问题，商讨解决方案；要求分包商按时提交质量日报、周报，真实记录质量情况，及时提出质量问题；定期检查分包商的施工文件、保证施工文件的真实性、及时性，为最后竣工文件的整理做好准备。

本工程分包质量管理，同样采用分包合同履行跟踪管理原则，分清质量控制人员和现场合同控制工程师的工作界面，充分发挥他们各自在质量跟踪管理中的作用。实践中采取监督分包商的施工工艺、进行工程质量检验、督促分包商修复工程缺陷等重要工作；从人、材、机、方法、环境等方面对分包商进行工程质量控制，重视工程验收，强化过程管理；要避免以包代管，坚持“谁分包谁管理”的原则，随时监督分包商的施工操作，对忽视质量而发出的指示，要求及时改正，如分包商不按指示执行，为了履行主合同义务，承包商有权将该部分工程收回，由承包商自己或雇佣他人完成，所发生的费用从应付款中扣回；同时组织分包商参加图纸会审会，严格分包商的审批制度，核查分包商实际进场人员和设备等方法进行质量管理，及时纠正质量偏差，有力地保证了施工分包合同履行的质量管理目标的实现。

10.3.4 分包合同履约中费用估算与控制

承包商要求费用控制人员对分包费用控制目标负责，分包费用控制的日常工作由工程费用控制人员负责。分包费用控制是分包合同控制的一项重要内容，现场合同控制工程师，依据分包合同对分包合同款项的支付条件、费用索赔及其他影响分包合同目标实现的有关费用事件进行监控，以保证施工合同中有关费用目标的实现。在本案工程分包合同履行中，费用控制人员与现场合同控制工程师的工作界面关系如下：

费用控制人员需要定期向现场合同控制工程师提供如下信息：分包合同款项支付信息；各分包商累计发生的变更费用；施工费用是否正常的信息。现场合同控制工程师起草分包合同备忘录、处理分包商提出的索赔报告、提出索赔意向书及索赔报告时，费用估算控制人员提出费用测算，并将信息传递给业主邀请的工程师。

而现场合同控制工程师应向工程费用控制人员提供：与分包工程费用有关的分包合同控制点的设置；当月有关费用的控制信息的提醒，或对有关控制点的建议信息；现场合同控制工程师发出或收到的合同备忘录中有关费用的信息；索赔处理中现场合同控制工程师的意见及最终得到批准的索赔费用。

在明确了费用控制人员与现场合同控制工程师的工作界面后，承包商采取了以下具体方法对分包合同履行过程中的费用进行控制与管理：

如针对具体的分包工作，充分考虑各方面的因素，设定分包工程费用上限的原则，设定严格规范的分包商工程款支付报审管理系统。施工专业技术人员/主管负责按照合同约定的价款结算方式及施工控制部的具体要求，仔细审核分包商的月已完工进度报审表（主要是已完实物工程量的确认），质量部对分包商的工程完成量进行质量确认，对未报验、报验不合格、或未经质量确认的已完工程量，当月的进度款审核中不予认可，现场合同控制工程师确认与分包工程费用控制有关的分包合同控制点的设置，并跟踪管理履行情况，然后报给施工经理及费用估算/控制人员后，仔细审批分包商提出的工程款支付申请，根据现场管理部门确认的工程量，对照合同价格形式，确定当期的费用支额度，且对各类扣款事项后方可支付分包商，严格的报审管理过程可以有效地制约分包商履约过程中的费用控制。

对于分包合同履约过程中的费用估算与控制，由于履约期限较长，经济关系也错综复杂，除了分包方按合同要求完成一定的工程项目，收取相应的工程款外，从整个工程角度考虑，发包方也可以在辅料、动力、机械的临时租用等方面为分包商提供一些有偿协助。对分包进度款和主要材料，因其数额较大，按照相关的报审和支付流程办理，一般都能执行顺利。但对辅助材料往往不够重视，很多情况下是完工后一起清算，有的承包商自认为财大气粗，小钱扣不扣无所谓，平时不注意及时扣回，但积少成多，容易形成手中预留分包方的款项不足以支付；而有的分包方也以工程亏损或计量有问题而拒付这些款项，由此发生纠纷，对簿公堂，造成企业利益受损的情况时有发生。因此，施工分包合同履约过程中的费用估算与控制上，必须随时结算，确保各方利益不受损害。

本案工程分包合同履约过程中的费用估算与控制管理，同样也采用分包合同履行跟踪管理的原则，分清费用控制人员和现场合同控制工程师的工作界面，充分发挥他们各自在分包工程费用估算跟踪管理中的作用。采取健全的费用控制管理系统，随时结算的控制手段，对费用控制过程进行有效的管理，及时调整和纠正工程费用控制中出现的偏差，确保了施工分包合同履行过程中费用结算与控制目标的实现。

10.3.5 分包合同履约中 HSE 管理与控制

项目 HSE 管理是承包商要求 HSE 管理人员对分包过程的 HSE 目标负责。业主雇佣的工程师依据分包合同对项目的 HSE 结果进行监控，以保证分包商 HSE 目标的实现。在施工分包合同履约管理过程中，HSE 管理人员与现场合同控制工程师的工作界面划分如下：

HSE 管理人员将项目 HSE 管理和控制中的动态信息传递给现场合同控制工程师，包括：HSE 控制点及完成情况；重大 HSE 隐患及处理信息；HSE 计划及重大变化；分包方 HSE 保障体系运行不正常的信息。

现场合同控制工程师则应向 HSE 管理人员提供的信息：与 HSE 有关的合同控制点的设置；当月有关控制信息的提醒，或对有关控制点的建议信息；现场合同控制工程师发出或收到的合同备忘录中关于 HSE 的信息；已发生的分包合同变更中关于 HSE 的信息。

在明确了 HSE 管理人员与现场合同控制工程师的工作界面后，本案承包商采取了以下一些具体的方法对 HSE 进行管理：

1. 建立健全HSE规章管理制度

与业主和工程师紧密配合，建立了有45项内容的安全管理台账36册，其中有《职业健康与环境管理体系文件》《重大危险源与分析制度》《环境保护法律法规》《应急响应和计划方案》《现场安全施工管理级文明施工管理规定、处罚办法》《成品、半成品保护管理规定》《现场临时施工用电组织、设计、管理方案》《分包商安全生产资质》《员工人身保险》《员工安全教育培训记录》《分包商HSE及特种作业人员资质》《特种设备报验》《施工作业票》《隐患整改通知记录》《分包商后勤服务人员健康资质》《保安管理制度》等管理文件。

2. 安全管理，预防为主

本案工程开工以来，承包商HSE与自身起点高、要求严，制定了完善的管理规章制度、岗位责任制度和现场施工的行业标准，与各分包商建立HSE管理网络体系，落实安全管理人员和责任区，确保安全管理的实效性、沟通连续性；突出“以人为本，安全第一”为主题，从安全教育入手，抓安全工作（整个工程施工期间对20000人进行了安全培训），以安全施工为实际管理工作内容，保证安全管理规章制度的正常执行；重视安全技术措施的编制和对重大安全危险源的识别、评价、策划、控制，编写组织施工方案，如裂解炉大型设备安装，吊装前期承包商召开专项吊装安全培训并实地勘察，审查吊装设备、机具检验资料及人员操作资质，检查吊装锁具安全系数，成立应急救援小组，实施作业监控。

3. 建立以人为本的HSE管理理念

承包商HSE管理人员注重“人是最重要的社会资源，以人为本、实效管理”的理念，严格执行人员入场安全施工教育培训（国家安全法律法规、现场安全文明管理制度、个人防护用品佩戴、岗位安全作业操作规程等）、特种作业人员审查制度，对不符合施工条件的坚决不允许进场；与各分包商签订安全施工协议书，培训资料经相关人员签字确认后，入档保存。在施工中密切关注人员身体变化，制止疲劳作业、带病作业；根据作业特性及天气变化，组织人员参加防暑降温、安全用电、起重吊装、脚手架搭设、消防演习和现场急救等专项应急演练，定期进行各分包商驻地卫生、消防安全检查。

承包商HSE管理人员把关爱员工身体健康，创造良好的施工条件和环境为主要内容，列入“以人为本”的理念之中。具体采取了如下的管理手段：

（1）制定设备机具、危险品材料准入制度，各分包商对入场设备须出具有效的检验资质、合格证明。

（2）确认设备外观清洁、保护设施、联锁装置的完好性、无渗油、漏油情况。

（3）对易燃易爆有毒等物质危险品（油漆）的存放，则根据《环境保护法律法规》中的相关规定，制订“管理制度、危险品出入制度”，存放地点设置在远离施工区域，远离人员密集区域，存放库房需满足空气流通等设计要求，配备合格的、足够数量的灭火器材，设置醒目的警示标记（如严禁烟火、危险品警示牌等）。

（4）保管人员经体检合格、危险品安全知识培训、正确使用消防器材培训后方可上岗，HQCEC、HSE对危险品存放区域定期进行检查，确保无危险品泄漏、无环境污染、无人员中毒、无火灾爆炸事故发生。根据《建筑施工场界噪声限制及测量方法标准》《涂装作业安全规程、有限空间作业安全技术要求》的相关规定，要求产生噪声、粉尘作业场所的施工人员，佩戴防噪声耳塞、防护眼镜、口罩等防护用品，并采取相应安全措施，如限制有限空间作业时间、作业人员体检、设置由安全电压提供的照明、手动工具、排风系统；在高温场所设置休息棚、防暑降温药品、饮料等。

4. 坚持 HSE 例会制度

根据《石油化工施工安全技术规程》中的相关规定，编制现场施工作业安全操作规程及技术规范，如：高处作业、施工防火、临时用电、起重吊装、临边洞口、交叉作业、安全防护、焊接作业、货物运输、机械设备、试压和吹扫作业、单机试车等安全施工规定，对于大型设备吊装、临时施工用电、脚手架搭设、试压和吹扫作业、单机试车等存在重大危险源的作业，则制定专项施工组织设计安全方案。本案工程承包商 HSE 管理人员，根据国家安全生产法及有关法律法规、安全技术操作规程，为确保施工现场安全无事故，安全管理执行程序正常进行，采取了以下具体安全措施：

（1）制定每周一安全会议、每周三、五安全用电检查、现场安全文明施工检查，对所发现的问题及时以《安全隐患整改通知、反馈单》书面形式下发各分包商，并要求在限定时间内进行整改与回复，承包商管理人员对回复情况进行检查及评比，将安全隐患杜绝于萌芽之中。

（2）严格执行土方开挖、施工用电、脚手架搭设拆除、施工动火、有限空间、射线探伤、大型设备吊装、现场围栏拆除等施工作业申请制度，保证施工作业安全控制，井然有序。

（3）为防止紧急事件发生，现场共设置紧急集合点八处，分别设置于分包商办公区域及空旷场地，确定紧急撤离路线六条，设置紧急救护站六座、成立紧急救护小组、医疗小组共36 人，每周组织人员参加医疗救护知识培训。

承包商 HSE 管理人员注意做好宣传教育工作，定期刊登 HSE 宣传资料，内容包括现场 HSE 评定、表扬与批评、HSE 技术规范、知识问答、现场急救常识等。分发到各个分包商 HSE 部门作为安全例会宣传的内容。

本案工程还在分包合同特殊条件款中专门章节列出了 HSE 管理要求及 HSE 费用投入方面的要求，并被写入合同。约定当分包商无法保证承诺的 HSE 专项资金投入时，承包商有权随时代其投入，并从应付分包商进度款中扣回。同时详细规定了 HSE 专项资金使用范围但不限于以下内容：个人劳保用品、安全带、安全帽、安全鞋、防护眼镜、防毒面具等；安全教育培训费用等；工伤保险和其他业主要求的必须投标的险种；消防器材；现场急救用品；现场各种安全隐患的整改；现场各类安全标志、警示牌；其他业主/监理和总包商认为保证安全施工必需的项目。

HSE 管理同样采用分包合同履行过程跟踪管理原则，实现对乙烯工程 HSE 的管理工作，及时调整和纠正工程费用控制中出现的偏差，乙烯工程正是因为通过分包合同有效地约束了施工分包商足够的 HSE 专项资金的投入，承包商同时在交底、安全培训、劳动保护等细节滚利上不断强化过程管理，加大监督力度，确保项目 HSE 目标实现。

10.3.6 分包合同变更的管理

在本案工程项目分包合同执行过程中，如发生合同变更，施工合同控制工程师必须按照承包商规定的处理权限进行处理：工程合同变更的主要包括是设计变更、进度计划变更、施工条件变更、技术规范和标准变更、施工次序变更、工程数量变更等。承包商规定一切涉及分包工程内容及范围变更、合同价款调整、标准规范变化等重大问题，都必须通过正式的谈判，计算对工程进度、费用的影响，取得一致意见后，签订书面合同，作为分包合同不可分割的一部分。

承包商合同控制工程师必须参与合同变更过程的起草和跟踪管理，准确及时地从进度计划人员、费用控制人员、质量控制人员、施工管理部门等获得这些信息，分析分包合同变更是否必要，处理程序是否符合承包商的规定，以及哪些变更会对分包合同条款所约定的施工进度、工程款会产生影响，及时与分包商进行协商，对分包合同进行补充、修改，并将这些信息形成报表或报告，并建立合同变更台账，以作为进一步分析依据和双方就变更事宜进行工期和（或）费用调整的证据。当然，在项目实施过程中由于业主的特殊要求，对每个专业的设计变更量进行了上限规定，并已写进合同，所以对于承包商来说要及时地和本公司的设计部门工程师进行沟通，充分考虑设计变更将对合同目标和整个工程目标产生的影响，严格控制不必要的变更和不合理的变更。施工分包合同变更管理流程如图 10-3 所示。

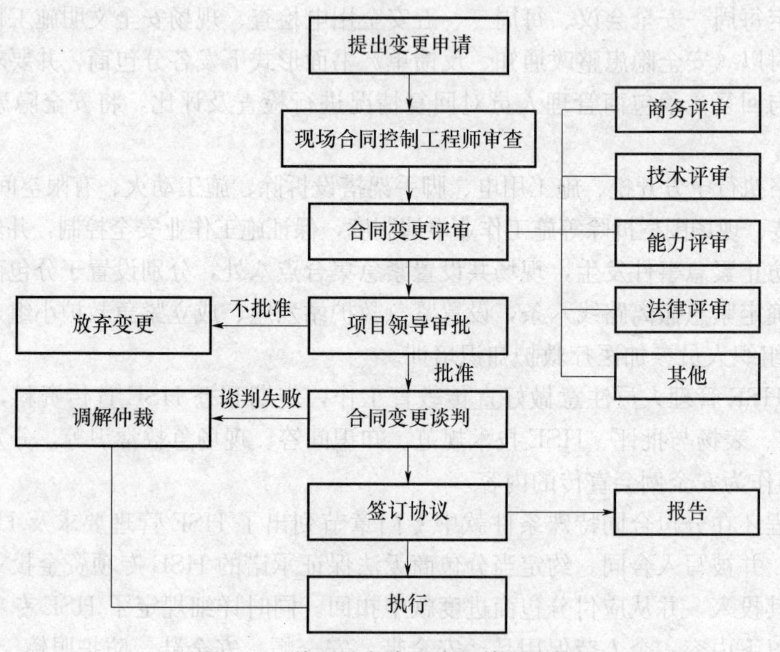

图 10-3　施工分包合同变更管理流程

本案工程的承包商对分包合同执行中建立了一套规范化的管理体系，在承包商接到分包商合同变更申请时，承包商现场合同控制工程师可以第一时间从有着工作接口关系的进度计划管理人员、质量控制人员、费用控制人员那里得到合同变更的信息，成功地缩短了收集合同变更相关信息的成本，从而有效地提高了分包合同变更管理工作效率。

在分包工程的具体执行过程中，承包商和业主都采取了一些针对性的合同变更管理手段和措施：针对设计变更的数量采取了定额设计、在合同签订时就约定每个专业的设计变更总额数量在整个工程实施的过程中不能超过 100 个，设计变更产生的费用不能超过概预算的 10%，对于重大设计变更采用业主、承包商、施工分包商多方参与论证及评审的审核制度，对于重大设计缺陷和失误的设计变更实行严厉的惩罚制度。承包商合同管理过程采取规范的变更工作程序，统一工程变更格式可以保障变更工作的流畅执行和减少变更工作内容的缺失；规范化的变更价款确定原则，可以保证承包商管理人员在签证的时候就能迅速掌握工程标量产生的费用，有力地对工程变更费用进行有效控制。此外，在不影响工程质量、预期寿命或运行效率降低等的方面，对于分包商改进施工工艺，提高劳动效率发生的实际工程量的减少，业主和承包商主动采取了奖励机制，有效地提高了分包商的积极性。

10.3.7 施工分包合同索赔管理

在分包合同执行过程中，引起索赔的原因很多，工程变更为主要原因，工程变更会引起相应的工期、费用的变化，从而发生索赔事件。提出索赔的可以是业主、承包商以及分包商。对于提出索赔人的不同，采取不同的索赔管理程序，本案例主要介绍对分包商提出的索赔程序：

对于分包商提出的索赔，承包商现场合同控制工程师应协调项目部在合同规定期限内，对索赔事件进行处理并予以答复。处理程序是：①接到分包商的索赔报告，首先审查索赔事件是否属实，承包商是否如报告所述未按分包合同规定履行自己的职责；②组织对索赔事件原因进行分析，并组织对损失进行测算，判断分包商对索赔计算的正确性和取费的合理性；③经有关工程师审核索赔（包括工期索赔和费用索赔）数额后，承包商合同管理工程师根据合同提出处理意见，报项目领导批准；④承包商合同控制工程师向分包商发出批准后索赔意见单，如果分包商接受处理意见，则按照批准的处理意见办，索赔事件的处理即告结束；如果分包商不接受处理意见，就会导致合同争议。通过协商双方达到互谅互让的解决方案，是处理双方争议的最理想的方式。对分包商索赔管理的处理流程如图 10-4 所示。

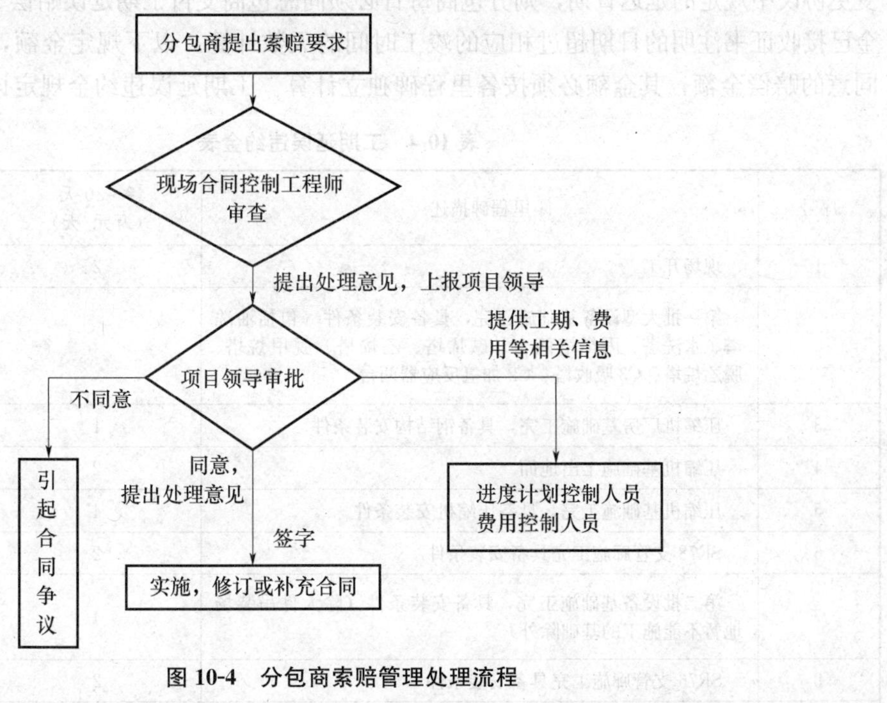

图 10-4　分包商索赔管理处理流程

如果分包商不能按合同工期竣工、施工质量不能满足设计和规范的要求，不能按合同约定及时提供报表、报告、申请，不按合同约定履行自己的各项义务或发生其他不能履行合同义务的行为，应承担违约责任，赔偿因违约给承包商造成的损失，现场合同控制工程师应对违约事件进行记录，与进度计划管理人员、费用控制管理人员等测算分包商违约造成的损失，提出详细的反索赔通知（包括违约事件发生与延续记录、为也造成的损失、反索赔内容等），并报项目领导，经批准后实施。

同样，在本案工程分包合同的执行过程中，承包商由于建立了一套索赔的程序，缩短了收集索赔事件证据的时间，给承包商对索赔的决策留下了充足的时间。在本工程分包合同执行过程中证明，发现、收集索赔的证据是索赔和反索赔的成功的关键，具体证据重要性的顺序排列如下：合同、规范、施工图、工程量清单、通信、工程会议纪要、总结报告、承包商的主要施工进度、职员的工作报告记录、承包方的往来文件、分包商和供应商的文件，尤其是在执行过程中发现，合同、规范、施工图、工程量清单则是最为主要的。所以承包商在分包合同管理执行过程中，一定要分清轻重主次，掌握对自己有力的索赔和反索赔证据，另外，承包商应注意合同索赔的时效的约定，例如 2009 版 FIDIC《施工分包合同条件（试行版）》第 20.2 款对分包商的索赔在时间上做了规定：分包商索赔通知的时间要求为 21 天，分包商提交索赔详情的时间要求为 35 天，承包商做出同意或不同意的决定的时间要求为 42 天。所以承包商必须注意在签订合同中所规定的索赔时效的约定，可以适当在合同中约定工期延误违约金对施工分包商实施反索赔的条款。

以本案工程土建施工分包 A 标段为例，合同约定工期违约金按照下列规定执行：

双方同意，因分包商原因没有符合合同关键里程碑而导致总承包商受的损失难以计算或不确定，因此应合理估算以公正地补偿（非惩罚）以下所述的工期延误工期赔偿金。如果分包商没有在合同规定的时间内交付设备基础或履行服务，以满足下面所述的合同里程碑日期或任何变更协议中规定的延迟日期，则分包商每日必须向总包商支付工期延误赔偿金，工期延误赔偿金已接收证书注明的日期超过相应的竣工时间的天数计算。以下规定金额，作为固定、双方同意的赔偿金额，其金额必须按各里程碑独立计算。工期延误违约金规定详见表 10-4。

表 10-4　工期延误违约金表

序号	里程碑描述	8～30 天（万元/天）	30 天以上（万元/天）
1	现场开工	2	3
2	第一批大型设备基础施工完，具备安装条件（包括油洗塔、水洗塔、丙烯塔两台、碱烯塔、乙烯塔、脱甲烷塔、脱乙烷塔、C3 吸收塔、C2 加氢反应器两台	4	6
3	压缩机厂房基础施工完，具备钢结构安装条件	1	1.5
4	压缩机基础施工出地面	2	3
5	压缩机基础施工完，具备压缩机安装条件	4	6
6	SR78 支管廊施工完具备安装条件	2	3
7	第二批设备基础施工完，具备安装条件（除大件吊装场地暂不能施工的基础除外）	4	6
8	SR76 支管廊施工完具备安装条件	2	3
9	其他框架基础	2	3
10	第三批框架基础（受大件设备吊装影响基础）	2	3
11	地坪（80%）	2	3

注：以上 2、3、4 项里程碑日期延误计算，如遇冬休期（冬休期为总包商确定的或经总包商批准的因冬季气候原因暂停施工的时间段），则时间相序顺延。

工期延误赔偿金的应用不能改变合同里程碑日期，也不能免除分包商根据特殊条款中“开工、进度和完工”中规定应提高进度已达到或减缓拖延任何里程碑的义务。在没有达到合同里程碑时，工期延误赔偿金的支付立即生效。根据通用条款中的“反索赔”条款，总承包商有权留置任何到期款项进行冲抵，或从留置款项中扣除分包商应付的工期延误赔偿金。所有工期延误赔偿金的累计总额不超过合同总价格的10%。

承包商通过有效的反索赔约定，从经济上，有效地约束了分包商自身的工期管理从而督促了分包商对于施工人员数量的安排，避免出现的人力不足等原因导致工期延误的现象发生，从而对整个工程工期目标的实现提供了有力的保障。

11 施工劳务分包合同管理概述

当前，我国劳务分包管理体系初步形成，已成为建设工程领域承包管理体系的重要部分。引入劳务分包制度是企业发展和解决劳动力不足的必然选择。因此，如何科学引入劳务分包单位，做好劳务分包单位的合同管理成为工程项目合同管理中一项重要工作。从本章开始从总承包商或专业分包商的角度，就项目施工承包合同管理中，如何做好劳务分包单位的合同管理工作做初步探讨。本章介绍施工劳务分包合同管理的基本知识。

11.1 施工劳务分包合同

11.1.1 劳务分包合同的概念

在法律层面，“劳务分包”一词最先由原建设部2001年颁布的《建筑业企业资质管理规定》（部令第87号）及相关文件，设置了施工总承包、专业分包、劳务分包企业三个层次，从行业法规角度提出建筑劳务分包的概念。为劳务分包的合法性提供了法律依据，确认了劳务分包的法律地位。

2004年10月25日《最高人民法院关于审理建设工程施工合同纠纷案件适用法律问题的解释》第七条明确规定：“具有劳务作业法定资质的承包人与总承包人、分包人签订的劳务分包合同，当事人以转包建设工程违反法律规定为由请求确认无效的，不予支持。”进一步明确了劳务分包合同不属违法转包的法律性质。

迄今为止，在法律层面上没有对劳务分包概念加以统一的规定，对于劳务分包概念，不同的文献对这一概念做过定义，其意思大同小异。依据最高人民法院《建设工程施工合同司法解释的理解与适用》（民一庭黄松有编著）中的劳务分包概念的诠释为：“劳务分包是指施工总承包企业或者专业承包企业（以及取得其资格的合法继承人）即劳务作业发包人将其承包工程中的劳务作业发包给具有相应资质的劳务承包企业（以及取得该当事人资格的合法继承人）即劳务作业承包人完成的活动。”《房屋与市政基础设施分包管理办法》第五条第三款阐述为：“本办法所称劳务作业分包，是指施工总承包企业或者专业承包企业（以下简称劳务作业发包人）将其承包工程中的劳务作业发包给劳务分包企业（以下简称劳务作业承包人）完成的活动。”实践中人们往往也将“劳务作业发包人”称之为“承包商”（指工程的承包人即总承包商或专业分包商）；将“劳务作业承包人”称为“劳务分包商”。承包商与劳务分包商之间签订的合同即为劳务分包合同。

建筑施工劳务分包合同根据其分包劳务从事作业的不同，可分为以下十三种类型，包括：木工作业分包合同、砌体作业分包合同、抹灰作业分包合同、石制作业分包合同、油漆作业分包合同、钢筋作业分包合同、混凝土作业分包合同、脚手架搭设作业分包合同、模板作业分包合同、焊接作业分包合同、水暖电安装作业分包合同、钣金工程作业分包合同、架线作业分包合同。

11.1.2 劳务分包合同的特征

（1）劳务分包合同的从属性。劳务分包是在工程施工承包合同的前提下派生出来的，劳务分包合同属于承包合同（总承包施工或专业分包等合同）的从合同，没有施工承包合同，就不会派生出劳务分包合同。

（2）劳务分包合同主体是企业。劳务分包作业的发包人是总承包商或专业分包商。劳务分包商应具有相应资质的劳务企业，劳务分包的当事人是企业，而不是个人。劳务分包企业内部处理企业与职工的关系，适合劳动法调整。

（3）劳务分包合同的客体是劳务。劳务分包合同双方当事人指向的是施工劳务作业，是劳动力的使用，分包所指向的对象是完成工程的劳务，是劳务作业而不是分包工程本身。

（4）合同的价格多样化。劳务分包合同的价格形式包括单价合同、总价合同以及双方当事人在专用合同条款中约定的其他价格形式合同，其中单价合同又包括工程量清单劳务费综合单价合同、工种工日单价合同、综合工日单价合同以及建筑面积综合单价合同，并对不同价格形式分别约定了计量及支付方式，便于当事人选择适用。

（5）专业分包必须经建设单位同意，而总承包商或专业分包商发包劳务作业，无需经过建设单位或总承包商的同意。

11.1.3 劳务分包合同与专业分包合同

1. 劳务与专业合同的共同点

（1）两类分合同的分包商都必须自行完成承包的工程或者作业任务；

（2）建设单位不得直接指定专业分包商及劳务作业分包商；

（3）两类分包合同主体都必须有企业资质，施工劳务资质由企业工商注册所在地设区的住房和城乡建设主管部门许可。

2. 劳务与专业合同的区别

（1）分包主体的资质不同。专业分包商所持有的是专业承包企业的资质，其不同资质条件分等级、分类别，分类共有地基与基础工程等 60 种；获得专业承包资质的企业，可以承接施工总承包企业分包的专业工程或者建设单位按照规定发包的专业工程。专业承包企业可以对所承接的工程全部自行施工，也可以将劳务作业分包给具有劳务作业资质的劳务分包企业。依据住房和城乡建设部《建筑业企业资质管理规定》（部令［2015］第 22 号），施工劳务资质不分类别与等级。获得劳务分包资质的企业，可以承接总承包商或专业分包商发包的劳务作业任务。

（2）合同标的指向不同。劳务分包合同指向的标的是工程施工的劳务，而非具体工程项目，计取的是人工费，主要表现为“包清工”。专业分包合同指向的标的是分部分项的工程，计取的是工程款，主要表现为“包工包料”。

（3）分包条件限制不同。依据《房屋建筑和市政基础设施工程施工分包管理办法》第五条的规定，房屋建筑和市政基础设施工程施工分包分为专业工程分包和劳务作业分包。劳务作业分包人既可以是总承包人，也可以是专业分包的承包人。工程的劳务作业分包无需经过发包人或者总承包人的同意，但根据该办法第九条规定，专业分包工程除在施工总承包合同中有约定外，必须经建设单位即工程发包人的认可。

（4）承担责任的范围不同。在专业分包合同条件下，总承包商对分包工程实施管理，总承包商与专业分包商要对分包的工程向业主承担连带责任。而在劳务分包合同条件下，劳务分包商可自行管理，只对总承包商或专业分包商负责，劳务分包商对业主不直接承担责任。

3. 劳务分包与转包、肢解发包的区别

（1）对应的主体不同。转包发生在总承包商与转承包商之间；肢解发包发生在发包人与各承包人之间；而劳务分包发生在总承包商或专业分包商与劳务分包商之间。

（2）对象指向不同。转包和肢解发包的对象是工程或分部分项工程，是整个建设工程全部或一部分；而劳务分包仅指向工程中的劳务，纯粹是劳动力的使用。

（3）合同效力不同。转包和肢解发包均属于法律法规所明确禁止的无效行为；而劳务分包合同属于合法行为。

（4）法律后果不同。转包的双方要对发包人承担连带责任；肢解发包造成的质量问题或其他问题由发包商和肢解承包商承担相应责任，总承包商不承担责任。而劳务分包双方按合同承担相应责任，并不共同向业主承担连带责任。

法律法规对劳务分包和专业分包做出了不同规定。从劳动性质角度分析，专业分包涉及的是复杂劳动，获取利润较多，因此对其资质和责任要求较严。而劳务分包涉及的是简单劳动，获取利润较小其资质要求和责任范围也相对较低。由于专业分包可能产生较多利润，从而在我国建设工程市场上常常出现层层转包、肢解发包、违法分包以及以劳务分包为名的转包、分包等违法行为，这也正是建设工程质量存在问题和安全事故频发的根本原因。劳务分包、专业分包与总承包方式关系辨析，如图 11-1 所示。

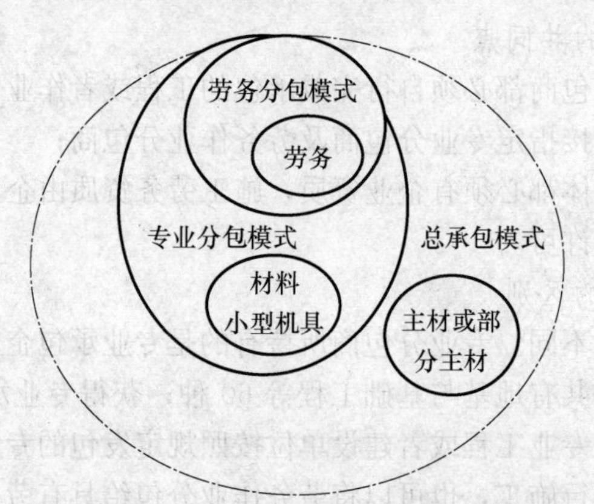

图 11-1 劳务分包、专业分包、总承包关系辨析图

11.2 施工劳务分包合同管理

11.2.1 劳务分包合同管理的概念

1. 合同管理的概念

劳务分包合同管理是指承包商与劳务分包商各自就其权利义务所签订合同过程的控制活动。施工劳务分包合同管理的内容主要包括：施工劳务分包合同签订的管理、施工劳务分包合同履约的管理，后者包括施工劳务分包合同变更、索赔以及劳务纠纷处理等方面的内容，与其他承发包方式合同管理内容并无实质差别。

2. 合同管理的作用

劳务分包合同是项目分包合同的重要组成部分，是项目合同管理的重要内容。加强劳务分包合同的管理对确保质量、安全具有重要的意义：

（1）确保工程质量安全的需要。劳务作业队伍是工程建设项目的主力军，工程建设主要是依靠他们直接来完成的，工程质量和安全标准最终是通过他们来实现的。为此，劳务施工队伍的合同管理是提高工程质量和安全的重要环节和保障，如果劳务分包管理混乱、没有劳务资质，不具备承包工程劳务的能力和履约能力，必然会对工程质量与安全造成影响。按照法律规定，建筑施工企业承担相应的质量安全责任。施工总承包商对所承包工程项目的施工现场质量安全负总责，专业承包商对承包的专业工程质量安全负责，施工总承包商对分包工程的质量安全承担连带责任。所以说，加强劳务合同管理对于确保工程质量与安全，保证总合同的顺利完成和目标实现具有重要意义。

（2）保障劳务人员合法权益的需要。在建筑工程施工过程中，因劳务分包而引发了诸多问题。往往劳务承包商拖欠下属劳务作业人员的工资，总承包商或专业承包商将劳务工资给付后，劳务承包商将这部分工资挪用，拖欠工人工资，引发劳务人员直接纠缠总承包商的情况，甚至因工程款拖欠引起投诉，引发群体性上访闹事事件、治安案件和刑事案件的发生。严重影响到国家和社会的和谐和稳定，给国家和人民生命财产造成较大损失，也使政府和建设行政主管部门的办公秩序受到很大干扰，牵扯了许多精力、人力和财力。对企业形象乃至社会造成不利影响。加强劳务分包合同管理，采取有效措施，如建立劳动合同备案、农民工工资卡等制度等，可以防止拖欠农民工工资事件的发生，减轻承包方在使用劳务分包中的合同风险，有利于维护社会的稳定和企业良好的形象。

11.2.2 劳务分包合同管理制度

自改革开放以来，建设工程市场上，劳务队伍的组织形式主要是三种，一种是施工企业资质就位后，新出现的建筑劳务分包企业，以独立企业法人形式出现，为总承包和专业承包企业提供劳务分包服务；二是施工总承包和专业承包企业自有的劳务作业班组，随着建筑业企业管理层和作业层的两层分离，这类人员数量占目前劳务人员比例较小；三是零散用工，以“包工头”牵头，组成的劳务队伍。施工企业与他们之间，一般不签订劳动合同，不办理社保关系，由“包工头”出面，签订“内部”承包协议，分包劳务工作，依据完成的劳务工作量结算劳务工资。这是我国相当长的一段时间内建筑劳务的主流群体，成为规范建筑劳务市场的难点。

为了规范建筑市场秩序，提高劳务队伍职业素质和建筑企业的整体素质，确保工程质量和安全管理，建立预防建设领域拖欠农民工工资的长效机制，建立和完善建筑劳务分包制度、发展建筑劳务企业，2005 年 8 月 5 日建设部下发了《关于建立和完善劳务分包制度发展建筑劳务企业的意见》（建市［2005］第 131 号）明确以发展劳务企业为突破口，建立预防建设领域拖欠农民工工资的长效机制，规范建筑市场秩序，建立和完善劳务分包制度，调整全行业建筑队伍组织结构，用三年的时间，在全国建立基本规范的建筑劳务分包制度，农民工基本被劳务企业或其他用工企业直接吸纳，“包工头”承揽分包业务基本被禁止。明确建筑劳务分包制度的法律地位，建立预防和惩戒拖欠工资的长效机制。规定，对施工总承包、专业承包企业直接雇用农民工，不签订劳动合同，或只签订劳动合同不办理社会保险，或只与“包工头”签订劳务合同等行为，均视为违法分包进行处理。

2014 年 7 月 28 日，住房和城乡建设部再次下发《关于进一步加强和完善建筑劳务管理工作的指导意见》（建市［2014］第 112 号）（以下简称《意见》），主要强调了以下问题：

1. 倡导多元化建筑用工方式，推行实名制管理

（1）施工总承包、专业承包企业可通过自有劳务人员或劳务分包、劳务派遣等多种方式完成劳务作业。

（2）施工劳务企业应组织自有劳务人员完成劳务分包作业。施工劳务企业应依法承接施工总承包、专业承包企业发包的劳务作业，并组织自有劳务人员完成作业，不得将劳务作业再次分包或转包。

（3）推行劳务人员实名制管理。施工总承包、专业承包和施工劳务等建筑施工企业要严格落实劳务人员实名制，加强对自有劳务人员的管理，在施工现场配备专职或兼职劳务用工管理人员，负责登记劳务人员的基本身份信息、培训和技能状况、从业经历、考勤记录、诚信信息、工资结算及支付等情况，加强劳务人员动态监管和劳务纠纷调处。

2. 落实企业责任，保障劳务人员合法权益与工程质量安全

（1）建筑施工企业对自有劳务人员承担用工主体责任。建筑施工企业应对自有劳务人员的施工现场用工管理、持证上岗作业和工资发放承担直接责任。

（2）施工总承包、专业承包企业承担相应的劳务用工管理责任。按照“谁承包、谁负责”的原则，施工总承包企业应对所承包工程的劳务管理全面负责。施工总承包、专业承包企业将劳务作业分包时，应对劳务费结算支付负责，对劳务分包企业的日常管理、劳务作业和用工情况、工资支付负监督管理责任；对因转包、违法分包、拖欠工程款等行为导致拖欠劳务人员工资的，负相应责任。

（3）建筑施工企业承担劳务人员的教育培训责任。建筑施工企业应对自有劳务人员的技能和岗位培训负责，对新进入建筑市场的劳务人员，应组织相应的上岗培训，考核合格后方可上岗；施工总承包、专业承包企业应对所承包工程项目施工现场劳务人员的岗前培训负责，对施工现场劳务人员持证上岗作业负监督管理责任。

（4）建筑施工企业承担相应的质量安全责任。施工总承包企业对所承包工程项目的施工现场质量安全负总责，专业承包企业对承包的专业工程质量安全负责，施工总承包企业对分包工程的质量安全承担连带责任。施工劳务企业应服从施工总承包或专业承包企业的质量安全管理，组织合格的劳务人员完成施工作业。

同时《意见》要求，落实劳务人员实名制管理各项要求：各地住房和城乡建设主管部门应根据本地区的实际情况，加大监管力度，规范劳务用工管理，做好实名制管理的宣贯、推广及施工现场的检查、督导工作。加大企业违法违规行为的查处力度。加强政策引导与扶持，夯实行业发展基础：加强劳务分包计价管理、推进建筑劳务基地化建设、做好引导和服务工作。《意见》的颁布下发对于建立、完善施工劳务分包制度将起到极其重要的指导作用。

11.2.3 劳务分包合同管理依据

除《合同法》《建筑法》《劳动法》《建设工程质量管理条例》《建设工程安全生产管理条例》外，还应包括一系列部门行政法规、司法解释以及指导意见。如：《建筑业企业资质管理规定》《房屋建筑和市政基础设施工程施工分包管理办法》，住建部、国家工商总局制定的《建设工程施工劳务分包合同（示范文本）》；司法解释有最高法院的《关于审理建设工程施工合同纠纷案件适用法律问题的司法解释》等。

（1）住房和城乡建设部《建筑业企业资质管理规定》（部令［2015］第22号）。

第五条规定：建筑业企业资质分为施工总承包资质、专业承包资质、施工劳务资质三个

序列。施工劳务资质不分类别与等级。第七条规定：国家鼓励取得施工总承包资质的企业拥有独资或者控股的劳务企业。第九条也有相关规定。

（2）住房和城乡建设部《房屋建筑和市政基础设施工程施工分包管理办法》（部令第19号）。第五条规定：房屋建筑和市政基础设施工程施工分包分为专业工程分包和劳务作业分包。劳务作业分包是指施工总承包企业或者专业承包企业（以下简称劳务作业发包人）将其承包工程中的劳务作业发包给劳务分包企业（以下简称劳务作业承包人）完成的活动。第八条规定：分包工程承包人必须具有相应的资质，并在其资质等级许可的范围内承揽业务。严禁个人承揽分包工程业务。第九条规定：劳务作业分包由劳务作业发包人与劳务作业承包人通过劳务合同约定。劳务作业承包人必须自行完成所承包的任务。第十条规定：分包工程发包人和分包工程承包人应当依法签订分包合同，并按照合同履行约定的义务。分包合同必须明确约定支付工程款和劳务工资的时间、结算方式以及保证按期支付的相应措施，确保工程款和劳务工资的支付。分包工程发包人应当在订立分包合同后7个工作日内，将合同送工程所在地县级以上地方人民政府建设行政主管部门备案。分包合同发生重大变更的，分包工程发包人应当自变更后7个工作日内，将变更协议送原备案机关备案。第十二条规定：分包工程发包人可以就分包合同的履行，要求分包工程承包人提供分包工程履约担保；分包工程承包人在提供担保后，要求分包工程发包人同时提供分包工程付款担保的，分包工程发包人应当提供。第十三条规定：禁止将承包的工程进行转包。不履行合同约定，将其承包的全部工程发包给他人，或者将其承包的全部工程肢解后以分包的名义分别发包给他人的，属于转包行为。第十四条规定：禁止将承包的工程进行违法分包。下列行为，属于违法分包：（1）分包工程发包人将专业工程或者劳务作业分包给不具备相应资质条件的分包工程承包人的；（2）施工总承包合同中未有约定，又未经建设单位认可，分包工程发包人将承包工程中的部分专业工程分包给他人的。第十五条规定：禁止转让、出借企业资质证书或者以其他方式允许他人以本企业名义承揽工程。分包工程发包人没有将其承包的工程进行分包，在施工现场所设项目管理机构的项目负责人、技术负责人、项目核算负责人、质量管理人员、安全管理人员不是工程承包人本单位人员的，视同允许他人以本企业名义承揽工程。

（3）《建设工程价款结算暂行办法》（财建［2004］第369号）中的第八条到第十条、第十二条到第十四条等。

（4）劳动部、建设部《建设领域农民工工资支付管理暂行办法》（劳社部［2004］第22号）中的第九、十、十二条等。

（5）最高人民法院《关于审理建设工程施工合同纠纷案件适用法律问题的解释》（法释［2004］第14号）。

（6）住建部、国家工商总局《建设工程施工劳务分包合同（示范文本）》。对于劳务合同双方的权利义务、劳务作业人员要求、作业安全与环境保护、作业期限进度、机具、设备材料供应、劳动作业变更、价格调整，合同价格形式、劳动作业计量预支付、验收交付、劳动作业结算与支付、违约责任、索赔、合同解除、争议处理等做了明确的示范约定。

11.3 新版施工劳务分包合同文本简介

住房和城乡建设部2014年下发《建设工程施工劳务分包合同（示范文本）》（征求意见稿）（以下统称劳务分包文本），对原2003版分包合同文本进行了修改。现介绍如下：

11.3.1 劳务分包文本修订背景

1.2003 版劳务分包文本已不适应新颁布法律法规

建设部、国家工商总局于 2003 年 8 月联合颁发了《建设工程施工劳务分包合同（示范文本)》(GF-2003-0214)（以下简称原劳务分包文本）自颁发 10 多年来，在推动我国劳务分包规范管理，防止和解决纠纷以及促进劳务市场健康有序发展方面发挥了巨大作用。但随着我国法律法规立法进程的快速发展，特别是 2007 年 6 月 29 日《劳动合同法》的实施，对劳务用工市场产生了巨大影响，原劳务分包文本已经不能适应上述法律法规的要求。

2.2003 版劳务分包合同已经落后于劳务分包实践

随着我国劳务市场的发展和成熟，劳务分包在实践中出现了一些问题，比如以劳务分包名义行专业分包之实、拖欠农民工工资引发的极端行为、大量农民工的社会保险未能按照法律规定缴纳引发社会稳定问题、由于劳务用工对年轻人员缺乏足够吸引力引发的劳务人员断层以及劳务报酬大幅度增长引发的工程结算迟迟不能完成等问题。旧版劳务分包合同由于未在上述方面进行足够引导，已经不能继续指导劳务分包实践。

3.2003 版劳务分包合同与 2013 版的施工合同文本不能匹配衔接

2013 版的施工合同文本所体现的工程管理理念以及条文设计均反映了我国建设从业人员在建设工程管理方面的深入探索，反映了新时期工程建设管理的方向。然而，原劳务分包文本与 2013 版的施工合同文本在体系架构及条文设置上均存在着巨大的“代沟”。随着 2013 版的施工合同文本颁布实施，原劳务分包文本的修订工作也势在必行，以便能够与 2013 版的施工合同文本配套使用。

劳务分包文本的起草，对我国劳务分包市场的发展和规范、广大劳务市场从业人员的合法利益保护等起到积极和重要的促进作用。通过学习和贯彻十八届三中全会精神，在新版劳务分包合同的起草中，落实群众路线和全面深化改革的指导思想，多方征求意见，全面考虑各方的合同权益，紧紧围绕使市场在资源配置中起决定性作用，深化建筑市场体制改革，坚持和完善基本制度，加快完善现代市场体系、宏观调控体系、开放型经济体系，推动建设劳务市场更有效率、更加公平、更可持续发展。

11.3.2 劳务分包文本修订过程

1. 全面梳理有关法律规范

为推动劳务分包合同起草工作的顺利进行，住房和城乡建设部在 2013 年专门成立了起草课题组。课题组全面梳理我国现行的与工程建设相关的法律、行政法规、部门规章及各类规范性文件，特别是着重分析十余年来我国建设工程领域的立法成果，并充分体现在新版劳务分包合同中，如《安全生产法》《劳动合同法》《劳动保障监察条例》《建设工程质量管理条例》《建设工程安全生产管理条例》《安全生产许可证条例》等。

2. 合理安排承发包人的合同权利义务

以促进劳务市场长远发展为目标，并据此合理安排承包人和劳务分包人的合同权利义务，考虑到我国建设劳务市场面临的人员断层的现实问题，为促进劳务市场长远发展，并据此合理安排承包人和劳务分包人的合同权利义务。在劳务分包合同起草过程中，从机具、设备和材料的提供、现场的质量和安全管理、及时确认并支付劳动报酬等方面强调了承包人的义务，充分发挥承包人的现场管理和调动生产的作用，同时从劳务人员管理、劳务人员工资支付和社会保险的缴纳方面强调劳务分包人的义务。

3. 搜集分析有关劳务分包常用文本

收集并分析国内的分包合同示范文本及劳务分包管理规范性文件，研究行业规律。在劳务分包合同的制定过程中，课题组搜集并分析了国内有关劳务分包领域的常用文本，如《北京市房屋建筑和市政基础设施工程劳务分包合同》《广州市房屋建筑和市政基础设施工程劳务分包合同》《湖南省建设工程施工作业分包合同》《深圳市建筑施工劳务分包合同》。并对有关劳务分包管理的规范性文件进行了收集整理，如《房屋建筑和市政基础设施工程施工分包管理办法》（建设部令第124号）、《北京市房屋建筑和市政基础设施工程劳务分包合同管理暂行办法》（京建市［2009］第610号）、《天津市建筑工程劳务分包管理办法（试行）》、《深圳市建筑劳务分包管理暂行办法》（深建规［2008］第7号）、《广州市建筑工程劳务市场管理办法》、青岛市《建筑市场专业工程承发包和劳务分包管理办法》（青建管工字［2007］第1号）等，在充分参考前述文本的内容并结合劳务分包领域实践需要的基础上，完成了劳务分包合同文本起草修订工作。

4. 征求各方面专家的意见

为了征求各方意见，在起草劳务分包合同之前，召开了多次研讨会，听取了建设行政主管部门、建筑施工企业、高等院校、律师事务所等专家、学者的意见。通过征求各方专家的意见，从实践角度了解目前劳务分包合同存在的问题。在充分考虑劳务分包领域实践问题的基础上，最终确定了施工劳务分包合同文本的条款内容。

11.3.3 劳务分包文本修订版的八大特点

（1）合同结构体系更为完备。劳务分包文本结构体系更为完备，体例上充分适应2013版的施工文本。劳务分包文本相对原劳务分包合同，在合同结构安排和合同要素的设置上更为科学合理。原劳务分包合同结构体系的设置相对繁多，且与2013版的施工文本无法有效衔接。劳务分包合同对合同体系进行了全面、系统的梳理，在合同要素上进行优化和补充，体例上充分适应2013版的施工合同文本。

劳务分包文本由合同协议书、通用合同条款、专用合同条款等三大部分组成。其中合同协议书共计9条，通用合同条款计19条。通用合同条款的具体条款分别为：一般约定、承包人、劳务分包人、劳务作业人员管理、安全文明施工与环境保护、工期和进度、机具、设备及材料供应、变更、价格调整、合同价格形式、计量与支付、验收与交付、完工结算与支付、违约、不可抗力、保险、索赔、合同解除以及争议解决。前述条款安排既考虑劳务分包管理的需要，同时也照顾到现行法律法规对劳务分包的特殊要求，充分考虑到了各方的意见，较好地平衡了劳务分包各方当事人的权利义务。

（2）强调了承包人的全面管理义务。新版劳务分包文本强调了承包人的现场管理义务，由承包人编制施工组织设计，劳务分包人根据承包人的施工组织设计编制劳动力供应计划报承包人审批，承包人全面负责现场的安全生产、质量管理，以及工期计划等，承包人有权随时检查劳务作业人员的持证上岗情况，同时明确劳务分包人不得对工程提出变更，通过合同引导承包人加强现场管理。

（3）强调了劳务分包人对劳务作业人员的管理义务。新版劳务分包文本中强调了劳务分包人对劳务作业人员的管理义务，合同约定劳务分包人应当向承包人提交劳务作业人员花名册、与劳务作业人员签订的劳动合同、出勤情况、工资发放记录以及社会保险缴纳记录等，通过合同引导当事人合法履约，并有效缓解目前广泛存在的拖欠劳务人员工资以及不依法为劳务人员缴纳社会保险引发的社会稳定问题。

(4) 完善了劳务分包风险的防范措施。完善了以劳务分包之名进行专业分包甚至转包的防范措施，以促进劳务市场的有序发展。针对目前劳务市场存在较多的以劳务分包之名进行专业分包甚至转包的违法行为，新版劳务分包合同明确约定，承包人不得要求劳务分包人提供或采购大型机械、主要材料，承包人不得要求劳务分包人提供或租赁周转性材料，以此强化劳务分包人仅提供劳务作业的合同实质，以促进劳务市场的有序发展。

(5) 设置逾期索赔失权条款。从引导劳务分包企业提高劳务管理水平角度出发，在示范文本中设置逾期索赔失权条款，同时也是为了与 2014 版的施工文本有效衔接，新版劳务分包文本设置了逾期索赔失权条款，从而督促劳务分包人加强现场管理措施，及时申请索赔，避免由此给劳务分包人造成经济损失。

(6) 强调劳务分包人的质量合格义务。劳务分包人应保证其劳务作业质量符合合同约定要求，在隐蔽工程验收、分部分项工程验收以及工程竣工验收结果表明劳务分包人劳务作业质量不合格时，劳务分包人应承担整改责任。

(7) 赋予合同当事人对劳务计价方式的自主选择权。对劳务合同价格列明了多种计价方式，赋予合同当事人自主选择权。新版劳务分包合同的价格形式包括单价合同、总价合同以及双方当事人在专用合同条款中约定的其他价格形式合同，其中单价合同又包括工程量清单劳务费综合单价合同、工种工日单价合同、综合工日单价合同以及建筑面积综合单价合同，并对不同价格形式分别约定了计量及支付方式，便于当事人选择适用。

(8) 强调合同当事人关于保险的违约责任。在合同条款中明确合同当事人在专用合同条款中约定承包人办理保险的时间及承包人或劳务分包人不履行投保义务应承担的违约责任。

11.3.4 劳动分包文本修订版的主要内容

为了与 2013 版的施工合同文本的对接，施工劳务分包文本由合同协议书、通用合同条款、专用合同条款等三大部分组成。其中合同协议书共计 9 条，通用合同条款共计 19 条，专用条款共计 19 条。劳务分包文本主要内容如下。

1. 合同协议书

总包工程概况、劳务分包作业范围、劳务分包作业期限、劳务作业质量标准、劳务分包合同价格、劳务分包人资质、合同文件构成、承诺、附则共 9 条。

2. 通用合同条款

一般约定、承包人、劳务分包人、劳务作业人员、作业安全与环境保护、作业期限及进度、机具、设备及材料供应、劳务作业变化、劳务作业价格调整、合同价格形式、劳务作业计量与支付、验收与交付、劳务作业完工结算与支付、违约、不可抗力、保险、索赔、合同解除、争议解决，共 19 条内容。主要条款内容设定如下：

(1) 工程承包人管理义务

1) 提供承包合同的义务：承包人应提供承包合同供劳务分包人查阅。当劳务分包人要求时，承包人应向劳务分包人提供一份承包合同的副本或复印件；但有关承包合同的价格和涉及商业秘密的除外。

2) 提供劳务作业现场和工作条件的义务：承包人至迟不得晚于开始工作日期 7 天前向劳务分包人交付具备劳务作业条件的劳务作业现场，承包人负责提供劳务作业所需要的劳务作业条件。

3）落实承包人项目经理的义务：承包人应在专用合同条款中明确其派驻劳务作业现场的项目经理的姓名、职称、注册执业证书编号、联系方式及授权范围等事项，项目经理经承包人授权后代表承包人履行合同。

4）承包人编制的施工组织设计的义务：承包人负责编制施工组织设计，施工组织设计应当包括如下内容：施工方案、施工现场平面布置图、施工进度计划和保证措施、劳动力及材料供应计划、施工机械设备的选用、质量保证体系及措施、安全生产与文明施工措施、环境保护与成本控制措施等，在劳务作业过程中，施工组织设计修订的，承包人应及时通知劳务分包人。

5）承包人有权随时检查劳务作业人员的有效证件及持证上岗情况。特种作业人员必须按照法律规定取得相应职业资格证书，否则承包人有权禁止未获得相应资格证书的特种作业人员进入劳务作业现场。

6）承包人有权要求撤换不能按照合同约定履行职责及义务的劳务作业人员，劳务分包人应当撤换。劳务分包人无正当理由拒绝撤换的，应按照专用合同条款的约定承担违约责任。

7）作业安全义务：承包人应认真执行安全技术规范，严格遵守安全制度，制定安全防护措施，提供安全防护设备，确保施工安全，不得要求劳务分包人违反安全管理的规定进行劳务作业。

8）创造生活条件义务：承包人至迟应于开始工作日期7天前为劳务分包人雇用的劳务作业人员提供必要的膳宿条件和生活环境；膳宿条件和生活环境应达到工程所在地行政管理机关的标准、要求。承包人应按工程所在地行政管理机关的标准和要求对劳务作业人员的宿舍和食堂进行管理。

9）承包人提供的机具、设备应在安装调试完毕，确认运行良好后交付劳务分包人使用。

10）承包人应获得或办理的保险：承包人应当为运至劳务作业现场用于劳务作业的材料和待安装设备办理或获得保险，并支付保险费用。

（2）劳务分包人的义务

1）劳务分包人的一般义务。劳务分包人在履行合同过程中应遵守法律和工程建设标准规范等义务：①按照合同、图纸、标准和规范、有关技术要求及劳务作业方案组织劳务作业人员进场作业，并负责成品保护工作；②承担由于自身原因造成的质量缺陷、工作期限延误、安全事故等责任；③履行承包合同中与劳务分包工作有关的劳务分包人的义务，但劳务分包合同明确约定应由承包人履行的义务除外等。

2）明确劳务分包项目负责人义务。劳务分包人应在专用合同条款中明确其派驻劳务作业现场的项目负责人的姓名、身份证号、联系方式及授权范围等事项，项目负责人经劳务分包人授权后代表劳务分包人履行合同等义务。

3）明确劳务作业管理人员的义务。劳务分包人应在接到劳务作业通知后7天内，向承包人提交劳务分包人现场劳务作业管理机构及劳务作业管理人员安排的报告，其内容应包括主要劳务作业管理人员名单及其岗位等，并同时提交主要劳务作业管理人员与劳务分包人之间的劳动关系证明和缴纳社会保险的有效证明。劳务分包人更换主要劳务作业管理人员时，应提前7天书面通知承包人，并征得承包人书面同意。

4）与劳务作业人员签订书面劳动合同义务。劳务分包人应当与劳务作业人员签订书面劳动合同，并每月向承包人提供上月劳务分包人在本工程上所有劳务作业人员的劳动合同签署情况、出勤情况、工资核算支付情况及人员变动情况的书面记录。除上述书面记录的用工行为外，劳务分包人承诺在本工程不存在其他劳务用工行为。

5）劳务分包人应当根据承包人要求及施工组织设计，编制及修订劳务作业方案，劳务作业方案应包括劳动力安排计划、机具、设备及材料供应计划等。合同当事人应在专用合同条款中约定劳务分包人提供劳务作业方案的时间。

6）提交材料设备供应计划义务。劳务分包人应在收到承包人提供的施工组织设计之日起 14 天内，向承包人提交机具、设备、材料供应计划。

7）支付劳务作业人员工资义务。劳务分包人应当每月按时足额支付劳务作业人员工资并支付法定社会保险，劳务作业人员工资不得低于工程所在地最低工资标准，并于每月 25 日之前将上月的工资发放及社会保险支付情况书面提交承包人。否则，承包人有权暂停支付最近一期及以后各期劳务分包合同价款。

劳务分包人未如期支付劳务作业人员工资及法定社会保险费用，导致劳务作业人员投诉或引发纠纷的，承包人有权书面通知劳务分包人从尚未支付的劳务分包合同价款中，代劳务分包人支付上述费用，并扣除因此而产生的经济损失及违约金，剩余的劳务分包合同价款向劳务分包人支付。书面通知应载明代付的劳务作业人员名单、代付的金额，劳务分包人应当在收到书面通知之日起 7 天内确认或提出异议，逾期未确认且未提出异议的，视为同意承包人代付。

8）安排劳务作业人员的义务。①劳务分包人应当根据承包人编制的施工组织设计，编制与施工组织设计相适应的劳动力安排计划，劳动力安排计划应当包括劳务作业人员数量、工种、进场时间、退场时间以及劳务费支付计划等，劳动力安排计划应当经承包人批准后实施。②劳务分包人应当组织具有相应资格证书和符合本合同劳务作业要求的劳务作业人员投入工作。劳务分包人应当对劳务作业人员进行实名制管理，包括但不限于进出场管理、登记造册管理、工资支付管理以及各种证照的办理。③配合承包人随时检查劳务作业人员的有效证件及持证上岗情况的义务。④执行承包人要求撤换不能按照合同约定履行职责及义务的劳务作业人员的义务。

9）劳务分包人作业安全义务。①劳务分包人应遵守工程建设安全生产有关管理规定，严格按安全标准进行作业，并随时接受行业安全检查人员依法实施的监督检查，采取必要的安全防护措施，消除事故隐患。发生安全事故后，劳务分包人应立即通知承包人，并迅速采取有效措施，组织抢救，防止事故扩大，减少人员伤亡和财产损失。②劳务分包人应按承包人统一规划堆放材料、机具，按承包人标准化工地要求设置标牌，负责其生活区的管理工作。

10）劳动保护义务：①劳务分包人应当服从承包人的现场安全管理，并根据承包人的指示及国家和地方有关劳动保护的规定，采取有效的劳动保护措施。劳务分包人应依法为其履行合同所雇佣的人员办理必要的证件、许可、保险和注册等。劳务作业人员在作业中受到伤害的，劳务分包人应立即采取有效措施进行抢救和治疗。②劳务分包人应按法律规定安排劳务作业人员的劳动和休息时间，保证其雇佣人员享有休息和休假的权利。

11）劳务分包人应按照行政管理机关的要求为外来务工人员办理暂住证等一切所需证件。

12）环境保护义务。①在合同履行期间，劳务分包人应采取合理措施保护劳务作业现场环境。对劳务作业过程中可能引起的大气、水、噪声以及固体废物等污染采取具体可行的防范措施。劳务分包人应当遵守承包人关于劳务作业现场环境保护的要求。②劳务分包人应承担因其原因引起的环境污染侵权损害赔偿责任，因上述环境污染引起纠纷而导致劳务作业暂停的，由此增加的费用和（或）延误的期限由劳务分包人承担。

13）劳务分包人的保管义务。劳务分包人应妥善保管、合理使用承包人供应的机具、设备、材料，并接受承包人随时检查其机具、设备、材料的保管、使用情况。因劳务分包人保管不善、不合理使用造成机具、设备、材料丢失、损毁的，劳务分包人应负责赔偿，并承担因此造成的作业期限延误等责任。大型机械、主要材料及周转性材料由承包人负责保管。

14）劳务分包人应办理的保险义务。劳务分包人应当为其从事危险作业的职工办理意外伤害保险，并为劳务作业现场内自有人员、自有财产办理保险，支付保险费用。

（3）作业期限延误、暂停与提前完工条款

1）因承包人原因导致作业期限延误。在合同履行过程中，因承包人原因未按计划开始工作日期开始工作的，承包人应按实际开始工作日期顺延作业期限，确保实际作业期限不低于合同约定的作业总日历天数。除专用合同条款另有约定外，因承包人原因导致未能在计划开始工作日期之日开始工作的，劳务分包人有权提出价格调整要求，延误期限超过90天的，劳务分包人有权解除合同。承包人应当承担由此增加的费用和（或）延误的期限，并向劳务分包人支付合理利润。

2）因劳务分包人原因导致作业期限延误。因劳务分包人原因造成作业期限延误的，劳务分包人应承担由此给承包人造成的损失，当事人也可在专用合同条款中约定逾期完工违约金的计算方法和逾期完工违约金的上限。劳务分包人支付逾期完工违约金后，并不免除劳务分包人继续完成劳务作业及整改的义务。

3）因承包人原因引起劳务作业暂停。承包人应当承担由此增加的费用和（或）延误的期限，并支付劳务分包人合理的利润。合同当事人也可在专用合同条款中按照合理成本加利润原则约定劳务分包人窝工、停工补偿费用的计算标准及方法。

4）劳务分包人原因引起的劳务作业暂停。因劳务分包人原因引起的劳务作业暂停，由此增加的费用和（或）延误的期限由劳务分包人承担。

5）劳务作业暂停持续56天以上：劳务作业暂停持续56天以上不复工的，且不属于劳务分包人原因引起的劳务作业暂停及不可抗力约定的情形，劳务分包人有权提出价格调整要求。

6）提前完工条款。承包人接受该提前完工建议书的，承包人和劳务分包人应协商采取加快工作进度的措施，由此增加的费用由承包人承担。劳务分包人认为提前完工指示无法执行的，应向承包人提出书面异议，承包人应在收到异议后7天内予以答复。任何情况下，承包人不得压缩合理作业期限。

（4）合同价格与劳务作业变化

1）合同价格形式。承包人和劳务分包人应在合同协议书中选择下列一种合同价格形式：①单价合同：工作量清单劳务费综合单价合同、工种工日单价合同、综合工日单价合同、建筑面积综合单价合同以及合同当事人在专用合同条款中约定的其他单价形式。②总价合同：合同当事人约定以施工图、已标价工作量清单或预算书及有关条件进行合同价格计算、调整和确认的劳务分包合同，在约定的范围内合同总价不作调整。合同当事人应在专用合同条款中约定总价包含的风险范围和风险费用的计算方法产生的合同。

2）劳务作业变化的情形。合同履行过程中，以下情形影响劳务作业的，应按照本款约定进行调整：①增加或减少合同中任何工作，或追加额外的工作；②取消合同中任何工作，但转由他人实施的工作除外；③改变合同中任何工作的质量标准或其他特性；④改变工程的基线、标高、位置和尺寸；⑤改变劳务作业的时间安排或实施顺序。

3）劳务作业变化估价。作业变化估价原则：合同履行过程中发生劳务作业变化导致价格调整的，劳务作业变化估价按照本款约定处理。①已标价工作量清单或预算书有相同作业项目的，按照相同项目单价认定；②已标价工作量清单或预算书中无相同项目，但有类似项目的，参照类似项目的工艺复杂程度、劳动力市场状况以及原单价的相应组价比例认定；③已标价工作量清单或预算书中无相同项目及类似项目单价的，按照合理的成本与利润构成的原则，由合同当事人协商确定作业单价。

作业变化估价程序：劳务分包人应在收到劳务作业变化通知后7天内，先行向承包人提交劳务作业变化估价申请。承包人应在收到劳务作业变化估价申请后7天内审查完毕，承包人对劳务作业变化估价申请有异议，通知劳务分包人修改后重新提交。承包人逾期未完成审批或未提出异议的，视为认可劳务分包人提交的劳务作业变化估价申请。

4）劳务作业变化引起的作业期限调整。因劳务作业变化引起作业期限变化的，合同当事人均可要求调整作业期限。合同当事人应结合劳务作业特点及技术难度，并参考工程所在地定额标准确定增减作业期限天数。合同当事人也可在专用合同条款中约定增减作业期限天数的方法，以及当地劳动力市场供应情况。

5）劳务作业价格调整。①市场价格波动引起的劳务作业价格调整：采用造价信息进行价格调整、专用合同条款约定的其他方式。②法律变化引起的劳务作业价格调整：基准日期后，法律变化导致劳务分包人在合同履行过程中所需要的费用发生除市场价格波动引起的劳务作业价格调整约定以外的增加时，由承包人承担由此增加的费用；减少时，应从合同价格中予以扣减。基准日期后，因法律变化造成作业期限延误时，作业期限应予以顺延。

因劳务分包人原因造成作业期限延误，在作业期限延误期间出现法律变化的，由此增加的费用和（或）延误的期限由劳务分包人承担。

（5）劳务作业计量与支付

1）劳务作业的计量。劳务作业工作量计算规则以相关的国家标准、行业标准等为依据，由合同当事人在专用合同条款中约定。除专用合同条款另有约定外，劳务作业工作量的计量按月进行。

2）支付。①预付款的支付：承包人应按照专用合同条款约定支付预付款。承包人逾期支付预付款的，承包人按专用合同条款的约定承担违约责任。②进度款支付：付款周期应按月进行。③支付账户：承包人向劳务分包人支付的劳务分包合同价款都应当支付至协议书中约定的劳务分包人的账户。

3）劳务作业完工结算与支付：劳务分包人应自劳务分包作业完工并经承包人验收合格之日起28天内，向承包人提交完工结算申请单，并提交完整的结算资料，有关完工结算申请单的资料清单和份数等要求由合同当事人在专用合同条款中约定；承包人应在签发完工付款证书后的14天内，完成对劳务分包人的完工付款。劳务分包人应向承包人出具合法有效的收款凭证。

（6）验收与交付

1）劳务作业质量：劳务分包人应确保所完成劳务作业符合合同约定的质量标准。承包人有作业规范要求的，劳务分包人的劳务作业还应当满足承包人的作业规范要求；承包人有权随时对劳务分包人实施的劳务作业进行监督检查，确保劳务作业质量，并对存在的质量隐患提出整改要求，劳务分包人应当及时完成整改。

2）参加检验与验收：劳务分包人应按照承包人的书面指示，参加与其劳务作业有关的材料检验，并及时提出检验意见。

劳务分包人应按照承包人的书面指示，参加与其劳务作业有关的分部分项工程的验收，并承担相应部分的整改责任。

（7）违约责任

1）承包人违约责任：承包人应承担其违约行为给劳务分包人增加的费用和（或）延误的期限，并支付劳务分包人合理的利润。此外，合同当事人可在专用合同条款中另行约定承包人违约责任的承担方式和计算方法。

2）劳务分包人违约责任：劳务分包人应承担因其违约行为而增加的费用和（或）延误的期限。此外，合同当事人可在专用合同条款中另行约定劳务分包人违约责任的承担方式和计算方法。

3）违约方继续履行合同：一方合同当事人违约后，另一方要求违约方继续履行合同时，违约方承担上述违约责任后仍应继续履行合同。

（8）索赔与争议处理

1）劳务分包人索赔。根据合同约定，劳务分包人认为有权得到追加付款和（或）延长作业期限的，应按程序以书面形式向承包人提出索赔。劳务分包人应在知道或应当知道索赔事件发生后 14 天内，向承包人发出索赔意向通知书，并说明发生索赔事件的事由；劳务分包人未在前述 14 天内发出索赔意向通知书的，丧失要求追加付款和（或）延长作业期限的权利；发出索赔意向通知书后 14 天内，向承包人正式递交索赔报告；承包人在收到劳务分包人送交的索赔报告和有关资料后，应于 35 天内给予答复。承包人在收到劳务分包人送交的索赔报告和有关资料后 35 天内未予答复或未要求劳务分包人进一步补充索赔理由和证据的，视为认可该项索赔。

2）承包人索赔。根据合同约定，承包人认为有权得到赔付金额的，应按程序以书面形式向劳务分包人提出索赔。承包人应在知道或应当知道索赔事件发生后 14 天内，向劳务分包人发出索赔意向通知书，并说明发生索赔事件的事由；承包人未在前述 14 天内发出索赔意向通知书的，丧失得到赔付金额的权利；承包人应在发出索赔意向通知书后 14 天内，向劳务分包人正式递交索赔报告；劳务分包人应在收到承包人送交的索赔报告和有关资料后 14 天内给予答复，或要求承包人进一步补充索赔理由和证据；劳务分包人在收到承包人送交的索赔报告和有关资料后 14 天内未予答复或未要求承包人进一步补充索赔理由和证据的，视为认可该项索赔。

3）争议解决。合同当事人因合同或合同有关事项发生争议的，可以自行和解或要求有关主管部门调解，任何一方不愿和解、调解或和解、调解不成的，可以在专用合同条款中约定以下一种方式解决争议：①向约定的仲裁委员会申请仲裁；②向有管辖权的人民法院起诉。

12　施工劳务分包合同管理过程

劳务分包工作是承包工程的一个重要组成部分，劳务分包工作管理的好坏，会直接影响到承包工程质量、进度和单位的信誉。施工劳务分包作为承包、专业分包的根基，对承包商合同总目标的顺利完成十分关键，并且对承包企业的形象、信誉和企业健康、稳定、持续发展都具有重要的意义。劳务分包合同管理是按照工程目标的实现过程而展开的，分包合同的管理大致可分为劳务合同签订阶段的管理和合同履约阶段的管理，前者为后者奠定良好基础，后者则是实现合同目标的关键。

12.1　施工劳务分包合同签约管理

12.1.1　劳务分包人选择

1. 审查分包合同签约主体资格

住房和城乡建设部《建筑业企业资质管理规定》（部令［2015］22号）强调，劳务分包企业应由企业工商注册所在地设区的市人民政府住房和城乡建设主管部门许可，获取资质方可从业。承包商与未取得劳务分包资质的企业或个人所签劳务分包合同无效。为此，签约对象的合法性审查，了解其基本情况，以规避签约风险，对劳务分包主体资格的审查是合同签订阶段的重要工作。对签约对象的合法性审查时，应完善以下资料的审核、收集工作。

（1）证照审查。区分营业执照，看其是持“企业法人营业执照”的独立法人，还是持《营业执照》分支机构或其他经济组织，区分意义在于两者主体均可签订合同，但签订建筑施工合同、劳务分包等合同的主体应当是持“企业法人营业执照”的法人单位。因建筑施工领域奉行“项目法人负责制”，企业法人部门单位，较为常见的是项目部未经授权无权签订分包合同。

（2）资质审查。《建筑业企业资质管理规定》中，国家对劳务分包活动的建筑业企业实行资质管理，应审查签订劳务分包合同的主体是否具有资质。最高人民法院《关于审理建设工程施工合同纠纷案件适用法律问题的解释》规定，未取得资质、借用资质、超越资质签订的合同均属无效合同。

（3）经办人审查。经办人系法定代表人的，可直接签订分包合同，无需单位授权；之外的其他任何委托代理人，应持劳务分包单位出具的《授权委托书》及其身份证复印件，明确其身份和授权范围后方可签约。建筑工程领域内的合同涉及标的大，影响面广，《合同法》第二百七十条强调，建设工程合同应采用书面形式，分包合同亦不例外。首先，签订合同的同时应强化、完善证据意识，注意同步收集签约对方企业法人营业执照、组织代码证、税务登记证、施工劳务企业资质证书、企业法人授权委托书及委托代理人身份证复印件等各项资料，上述资料均需加盖单位公章、注明收集日期，以便今后核对真伪。有时在诉讼阶段发现，对方提供的营业执照上的公章与签约阶段留存的公章印模不同。其次，可通过当地工商等相关部门查询营业执照及其他资质证书的真伪，必要时直接与其所在单位联系核查经办人身份及授权情况。

综上，建筑施工领域仅有“企业法人营业执照”，只是取得了建筑施工的民事权利能力，只有取得相应的施工劳务分包资质证书后，才获得在该领域的民事行为能力。所以，取得企业法人营业执照、建设工程劳务分包资质证等证照是劳务分包合同签约的前提条件。

2. 对劳务分包商的选择方式

对劳务分包企业的选择原则上实行公开竞标方式选择劳务分包队伍，做到公平竞争，择优录用。承包人应建立相应劳务用工评审组，对劳务分包队伍的选择过程，包括同意、反对意见都要记录在案。在选择优秀的劳务施工队时，需按管理程序严格执行报批制度，未经批准，不得擅自使用劳务用工。

劳务招标时，劳务分包企业需向承包人提供企业资质文件（企业营业执照、资质证书、税务登记证、安全生产许可证、组织机构代码证）原件审核和复印件（盖劳务公司公章）一套，法定代表人身份证复印件或法人委托代理人身份证复印件一套（盖劳务公司公章），劳务企业近三年业绩证明材料等。承包商在与劳务分包商签订劳务分包合同时，必须是劳务企业单位法定代表人或法定代表人书面授权委托人进行签字盖章，方可投标。

12.1.2 合同格式的选择

（1）劳务分包合同应当采用书面方式订立。劳务分包合同应当由双方企业法定代表人或授权委托人签字并加盖企业公章，不得使用分公司，项目经理部印章（分公司有缔约资格但没有承担责任及诉讼资格，但此处分公司也无缔约能力）。

（2）签订劳务分包合同一般适宜采用国家建设部与工商管理总局颁布的劳务作业分包示范合同文本的统一合同文本格式，主要针对劳务施工的范围、作业内容进行明确。约定建筑结构、装饰、安装方面的具体工序项目，包括每工序项目作业的内容，需要达到的质量标准、工期等要求。同时完成约定项目及工作内容需支付的劳务承包费用，支付的方式和时间等都要进行详细的约定。

（3）为防止以劳务分包名义进行违法分包或转包行为，在签订劳务分包合同时，劳务分包合同不得包括大型机械、周转性材料租赁和主要材料采购内容。劳务分包合同可规定低值易耗材料由劳务分包企业采购。劳务分包合同中不得包括维修保证金的内容。

12.1.3 合同条款的约定

1. 合同范围的约定

签订劳务分包合同一般采用示范文本或公司统一的合同文本格式，主要针对劳务施工的范围、作业内容进行明确。约定建筑结构、装饰、安装方面的具体工序项目，包括每工序项目作业的内容，需要达到的质量标准、工期等要求。同时完成约定项目及工作内容需支付的劳务承包费用，支付的方式和时间等都要进行详细的约定。比如完成内墙抹灰工序时，项目部则需组织现场工长、技术人员以及安全、质量、成本合同等方面的人员进行验收，验收合格后由项目工程部签发内墙抹灰工序合格通知书，确认合格后进入下道工序施工，项目部依据工序合格通知书以及完成的当月内墙抹灰项目工程量，按照合同约定的时间进行劳务分包验工计价和支付。

2. 明确当事人权责利益

合同签订时，合同中必须明确双方的权责利益范围，以免发生履约不清，责权不明。比如在劳务分包合同签订时，该哪方提供施工生产用的垂直运输设备，设备的数量、设备类型规格及提供的周期等必须明确，特别是在进行深基础和高层施工中尤为重要。例如，本身该提供塔吊的只提供汽车吊，本身该提供50米臂长塔吊的只提供40米臂长的情形等，此类设备的配置对劳务工作的效率影响较大，如果不在合同中予以明确，很难认定是否违约。同时，由于工程实际操作千差万别，情况复杂，为此在承包商与劳务企业签订合同时，要充分考虑合同情况，划清合同界面。以免在施工中因为界面不清导致的纠纷，会给承包商造成不必要的麻烦。

承包商与劳务分包商各自的义务必须明确，这是合同的重心。承包商作为工程施工的主体需要提供的服务，比如施工图纸的提供时间、施工技术方案、施工安全措施、劳务费的按时支付等必须在合同中要进行明确，确保合同公平、公正、合理；劳务分包商作为工程施工劳务服务提供者，在劳务工提供时间、数量以及工程施工质量、安全、工期及环保、劳务工管理及工资支付管理等方面需进行明确约定，以保证合同的正常履行。

3. 劳务分包合同价格约定

劳务实践中，有不同的计价方式，各种计价方式又有各自的特点与适用条件。劳务分包合同主要计价方式如下：

(1) 劳务分包计价方式

1) 单价合同

① 工作量清单劳务费综合单价合同。工作量清单劳务费综合单价合同是指合同当事人约定以工作量清单及其劳务费综合单价进行合同价格计算、调整和确认的劳务分包合同，劳务总价款等于工作量清单乘以劳务费综合单价。此类合同价格在约定的范围内合同单价不作调整。同时，合同当事人应在专用合同条款中约定劳务费综合单价包含的风险范围和风险费用的计算方法，并约定风险范围以外的合同价格的调整方法，其中因市场价格波动引起的劳务作业价格调整按照在专用条款中的约定执行、因法律变化引起的劳务作业价格调整按照在专用条款中的约定执行。

② 建筑面积综合单价合同。建筑面积综合单价合同是指合同当事人约定以建筑面积以及每单位建筑面积综合单价进行合同价格计算、调整和确认的劳务分包合同，劳务总价款等于综合单价乘以建筑面积，在约定的范围内合同单价不作调整。合同当事人应在专用合同条款中约定建筑面积综合单价包含的风险范围和风险费用的计算方法，并约定风险范围以外的合同价格的调整方法，其中因市场价格波动引起的劳务作业价格调整按照专用条款中的约定执行、因法律变化引起的劳务作业价格调整按照在专用条款的约定执行。

建筑面积综合单价合同主要在于工程规模、建筑类型、工程部位及不同的工作内容。工程规模越大、施工难度越高单价越高，普通住宅单价高于公共建筑，建筑结构作业的地下部位单价高于地上部位；工作内容主要区分结构、初装修、外墙面砖粉刷、挂贴石材、给排水安装、电气安装，等等。这种计价方式的关键是建筑面积的计算，而计算建筑面积的关键在于其工程量计算规则的确定，一般采用国家标准——《建筑工程建筑面积计算规范》计算建筑面积。

建筑面积综合单价计算方式主要适用于工程施工图纸完善的建筑工程劳务大包。采用此种方式，劳务合同价款的结算和支付比较简单，在不出现较大变更的情况下，劳务总价款变化不大。一般情况下，也不存在劳务公司管理费用的另行计取，类似工程量清单形式的综合单价计算工程价款。这种计算方式也比较方便于工程劳务分包的招标投标市场交易。

③ 工种工日单价合同。工种工日单价合同是指合同当事人约定以不同工种用工天数及

各工种单日综合单价进行合同价格计算、调整和确认的劳务分包合同，劳务总价款等于工种工日单价乘以用工天数，该方式在约定的范围内合同单价不作调整。同时合同当事人应在专用合同条款中约定工种工日单价包含的风险范围和风险费用的计算方法，并约定风险范围以外的合同价格的调整方法，其中因市场价格波动引起的劳务作业价格调整按照专用条款中的约定执行、因法律变化引起的劳务作业价格调整按照专用条款中的约定执行。

④ 综合工日单价合同。综合工日单价合同是指合同当事人约定以用工天数以及综合工日单价进行合同价格计算、调整和确认的劳务分包合同，劳务总价款等于综合工日单价乘以用工天数。该方式在约定的范围内合同单价不作调整。合同当事人应在专用合同条款中约定综合工日单价包含的风险范围和风险费用的计算方法，并约定风险范围以外的合同价格的调整方法，其中因市场价格波动引起的劳务作业价格调整按照专用条款的约定执行、因法律变化引起的劳务作业价格调整按照专用的约定执行。

2）总价合同。总价合同是指合同当事人约定以施工图、已标价工作量清单或预算书及有关条件进行合同价格计算、调整和确认的劳务分包合同，在约定的范围内合同总价不作调整。合同当事人应在专用合同条款中约定总价包含的风险范围和风险费用的计算方法，并约定风险范围以外的合同价格的调整方法，其中因市场价格波动引起的劳务作业价格调整按照专用条款中的约定执行、因法律变化引起的劳务作业价格调整按照专用条款中的约定执行。

3）其他单价形式。合同当事人在专用合同条款中约定的其他单价形式，例如工种单价乘以相应工种的工程量计算方法等。

上述计价方法各有利弊，承包人和劳务分包人应根据工程规模、性质、分包方式等因素，选择好劳务分包合同价格。

（2）计价方式的选择。劳务分包方式可以对应多种劳务计价方式，劳务分包合同当事人可以根据实际情况对计价方式加以选择。

1）劳务大包。将一个项目或一个单位工程的结构施工、装修施工及安装工程施工的劳务作业分包给一个劳务分包商或两个劳务分包商，或者将结构施工、装修施工及安装工程劳务作业分别分包给一个劳务分包商。采用此种方式进行劳务分包，总承包商的人员、技术、安全等方面的现场管理相对简单。目前，部分建设工程总承包商拥有的固定作业工人较多，这种分包方式也较少采用。其相应的工程劳务计价方式有工程施工总承包合同价中的人工费部分或全部包干、以建筑面积乘以相应工作内容的平方米包干价计算等。

2）劳务小包。即将一个项目或一个单位工程按分项（工种）或按楼层（段）的劳务作业分包给一个或几个劳务分包商。采用此种方式进行劳务分包，总承包商各方面的管理工作相对多一些，但是总承包商可以进行更多的分包队伍比较、选择，从而得到更有利的价格与质量。不管是在劳务分包制度的建立前还是制度推广以后，这种劳务分包方式普遍采用。目前，劳务市场上存在的劳务小包的工种或分部分项工程有：模板作业分包、钢筋作业分包、混凝土作业分包（包土方）、砌筑作业分包、装修作业分包（瓦工、抹灰、贴砖等）、电气安装作业分包、给排水消防安装作业分包，等等。劳务小包相应的劳务计价方式有施工总承包合同价中相应工种的人工费部分或全部包干、以工种单价乘以相应工种的工程量计算等。

3）直接雇佣工人。即总承包商直接雇佣作业工人，由施工总承包商管理人员直接管理工人作业。工程劳务计价方式有：以工种单价乘以相应工种的工程量计算、按不同工种的工日单价乘以工作日计算或月固定工资等。实际上，此种方式不属于工程劳务分包。在建筑工程劳务分包制度逐步推广后，劳务市场上总承包商（或专业承包商）大多数采用劳务小包的方式进行劳务分包。工程劳务计价较多采用以工种单价乘以相应工种的工程量计算，在一些工作量少或难以统计计算、技术复杂的工种方面有时辅以工种工日单价乘以工作日计算。

4. 履约保证金缴纳与管理

履约保证金是一种合同履约担保，是为了保证主债权的实现设置的一种权利质押，它不同于违约金和质量保证金，它对合同的有效履行，控制或降低合同风险具有重要作用。签订合同时，双方应该在合同中明确履约保证金缴纳的比例（金额）、缴纳时间、缴纳方式以及动用和返还的条件，特别注意在合同条款中明确约定返还履约保证金是否返息及计算利息，以免发生纠纷。

在实际劳务合同管理中，考虑到劳务单位的实际情况和资金压力，一般缴纳比例为合同总价的10%，缴纳一般采用现金分期缴纳的方式比较普遍，首先在合同签订时，劳务分包单位先行缴纳5%的履约保证金，剩余部分在其今后每期劳务费计价中予以扣回。

承包商要在签约前期制订便于操作的履约保证金管理制度，明确规定履约保证金的缴纳、管理、动用和返还程序，明确相关责任人的职权范围。在发生违反合同约定的动用保证金情形时，必须取得有力的违约证据或劳务分包商的书面认可，例如，在工程施工工期方面，劳务分包商没有按合同约定按时完成相关工作内容，在合同约定的期限到达时间，承包商应该及时向劳务分包商发出书面通知，要求劳务分包商予以书面签认，待劳务分包商工作内容完成并验收合格后，依据书面验收的时间和当初签认的书面通知，对工期延后造成的损失按合同约定在保证金中可以直接扣除。同时，必须注意履约保证金的返还时间必须符合有关法律规定，在约定的时间期限内及时办理剩余款项返还事宜，不得无故拖延，办理返还款项时办理人要有合法的、与合同相符的有效证件，手续齐全，程序规范。

5. 安全生产责任义务约定

生产安全防范工作在施工过程中是一个至关重要的环节，而现在普遍存在的是对于生产安全方面的权利义务，各单位之间签订一个安全生产协议，但对于实际施工生产安全方面的权利义务约定不明，或者虽有约定但在实际施工过程中各单位往往忽略对实际施工现场安全生产的监控和管理，发生安全事故后，往往责任界定不明或对发生的事故互相推卸事故的处理及赔偿责任。因此，对于承包商在实际施工过程中，把安全责任的清晰界定作为一个重要的事项进行约定。

6. 施工劳务分包合同保险

施工劳务单位是劳动密集型企业，建筑施工现场工种多，作业交叉多，劳动强度大，高空作业，极容易出现人身伤亡事故，为了避免现场施工作业人员伤害事故风险，按照法律规定，承包人、劳务分包人应投保相应的险种，对此，承包商应给予高度重视。

总承包商或各分包商在合同中应明确约定，对从事现场施工的员工，特别是对特殊危险工种的员工向保险公司实施安全事故责任险投保，以利减轻事故发生后所需承担经济损失。另外，事故发生后，受损害的员工的所属单位自己或者通过总承包单位除及时抢救受伤员工，保护好现场，应立即向施工现场所在地区的劳动监察部门报告，请该部门进行现场勘察，查明事故发生的原因和责任。这就为事故责任的界定和事故的妥善处理奠定了客观的基础。

12.1.4 关于劳务分包合同备案

住房和城乡建设部《房屋建筑和市政基础设施工程施工分包管理办法》第十条规定："分包工程发包人应当在订立分包合同后7个工作日内，将合同送工程所在地县级以上地方人民政府建设行政主管部门备案。”地方法规依据办法对此做了相应的规定，例如《北京市房屋建筑和市政基础设施工程劳务分包合同管理暂行办法》第七十条规定：“发包人应当在劳务分包合同订立后7日内，到市住房和城乡建设委办理劳务分包合同及在京施工人员备案。”劳务作业分包合同的备案制度，是承包商合同管理的一项重要内容。

12.2 施工劳务分包合同履约管理

12.2.1 进场管理与合同交底

1.劳务分包企业进场管理

承包商项目部对进场的劳务分包队伍要认真管理，对进场劳务分包队伍人员进行登记。由质量、安监等部门相联合，定期、不定期检查劳务分包队伍进场人员是否与劳务分包合同条款相符。特别是对其技术工人的资格审查，特殊工种人员必须具备国家认可机构颁发的有效证件，严禁特殊工种无证作业。对检查过程中发现的问题则要求劳务分包队伍限期整改，并随时复检，对屡教不改的劳务分包队伍要坚决清理退场。项目部要对劳务用工实行动态管理，规范管理、程序管理，要建立劳务用工管理台账或数据信息库。

2.劳务分包合同交底

合同交底是合同签订后合同履行的一项重要工作，项目管理职能部门在开工前应尽快组织劳务分包单位相关人员、项目部相关职能部门进行合同交底。向涉及工程施工及管理的有关人员陈述合同的基本情况、合同执行计划、各职能部门的执行要点、双方义务及责权利益，特别要针对工程施工的工期、质量、安全及涉及的工作范围要重点详细的进行交底，最后形成书面交底记录。

12.2.2 质量与安全生产控制

1.劳务分包工程的质量监控

近些年，劳务分包合同管理的重点之一是在于施工质量方面。由于目前建设工程劳务市场竞争激烈，劳务分包单位的利润较低，为了追求利润的最大化，很多劳务单位在项目施工中不按承包单位制定的施工技术要求和方案进行施工，简化施工工艺和流程，节省劳动力，最后导致工程项目施工质量下降甚至不合格情况发生，因此，在合同履约过程中，承包商要注重劳务人员的素质教育和技能培训，加强现场的监督和检查，完善奖惩措施，做到事前要预防、事中要严格控制。

在劳务分包工程开工前，项目部要及时地将劳务分包商涉及的工作项目施工图纸发放给劳务分包商，项目部技术主管人员要严格按照设计文件和施工图纸对分包人相关作业人员进行技术交底、安全质量交底，同时应该安排安全质量管理专职人员对劳务作业人员进行安全质量方面的培训教育，增强作业人员的安全质量意识。劳务作业人员上岗前必须进行安全质量方面知识的书面考试，考试合格人员方可上岗。特殊作业人员如电焊工、机械操作工、司机等必须持有国家认可的上岗操作证，承包商要对上岗人员要压证备案。

在施工中，施工现场的工长和技术管理人员要进行全过程监督检查，对一些特殊工序项目要有技术人员旁站指导，需要隐蔽的部位，隐蔽前要安排专职质量工程师和技术人员进行验收，办理验收签证手续。在监督检查过程中，若发现不符合要求的地方，特别是不符合强制性条文规定要求的，应勒令其进行整改或返工，直到验收合格后才允许进入下一道工序，以保证质量消灭在工序施工过程中。

2. 安全生产的监督管理

（1）明确安全管理职责。承包商在实际施工过程中，应按照《建设工程安全生产条例》的规定或相应的《安全生产协议》约定切实履行对施工安全生产的监督、检查、教育、管理等义务，做好以上各项义务的交底工作，并在实际施工过程中实行动态监督管理。对于劳务分包人，则一定要根据法律规定及相应的约定，核实相应特殊工种人员的上岗资质，按照国家规定在施工现场采取相应的安全施工措施以及设置明显的安全警示标志。而且，根据《建设工程安全生产管理条例》第二十四条规定："分包单位不服从总承包单位的安全生产管理导致生产安全事故的，由分包单位承担主要责任"，因此，分包商应当在按照国家有关安全生产的规定及与总承包商约定前提下，在施工过程中对于规定或约定不明的事项，及时与总承包商沟通达成相应的协议，服从总承包商的安全生产管理。

（2）滚动施工撤离现场的安全措施。在施工过程中，尤其是对于动态的滚动式施工工程，各分包商在各阶段工程验收合格后，撤离时应办理相应的交接手续，并对施工现场的安全设施等与发包单位共同进行确认后，方可撤离施工现场。或者，在总承包商与分包商签订《分包协议》或《安全生产协议》时，将撤离施工现场的时间、要求、程序，以及撤离后的安全防范责任做出明确的约定。对于后续进场施工的单位，应约定由总承包商对其进行安全交接或交底工作，此前已撤离单位对此予以配合。

（3）注意周边安全环境。承包商、劳务分包商应根据实际情况做好安全保护措施，应当对施工现场做好充分的考察工作，尤其在工程施工场地情况比较复杂的条件下，应当在对相邻施工场地进行相关调查后，制订比较详细的安全防护方案。尤其应注意的是，即使本单位的施工作业区不属于高空作业或危险作业，但如果有临边施工场地属于高空或危险作业，并对本单位施工安全产生一定的威胁的情况下，承包商与劳务分包商也负有在本单位施工场地采取安全防护措施的义务，否则也应当对安全事故承担相应的责任。

12.2.3 对材料机械设备管理

劳务分包合同中一般约定材料的消耗率，承包商在施工过程中对劳务单位使用材料实行限量供应，对超耗部分材料按合同约定的条件在劳务分包计价中直接扣回。在施工中，要求劳务分包商对承包商提供的机具设备要注重使用和爱护，并定期进行维护保养，发生使用不当或故意损坏的状况，按照合同约定按原值进行赔偿。同时，工程施工过程中，要求施工人员树立成品保护意识，劳务分包商需采取相应的保护措施，如混凝土浇筑后采取覆盖、地砖铺设好后应设立防护围挡措施，等等，以确保成品的完好，杜绝返工或重复维护，保证工程竣工顺利交验。

12.2.4 劳务分包作业变更管理

1. 作业变更范围

劳务分包合同变更范围与专业分包合同变更范围是一致的，具体内容包括：①增加或减少合同中任何工作，或追加额外的工作；②取消合同中任何工作，但转由他人实施的工作除外；③改变合同中任何工作的质量标准或其他特性；④改变工程的基线、标高、位置和尺寸；⑤改变劳务作业的时间安排或实施顺序（《劳务分包合同文本》第8.1款［劳务作业变化的情形］）。

2. 作业变更步骤

(1) 变更通知。依据劳务分包合同文本，在劳务分包合同履行过程中，如需对原劳务工作内容进行调整，承包商应提前 7 天以书面形式向劳务分包商发出劳务作业变化通知，并提供调整后的相应图纸和说明。(《劳务分包合同文本》第 8.2 款［劳务作业变化的通知］)。

注意承包商应提前 7 天对劳务分包商发出变更通知，在《施工分包合同文本》中，承包商对专业分包商提出的变更的时间未明确设限。

(2) 作业变更估价。变更估价应作遵循以下原则：①已标价工作量清单或预算书有相同作业项目的，按照相同项目单价认定；②已标价工作量清单或预算书中无相同项目，但有类似项目的，参照类似项目的工艺复杂程度、劳动力市场状况以及原单价的相应组价比例认定；③已标价工作量清单或预算书中无相同项目及类似项目单价的，按照合理的成本与利润构成的原则，由合同当事人协商确定作业单价(《劳务分包合同文本》第 8.3.1 款［劳务作业变化估价原则］。

变更估价程序：劳务分包商应在收到劳务作业变化通知后 7 天内，先行向承包商提交劳务作业变化估价申请。承包商应在收到劳务作业变化估价申请后 7 天内审查完毕，承包商对劳务作业变化估价申请有异议，通知劳务分包商修改后重新提交。承包商逾期未完成审批或未提出异议的，视为认可劳务分包商提交的劳务作业变化估价申请。因劳务作业变化引起的价格调整应计入最近一期的进度款中支付(《劳务分包合同文本》第 8.3.2 款［劳务作业变化估价程序］)。

3. 作业变更期限调整

因劳务作业变化引起作业期限变化的，合同当事人均可要求调整作业期限。合同当事人应结合劳务作业特点及技术难度，并参考工程所在地定额标准确定增减作业期限天数。合同当事人也可在专用合同条款中约定增减作业期限天数的方法。以及当地劳动力市场供应情况(《劳务分包合同文本》第 8.4 款［劳务作业变化引起的作业期限调整］)。

4. 劳务分包合同变更备案

劳务分包合同涉及劳务作业承包范围、劳务分包合同工期、劳务分包合同价款、发包人项目经理、承包人项目负责人等发生变更的，发包人应当自签订变更协议之日起 7 日内将变更协议送原备案机关备案。

12.2.5 劳务分包合同索赔管理

1. 劳务分包商索赔的提出

(1) 劳务分包商应在知道或应当知道索赔事件发生后 14 天内，向承包商发出索赔意向通知书，并说明发生索赔事件的事由；劳务分包商未在前述 14 天内发出索赔意向通知书的，丧失要求追加付款和(或)延长作业期限的权利。

(2) 劳务分包商应在发出索赔意向通知书后 14 天内，向承包商正式递交索赔报告；索赔报告应详细说明索赔理由以及要求追加的付款金额和(或)延长的作业期限，并附必要的记录和证明材料。

(3) 当该项索赔事件持续进行时，劳务分包商应当阶段性地向承包商发出索赔意向，并应在索赔事件终了后 14 天内，向承包商送交索赔的有关资料和最终索赔报告(《劳务分包合同文本》第 17.2 款［劳务分包人索赔］)。

注意三个 14 天。14 天劳务分包向承包商提交索赔意向书；提交索赔意向书后的 14 天提交索赔报告，持续性索赔事件影响结束后 14 天内提交最终索赔报告。在劳务分包商的索赔程序时限与专业分包商的索赔时限相同。

2. 对劳务分包商索赔的处理

（1）承包商在收到劳务分包商送交的索赔报告和有关资料后，应于 35 天内给予答复，或要求劳务分包商进一步补充索赔理由和证据；

（2）承包商在收到劳务分包商送交的索赔报告和有关资料后 35 天内未予答复或未要求劳务分包商进一步补充索赔理由和证据的，视为认可该项索赔（《劳务分包合同文本》第 17.2 款［劳务分包人索赔］）。

注意：在施工分包合同中规定，分包商向承包商索赔处理是两个 35 天，35 天审查完毕，无异议，给予答复；有异议分包商进一步提供材料后的 35 天内必须给予答复。这里只有一个 35 天，即 35 天内承包商必须对劳务分包商的索赔给予答复。

3. 承包商的索赔

劳务分包商未能按合同约定履行各项义务或发生错误，给承包商造成损失，承包方也应按照有关要求向承包方提出索赔（参照《劳务分包合同文本》第 17.3 款［承包人索赔］）。

12.2.6 劳务分包合同索赔案例

【案例要旨】劳务分包价款约定不清，结算时引发索赔纠纷。建设工程劳务分包合同中对劳务分包的价款约定不清，当事人双方进行结算时，在计算的方法和依据上发生严重分歧：在劳务用工数量计算的方法上，一方认为，应按考勤计时的方法计算；一方认为，应依据预算定额进行计算。在劳务费的单价如何确定上，一方认为，应以《北京市建筑业城镇单位在岗职工平均工资》作为依据计算；一方认为，应按《北京市建设工程造价信息》确定单价。对建设工程异型结构难度系数与人工替代水平垂直运输费用的关系上，一方认为，除应确定一定的难度系数增加用工数量外，还应再支付人力替代水平垂直运输而发生的费用；一方认为，施工难度系数可以适当增加，但不同意另行再支付水平垂直运输费。

【工程背景】北京某工程项目通过招标确定由 A 建设工程总公司（以下称 A 公司）施工总承包。该建设工程属异型结构，施工难度大，质量要求高，工期紧，是国家重点工程项目。为此，A 公司与 B 建设工程有限公司（以下称 B 公司）联系，提出由 B 公司进场施工以完成该工程剩余全部施工内容，包括部分主体结构、二次结构等工程。

2006 年 2 月，B 公司进场开始施工，施工期间 A 公司与 B 公司签订了两份书面劳务合同，劳务费用暂估款额分别为 190 余万元和 350 余万元。因工期紧张，施工现场又无法使用施工机械，不具备垂直运输条件，且水平运输条件极差，双方仓促订立了上述合同。该合同价款内容约定，包括“人工费、管理费、医疗劳保保险、手头工具费等”。还约定：“定额工以外发生的零星用工为 26 元/工日”；合同价款的支付约定“按人每月支付不低于北京市月最低工资标准，年支付率 100%”，其他支付方式和期限未约定。关于材料机具约定：由 A 公司提供水平垂直运输大中型机械，同时，未约定小型机具费和辅料由 B 公司承包。

2007 年 6 月初，本案施工工程全部完成并经验收合格。B 公司向 A 公司提出索赔。在双方进行劳务费结算时，发生严重分歧，劳务费结算争议数额相差近 500 万元。双方曾共同进行了多次协商，未能最终解决结算索赔问题。B 公司随后向北京仲裁委员会提出仲裁申请。

【索赔争议】索赔中对以下问题双方产生了争议：

（1）劳务用工数量应按照定额，还是按计时方式确定。劳务分包商B公司认为：根据劳务分包合同约定，合同价款为“人工费、管理费、医疗劳保保险、手头工具费等”，合同价款支付为“按人每月支付不低于北京市月最低工资标准，年支付率100%”。另外，A公司收过申请人的考勤表，也对现场劳务人员人数进行过查验确认，说明双方均是以考勤表统计人员数量及工作天数来计算劳务费的。

劳务分包商B公司对此进一步发表意见认为，A公司主张适用2001年《北京市建设工程预算定额》，而该定额是按整体工程考虑的，并且适用于建设工程总承包，并不适用于劳务分包合同。本案工程施工难度大，现场又不具备机械施工条件，这些在定额子目中均不能予以体现难度系数和该计价，因此采用定额确定劳务费对申请人明显不公。

施工总承包商A公司认为：根据双方签订的劳务分包合同中，定额工以外发生的零星用工单价为26元/工日，表明B公司完成的工程量是按定额工计算的。同时，B公司报给被申请人的结算资料的劳务费也是按北京市2001年预算定额编制的。故申请人提出按照“劳务人员人数×施工工期×日工资”计算劳务费是不成立的。

（2）劳务费的单价如何确定，劳务费是不是就是人工费。

劳务分包商B公司认为，鉴定单位将北京市统计局公布的《北京市建筑业城镇单位在岗职工平均工资》作为依据确定人工单价是可行的，但是按照全年365天折算日平均工资是错误的，应当有休息时间。

施工总承包商A公司则认为，应按定额工日单价计算，依据《北京市建设工程造价信息》确定定额工日单价。

（3）关于建设工程异型结构难度系数（也称“降效系数”）认定后，是否还需再支付人工替代水平垂直运输费用。

双方当事人的观点：劳务分包商B公司认为涉案工程难度大，如果采用定额计算劳务费，各工程应相应增加施工难度降效系数4倍。同时认为，根据双方劳务分包合同的约定A公司“应当提供水平、垂直运输的大中型机械设备”。但因异型建筑结构的设计，使得施工无法使用大中型机械设备。全部由B公司以人力替代水平垂直运输。因此，A公司应再支付该人力替代水平垂直运输费用370元万元。

施工总承包商A公司认为本案工程确实存在一定施工难度，正因如此，B公司在充分考虑工程现场实际情况后确定了施工难度降效系数，并且按照合同约定和施工同期北京市造价信息价的上限综合考虑确定计算了工日单价。

关于人工替代机械进行水平、垂直运输劳务费，B公司以单方提供的资料进行计算，A公司不予认可。

【案例分析】

1. 对“劳务用工数量应按照定额，还是按计时方式确定的问题”的分析

（1）首先，本案合同的性质决定了劳务费的工日数应按建设工程定额计算，并以此作为索赔的依据之一。我国《合同法》第二百六十九条规定：“建设工程合同是承包人进行工程建设，发包人支付价款的合同”。可见劳务分包商完成和交付符合工程质量要求的建筑物是其主要义务。因此，衡量劳务分包商物化在该建筑物的数量和价值是作为其从承包商处获取价款的主要依据。建设工程预算定额就是在一个相对稳定的时间内，对某一个地区乃至全国的建设工程的工程量规定统一的计算规则，是工程计价所需的人工、材料、施工机械台班消

耗量的标准。因此排斥定额标准，计算的依据就会发生混乱，工程结算将无法进行，除非双方事先约定了另外的计价标准。

本案B公司要求以考勤表统计人员数量及工作天数来计算劳务费，实际是按出工人员的总天数作为工程量，而不论施工完成工程量多少。这显然有悖本案合同的性质。因为本案合同不是劳务输出合同，也不是劳动用工合同。从企业财务成本管理来说，依据工程定额计算的成本属于“人工成本”，即修造一个工程所需要的人工工日和费用；而按考勤计算的成本属于“工资成本”，即企业为支付给职工付出的劳动工日而支付的费用，而不是企业为完成、建造某一项产品而发生的工日和费用。因此，以考勤计算，无法衡量B公司完成的工程量，就失去了建设工程的计价基础。

(2) 本案合同约定的“按人每月支付不低于北京市月最低工资标准，年支付率100%”，并非是双方约定的合同价款和价款的全部支付方式。因为双方约定了合同价款的暂估价和价款的内容，A公司不可能只向B公司用考勤按月按人头份支付了月工资就可以了。支付工资是企业对劳动者个人的行为，企业之间不存在支付工资的问题。显然这里是指因为B公司必须按照《北京市建设工程劳务管理若干规定》第二十条的规定，保证按月向其职工支付不低于北京市月最低工资标准的劳动报酬，因此，双方约定上述条款的真实意思应是A公司要保证B公司支付用于发放工资的部分价款。该约定属于价款的支付方式之一。依照合同的约定，工程完工后双方还要核实工程量和相关决算资料进行最终结算。

综上所述，劳务分包企业在向总包单位或建设单位索要劳务报酬时，首先应看合同依据是什么？合同没有约定或约定不清楚的，应按定额计取工程量，定额以外的零星用工或定额子项没有的工程，可以考虑按计时工计算，但双方必须事先有明确约定的单价和计算的方法，并及时进行洽商签证，作为结算的依据。

2. 对“劳务费的单价如何确定，劳务费是不是就是人工费”的分析

在劳务费的索赔中，如何协商和确认劳务费的单价？在建设工程劳务分包合同订立、履行中经常遇到因对劳务费的概念、组价内容认识不一致而发生纠纷的情况。这里首先应该明确劳务费的概念及其与劳务合同价款、定额人工费、市场人工信息价、工人工资的区别：

建设工程劳务分包的劳务费是劳务分包施工企业完成相关工程劳务作业所应得到工程价款中的人工成本。

(1) 劳务费不同于劳务分包合同价款。建设工程实务中，为了加强材料设备的管理，节省开销，发包方往往将中小型机具和低值易耗材料及周转材料也由劳务分包企业承包采购和使用，并非纯粹的包清工。所以，计取劳务费时，应将中小型机具和低值易耗材料及周转材料的费用分出单算；

(2) 劳务费不同于定额人工费。定额人工费是定额中某一工程计量单位所需用工日数乘以综合工日单价加上其他人工费得出的定额人工费单价。按照北京市2001年建设工程预算定额的规定，人工费的单价“包括基本工资、辅助工资、工资性质津贴、交通补助和劳动保护费，以及养老保险和医疗保险”，现后两者（养老保险和医疗保险）已纳入规费之中，即纳入了间接费，而不是直接费。定额人工费的本身并不包括利润、管理费和税金。在建设工程实务中，因预算定额没有劳务费单价的组价规定，发包方在发包劳务工程时往往要考虑将支付给劳务分包单位的劳务费（包括其单价的组价）是否会超过其与建设单位约定的人工费数额；劳务分包单位也要考虑其将从发包方得到的劳务费与要支付给劳动者的工资和相关费

用、利润等是否相当；从而双方协商确定一个能够由双方接受的劳务费数额，也就是说，劳务费是双方协商约定的，而不是单方可以按照预算定额人工费计取的，因而劳务费包括的内容及每项内容的含义、定义必须要约定清楚（双方也可以约定劳务费包括管理费、利润等，或者约定按定额人工费计取）。劳务费的约定和洽商索赔也应遵循“定额量、市场价、指导费”的原则。

本案当事人双方在合同中约定的合同价款为“人工费、管理费、医疗劳保保险、手头工具费等”。这是一个十分混乱、无法执行的约定。首先“人工费”，按照当时预算定额已包括了“医疗劳保保险”，这个“人工费”的含义是什么说不清；其次，“管理费”的含义是什么，是在合同总价基础上的管理费，还是在劳务费基础上的管理费以及如何计取都没有说清楚；再次，“手头工具费”应是多少，是否包括在劳务费单价的组价范围，也无法认定。总之，无法从该约定中确立劳务费的概念。

(3) 劳务费不同于市场人工信息价。市场人工信息价是行政机关在预算定额人工费的基础上，根据北京市人工平均工资和医疗保险等费用的变化而适时调整制定并发布的。市场人工信息价的组成也是在预算定额人工费的组价内容基础上对人工价格的调整。所以，劳务费与市场人工信息价的区别与前述定额人工费的区别是相同的。如果双方约定按市场人工信息价计取劳务费，结算就应按此约定执行。

(4) 劳务费不同于人工工资。人工工资是用人单位依据劳动合同应向劳动者支付的报酬；劳务费则是建设工程劳务发包单位依据劳务分包合同应向劳务分包工程的承包单位支付的工程价款。两者权利义务主体不一样，人工工资的受让人是自然人，劳务费的受让人是具有法人资格和劳务分包资质的单位。建设单位或总承包单位代劳务分包单位直接向其工作人员支付劳动报酬的，应视为向劳务分包单位支付劳务费，而不仅仅是向自然人支付工人工资。

综上所述，本案在没有任何合同依据，双方又不能协商劳务费的单价，且既无劳务费的组价规定，又无劳务费指导价格的情况下，鉴定单位结合本案的综合情况，参考北京市统计局公布的“北京市建筑业城镇单位在岗职工平均工资”的平均额计取劳务费，也是无奈之举。本案给予施工企业的启示是：建设工程的劳务费与预算定额的人工费是不同的，也不是人工工资，建设行政管理部门造价管理处也没有对劳务费的内容做出规定，因此，只能依靠建设工程劳务分包合同的双方在订立合同时、在履行合同过程中进行洽商签证及签订补充协议时，对劳务费的组价内容及每项内容的具体含义、标准说清楚，并签署书面意见。如此，在发生劳务费的索赔时才能顺利得到解决。

3. 对“建设工程异型结构难度系数（也称“降效系数”）认定后，是否还需再支付人工替代水平垂直运输费用”的分析

近些年，随着改革开放的进一步深入，建设工程的设计理念也发生了巨大的变化，一些诸如国家大剧院、中央电视台等异型结构工程不断涌现。但随之而来的工程量计算的标准，尤其是异型结构工程人工费、劳务费的计算依据成为十分棘手的问题摆在人们面前。现有的预算定额还没有关于异型结构施工的难度系数认定的标准，这就特别需要建设工程合同双方适时、及时协商施工降效系数的比例，并取得书面洽商签证，否则时过境迁，索赔难以实现，即使进行鉴定和裁决也难以取得理想的结果。

本案A公司没有能够提供，或者说没有可供在该异型结构使用的大中型机械，因此B公司认为，除在定额用工基础上增加难度系数用工外，还应单独计算一笔人工替代水平垂直

运输费用。从相关证据看，施工难度系数的增加，主要与A公司无法提供水平垂直运输机械有关。鉴定单位在测算难度系数时，是假设A公司提供了水平垂直运输机械，在此基础上增加了难度系数，因为预算定额规定的用工标准都是视同正常提供水平垂直运输机械情况下测算的，否则，定额就没有“高层建筑超高费”的规定了。鉴定单位已经用增加难度系数用工，解决了B公司人工替代机械进行水平垂直运输而增加的用工数量问题，B公司再另行追要一笔人工替代机械进行水平垂直运输费的要求是值得商榷的，除非B公司有确凿的证据证明人工水平垂直运输费应单独计取，或双方事先有约定。

通过对本案情况的介绍可以提示承包商或劳务分包商，目前规范建设工程劳务费的法规、行政规范、惯例还很薄弱，主要靠劳务分包合同双方当事人在签订合同时应充分协商，具体清晰地约定好相关条款，在履行合同过程中，发现问题应及时洽商，力争获取工程签证这一直接证据。如难以取得直接证据时，应向法律专业机构或人员咨询、获取、组织间接证据的方法、途径，以及分析确认间接证据的效力和证明力。这样才避免索赔纠纷的发生，避免由于合同价款不清给合同当事人双方带来争议麻烦，只有签订详细合同价款才能更有效保护劳务分包合同当事人各自的合法权益。

12.3 施工劳务分包合同管理应注意的问题

12.3.1 劳务合同签订阶段应注意的问题

1. 签订阶段存在的问题

当前有些总承包商或专业承包商所签订的劳务分包合同存在以下问题：

(1) 合同条款不细致、不明确。合同条款中关于进度、质量、安全及现场管理制度的要求不够细，或不够明确。在合同中对进度的要求只是一个总的工期要求，在实际发包中，往往是一个劳务分包商只是分包某一分项工程，在施工中受其他工程的进度制约，同时也受到各种因素的影响会发生变化，最后工期达不到合同要求，从而使双方发生纠纷。

(2) 工人工资支付条款不清楚。在合同签订过程中，承包商对劳务分包商确保支付其劳务人员的保障缺少规定，对进度款的计量约定不明确；有的分包商在完工应该进行结算时，以没有和业主结算，还没有通过竣工验收、没有核算好工程量等各种理由拖延支付，而劳务分包商因为没有应急资金支付给工人就会导致工人集体性事件的发生。

(3) 合同中的价格条款中没有单价分析表。许多分包合同中只是一个综合单价，因为没有详细的单价分析表，在工程施工过程按已完工程量付款则无法计量工程进度款，如果这些工作内容中的一项施工工艺变更，则也没有相关依据调整合同价格。而且大多合同中的工作内容和范围同样不够明确，一些工作究竟应该谁来做在合同中找不到明确的依据，承发包双方争执和纠纷就在所难免。

(4) 在同一个项目管理部、同样的工程项目、同样的施工条件下，不同的劳务分包合同单价约定的有明显差异，造成施工过程管理的困难，末次清算纠纷不断。

上述几方面的问题在目前的建设工程分包市场上均比较常见，归根结底是劳务分包合同的签订的不规范，承发包双方的法律意识不强，合同管理工作不够细致和重视，在施工过程中往往造成参建各方的经济利益受损。

2. 签订阶段应注意的问题

(1) 做好劳务分包招标文件编制。在招标文件的编制阶段，根据项目的特点，完善承包范围和承包内容。总承包人与劳务分包人签订劳务分包合同，要做到“全、细、实”。所谓全，就是合同中的劳务分包内容要全；细，就是各分部分项工程施工的子目要细，不能缺项、漏项；实，就是合同中对劳务分包的要求要扎实具体、便于操作。

(2) 按照分包审批程序签订合同。承包商应按照企业分包审批程序签订分包合同是确保劳务分包合同合法、科学的程序保障。当前有些有些项目经理部不按照企业分包审批程序办事，没有经过企业授权，项目经理部擅自签订劳务分包合同，或随意补签劳务分包合同补充协议。未经企业同意，项目经理部随意补签劳务分包合同补充协议，修改签订的劳务分包合同单价，或向劳务分包方提供不切原合同实际的优惠条件，例如，免扣电费、大小临时工程可计价等。甚至有些承包商项目经理部与劳务分包商未签合同，为了赶进度，承包商允许劳务分包队伍提前进场施工，有的劳务分包商进场已经施工一年多了，承包商与劳务分包商仍未签订合同，最后造成合同谈判十分困难。

承包企业应建立严格的劳务分包合同签订审批制度，制定审批程序。应规定，劳务分包合同必须在劳务队伍进场前签订完毕，合同谈判应由哪些领导和相关部门人员共同参加，不得一个人与对方谈判；参加谈判的人数规定，合同谈判的纪录等进行规定，双方形成共识后，劳务合同签订前必须由哪级领导审核批准，方能正式签约；对劳务分包方签约的人员规定，如法人代表、持有法人委托书的法人委托人；对合同条款所约定双方权利、义务等方面内容细致、具体化提出要求；对于劳务分包合同签订公章的使用等进行明确的规定，使合同签订成为制度化、程序化。完备的劳务分包合同审核制度和合同签订审批程序，可以有效控制劳务分包合同的质量，改变目前劳务合同签订的常见问题。

(3) 细化合同条款确保合法权益。在合同签订前，承包商与劳务分包商应参照住房和城乡建设部及各地方建设行政主管部门出台的各类建设工程劳务分包合同示范文本对合同条款进行分析研究，对其中有关质量、进度、安全、工期、奖惩制度、工程款结算与支付等条款进行细化，并邀请单位技术、财务、管理等部门人员共同配合，对分包商的施工项目进行分析研究，从而制定出一份比较完善的劳务分包合同。同时在合同签订过程中把廉政协议书、安全协议书、保障农民工权益协议书、进场机械设备人员清单等资料作为合同附件一并交给劳务分包单位，另外明确双方往来的文件、签证等资料均要作为分包合同的重要部分。在合同签订后及时进行合同交底，进一步明确双方权利与义务。

12.3.2 劳务合同履约阶段应注意的问题

1. 做好劳务分包资料的积累工作

克服对劳务分包队伍重视不够的思想，忽视对劳务分包队伍的管理，对劳务队伍情况缺乏基本的了解，对其人员情况不熟悉、不摸底，缺少对分包队伍的关注。为此，项目各部门的管理人员尤其是工程管理人员要熟悉劳务分包合同，注意基础资料的积累工作。劳务分包管理的资料要标准化，重点抓好人员进出场、月考勤、月工资支付三个方面的工作，做好突发事件的应对准备。

2. 加强对劳务分包用工的管理

实行通过实名制，要求劳务分包必须向总承包方报送进场人员实名制花名册，每一进场人员必须经过三级教育并持证上岗，特殊工种持证率必须达100%。在日常工作中，要定期开展劳务用工检查，监督劳务分包按时、按月发放工人工资，杜绝恶意讨薪、上访等事件的发生。

3. 强化对劳务分包的日常管理

要建立健全日常监督管理制度，以制度约束劳务分包的行为，做到有法可依，有章可循，使劳务管理工作制度化、规范化、信息化，规避管理混乱带来的不和谐因素。同时，应设置专门人员对劳务分包管理。总承包项目部要配备强有力的管理班子，制定岗位责任制，派遣专门人员，实施对劳务分包的各项监控检查工作，例如对劳务分包人员进场情况、流程安排、工期保证、质量控制、安全防护、文明施工措施等内容要跟踪检查，防止工期拖延，杜绝质量、安全事故的发生。

4. 突出工程质量和进度的管理

工程质量和进度是完成主合同任务的关键环节，承包商应突出劳务队伍完成工程的质量，严格监控工程项目的进度，及时发现偏差。当前，一些承包商对劳务分包施工合同履约管理尚有不足之处，主要表现在：对劳务分包商的施工质量管理不严，未达到合同约定质量标准，经常导致事故隐患时有出现，给承包商造成经济损失；对劳务队施工进度控制不严，存在施工前松后紧的现象，到工程即将交付开通时，承包商为了赶进度再要求劳务分包加班加点，劳务分包商则要求调价，要求承包商支付“赶工费”，增大了承包商的成本。

5. 注重劳务分包合同成本管理

如果说，加强承包商与业主签订施工合同管理的主要目的是为了顺利实现合同目标，获取预期经济效益的话，那么，严格劳务分包合同管理则是为了减少成本支出，杜绝经济效益流失。为此，在劳务合同履约阶段加强成本控制，是十分重要的。承包商在对劳务分包合同履行管理中往往存在以下问题：

(1) 对分包合同管理不严，合同规定应扣除的材料费、租用的机械费、租用模板费不按规定扣除，扣除单价又随意确定。

(2) 承包商不及时按合同约定对劳务分包方验工计价，对劳务分包商验工台账不完善、登记不及时。

(3) 承包商租用劳务分包队的工程机械台班不及时签认，清算时都是劳务分包方出具的单方面台班记录，承包商无据可查，使清算处于被动。

(4) 按合同约定，劳务分包方违反有关条款后，质量保证金予以没收，但一些承包商发现劳务分包方违约后，并未按合同规定扣除劳务分包方的质保金。

(5) 对劳务队的反索赔不重视，缺少反索赔资料，导致清算时只有劳务分包方向承包方的索赔。

6. 加强对劳务合同的履约监督

承包商对劳务分包合同管理成功的关键在于加强企业自身管理水平，全面履行分包合同。履行合同就是把分包合同条款运用好，形成系统的管理程序文件。劳务纠纷案件中，以下两项有关合同履行内容应引起承包商的注意：

(1) 签证、索赔。承包商认为有权得到赔付金额的，此时承包企业应及时签证、索赔。索赔时间和书面文件形式非常重要，决定了在出现争议时，承包商是否持有有效的证据。

劳务分包项目负责人是劳务企业的代表，在劳务分包合同中项目负责人的姓名必须明确约定，此时项目负责人的签章对劳务分包人发生约束力。但工程实践中，很多劳务项目负责人并非合同中约定的项目负责人，这种情况下承包企业一定要求劳务分包企业在索赔文件中加盖公章。

（2）质量验收。承包商有权随时对劳务分包商实施的劳务作业进行监督检查，确保劳务作业质量，并对存在的质量隐患提出整改要求，劳务分包商应当及时完成整改。承包商统一安排技术档案资料的收集整理，并负责组织劳务分包工作的完工验收。承包商应注意有关工程验收的程序、期限以及有关合同约定。

13 施工劳务分包合同常见风险与对策

我国劳务分包体系创建历史不长，劳务分包法律法规有待完善，缺乏制约机制，另外施工劳务企业承包经验不足，劳务分包合同管理水平比较落后，使劳务分包纠纷数量逐年上升，损害了劳务分包合同双方的合法权益。在劳务分包实践中，劳务分包合同面临诸多风险，承包人应对劳务分包合同的风险来源进行分析，研究其规避风险的对策，才能实现承包合同的总目标。

13.1 施工劳务分包合同风险分析

13.1.1 劳务分包主体不合格的风险

1. 无劳务分包资质风险

在劳务分包实践中，时常出现承包商没有严格审查或疏忽审查或明知劳务分包人无资质而签订劳务作业合同的现象。依据《最高人民法院关于审理建设工程施工合同纠纷案件适用法律问题的解释》（以下简称《司法解释》）的规定，承包人未取得建筑施工企业资质或者超越资质等级的；其所签订的合同无效。另外，如果承包人完成的劳务工程量质量合格，即按照正常情况履行合同。当由于承包人的资质原因，造成完成的工程量不合格时，则承包人将独立地向发包人承担法律责任。如果在承包人和劳务分包人签订劳务分包合同时，对资质问题或超资质范围问题都是明知的，因建设工程不合格造成的损失，发包人有过错的，也应承担相应的民事责任。承担损失的多少法院要根据实际情况，双方的过错程度、主客观原因判定。

2. 以劳务分包名义进行分包之实的风险

目前，在建设市场中存在大量以劳务分包名义进行转包或者违法分包之实的现象。《建筑法》等法律法规严格禁止对工程进行转包，同时对专业工程分包在程序上也严格加以限制。为了达到转包或者违法分包的目的，某些承包商则以劳务分包名义，为转包、违法分包等行为披上合法的外衣。但这一目的能否在实际中实现值得思考，实际上这种合同是很容易区分的，只要依据其合同的实际内容及建设施工中的客观事实以及双方结算的具体情况，就可以认定双方合同关系的本质，为此，转包和违法分包并不能通过劳务分包的外衣蒙混过关。之所以现实中会出现大量以劳务分包名义而实质上是分包的行为，是因为查出转包或者违法分包并不会给建设单位带来实质上的好处，建设单位一般对此并不关心且不会主动提出，其最终关心的还是工程质量、造价以及工期。但是作为承包商不应忽视这中间隐藏的风险。一旦建设单位为了达到某种目的，通过认定该承包商的劳务分包为违法分包或者转包，依据法律规定，转包或违法分包合同无效，将会给承包商带来巨大的违约风险。同时，一旦出现质量、安全事故等问题，很容易被查出，依据《合同法》第二百七十二条、《司法解释》第四条的规定，承包人非法转包、违法分包建设工程或者没有资质的实际施工人借用有资质的建筑施工企业名义与他人签订建设工程施工合同的行为无效。而且依据《民法通则》第一百三十四条，承包商因此种行为取得的利润将被法院依据有关法律规定，收缴当事人已经取得的非法所得。

3. 劳务分包商挂靠带来的风险

与专业分包商挂靠一样，劳务分包的挂靠也同样会带来各种各样的风险，《司法解释》规定，没有资质的实际施工人借用有资质的建筑施工企业名义的，合同认定无效。另外对承包商来讲，将劳务作业分包给挂靠的分包商，将会面临以下风险：

(1) 挂靠分包商与被挂靠劳务分包企业之间仅仅存在缴纳和收取管理费的关系，被挂靠劳务分包企业并不会真正关心挂靠分包商是否会全面地履行劳务分包合同。被挂靠分包企业的管理体制并不能在劳务施工过程中真正地得以贯彻执行，被挂靠劳务分包企业的履约能力并不能反映挂靠人的实际履约能力。

(2) 挂靠劳务分包商在履行劳务分包合同过程中可能仅仅追求经济利益，并不会关心企业的信誉等品牌利益。在履行合同过程中，如果出现无利可图，无法获得预期的经济利益时，诚信较差的被挂靠劳务分包人往往选择各种手段不履行合同或者要求在合同约定之外获得利益。这也是为什么承包商与劳务分包商经常出现的纠纷并非合同约定不明或者没有约定造成的，而是直接要求增加工程款或者不继续履行合同。如以拖欠工人工资为由到有关部门上访、拦路、围堵工地等。

(3) 劳务分包管理不善，发生安全、质量事故。由于挂靠劳务分包商并没有一套有效的管理班子，对工人施工的管理是一种简单的粗放的管理。同时工人流动大，技术以及安全培训不到位，发生安全、质量事故也是在所难免。一旦发生安全、质量事故造成停工或者有关部门的处罚将会给承包商造成重大损失。

4. 劳务作业被违法转包的风险

同建设工程市场在施工的各层次存在有违法转包或者分包的情形一样，劳务分包市场同样存在大量劳务作业违法转包或者分包的情形，并且不易被察觉。现在的劳务分包企业的用工尚未完全摆脱“包工头”带队等形式。大包工头带小包工头，小包工头带老乡亲友的组织形式，劳务分包商实际上也并不直接对工人进行管理。如果劳务分包商将劳务分包或者转包给他人，然后又以原劳务分包企业劳务队的表象出现，承包商也很难拿出确切的证据证明存在转包或者分包。但是进行劳务转包、分包的小包工头无法从劳务分包企业获得劳务报酬，必然会通过各种手段去索要劳务报酬。如果是理性的小包工头可能会通过诉讼要求劳务分包人支付拖欠的劳务报酬。根据最高人民法院《司法解释》的规定，实际施工人也可以将施工单位作为被告起诉，要求施工承包商在未付的工程款的范围内承担责任。如果施工承包商能够严格按照合同约定向劳务分包商支付工程款，最终并不会因此承担责任，但是毕竟为处理该诉讼事宜需要付出精力和费用。如果遇到并不理性的小包工头，可能并不按照法律规定进行维权，而是通过吵闹、上访、堵路等手段直接要求施工企业支付劳务报酬，结果往往造成施工企业非常被动，甚至难以挽回的损失。

5. 劳务分包主体不合格的责任

(1) 民事责任风险。劳务分包主体不合格，承包商除应承担劳务分包合同无效的责任外，还要承担以下民事责任：

1) 工伤责任。如劳务分包商不具有用工资格的，根据劳动和社会保障部《关于确立劳动关系有关事项的通知》的规定、《最高人民法院关于审理人身损害赔偿案件适用法律问题的解释》第十一条第二款的规定：雇员在从事雇佣活动中因安全产生事故遭人身损害，发包人、分包人知道或应该知道接受发包或分包的业务的雇主没有相应资质或安全生产条件，应当与雇主承担连带赔偿责任。因此，承包人责任承担分为两种情形：1）劳务分包商没有相应资质或安全生产条件，承包商将对实际施工人承担连带责任；2）劳务分包商具有合格资质与安全生产条件，当承包商尽到了应由其自己负责的安全防范义务，则由劳务分包商承担安全赔偿责任；如未尽到安全防范义务，则在其过错范围内，承担相应的赔偿责任。

2）质量工期连带责任。如果发生分包工程质量、工期问题或者造成总承包合同工期延误等问题，总承包商应向业主承担违约及赔偿的连带责任。而在实践中，总承包商很难从分包商得到实质性的赔偿。

3）总承包合同解除。业主有权依法单方面解除与总承包商签订的总承包合同，并将追究总承包商的违约、赔偿责任。

4）欠付款承担责任。增加总承包商因诉讼所带来的麻烦和风险。根据《解释》第二十六条规定：实际施工人以转包人、违法分包人为被告起诉的，人民法院应依法受理。实际施工发包人在欠付工程价款范围内对实际工人承担责任。

5）收取管理费。根据《施工合同纠纷司法解释》第四条规定，总承包人由此收取的管理费则属于非法所得被人民法院依法收缴。

（2）行政处罚责任

1）转包或违法分包行为的行政处罚。《建筑法》第六十七条规定：承包单位将承包的工程转包的，或者违反本法规定进行分包的，责令改正，没收违法所得，并处罚款，可以责令停业整顿，降低资质等级；情节严重的，吊销资质证书。《建设工程质量管理条例》第六十二条规定：违反本条例规定，承包单位将承包的工程转包或者违法分包的，责令改正，没收违法所得，对施工单位处工程合同价款0.5%以上1%以下的罚款；可以责令停业整顿，降低资质等级；情节严重的，吊销资质证书。

2）挂靠行为的行政处罚。《建设工程质量管理条例》第六十一条规定：施工单位允许其他单位或者个人以本单位名义承揽工程的，责令改正，没收违法所得，对施工单位处工程合同价款2%以上4%以下的罚款；可以责令停业整顿，降低资质等级；情节严重的，吊销资质证书。同时，承包人负责人还将面临行政处罚责任。《建设工程质量管理条例》第七十三条规定，依照本条例规定，给予单位罚款处罚的，对单位直接负责的主管人员和其他直接责任人员处罚单位罚款数额5%以上10%以下的罚款。

（3）刑事责任。对情节严重，造成工程巨大损失的，承包人还将面临刑事责任风险。目前我国的刑法虽未对违反法定程序分包做出明确规定，但对造成重大损失的行为作了明确的界定，应当承担刑事责任。如工程重大安全事故罪等。《刑法》第一百三十七条规定："建设单位、设计单位、施工单位、工程监理单位违反国家规定，降低工程质量标准，造成重大安全事故的，对直接责任人员，处五年以下有期徒刑或者拘役，并处罚金；后果特别严重的，处五年以上十年以下有期徒刑，并处罚金。"

13.1.2 劳务作业范围界定不清的风险

在施工实践中，总承包商与分包商之间因履约范围不清而发生纠纷的现象屡见不鲜。例如在一个分包合同中约定，由总承包商提供垂直运输设备，但在具体施工时，总承包商只提供汽车吊而不提供塔吊。尤其是在基坑开挖过程中，垂直运输设备对工期的影响巨大，如果不利用塔吊，劳务分包商很有可能无法完成工期目标，但汽车吊也属于垂直运输设备，因此，很难认定总承包商违约。造成履约范围不清的主要原因是分包合同条款内容不规范、不具体。分包合同订立的质量完全取决于承包商和分包商的合同水平和法律意识。若承包商、分包商的合同水平和法律意识都比较低或差异大时，则订出的合同内容不全，权利义务不均衡。所有这些都在以后施工过程中产生的纠纷埋下伏笔。因此，在订立劳务分包合同时，应严格按照施工分包合同示范文本的条款进行订立。

13.1.3 劳务分包商欠付民工款风险

劳务分包商拖欠工资是劳务分包合同风险的重要来源，也是当前劳务市场乃至整个社会所关注的焦点。在劳务分包实践中，劳务分包商除主要管理人员外，对临时招用的民工往往不签订用工合同，而采用口头协议，工资发放则采用拖欠、克扣等方法，不按时发放。把资金转移，到施工生产进入关键时期或年关之际，资金又十分紧张时，民工因为领取不到工资而产生纠纷，劳务分包商又往往把拖欠问题的矛盾转移给承包商，影响总承包商正常施工生产。

高院《司法解释》第二十六条规定：实际施工人以转包人、违法分包人为被告起诉的，人民法院应当依法受理。实际施工人以发包人为被告主张权利的，人民法院可以追加转包人或者违法分包人为本案当事人。发包人在欠付工程价款范围内对实际施工人承担责任。意思就是说，承包商对劳务分包商所欠民工工资是要承担连带责任的。

1. 对合法劳务分包欠付款的责任

劳务分包合同是合法的，承包商应在未支付工程款限额内承担农民工工资垫付责任。根据《建设领域农民工工资支付管理暂行办法》第十条规定，总承包人应对劳务分包人工资支付进行监督，督促其依法支付农民工工资。业主或总承包人未按合同约定与分包人结清工程款，致使劳务分包人拖欠农民工工资的，由业主或总承包人先行垫付农民工被拖欠的工资，先行垫付的工资数额以未结清的工程款为限。因此，在合法分包的情况下，总承包人是否有义务垫付农民工工资，要视其是否有因拖欠工程款致使劳务分包人拖欠农民工工资的情况而定。但在总承包人与劳务分包人工程结算前，总承包人是否拖欠分包人工程款无法确认，故政府部门为了维稳，不论是否拖欠都要求总承包人先行垫付，如果结算后发现多付工程款，则由总承包人向劳务分包人追要。

2. 对违法劳务分包欠付款的责任

劳务分包属于违法的，总承包商负连带支付责任。违法分包的情况下，根据《建设领域农民工工资支付管理暂行办法》第十二条：总承包人不得将工程违反规定发包、分包给不具备用工主体资格的组织或个人，否则应承担清偿拖欠工资连带责任的规定，总承包人对分包人拖欠的工资承担连带责任，而且该责任不以总承包人拖欠分包方人工程款数额为限。

另外，如果违法分包商是个人，该个人从总承包商承接工程后组织民工施工，从劳动关系上来说这些民工也易被直接认定为与总承包商形成劳动关系，总承包商更有义务支付民工工资，此种分包模式对总承包商往往带来巨大风险。

案例：某特级施工企业作为某建设项目的总承包商将部分工程分包给具有相应资质的分包商进行施工，在施工过程中，分包商挪用工程进度款，导致拖欠民工工资和材料供应商的材料款，后来分包商下落不明，民工和材料供应商集体到施工现场闹事，要求总承包商支付被拖欠的款项，由于事关社会稳定，政府部门介入处理此事。在处理过程中，分包商依然下落不明。最终在政府的组织协调下，总承包商先垫付了分包商所欠的款项，此事才得以宁息。事后专业机构对分包商已完成的工程进行了审价，根据审查结果，总承包商发现实际上已经多付了工程款，遂将分包商起诉到法院，要求分包商返还其多付的工程款。诉讼过程中，对总承包商支付的民工工资材料商的材料款，认定过程中出现争议，主要有民工身份确认问题、欠款金额的认定问题以及领款人身份的确认问题等，给总承包商带来诸多麻烦，造成一定的经济损失。劳务分包商欠付民工款承包商被卷入的例子有很多，在此不再一一列举。

13.1.4 劳务作业分包安全事故风险

建设工程属于劳动密集型行业。工程建设本身就是一种劳动强度大、高空作业多、施工工艺复杂、时限性很强的实践活动，工序相互交织，危险因素相互集结，容易形成人为的和其他的安全风险，如果忽视安全生产，安全防范措施不当则很容易造成对劳务分包人员以及第三人的人身伤害。总承包人在安全事故中是否有承担责任？依据《建筑法》第四十五条规定，施工现场安全由建筑施工企业负责，实行施工总承包的，由总承包单位负责。分包单位向总承包单位负责，服从总承包单位对施工现场的安全生产管理。总承包单位和分包单位对分包工程的安全生产承担连带责任。因此，对于劳务分包商的安全生产，总承包商应该承担一定责任，如果劳务分包合同是有效的，并且明确了安全生产方面的权利、义务，约定了劳务分包商应该对自己的施工安全负责的话，一旦发生安全事故，那么应该由劳务分包商来承担主要责任。而如果劳务分包合同是无效的，对于无效劳务分包合同所发生的安全生产事故，应该由总承包商来承担责任。安全风险责任包括民事责任、行政责任，对于造成特大安全事故，造成巨大损失的还将涉及刑事责任。

13.2 施工劳务分包合同风险对策

13.2.1 劳务分包合同签订风险对策

1. 建立严格劳务准入制度

建立劳务招投标制度，强化招标部门，严格准入制度，择优选用。首先对于承包人，应构建强劲、高效的招标部门，严格执行准入制度，筛选出符合条件的劳务企业作为合作对象，注重审核其用工主体资格和承包资质，并对其履约能力进行严格审查。

《建筑法》《合同法》均未对劳务合同做出相应规定，形成了一条灰色地带，因为法律禁止工程非法转包、违法分包，于是大量出现了名为劳务合同，实为转包、分包合同。例如，某建筑工程局下属A公司承包的一个工程，施工过程中发生了一起安全施工事故。在承包工程中，C建筑公司是实际施工人，施工中因为垂直运输井没有安装限位装置，有一天，开井架的工人由于开小差，致使井架的吊篮冲天，造成吊篮中的5人死亡的重大安全事故。经过事故调查后认定，总承包商是A公司，施工分包商B公司，C公司和B分包商公司签订的是劳务合同，合同约定安全由C公司负责，如果合同有效，那么总承包商A公司就不用负责，但经调查，这个合同是名为劳务合同，实为专业分包合同，该分包合同未经发包人同意，属违法分包，认定是无效合同，A公司承担责任。最后，A公司所属上级单位某工程局被建设部进行行政处罚，将某工程局一级资质降为二级资质，给某工程局造成了巨大的、无法挽回的损失。从这个案件得出，承包商必须严格劳务分包商的准入制度，企业签订劳务合同一定要合法。

2. 加强对劳务分包合同的起草与审核

重视劳务分包合同的起草与审核。劳务分包合同属于民事合同，在订立合同时，要做到逐条审核、纤介不遗，做到“专业、细致、周密”，所谓专业，即指结构正确，用语规范，逻辑严谨，合法合理；所谓细致，即指子目齐全、巨细无遗、不漏项、缺项；所谓周密，即指全方位地规避风险、划分责任，做到滴水不漏。

3. 明确劳务分包安全责任条款

施工安全风险对于劳务分包项目来说，是一个十分重要的风险来源。在签订合同时，应详细明确安全生产管理的条款。一般认为，在劳务分包条件下，劳务分包商可自行进行管理，并且只对总承包商或专业分包商负责，总承包商和专业分包商对发包人负责，劳务分包商对发包人不直接承担责任。即劳务分包双方按合同承担相应责任，并不共同向发包人承担连带责任。这就使我们更有必要明确约定义务人是谁，否则可能将有限的精力卷入不必要的争议中。

《建设工程安全生产管理条例》第二十七条规定：“建设工程施工前，施工单位负责项目管理的技术人员应当对有关安全施工的技术要求向施工作业班组、作业人员做出详细说明，并由双方签字确认”及第三十二条规定：“施工单位应当向作业人员提供安全防护用具和安全防护服装，并书面告知危险岗位的操作规程和违章操作的危害，作业人员有权对施工现场的作业条件、作业程序和作业方式中存在的安全问题提出批评”可知：提供有关技术方案、操作规程，以及提供安全防护用具和安全防护服装是总承包人（劳务作业发包人）的法定义务。劳务作业承包人的法定义务是委派项目负责人，负责劳务作业施工现场的管理。

《建筑施工企业安全生产管理机构设置及专职安全生产管理人员配备办法》第五条规定：“建筑施工总承包企业安全生产管理机构内的专职安全生产管理人员应当按企业资质类别和等级足额配备，根据企业生产能力或施工规模，劳务公司的专职安全生产管理人员人数至少为1人/50名施工人员，且不少于2人”，作业人员持证上岗，未经过培训的人员，应当禁止其在施工现场从事施工活动。劳务作业发包方与承包方如何履行安全生产这一条“职责”，应该尽可能在劳务分包合同条款中做出明确具体约定。

4. 优先使用施工劳务分包合同文本

优先使用施工劳务分包合同示范文本。该文本依据现行的法律、法规和建设施工实务中的交易惯例修改制定的。劳务分包企业应优先选择使用该文本与劳务发包人签订劳务分包合同。劳务分包合同文本带有一定的通用性，但不一定能完全适应和符合具体项目的实际情况，因此承包商在使用时一定要对具体的内容在专用条款中作明确具体的约定。

对劳务分包合同文本中没有且对己方有利的内容在补充条款中应予以完善。劳务分包不同于工程总承包和专业承包，其关键点在于包工不包主料（含主要施工机械设备）。因此，合同条款约定的内容不可突破劳务分包的合法性，必要时另行签订材料委托采购合同、机械设备委托租赁合同予以补充，如果总承包商或承包人要求劳务承包商自己包料和机械设备，一定要以总承包商或承包人的名义与劳务分包商另行签订材料委托采购合同和机械设备租赁合同，同时发票的抬头人也要具名总承包商的名称，付款最好是从银行转账，票据存档，再从劳务分包商的劳务费中抵扣，防范被误违法分包而导致合同无效的风险。

承包商在与劳务分包商在签订施工劳务分包合同时，应让劳务分包商全面了解总承包合同的各项规定，承包商应提供一份总包合同或专业承包合同（有关承包工程的价格细节除外）的副本或复印件给劳务分包商，避免劳务分包商由于对总承包情况不了解而产生的各种风险纠纷。

5. 细化支付劳务分包工程款条款

产生施工分包商拖欠工资纠纷风险的主要根源在于承包商合同风险意识淡薄，对于分包合同签订没有严把合同关，在选择合法的发包模式和分包商，在合同层面没有做好法律风险防范工作。没能在合同条款中明确规定因分包商原因拖欠民工工资导致民工到施工现场闹事的违约责任方法，违约责任要具有一定的威慑力并且细化。分包合同中可约定在分包商拖欠民工工资时，总承包商有权将未支付的工程款直接用于支付分包商拖欠的民工工资，相应的工程款视为总承包商已支付。

13.2.2 劳务分包合同履约风险对策

1. 及时对劳务分包合同交底

承包企业签订劳务分包合同后，除合同管理人员外，还应对其他人员进行交底尤其是造价员、质量管理人员、财务员、材料员等，对劳务分包合同也需要一定程度的了解，承包企业应对上述相关人员应进行分包合同专项的培训，并根据需要辅以定期培训。而对于合同执行者，例如项目管理人员，掌握合同重点、了解合同风险，对方违约时的证据保全、应对措施等，都是必须熟悉、把握劳务分包合同基本内容，这些都是劳务分包合同顺利履行的保障。

2. 对民工工资发放严格监控

目前，在法律法规制度不健全、国家保护弱势群体利益的社会背景下，民工工资的支付是一个敏感的话题，成为劳务分包履约管理风险的焦点问题，依据国家文件精神和有关承包企业的经验，可以采取以下措施，规避劳务分包商欠付民工款的风险：

（1）通过与劳务分包商协商，条款规定：建设单位要与施工单位签订按时支付民工工资合同，将民工工资支付作为工程支付的内容进行管理。

（2）鉴于在以往的劳务分包商民工资款欠付纠纷中，由于承包商没有掌握劳务人员的基本情况，导致承包商在承担连带责任时十分被动。为此，承包商应建立对劳务分包商使用的所有民工，进场前均到承包商进行劳动合同备案制度；出入施工现场的所有民工持证或佩戴工作牌制度、使总承包商全面掌握、了解分包商所使用的人员情况，做到心中有数。

（3）在掌握民工情况的基础之上，承包商即可对分包商民工工资的发放情况进行有效的监督管理。例如可以按照分包合同约定，劳务分包商应每月向承包商提供人员工资报表；承包商在要求劳务分包商提供民工工资发放情况资料、给劳务分包商拨付工程款的同时，以适当的方式通知有关民工，要求劳务分包商在承包商监控下将民工工资发放，避免包工头逃逸后民工以支付工资为由寻衅滋事；或在承包商支付分包商工程款时，由劳务分包商出具委托书，由承包商代为劳务分包商直接向民工支付工资；或由工人签收后，由劳务分包商确认；为防止劳务分包商欠付民工款，承包商尽量做到一月一结，这样可以有效防止劳务分包商转移资金，减少劳务分包商拖欠工资引发的对承包商的合同风险。

3. 采取措施加强安全管理

完善各项安全生产规章制度，制定安全防护管理措施，由专人负责保证施工现场安全、维护施工现场秩序，强化“安全第一、预防为主”的方针，加大违章操作的惩处力度。总承包单位是施工现场安全第一责任人，虽然由于劳务分包人安全监管措施不利造成的主要民事赔偿责任。一旦施工过程中发生劳务作业人员人身伤害事故，承包人与劳务分包人就如何承担赔偿责任问题势必出现争议，法院最终会按照过错分配责任，因此，承包人按照法律法规定要求完成应尽的安全管理工作，才能有效防范安全事故连带责任风险发生：

（1）审查特殊工种及参加劳务的作业人员的资格证明，坚持持证上岗原则。提供具备相应的资格的劳务作业人员参加施工作业是使用劳务分包企业的首要责任。对检查过程中发现的问题则要求劳务分包队伍限期整改，并随时复检，对屡教不改的劳务分包队伍要坚决清理退场。项目部要对劳务用工实行动态管理，规范管理、程序管理，要建立劳务用工管理台账或数据信息库。在发生安全事故确定责任时，总承包人是否审查了劳务作业人员具备相应的资格，是法院确定双方责任分配的首要考察条件。

（2）保留入场前书面安全、技术交底证据，每个劳务作业人员必须签字。劳务作业人员入场前安全技术交底工作本应由工程承包人负责，应保留书面安全、技术交底证据。同时，着重对安全施工相关问题，承包企业应该坚持定期例会，形成书面记录，可以约定由劳务作业人员承担因不遵守安全施工规范，施工作业时不配戴安全帽、安全带、防护眼镜等安全防护用品而造成的人身损害责任。

（3）按照法律规定，工程承包人必须向劳务分包方提供劳务作业人员施工现场内使用的安全保护用品（如安全帽、安全带及其他保护用品），要求劳务分包方做好书面签收手续。如合同约定上述安全保护用品由劳务分包企业提供，则承包商应督促劳务分包企业落实。必要时可以代买，所花费用在劳务分包的进度款中给予扣除。

（4）总承包人应在施工现场设置安全警示牌，设专人督促劳务作业人员安全施工。同时，提醒承包人注意的是，对劳务人员的安全责任，承包人在下列两种情况下不能免责：一种是对因工程承包人安全措施不力（包括未按安全标准进行施工以及未采取必要的安全防护措施等）而造成事故造成劳务人员身体伤害的，应由承包人承担事故责任及因此而发生的费用；另一种是在承包人知道或应当知道劳务分包人不具备用工主体资格或相应资质以及安全生产条件的，对施工劳务过程中发生的安全事故造成劳务人员人身损害的，由承包人和劳务分包人共同承担连带的赔偿责任。

（5）加强施工现场安全监管，保证持证上岗，减少违规操作、不当操作，定期举行安全教育培训，并对安全防范责任和义务进行明确约定，在不违背法律法规的强制性规定的前提下，明确划分各方所承担的安全责任。

（6）要求劳务分包人为实际施工人员购买工伤保险、团体人身意外伤害险等，尽量将此条件作为合格劳务分包合同主体的前提条件，在劳务招标、发包中作为一项硬性指标。如对劳务分包人购买保险的情况不便监管，可将此点作为格式条款，列入劳务分包合同中，以减轻承包人的责任，同时按需要，可事前在劳务报酬的款项中暂时扣除安全保证金和农民工保证金。

4. 充分运用分包合同条款

承包人防范法律风险的关键在于加强企业自身管理水平，全面履行分包合同。履行合同就是把分包合同条款运用好，形成系统的管理程序文件。劳务纠纷案件中，以下两项有关合同履行内容应引起承包企业的注意：

（1）签证、索赔：承包人认为有权得到赔付金额的，承包企业应及时签证、索赔。索赔时间和书面文件形式非常重要，决定了在出现争议时，承包企业是否持有有效的证据。同时，承包商应注意合同索赔双方约定的期限；劳务分包人在收到承包人送交的索赔报告和有关资料后未按照约定期限予以答复或未要求承包人进一步补充索赔理由和证据的，视为认可该项索赔。

同样，对于劳务分包人的索赔，承包人在收到劳务分包人送交的索赔报告和有关资料后，也应按照约定期限给予答复，或要求劳务分包人进一步补充索赔理由和证据；承包人在收到劳务分包人送交的索赔报告和有关资料后未在约定期限内予以答复或未要求劳务分包人进一步补充索赔理由和证据的，视为认可该项索赔。

劳务分包项目负责人是劳务企业的代表，在劳务分包合同中，劳务分包项目负责人的姓名必须明确约定，此时项目负责人的签章对劳务分包人发生约束力。但工程实践中，很多劳务项目负责人并非合同中约定的项目负责人，这种情况下承包企业一定要求劳务分包企业在索赔文件中加盖公章。

（2）劳务分包合同质量验收。承包商有权随时对劳务分包商实施的劳务作业进行监督检查，确保劳务作业质量，并对存在的质量隐患提出整改要求，劳务分包人应当及时完成整改。承包商统一安排技术档案资料的收集整理，并负责组织劳务分包工作的完工验收。承包商应当在收到劳务分包商的完工报告后7天内完成对劳务分包商劳务作业成果的验收，验收合格或者承包人未在上述期限内完成验收的，视为劳务分包商已经完成了本合同约定的劳务分包工作。总包工程竣工且经发包人验收合格的，视为劳务分包商的劳务作业质量符合合同约定的要求。因承包商原因，未在收到劳务分包商的完工报告后7天内完成验收的，以劳务分包商提交完工报告的日期为完工日期；劳务作业未经完工验收，承包商擅自使用的，以转移占有与劳务作业有关的承包工程之日为实际完工日期。在质量保修期内的质量保修责任由工程承包商承担，除非双方另有约定。

5. 注意完工结算审核支付时限

除专用合同条款另有约定外，承包商应自收到劳务分包商提交的完工结算申请单之日起28天内审核确认，并向劳务分包商签发完工付款证书。承包商对完工结算申请单有异议的，有权要求劳务分包商进行修正和提供补充资料，劳务分包商应提交修正后的完工结算申请单。

承包商在收到劳务分包商提交完工结算申请书后28天内未完成审核且未提出异议的，视为承包商认可劳务分包商提交的完工结算申请单，并自承包商收到劳务分包商提交的完工结算申请单后第29天起视为已签发完工付款证书。除专用合同条款另有约定外，承包商应在签发完工付款证书后的14天内，完成对劳务分包商的完工付款。劳务分包商应向承包商出具合法有效的收款凭证。

6. 妥善处理解除合同事宜

在劳务分包合同履行过程中，因劳务方原因导致解除劳务分包合同，有关劳务费、影响质量、安全、作业期限的损失费用是常见的争议焦点，处理不好，很容易引发群体事件。为妥善处理解除合同后相关事宜，承包商应在合同履行过程中就树立防范意识，收集充足的证据主动行使权利要比消极的拒绝撤场效果更好。

（1）合同解除条件。如有其他合同解除条件情况，当事双方应在合同补充条款加以应明确约定。劳务分包合同旅行中如果出现下列情形的，合同当事人均有权解除本合同：

劳务分包商将本合同项下的劳务作业转包或再分包给他人的；劳务分包商劳务作业质量不符合本合同约定的质量标准且无法整改的；劳务分包商不按照本合同的约定提供符合作业要求的作业人员或不履行本合同约定的其他义务，其违约行为足以影响本工作的质量、安全、作业期限，且经承包商书面催告后未在合理期限内改正的；因劳务分包商原因导致劳务作业暂停持续超过 56 天不复工的，或虽未超过 56 天但已经导致合同目的不能实现的；劳务分包商未按照合同约定向劳务作业人员支付报酬，导致引发 10 人以上的群体性事件的；承包商和劳务分包商协商一致的，可以解除合同的。

（2）合同解除前工作。合同解除前，承包商应对劳务分包商影响工程项目质量、安全、作业期限造成的损失费用计算方法予以明确；承包企业尽快整理签证、索赔资料，并主动邀请监理、劳务企业对已完工程质量进行确认，对现场人员、设备进行盘点，必要时业主也要参加。对于承包商暂不能支付的劳务费用的，应与劳务方及时签订付款计划，对延期付款期限进行约定，以免发生误解行为发生；承包人提前 7 天向劳务分包商发出撤场通知，若劳务分包商逾期撤离劳务作业人员，则应按照专用合同条款约定向承包商支付违约金。

（3）合同解除后工作。合同解除后，承包商应及时与劳务分包商办理合同结算支付手续，并明确劳务分包企业撤出期限；承包商应协助妥善做好劳务方已完工程和剩余材料、设备的保护和移交工作；妥善处理合同解除工作可以有效地防范由此带来劳务方聚众闹事的风险。

14 施工劳务分包合同管理制度示例

劳务分包合同管理在劳务分包管理中发挥着重要作用，是劳务分包管理的灵魂与核心。施工承包或专业分包企业应对劳务合同管理引起足够重视，要想搞好劳务合同管理工作，企业就要有一套对劳务分包合同管理的制度来约束、规范工程项目管理人员的行为，保障承包工程项目目标的顺利实现，维护企业的根本利益。本章选编了三个施工企业劳务分包合同管理章程，仅供读者参阅。

14.1 某建筑公司劳务分包与分包合同管理办法

1 总则

1.1 为合理利用社会施工力量，规范工程劳务分包，控制分包成本，防范分包风险，维护企业合法利益，制定本办法。

1.2 本办法是依据我国《建筑法》《合同法》等制定的。

1.3 本办法所称“合同”系指工程劳务分包合同。本办法所称“分包”系指工程劳务分包。

2 分包权限和职责

2.1 分包金额在100万元及以下的工程分包和所有劳务分包由项目经理部合约部门组织经公司经营开发部批准后，由项目部签订合同。

2.2 重点工程、分包金额在100万元以上的工程分包由公司经营开发部组织，项目经理部参与，经公司总经理批准后，由公司法人代表或其授权代理人签订合同，项目部组织实施。

2.3 公司经营开发部为分包管理的主管部门，负责本办法的制定、修订和保持，负责分包管理的指导和监督检查。

2.4 项目合约部为项目分包管理的主管部门，负责项目权限范围内的分包管理、履约检查、分包结算和组织分包业绩评价，按要求向上级主管部门上报有关资料。

3 分包管理工作程序

分包管理工作程序，如图14-1所示。

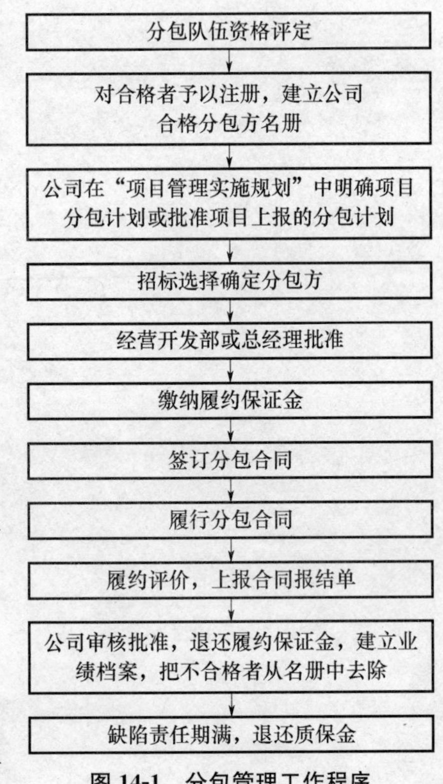

图14-1 分包管理工作程序

4 分包队伍资格评定与注册

公司成立工程及劳务分包资格认证评审领导小组，按照认证登记程序进行资格评定，发布合格分包商名册。

4.1　认证登记条件

4.1.1　自愿申请在本公司登记资格认证并参与施工的工程及劳务分包队伍。

4.1.2　从事公路桥梁施工、具备法人资格和相应施工资质、资信度好、技术设备精良的企业单位。

4.1.3　承诺遵守本公司的管理制度。

4.1.4　在公开、公平、公正的条件下，接受本公司统一招标，特殊情况下服从公司的统一协调调度。

4.1.5　财务状况良好，具有一定的流动资金。

4.1.6　近三年内，完成在建工程合同履约率高，顾客评价良好。

4.2　认证登记所需资料

4.2.1　认证登记资料：①认证登记申请表；②有效的营业执照、资质证书复印件；③主要管理、技术人员简历表及证书复印件；④特殊工种操作人员操作证复印件；⑤主要设备清单；⑥资金状况（含固定资产部分）；⑦近三年的施工业绩和所在项目评价表（新成立的不提供）。

4.2.2　各申报单位所需资料精装成册，报公司经营开发部审核。每年的 11 月 20 日前报送补充资料，公司将在每年的 12 月份对各单位的资格进行重新考核认证，并为各单位建立档案资料。

4.3　《合格分包商名册》管理

4.3.1　分包单位资质评定以后，公司经营开发部将为其建立档案资料，并公布资格认证单位名单及资质，印发《合格分包商名册》。

4.3.2　项目工程及劳务分包，原则上必须从公司的《合格分包商名册》中选择，并且不得越级承包工程。

4.3.3　公司经营开发部对《合格分包商名册》实施动态管理，及时补充经评定合格的新分包商，删除经复审不合格的分包商。

4.3.4　公司经营开发部通过书面发放、电子邮件或公司网页等形式发布和更新《合格分包商名册》。

4.4　考核复审

4.4.1　通过资格认证登记的单位，由公司经营开发部会同项目部每半年进行一次施工过程评价与考核，公司资格认证评审领导小组每年进行一次工程及劳务分包队伍资格认证复审。

4.4.2　未通过公司资格认证评审小组评审的工程及劳务分包队伍，或者未在公司登记认证的单位，原则上不得在本公司内承担分包任务。特殊情况需承接工程的，必须先通过对其资质的审查。

4.4.3　凡在本公司施工，受到两次通报批评，或因履约不善、致使分包合同终止的单位，取消其在全公司范围内认证资格，两年内不得在公司内承接工程。

5　分包招标管理

5.1　分包招标领导小组和评标工作小组

5.1.1　公司成立分包招标领导小组和评标工作小组。日常工作由公司经营开发部负责。

5.1.2　项目成立分包招评标工作小组

组长：项目经理。成员：项目班子成员、相关部门负责人、关键岗位人员。项目分招标日常工作，由项目合约部门负责。

5.1.3　按本办法“2　分包权限和职责”进行招标。

5.2　招标范围

5.2.1　公司《合格分包商名册》中的分包商。

5.2.2　经复审合格的分包商。

5.2.3　未经注册的分包商，若有特殊需要，必须按本办法的要求，向公司经营开发部上报有关资料，经公司资格预审合格并确定资格等级后，再行招标。

5.2.4　对使用未报公司资格评定或经评定不合格的分包队伍的项目部，公司将对其项目经理给予严肃处理。

5.3　招标程序

招标策划、推荐和初选分包商→编制招标文件和标底→发布招标通告→接收投标→开标、评标、决标→签发中标通知书→招评标资料归档。

5.4　招标文件与标底编制

5.4.1　招标文件按分包权限分别由公司经营开发部或项目合约部编制，其主要内容包括：①投标须知及具体投标日程安排、授标原则；②招标工程的工期、质量、安全、文明施工等要求；③招标工程的招标范围及承包方式；④工程量及费用计算原则；⑤总包方提供的总包服务、材料和设备范围；⑥投标方负责采购的材料及设备范围；⑦投标方提供的投标保证金及履约担保要求；⑧付款方式及结算方式；⑨分包合同协议条款；⑩分包合同条件；⑪工程项目的技术要求；⑫招标图纸及其目录；⑬工程量清单（如有）；⑭职业健康安全与环保责任书；⑮工程（劳务）承包合同及其补充协议；⑯本工程所需注意的其他事项。

5.4.2　招标标底编制的依据为：①招标形式、招标文件要求；②最新的市场价格；③招标工程的图纸、现场情况；④工程承包合同、投标交底书、标价盈亏分析、与业主往来函件、承诺、让利情况及其他特别合同条款等；⑤类似工程成本分析情况。

5.4.3　经营开发部或项目合约部组织对分包招标文件进行评审，并做好记录。经同级招标领导小组组长批准后方可发出。

5.4.4　招标的标底经同级招标领导小组组长审定后封存，由专人负责保管。分包招标标底须严格保密。

5.5　评标、决标、中标

5.5.1　评标基本要求：

（1）评标参数包括：对招标文件的响应程度、投标方施工组织设计、企业信誉及经济技术实力、投标报价。

（2）评标工作由项目评标工作小组对上述指标进行打分，经评标工作小组组长审核后报公司招标领导小组审定。

（3）投标单位有下列情况之一的，其投标无效：①投标的内容属实性不符合招标文件的；②投标单位所投之标中，质量标准低于招标文件中发包方的要求的或投标工期长于发包方要求的；③投标单位的行为违反公司有关规定；④投标单位弄虚作假的或对总承包方招标参与人员行贿的。

5.5.2　评标原则：①不违反5.5.1第（3）款的规定；②能提供总包方要求的签约、履约保证；③承诺条件合理；④施工方案、人员组织合理；⑤原则上接受同等条件下最高分评分单位作为第一顺序中标单位，但对投标单位不作此承诺；⑥招标领导小组有权根据工程及分项工程特点决定中标单位。

5.5.3　评标规定：

（1）评标工作一般按照“两阶段三评审”进行。“两阶段”指初审和终审，“三评审”指经济标评审、技术标评审和综合评审。评标只对有效标进行评审。

（2）初审由评标工作小组负责，主要对投标的有效性、商务竞争性、技术先进性及管理能力等方面进行评审打分，为终审定标提供依据。

1）符合性审查：开标后，首先由评标工作小组对投标文件进行符合性检查，对其实质性内容进行评审是否满足招标文件要求。通过符合性审查的主要条件有如下几条：①投标文件按照招标文件规定的格式、内容填写，字迹清晰可辨。②投标文件上的法人代表或法定代表人授权代理人签字齐全。③投标文件表明的投标人与通过资格预审的投标申请人未发生实质性的改变。④投标担保。⑤按照招标文件的规定提供了授权代理人授权书。⑥按工程量清单的要求填报了单价和总价。

2）算术性复核：①对于实质上符合招标文件要求的投标文件，评标工作小组将对其报价进行校核，并对有算术上和累加运算上的差错给予修正，修正原则如下：a. 当以数字表示的金额有差异时，以文字表示的金额为准；b. 当单价与数量相乘不等于合价时，以单价计算为准，如果单价有明显的小数点位置差错，应以给出的合价为准，同时对单价予以修正；c. 当各细目的合价累计不等于总价时，应以各项目合价累计数为准，修正总价。②按以上原则对算术性差错的修正，应取得投标人的同意，并确认修正后和最终投标价。如果投标人拒绝确认，则其投标文件将不予评审，并没收其投标保证金。

3）由评标工作小组填写《分包招标经济标评分表》，对经济标进行评标打分，经同级组长审批后确定。

4）由评标工作小组填写《分包招标技术评标评分表》，对技术标进行评标打分，经同级总工审核批准。

5）由公司经营开发部/项目合约负责人汇总并编制评标报告提交公司招标领导小组进行决策。

（3）终审由公司招标领导小组负责，公司招标领导小组根据评标报告，结合工程的重要程度、分包工程的规模、难易程度、工期的紧迫性以及投标单位与公司合作的状况、投标单位的最新资源状况等，对投标结果进行综合考评，考评分值相加计入总分，最终确定中标单位，并以书面形式批复。

5.5.4　投标文件的澄清：①在评标阶段，评标工作小组认为需要时，可通知投标人澄清其投标文件中的问题，或者要求补充某些资料，包括单价分析资料等，对此投标人不得拒绝；②有关澄清的要求和答复，须以书面进行，投标人不得借澄清问题的机会，与招标人及评标人员私下接触或对原投标价和内容提出修改，但评标时发现的算术性差错进行的核实、修正，则不在此列。招标人不接受投标人主动提出的澄清。

5.5.5　经济标、技术标、综合标考评评分标准［略］。

5.5.6　对中标单位由公司经营开发部或项目合约部制作中标通知书，由同级组长签发后发给中标方。

5.5.7　对未中标的投标方，由公司经营开发部或项目合约部发出未能中标通知书。

5.5.8　对时间紧迫确实来不及招标的项目，必须报告公司经营开发部，由公司根据中标情况并结合以前分包的价格，下发工程分包参考价，由项目与公司经营开发部共同选择确定施工单位，每个分包项目至少选择2家单位竞争，其必须是通过公司资格评定且为合格的单位。

6　分包合同的签订

6.1　分包合同签订的基本原则

6.1.1　签订合同必须遵守国家法律、法规和政策，遵循平等互利、协商一致的原则。

6.1.2　公司对分包合同的签订实行法人授权委托制度，未经公司法人授权或未按照本办法签订的合同为无效合同。

6.2　分包合同的签订程序

分包合同的签订程序，如图14-2所示。

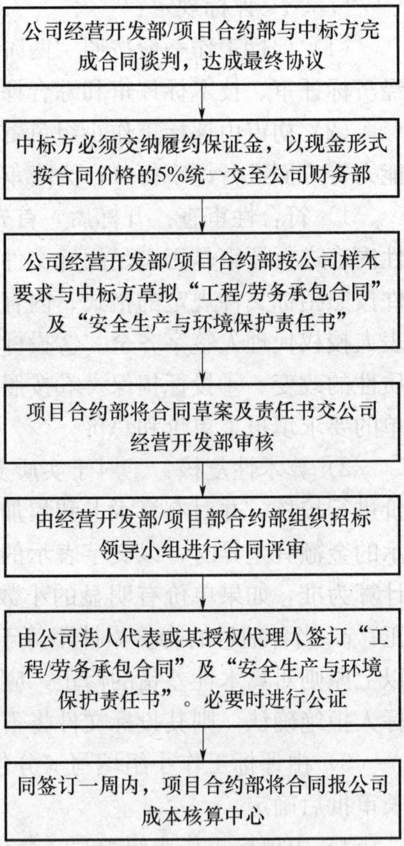

公司经营开发部/项目合约部与中标方完成合同谈判，达成最终协议
↓
中标方必须交纳履约保证金，以现金形式按合同价格的5%统一交至公司财务部
↓
公司经营开发部/项目合约部按公司样本要求与中标方草拟"工程/劳务承包合同"及"安全生产与环境保护责任书"
↓
项目合约部将合同草案及责任书交公司经营开发部审核
↓
由经营开发部/项目部合约部组织招标领导小组进行合同评审
↓
由公司法人代表或其授权代理人签订"工程/劳务承包合同"及"安全生产与环境保护责任书"。必要时进行公证
↓
同签订一周内，项目合约部将合同报公司成本核算中心

图14-2　分包合同签订程序图

6.3　分包合同的内容和签订要求

6.3.1　分包合同至少应包括下列内容

(1) 工程概况、数量清单和价款，双方权利和责任、质量保证、违约责任（必须明确质量、进度等违约的处罚、清退等条款，明确分包商全面承担由此造成的经济损失和法律责任）和争议解决条款。

(2) 列清工程项目、地点、工期、工程内容、数量、单价、总价及质量要求、进度要求、材料供应、计量结算方式、变更索赔处理等方面的责、权、利，并明确管理费、质保金、税金、预付款等条款。

(3) 分包单位应交纳保证金或履约保函或接受其他经济约束。分包单位应承担工程一切保险费中的相应部分费用。各项目经理部应要求分包单位为其进场人员购买人身意外保险

(4) 合同应附分包商的人员、设备、检验测量仪器等进场计划和承诺、所承担工程的施工组织设计或工艺、方案、进度计划等附件

(5) 合同中应明确规定我方对与分包商有关联的第三方不负任何经济连带责任和义务。

6.3.2　分包单位签订合同时，必须提供分包负责人、管理技术人员、特殊工种人员和其他人员名册，在施工过程中不得随意更换。如确需更换，应报请项目经理部批准后方可更换。

6.3.3　在分包合同或补充协议/责任书中明确分包施工的职业健康安全、环保目标、指标及相关要求和违约责任。

6.4　分包合同文件组成及优先顺序

分包合同文件组成及优先顺序应符合下列要求：①工程/劳务承包合同协议书；②公司发出的分包中标书；③分包人的报价书；④标准规范、图纸、列有标价的工程量清单；⑤报价单或施工图预算。

7　分包工程过程控制

各项目部必须高度重视，加强力量，认真进行分包工程过程控制。

7.0.1　将分包商的施工纳入公司质量、环境、职业健康安全管理体系，除内部质检工程师的日常检查监督外，还应指派有经验的技术人员对工程进行全面的监督检查。

7.0.2　在开工前应向分包商交接图纸、规范、特殊规定和批准的施工方案，并在施工过程中按公司管理制度要求组织进行技术交底。

7.0.3　加强分包工程的测量、试验管理，加强施工过程监控，确保工程质量。

7.0.4　按分包合同督促分包商提供足够施工资源、完成项目经理部下达的施工计划，并提供必要的技术指导。

7.0.5　监督分包商按现场文明施工要求和环境保护要求进行施工，加强分包单位的职业健康安全管理，对严重违反规定的分包商进行经济处罚，直至清除出场。

7.0.6　分包工程竣工验收必须严格按照业主合同有关规定执行，并监督分包商做好竣工清场和竣工工程的维护工作。

7.0.7　各项目应加强信息管理，及时、准确填报分包工程月动态报表，并逐级进行严格审核。

8　计量支付和结算

8.1　分包计量支付规定

8.1.1　各项目经理部应严格按照质量标准、验收办法和分包合同，经现场管理人员和监理工程师签字验收后，方可办理计量手续。支付的时间应在项目收到业主的工程款之后，项目经理部应按统一的结算单格式办理并建立支付台账。

8.1.2　分包工程支付实行月结算。由项目合约部根据原始记录在月底统计做出中期账单，由生产、技术、物资、机械、财务等相关部门会签，合约负责人和项目经理签字，双方盖章后生效，并送财会部入账计入当期成本。

8.1.3　项目经理部原则上不得延期进行分包工程结算，不得提前支付分包进度款，如有特殊情况须提前支付的，须书面报告公司经营开发部批准。

8.1.4　分包工程结算金额不得超过分包合同总额，且须留足质保金；工程保修期满，合同履约完毕，方可结清价款。

8.1.5　每个分包工程结算金额累计达到分包金额的80%时，项目的分包结算须报公司经营开发部及主管领导审核、批准。

8.1.6　所有分包合同执行完毕，进行最终结算时，项目必须出具由分包商签字认可的反映最终债权债务关系的账单和备忘录，申明分包商已结清合同规定的全部款项，双方合同义务执行完毕，分包商再无任何索偿要求也将不提起任何诉讼或仲裁，且分包商就本合同与任何第三方发和的经济往来和债务已全部清理完毕。

8.1.7　分包单位的变更、索赔资料要先报项目部，由项目部统一集中管理上报，争取最佳经济效益。

8.1.8　各项目应建立完善的分包合同管理台账和分包工程结算表与分包合同结算台账，并定期与财务、工程、材料、机械、人事等相关部门及分包商核对，并与分包商以备忘录的形式签字确认对账结果，存档备查。

8.2　分包结算流程图

分包结算流程图如图14-3所示。

9　履约报告和评价

9.0.1　各项目合约部门必须在每季末下月5日前按季向公司经营开发部上报“分包单位履约情况评价表”，以便公司对分包方的监控。

9.0.2　对分包队伍管理及施工中出现的问题，项目部应及时采取措施予以解决；当项目难以协调或出现本手册《施工预警与应急管理办法》规定的预警信号时，项目经理必须及时按要求报告公司。

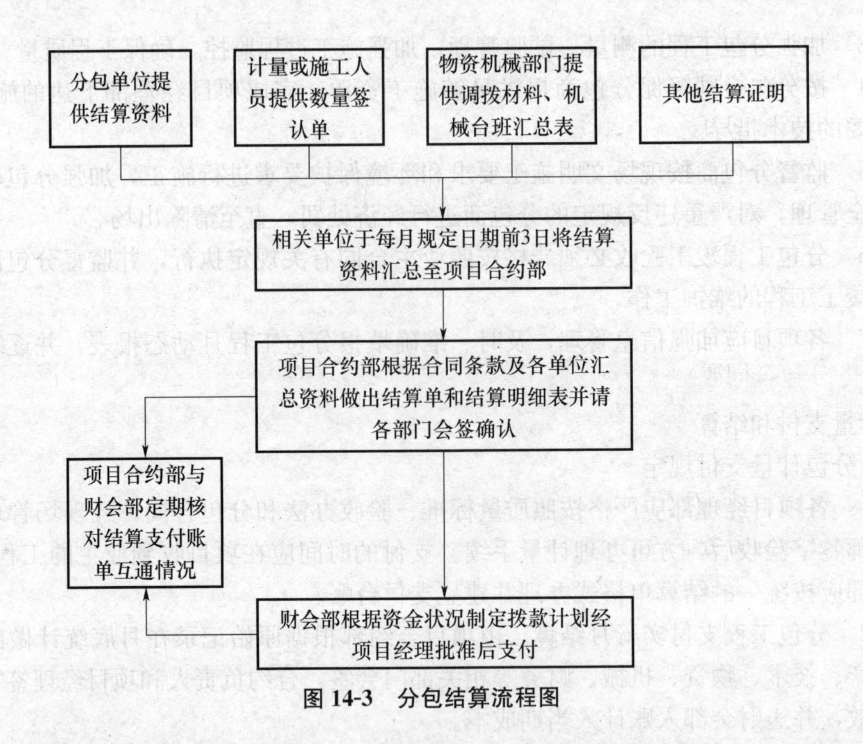

图 14-3　分包结算流程图

9.0.3　分包工程完工后一个月内，由项目合约部门对分包合同的执行情况进行全面评价，填写“分包单位履约情况评价表”，并以详细的文字说明及时上报公司经营开发部，由公司经营开发部建立分包方的业绩档案。

14.2　某建筑公司劳务分包合同管理部门职责规定

1. 制订和实施本部门的工作目标和任务：在公司劳务分包合同管理领导小组的领导下全面履行合同管理职责和任务。

2. 建立和完善内部劳务分包合同管理工作机构。协助成立“项目劳务分包合同管理工作小组，对合同履约、工资支付、隐患排查化解等具体工作进行指导与监督。

3. 劳务分包合同签订

(1) 劳务作业发包时，双方应当依法订立劳务分包合同。我公司不得将劳务作业发包给个人或者不具备与所承接工程相适应的资质等级以及未取得安全生产许可证的企业。劳务分包合同管理部门监督承包人不得将所承接的劳务作业转包或分包给其他企业或个人。

(2) 我公司要在承包人进入施工现场前依法订立劳务分包合同。劳务分包合同订立后，除依法变更外，双方不得再行订立背离劳务分包合同实质性内容的其他协议，而且要将合同信息报公司备案。

(3) 劳务分包合同应当采用书面方式订立。

(4) 劳务分包合同的签订应根据《关于印发〈北京市房屋建筑和市政基础设施工程劳务分包合同管理暂行办法〉的通知》(京建市［2009］610 号) 文件第八条所包含的 13 项内容。

(5) 不得扩大劳务分包。

4. 劳务分包合同的备案

(1) 我公司在每项单一劳务分包合同订立后 7 日内，根据北京市住房和城乡建设委员会要求，办理劳务分包合同及在京施工人员备案。

（2）劳务分包合同及在京施工人员备案采用网上数据申报与书面劳务分包合同及在京施工人员备案相结合的方式进行。

5. 劳务分包合同的履行

（1）合同的双方应当建立健全劳务分包合同管理制度，明确劳务分包合同管理机构和管理人员。劳务分包合同管理人员应当经过业务培训，具备相应的从业能力。合同的双方应当以工程项目为单位，设置劳务分包合同管理人员，负责劳务分包合同的日常管理。

（2）自劳务分包合同备案之日起至该劳务作业验收合格并结算完毕之日止，承包队伍应当根据劳务分包合同履行进度情况，于每月25日前在劳务分包合同管理信息系统上填报上个月劳务分包合同价款结算支付等合同履行数据。我公司通过劳务分包合同管理信息系统对承包队伍填报的合同履行数据进行查询，如认为存在异议，应向承包队伍提出，承包队伍拒绝更正的，可向市住房和城乡建设委员会据实反映。

（3）我公司与劳务企业应当按照劳务分包合同约定，全面履行自己的义务。我公司不得借工程款未结算、工程质量纠纷等理由，拖延支付劳务分包合同价款。劳务企业应当按照劳务分包合同的约定组织劳务作业人员完成劳务作业内容并将工资发放情况书面报送我公司。

我公司与劳务企业应当在每月月底前对上月完成劳务作业量及应支付的劳务分包合同价款予以书面确认，公司应当按照《关于印发〈北京市房屋建筑和市政基础设施工程劳务分包合同管理暂行办法〉的通知》（京建市［2009］610号）文件规定支付已确认的劳务分包合同价款。

（4）对施工过程中发生工程变更及劳务分包合同约定允许调整的内容，我公司、劳务企业应当及时对工程变更事项及劳务分包合同约定允许调整的内容如实记录并履行书面签证手续。履行书面签证手续的人员应当为我公司、劳务企业的法定代表人或其授权人员。

在工程变更及劳务分包合同约定允许调整的内容确定后，工程变更及劳务分包合同约定允许调整的内容涉及劳务分包合同价款调整的，我公司、劳务企业应当及时确认相应的劳务分包合同价款。经确认的变更部分的价款应当按进度与劳务分包合同价款一并支付。我公司与劳务企业应当在劳务分包合同中约定，一方当事人拒绝履行书面签证手续的，另一方当事人应当向合同中约定的对方通讯地址送达书面资料；收到书面材料的当事人应当在7日内给予书面答复，逾期不答复的视为同意。

劳务分包合同中关于停工、窝工、临时性用工、现场罚款等的确认程序及支付方式按照本条规定执行。

（5）劳务企业应当在与我公司签订书面劳务分包合同并备案后进场施工。公司不得在未签订书面劳务分包合同并备案的情况下要求或允许劳务企业进场施工。

（6）劳务企业完成劳务分包合同约定的劳务作业内容后，应当书面通知我公司验收劳务作业内容，我公司应当在收到通知后3日内对劳务作业进行验收。验收合格后，劳务企业应当及时向我公司递交书面结算资料，我公司应当自收到结算资料之日起28日内完成审核并书面答复劳务企业；逾期不答复的，视为同意劳务企业提交的结算资料。

双方的结算程序完成后，我公司应当自结算完成之日起28日内支付全部结算价款。我公司、劳务企业就同一劳务作业内容另行订立的劳务分包合同与经备案的劳务分包合同实质性内容不一致的，应当以备案的劳务分包合同作为结算劳务分包合同价款的依据。

（7）劳务作业全部内容经验收合格后，劳务企业应当按照劳务分包合同的约定及时将该劳务作业交付我公司，不得以双方存在争议为理由拒绝将该劳务作业交付我公司。

（8）在劳务分包合同履行过程中发生争议的，我公司、劳务企业应当自行协商解决，也可向有关行政主管部门申请调解；协商或调解不成的，应根据劳务分包合同约定的争议解决方式，向仲裁机构申请仲裁或者向人民法院起诉。

6. 不断建立和完善劳务分包合同管理措施，实行专人专管专责。对各项目劳务分包合同建立合同台账，逐一实行动态管理。

7. 审核劳务企业报送履约信息的内容和执行标准

劳动企业报送履约信息执行标准：根据《关于印发〈北京市房屋建筑和市政基础设施工程劳务分包合同管理暂行办法〉的通知》（京建市［2009］610号）文件精神及北京市建筑业管理服务中心下发的《关于开展劳务分包合同履约信息报送工作的通知》文件要求，我公司及时督促劳务作业承包人每月25前填报合同履约数据，严格监督确保信息的及时性、真实性。审核劳务企业报送履约信息的内容：

（1）劳务作业承包人应以单一合同为单位，严格按照每一单劳务分包合同实际履约情况填报劳务分包合同履约数据，劳务作业发包人对承包人填报的数据进行浏览和核实。

（2）我公司对不按要求报送劳务分包合同履约数据的有关单位，主管部门将对责任单位通报批评；劳务作业队填报的劳务分包合同履约数据有异议的，应当先向劳务作业队提出，不予改正的，可以向北京市建筑业管理服务中心提交加盖企业公章的书面材料，并有权利将其清退出场。

（3）公司指定财务部门按时如实填报我单位劳务分包合同履约信息，并监督劳务作业承包人合同履约信息的填报。积极配合市、区两级建委对涉及本省建筑企业的预警项目实施预控并及时、妥善处理矛盾纠纷。

8. 积极妥善解决劳务合同纠纷。

9. 配合公司其他管理部门的工作。

14.3 某住业建设工程公司劳务分包合同管理制度

1 总则

1.0.1 为进一步规范施工现场劳务分包管理，预防和减少劳资纠纷，建立劳务用工的长效管理机制，根据《中华人民共和国建筑法》《中华人民共和国劳动法》《中华人民共和国劳动合同法》和集团公司整合管理体系《劳务分包控制程序》文件，结合集团公司实际情况，特制定本制度。

1.0.2 本办法适用于集团公司范围内所属的各分公司，以及分公司所属项目的劳务分包作业管理。

2 管理

2.0.1 劳务作业的劳务分包单位必须具有由工商行政主管部门颁发的《企业法人营业执照》和建设行政主管部门颁发的《建筑业企业资质证书》、《建筑施工企业安全生产许可证》，同时根据集团公司整合管理体系《劳务分包控制程序》文件，对劳务分包单位经评价合格后方能使用。

2.0.2 在成都市区范围内工程项目进行劳务分包，使用的劳务分包单位必须经市建管站办理企业备案；在成都市区以外的工程项目进行劳务分包，使用的劳务分包单位应根据当地有关规定执行。劳务分包单位的有关资料由各使用单位报集团公司人力资源部。

2.0.3 劳务分包单位应做好以下施工现场的管理工作：

1. 设立劳务项目管理机构，委派一名劳务项目负责人，配备与分包工程相适应的质量、安全和劳动用工等管理人员。

2. 制定确保劳务作业施工质量的措施，组织对施工现场作业人员的技能培训，督促施工现场作业人员按项目部交底要求进行施工操作。及时对劳务分包作业施工质量进行自查、自评，建立工程质量管理台账。

3. 组织对施工现场作业人员的安全生产教育、培训、安全技术交底及检查，并建立安全生产管理台账。

4. 指定专职的安全管理人员不定期地对总承包企业提供的施工现场安全防护设施、设备的安全状况进行检查，对不符合安全生产要求或存在安全隐患的，应及时告知总承包企业。协助总承包企业加强施工现场安全生产管理，积极参与总承包企业组织的安全生产例会、事故应急救援预案的演练等活动。

5. 指定专职劳动用工管理人员对施工现场的人员实行动态管理，落实项目用工管理。劳务分包单位与劳务作业人员签订好劳动合同，建立施工现场人员花名册台账，人员花名册台账做到动态管理。做好施工现场人员考勤、工资发放、劳资纠纷处理、工伤事故处理等工作；建立《建筑施工现场人员情况登记表》《建筑施工现场人员考勤表》《建筑施工现场职工工资发放表》等施工现场职工管理台账，并将台账放在劳务项目管理机构备查，同时报送一份给项目部留存。

6. 向施工现场的职工发放“记工考勤册”，并指定考勤员，及时对职工的出勤按日统计，当日上报项目部，作为计算工资的原始凭证。劳务项目管理机构应每月对考勤情况进行统计汇总，编制工资表。

7. 按劳动合同约定每月支付劳动者工资，工资月支付数额不得低于当地月最低工资标准，并按月填报《劳务分包单位职工工资支付情况月报表》。不得以工程款被拖欠、结算纠纷、垫资施工等理由克扣或拖欠劳动者工资。工资必须直接发放给劳动者本人，由本人签领；由他人代领的，必须有本人签字的书面委托书。

8. 劳务项目负责人负责劳务作业施工现场的管理。劳务作业项目负责人不得同时负责两个以上劳务作业项目施工现场的管理工作。

2.0.4 集团公司、分公司、项目部应对劳务分包管理履行以下职责：

1. 项目职责

（1）项目部应对劳务分包监督管理，项目经理、经济承包人是施工项目劳务分包管理的直接责任人，对施工项目的劳务分包管理全面负责。

（2）项目部必须使用经集团公司评价合格的劳务分包单位，并签订劳务分包合同，同时与劳务公司签订各工种的劳务分包补充协议，经分公司审核盖章，集团公司加盖劳务分包合同专用章后方能使用。

（3）项目部必须在现场设置劳务承发包牌，在施工项目显著位置明示劳务分包企业名称、劳务项目负责人姓名、劳务分包范围及开工、完工日期等劳务分包信息，接受相关部门和社会的监督。

（4）项目部要提供劳务分包单位现场办公场所，把劳务项目负责人作为施工项目安全生产管理网络的成员，参加现场的安全生产例会。

（5）项目部督促劳务分包单位及时建立完整的花名册台账，与劳动者签订劳动合同，建立考勤制度，按时发放工资，监督作业人员持证上岗。并按日收集班组考勤表、按月收集工资发放清单等相关资料。对未签订劳动合同、未经过培训的人员，禁止在施工现场从事施工活动。

(6) 项目部对劳务分包作业进行动态管理，对不符合要求的要及时责令整改，加强管理。在劳务作业结束后，要根据集团公司整合体系《劳务分包控制程序》文件 ZCJ/QR303—4 绩效测评表进行测评。

2. 分公司职责

(1) 分公司应对项目部使用的劳务分包单位进行全面监督管理，每年年初应做好劳务分包单位评价的审报工作，对项目劳务作业分包签订的劳务分包合同进行审核、盖章。每月对劳务分包工程项目进行检查，对存在的问题及时处理，并将检查情况以简报形式报集团公司人力资源部。

(2) 分公司根据集团公司整合体系《劳务分包控制程序》文件，每年年末应对项目分包作业进行绩效测评。绩效测评表报集团公司人力资源部。

3. 集团公司每季对项目劳动用工管理进行一次抽查，将检查情况以简报形式下发。集团公司每年在各单位对劳务作业绩效评价的基础上，结合每季的检查情况，对劳务分包单位进行统一考核。对劳务分包单位用工管理不到位，项目发生民工工资未及时、主动配合项目部处理，造成严重后果年度考核不合格的劳务分包单位予以清退。

2.0.5 劳务作业发包时，发包人、承包人应当依法订立劳务分包合同。发包人不得将劳务作业发包给个人或者不具备与所承接工程相适应的资质等级以及未取得安全生产许可证的企业。承包人不得将所承接的劳务作业转包或分包给其他企业或个人。建设单位不得直接将劳务作业发包给劳务分包企业或个人。

2.0.6 劳务作业招标发包的，发包人、承包人应当在中标通知书发出后 30 日内订立劳务分包合同；劳务作业直接发包的，发包人、承包人应当在承包人进入施工现场前依法订立劳务分包合同。劳务分包合同订立后，除依法变更外，发包人、承包人不得再行订立背离劳务分包合同实质性内容的其他协议。

2.0.7 劳务分包合同应当采用书面方式订立

劳务分包合同应当由双方企业法定代表人或授权委托人签字并加盖企业公章，不得使用分公司、项目经理部印章。

2.0.8 劳务分包合同应当明确以下主要内容：

①发包人、承包人的单位全称；②工程名称、工程地点、劳务作业承包范围及内容、质量标准、劳务分包合同价款；③合同工期以及调整的要求；④劳务分包合同价款、人工费、劳务工资结算和支付的方式、时限以及保证按期支付的相应措施；⑤劳务分包合同价款调整标准、调整依据及程序；⑥劳务作业内容变更、洽商的形式和要求；⑦施工现场及劳务作业人员的管理要求；⑧临时性用工、停工、窝工的确认方式及补偿，根据双方施工现场管理约定进行罚款的标准和确认程序，材料保管责任；⑨劳务作业验收的条件及程序；⑩违约责任；⑪争议的解决方式；⑫发包人、承包人联系方式，以及发包人的项目经理，承包人的项目负责人的相关信息；⑬其他应当在劳务分包合同中明确约定的内容。

2.0.9 本市推行使用建设行政主管部门与工商行政管理部门共同制定的劳务分包合同示范文本。

2.1.0 劳务分包合同不得包括大型机械、周转性材料租赁和主要材料采购内容。劳务分包合同可规定低值易耗材料由劳务分包企业采购。劳务分包合同中不得包括维修保证金的内容。

2.1.1 发包人、承包人约定劳务分包合同价款计算方式时，可以选择固定合同价款、建筑面积综合单价、工种工日单价、综合工日单价四种方式选择其一计算。发包人、承包人不得采用“暂估价”方式约定合同总价。

2.1.2 采用建筑面积综合单价方式计算的，发包人、承包人应当在劳务分包合同中明确约定建筑面积计算规则、计价规范、工作内容、调整因素等。

2.1.3 劳务分包合同价款包括工人工资、管理费、劳动保护费、各项保险费、低值易耗材料费、工具用具费、文明施工及环保费中的人工费、利润、税金等。

2.1.4 发包人、承包人在劳务分包合同订立时应当对下列有关合同价款内容明确约定：

(1) 发包人将工程劳务作业发包给一个承包人的，正负零以下工程、正负零以上结构、装修、设备安装工程等应分别约定；

(2) 工人工资、管理费、工具用具费、低值易耗材料费等应分别约定；

(3) 承包低值易耗材料的，应当明确材料费总额，并明确材料费的支付时间、方式；

(4) 劳务分包合同价格风险幅度范围应明确约定，超过风险幅度范围的，应当及时调整。

2.1.5 发包人、承包人应当在劳务分包合同中明确约定施工过程中劳务作业工作量的审核时限和劳务分包合同价款的支付时限。审核时限从发包人收到承包人报送的上月劳务作业量之日起计算，最长不得超过3日；支付时限从完成审核之日起计算，最长不得超过5日。

2.1.6 发包人、承包人应当在劳务分包合同中明确约定对劳务作业验收的时限，以及劳务合同价款结算和支付的时限。

2.1.7 发包人应当在劳务分包合同订立后7日内，到市住房和城乡建设委员会办理劳务分包合同及在京施工人员备案。

2.1.8 劳务分包合同及在京施工人员备案采用网上数据申报与书面劳务分包合同及在京施工人员备案相结合的方式进行。网上数据申报应当通过劳务分包合同管理信息系统进行，内容包括工程名称、地点、合同主体名称、劳务作业承包范围、工期、质量标准、劳务分包合同价款及其支付方式和在京施工人员信息等。

2.1.9 发包人办理书面劳务分包合同及在京施工人员备案时应当提交以下材料：①劳务分包合同（正、副本）；②在京施工人员项目用工备案花名册；③未进行身份认证人员的身份证复印件；④实行劳务作业招标的，提交中标通知书；⑤其他需要提交的材料。

2.2.0 市住房和城乡建设委员会在收到书面劳务分包合同及在京施工人员备案材料后，应当主要对以下内容进行核对：①网上数据信息与合同正、副本有关数据是否一致；②中央及外省市在京劳务分包企业是否办理了进京备案手续，是否通过了年度市场评价；③劳务分包合同加盖印章是否符合本办法第七条的规定；劳务分包合同条款是否包括本办法第八条的内容并符合本办法第十条的规定；定价方式是否符合本办法第十一条的规定；采用建筑面积综合单价方式的是否符合本办法第十二条的规定；劳务分包合同价款约定是否符合本办法第十四条的规定。按照上述内容核对后，对于符合要求的，即时予以备案，在劳务分包合同正、副本和在京施工人员项目用工备案花名册上加盖备案专用章。对于不符合要求的，应当一次性告知补正、补齐内容。

2.2.1 劳务分包合同中涉及劳务作业承包范围、劳务分包合同工期、劳务分包合同价款、发包人项目经理、承包人项目负责人等发生变更的，发包人、承包人应当及时确认并签订变更协议。发包人应当自签订变更协议之日起7日内持变更协议到市住房和城乡建设委员会办理备案手续。在京施工人员发生变更的，承包人应当于每月 5 日前通过劳务分包合同管理信息系统记录变更人员信息。

2.2.2 发包人、承包人约定的合同解除条件成就时，双方应当签订解除协议。发包人应当自签订解除协议之日起 7 日内持解除协议到市住房和城乡建设委员会办理备案手续。解除协议签订前，发包人不得允许其他承包人进入现场对此范围内的劳务作业进行施工。

2.2.3 发包人、承包人应当建立健全劳务分包合同管理制度，明确劳务分包合同管理机构和管理人员。劳务分包合同管理人员应当经过业务培训，具备相应的从业能力。发包人、承包人应当以工程项目为单位，设置劳务分包合同管理人员，负责劳务分包合同的日常管理。

2.2.4 自劳务分包合同备案之日起至该劳务作业验收合格并结算完毕之日止，承包人应当根据劳务分包合同履行进度情况，于每月 25 日前在劳务分包合同管理信息系统上填报上个月劳务分包合同价款结算支付等合同履行数据。发包人可以通过劳务分包合同管理信息系统对承包人填报的合同履行数据进行查询，如认为存在异议，应向承包人提出，承包人拒绝更正的，可向市住房和城乡建设委员会据实反映。

2.2.5 发包人、承包人应当按照劳务分包合同约定，全面履行自己的义务。发包人不得以工程款未结算、工程质量纠纷等理由拖延支付劳务分包合同价款。承包人应当按照劳务分包合同的约定组织劳务作业人员完成劳务作业内容并将工资发放情况书面报送发包人。发包人、承包人应当在每月月底前对上月完成劳务作业量及应支付的劳务分包合同价款予以书面确认，发包人应当按照本办法第十五条的规定支付已确认的劳务分包合同价款。

2.2.6 对施工过程中发生工程变更及劳务分包合同约定允许调整的内容，发包人、承包人应当及时对工程变更事项及劳务分包合同约定允许调整的内容如实记录并履行书面签证手续。履行书面签证手续的人员应当为发包人、承包人的法定代表人或其授权人员。在工程变更及劳务分包合同约定允许调整的内容确定后，工程变更及劳务分包合同约定允许调整的内容涉及劳务分包合同价款调整的，发包人、承包人应当及时确认相应的劳务分包合同价款。经确认的变更部分的价款应当按进度与劳务分包合同价款一并支付。发包人、承包人应当在劳务分包合同中约定，一方当事人拒绝履行书面签证手续的，另一方当事人应当向合同中约定的对方通讯地址送达书面资料；收到书面材料的当事人应当在 7 日内给予书面答复，逾期不答复的视为同意。劳务分包合同中关于停工、窝工、临时性用工、现场罚款等的确认程序及支付方式按照本条规定执行。

2.2.7 承包人应当在与发包人签订书面劳务分包合同并备案后进场施工。发包人不得在未签订书面劳务分包合同并备案的情况下要求或允许承包人进场施工。

2.2.8 承包人完成劳务分包合同约定的劳务作业内容后，应当书面通知发包人验收劳务作业内容，发包人应当在收到通知后 3 日内对劳务作业进行验收。验收合格后，承包人应当及时向发包人递交书面结算资料，发包人应当自收到结算资料之日起 28 日内完成审核并书面答复承包人；逾期不答复的，视为发包人同意承包人提交的结算资料。双方的结算程序完成后，发包人应当自结算完成之日起 28 日内支付全部结算价款。发包人、承包人就同一劳务作业内容另行订立的劳务分包合同与经备案的劳务分包合同实质性内容不一致的，应当以备案的劳务分包合同作为结算劳务分包合同价款的依据。

2.2.9 劳务作业全部内容经验收合格后，承包人应当按照劳务分包合同的约定及时将该劳务作业交付发包人，不得以双方存在争议为理由拒绝将该劳务作业交付发包人。

2.3.0 在劳务分包合同履行过程中发生争议的，发包人、承包人应当自行协商解决，也可向有关行政主管部门申请调解；协商或调解不成的，应根据劳务分包合同约定的争议解决方式，向仲裁机构申请仲裁或者向人民法院起诉。

3　罚则

3.0.1　分公司、项目部对施工项目劳务用工管理不力，项目劳务用工未按有关规定办理手续，造成项目用工混乱，导致民工工资纠纷投诉至政府有关部门的，集团人力资源部责令限期处理，未及时处理造成后果的，由该单位负责，并对分公司处以5000元以上20000元以下罚款；对项目部处以5000元以上20000元以下罚款；并对直接责任人处以1000元以上5000元以下的罚款。因民工工资纠纷被新闻媒体曝光，给集团公司造成影响的，分公司处以50000元以下的罚款；对直接责任人处以2000元以上10000元以下的罚款。

4　附则

4.0.1　分公司、项目部对劳务用工管理要齐抓共管，分口把关，明确责任，对所有劳务分包单位、项目承包者进行广泛宣传，严格执行公司的各项规章制度。

4.0.2　本办法集团公司人力资源部负责解释和修订。

4.0.3　本办法自发文之日起执行。

15 EPC 工程总承包合同管理概述

EPC 工程总承包是一种以向业主交付最终产品和服务为目的，对整个工程项目实行整体构思、全面安排、协调运行的前后衔接紧密的承包模式。这一承包模式的出现和应用将过去分阶段分别管理的模式变为对所有阶段进行通盘考虑的系统化管理，使工程建设项目管理更加符合建设规律和社会化大生产的要求。目前，EPC 工程总承包合同在世界得到广泛应用，为此，提高企业的 EPC 工程总承包合同管理能力和水平是顺应国际建设工程市场发展的客观需要。

15.1 EPC 工程总承包合同

15.1.1 EPC 总承包合同概念

1. EPC 合同定义

EPC 工程总承包又称交钥匙工程，EPC 是英文 Engineering Procurement Construction 的缩写，是指业主将建设工程的勘察、设计、设备采购、运输、保险、土建、安装、调试及试运行等一并发包给一个具备总承包资质条件的承包人承担，承包人对承包工程的质量、安全、工期、造价全面负责，在最终达到满足业主要求后，将工程项目整体移交给业主的一种实行全过程的承包合同。总承包人按照合同约定对工程项目的质量、工期、造价等向业主负责。总承包人可依法将所承包工程中的部分工作发包给具有相应资质的分包人，分包人按照分包合同的约定对总承包人负责。业主与总承包人就上述责任、权利和义务达成一致意见所签订的合同，为 EPC 总承包合同。

EPC 总承包模式出现的根本原因在于技术更新周期的缩短和市场竞争压力的增大，业主对项目关注重点是如何在规定的时间（工期）、在规定的技术标准（质量）、限定的预算（成本）内完成工程项目，及早将项目投入使用以便赢得利润，而对怎样完成、谁来完成业主并不十分关注，EPC 总承包模式具有快速跟进的特点，为此得到广泛应用。

2. EPC 与 CGC 合同比较

施工总承包（CGC）合同的缺点主要表现为：一是项目管理的技术基础是按照现行顺序进行设计、招标、施工管理，因建设周期长而导致投资成本容易失控；二是由于承包人无法参与设计工作，设计的“可施工性”差，设计变更频繁，导致业主与承包人之间协调关系复杂，同时导致索赔频发而增加项目成本。两类承包合同模式比较见表 15-1。

表 15-1 CGC 合同与 EPC 合同比较

对比要素	CGC 合同	EPC 合同
适用范围	一般房屋建筑工程、土木工程项目，适用范围广泛	规模较大的投资项目，如大规模住宅小区项目、石油、石化、电站、工业项目等
主要特点	设计、采购、施工交由不同的承包商按顺序进行	EPC 总承包人承担设计、采购、施工，可合理交叉进行

续表

对比要素	CGC合同	EPC合同
设计的主导作用	难以充分发挥	能充分发挥
设计采购施工之间的协调	由业主协调，属外部协调	由总承包人协调，属于内部协调
工程总成本	比EPC合同高	比施工总承包合同低
设计采购和安装费占总成本比例	所占比例小	所占比例高
投资效益	比EPC合同差	比施工总承包合同好
设计和施工进度	协调和控制难度大	能实现深度交叉
招标形式	公开招标	邀请招标或者议标
承包商投标准备工作	相对EPC合同模式较容易	工作量大，比较困难
风险承担	双方承担，业主承担风险较大	主要由承包商承担风险
对承包商的专业要求	一般不需要特殊的设备和技术	需要特殊的设备、技术，而且要求很高
承包商利润空间	相对EPC合同较低	相对施工总承包较大
业主承担项目管理费	较高	较低
业主涉及项目管理深度	较深	较浅

3. EPC合同模式适用条件

（1）EPC合同主要适用于以工艺过程为主要核心技术的工程建设领域。这些项目的共同特点是工程土建施工、设备采购与安装同设计紧密相关，成为投资建设的最重要、最为关键的过程。总承包有关合同条件所确立的责任、权利和义务对业主和总承包人影响极大，总承包人的全面专业技术知识和经营管理能力提出了更高的要求。

（2）EPC工程总承包人在多领域拥有较高的技术和管理能力。由于在EPC合同中总承包人承担的责任涉及从设计、采购、施工等多个领域、多个专业，EPC总承包合同成功的关键是总承包人能有效地利用其在多领域技术上的专业优势和在管理上协调、控制的丰富经验，以使项目按时、保质、保量地完成，达到业主的预期。

（3）EPC工程总承包合同对总承包人项目组成人员的素质要求高。通常情况下，EPC总承包人只是在项目设计、施工某个方面非常擅长，而且EPC总承包项目通常也非常的庞大，总承包人总是根据实际情况将部分设计、施工、采购等工作分包给其他专业分包人，总承包人项目组成员更多的是负责各个关键环节的质量、进度、成本、HSE的监控以及与外部相关单位的协调和沟通，这就要求其成员不仅是专业上的技术专家，同时也是管理协调、人际沟通、对新情况的应变、对大局的把握方面的能手。

（4）EPC总承包合同一般适用于大型工业投资项目，主要集中在石油、化工、冶金、电力工程、大型综合建筑工程。采用该模式建设的项目都有投资规模大、专业技术要求高、管理难度大等特点。在这类工程中，设备和材料占总投资比例高，采购过程中很多设备需要根据项目的特殊要求而单独订制合制造，只有设计工作和设备采购、工程施工同时进行，才不会将整个工期拖得很长，而采用EPC模式，正是充分实现了在设计的同时进行设备材料的采购，而且设计和施工实现了深度交叉，从而有效地缩短了工程工期，同时也利于这三个环节之间的相互协调和匹配。建设工期在EPC总承包项目中，设计工期所占比例较高，而施工工期所占比例相对较低。

尽管 EPC 总承包合同对项目本身有一定的要求，对总承包人的技术水平、管理能力是一种巨大挑战，但为了应对越来越个性化的需求市场，EPC 总承包合同正在成为国际通行的工程项目承包合同模式，国内企业应该适时地发展战略上的转变，从单一功能的企业转变成集设计、施工、采购专业为一体的综合性 EPC 总承包企业。

4. 引入 EPC 合同模式原因

EPC 合同模式在国际工程承包领域已得到普遍使用。而在中国国内，传统的“业主设计及完工测量价格”工程承包模式仍是主流，但基于以下因素，EPC 合同模式（即“承包商设计加施工及固定总价”）近年来日益流行。

(1) 外资不断进入传统房地产开发建设和基础设施建设项目领域，承包人被迫响应外资聘请的律师草拟的 EPC 合同或类 EPC 合同；

(2) BOT/PPP 项目中，只有工程建设期和工程建设价格固定，项目发起人和借款人才能有效测算项目成本和收益，因此决定了 BOT/PPP 项目中必须采用合同总价固定并工期相对确定的 EPC 合同；

(3) EPC 固定总价合同得到饱受低价竞争之苦的有竞争优势的承包人的欢迎，以排斥竞争，获取更高利润；

(4)“业主设计及完工测量价格”模式下的风险分配及价格确定机制，使得承包人普遍采用“低报价、高索赔”策略盈利，导致工程在结算时极易产生争议，而使得建筑工程领域纠纷诉讼或仲裁比率非常高，无论是业主还是承包人都承担了很重的诉累。

15.1.2 EPC 合同特征

EPC 工程总承包是国外建设活动中使用较多的建设工程项目承包合同，与其他传统的承包合同相比具有显著特征，表现在以下几个方面：

1. 合同关系单一

合同法律性质包括总承包人与业主之间的法律关系和总承包人与分包人之间的法律关系：

(1) 总承包商与业主之间的法律关系即建设工程合同关系。《建筑法》第二十四条规定：“提倡对建筑工程实行总承包，禁止将建筑工程肢解发包。建筑工程的发包单位可以将建筑工程的勘查、设计、施工、设备采购一并发包给一个工程总承包单位”。《合同法》第二百六十九条规定：建设工程合同是承包人进行工程建设，发包人支付价款的合同。建设工程合同包括工程勘察、设计、施工合同。

(2) 总承包商与分包商之间的法律关系即建设工程施工合同关系。《建筑法》第二十九条规定：施工总承包的，建筑工程主体结构的施工必须由总承包单位自行完成。施工合同准许将部分专业技术工程分包，但是，除总承包合同约定的分包外，必须经建设单位同意。合同法律关系如图 15-1、图 15-2 所示。

为此，EPC 合同有利于理清工程建设中业主与承包人、勘察设计与业主、总包与分包、执法机构与市场主体之间的各种复杂关系，在 EPC 合同条件下，业主把工程的设计、采购、施工和开车服务工作全部委托给总承包人来负责组织实施，业主只负责整体的、原则的、标准性、目标的管理和控制。承包人则负责对工程建设全过程的组织实施和控制，减轻了业主的负担，同时，总承包人可以充分发挥他们较强的技术力量、丰富的管理经验和组织能力优势，有利于提高项目运作效率和效益。

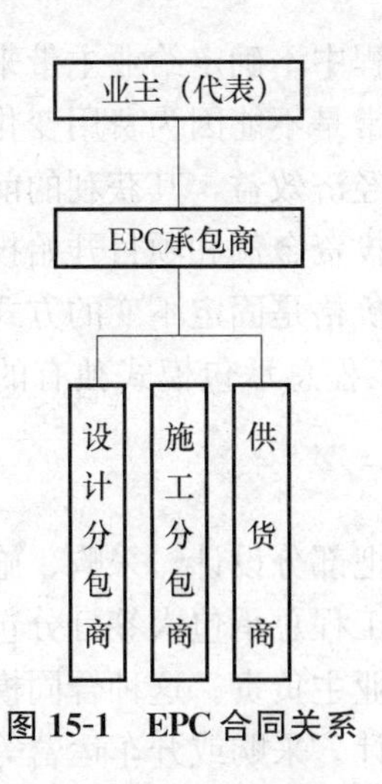

图 15-1 EPC 合同关系

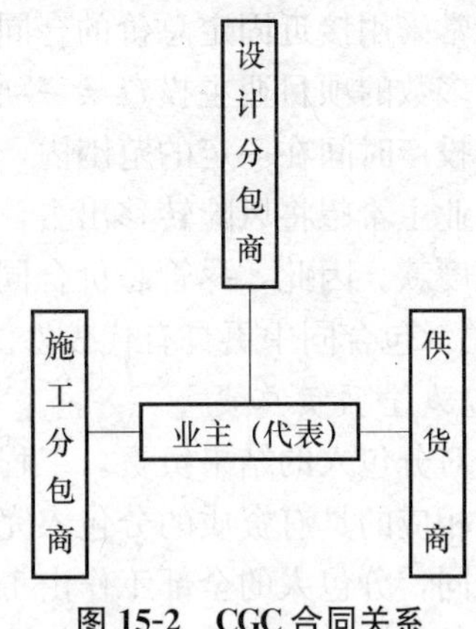

图 15-2 CGC 合同关系

2. 减少项目成本缩短工期

EPC 合同模式是一种快速跟进方式（阶段发包方式）的管理模式 EPC 合同模式与过去那种等设计图纸全部完成之后再进行招标的传统连续建设模式不同，在主体设计方案确定后，随着设计工作的进展，完成一部分分项工程的设计后，即对这一部分分项工程组织招标，进行施工。

快速跟进模式的最大优点就是可以大大缩短工程从规划、设计到竣工的周期，节约建设投资，减少投资风险，可以比较早地取得收益。一方面整个工程可以提前投产，另一方面减少了由于通货膨胀等不利因素造成的影响。EPC 合同模式下承包商对设计、采购和施工进行总承包，在项目初期和设计时就考虑到采购和施工的影响，避免了设计和采购、施工的矛盾，减少了由于设计错误、疏忽引起的变更，可以显著减少项目成本，缩短工期。

3. 合同主体特定

在 EPC 工程总承包模式下，总承包人的工作范围包括：设计、工程材料和机械设备的采购以及工程施工，直至最后竣工，在交付业主时可以立即使用。因此，该合同主要适用于那些专业性强、技术含量高、施工工艺较为复杂、一次性投资较大的建设项目，如承建工厂、发电厂、石油开发以及基础设施项目等。

4. 总承包人承担风险大

项目实施过程中的绝大部分风险由承包商承担建设工程承包合同中一般都将工程的风险划分为业主的风险、承包商的风险、不可抗力风险（亦称为“特殊风险”），有时是明示的规定，有时是隐含在合同条款中。一般来说，在传统合同模式下，业主的风险大致包括：政治风险（如战争、军事政变等），社会风险（如罢工，内乱等），经济风险（如物价上涨，汇率波动等），法律风险（如立法的变更），外界（包括自然）风险等，其余风险由承包商承担，另外，出现不可抗力风险时，业主一般负担承包商的直接损失。但在 EPC 合同下，上述传统合同模式中的外界（包括自然）风险、经济风险一般都要求承包商来承担，这样，项目的风险大部分转嫁给了承包商。对承包商来说，承担 EPC 项目无疑是对自己管理水平的一项挑战，充满了高风险，也带来高收益的机遇。如果一个承包商善于控制和处理这些风险，就能最大限度地将投标报价中的风险费转化为利润，在工程承包的大市场上发展和壮大。

5. 采取总价合同方式

由于通常采用 EPC 工程总承包合同模式的工程一般为投资规模较大、工期较长、技术相对复杂、不确定性较强的工程，为了避免工程实施过程中不确定给业主带来的风险，EPC工程总承包通常采用接近固定总价的合同，总承包人通常是不能因为费用变化而调价。另一方面由于绝大多数的项目业主投资某一项目是为了获得经济效益，其获利的前提是能将项目的投资金额和投产时间在一定的范围内，只要在预计的投资金额和项目开始投产的时间内即可盈利，所以业主希望将风险转移出去，愿意采取投标价格是固定不变的方式并按里程碑方式支付工程进度款。因此，尽管总价合同并不是EPC工程总承包模式独有的，但这种方式在EPC工程总承包合同中更具有代表性。

6. 总承包人全面负总责

总承包人对分包人的结果负责。工程总承包人可以把部分设计、采购、施工或开车服务工作，委托给相应的具有资质的分包人完成，分包人与工程总承包人签订分包合同，而不是与业主签订合同，分包人的全部工作由工程总承包人对业主负责。这种合同模式条件下，总承包人不仅仅是对施工对业主负总责，而且还包括了设计、采购或开车运营等方面，比施工承包责任范围更加广泛。

7. 授权代表进行管理

EPC合同的管理方式不同于传统的管理方式，EPC合同的管理方式与传统的采用独立的“工程师”管理项目不同，业主对承包商的工作只应进行有限的控制，一般不进行干预，给予承包商按他选择的方式进行工作的自由。如果业主有管理项目的能力，它一般自己来管理合同的实施，自己派出管理项目的授权代表。即使业主雇佣一项目管理公司来代表业主管理项目，这一公司也被看作是业主代表，代表业主的利益来管理工程。在这种合同模式下，与传统合同模式下的“工程师”的权利相比，业主代表被授予的权力一般较小，有关延期和追加费用方面的问题一般由业主来决定。项目管理公司主要处理工程进度与质量方面的问题，有时也授权其决定工期和费用的权利，但往往还要求得到业主的最终审查和批准。在此类项目管理公司给出决定时，也不像要求“工程师”那样，在合同中明文规定要“公正无偏”。

表15-2 EPC合同中业主和总承包人的工作分工

项目阶段	业主	承包商
项目实施准备	组建项目机构，筹集资金，选定项目地址，确定工程承包方式，提供功能性要求，编制招标文件	—
发包方案确定	对承包人提供的招标文件进行技术和财务评估，签订合同	递交投标文件，签订合同
项目实施	检查并控制进度、成本和质量目标，分析变更和索赔，并根据合同进行支付	设计与优化，设备材料采购和施工单位选择，全面进行设计与采购、施工的管理与协调，控制造价
移交和试运行	竣工检验和竣工后检验，接受工程，联合承包商进行试运行	接受单体和整体工程的竣工检验，培训业主人员，联合业主进行试运行，移交工程，修补工程缺陷

15.1.3 EPC合同模式发展

1. EPC合同模式发展

EPC总承包模式起源于20世纪70年代左右，随着世界经济的快速发展，各国在各种关乎民生的大项目上的投资越来越多，以实现本国工业跨越式发展，同时，也有大量的民间资本涌入原本只有政府才有能力承建的大型项目中，以求通过大型项目获得更高的投资回报。在这种情况下，作为投资方的业主在投资前就越来越关心工程项目的最终价格和最后工期，以便他们可以准确地预测到项目的投资回报率。因此，此类项目业主尽可能地将项目的工期和价格控制在可以掌握的范围内，从而避开项目实施过程中可能发生的项目增加预算或延长工期等风险发生，他们更愿意将项目投资和工期确定下来。

在项目的具体施工过程中，业主为了将项目的投资和工期变为可控风险，只要通过分析认为项目具有可行的经济性，可以确定获得盈利，他们就愿意付出更高的合同价格，从而将项目实施过程中的风险转嫁到承包人身上。同时，对于承包人而言，虽然这种模式将使其承担比以往更复杂、更大的风险，但其可以通过自身专业的项目管理技能和工程实施能力，将项目风险控制到最低，从而取得比以往任何工程承包模式大得多的经济利益。因此，这种由承包人负责从项目概念到生产合格产品等所有环节的合同模式越来越被广泛地应用于大型项目的工程模式中来。在这种现实情况下，FIDIC为了规范参与各方在项目履行过程中各种行为和责任义务，以保证各方的权利和目标的可以公平地予以实现，便编制了合同模板，以满足工程承包市场的需要，并为项目中的各项具体实践活动提供指导。目前，EPC总承包模式在世界范围得到广泛应用。

2. EPC合同模式推广

1984年9月，国务院印发《关于改革建筑业和基本建设管理体制若干问题的暂行规定》（国发［1984］123号）提出在全国推行工程总承包建设项目组织实施方案，在我国政策的推动下，化工、石化等行业的设计、施工企业积极开展EPC工程总承包，成效显著。

1997年颁布的《建筑法》第二十四条：提倡对建筑工程实行总承包，禁止将建筑工程肢解发包。建筑工程的发包单位可以将建筑工程的勘察、设计、施工、设备采购一并发包给一个工程总承包单位，也可以将建筑工程勘察、设计、施工、设备采购的一项或者多项发包给一个工程总承包单位；但是，不得将应当由一个承包单位完成的建筑工程肢解成若干部分发包给几个承包单位。这一规定，在法律层面为EPC总承包模式在我国建筑市场的推行，提供了具体法律依据。

2003年3月，建设部印发了《关于培育发展工程总承包和工程项目管理企业的指导意见》（建市［2003］30号）、《关于工程总承包市场准入问题的复函》（建办市函［2003］573号），明确了工程总承包的基本概念和主要方式，规定凡是具有勘察、设计资质或施工总承包资质的企业都可以在企业资质等级许可的范围内开展工程总承包业务。此政策文件的出台，为企业开展工程总承包指明了方向。

2005年，建设部再次印发《关于加快建筑业改革与发展的若干意见》（建质［2005］119号），提出要进一步加快建筑业产业结构调整，大力推行工程总承包建设方式。从此，我国工程总承包进入了一个新的发展时期。

2014年住房和城乡建设部印发的《关于推进建筑业发展和改革的若干意见》（建市［2014］92号）再次指出，要加大工程总承包推行力度，倡导工程建设项目采用工程总承包模式，鼓励有实力的工程设计和施工企业开展工程总承包业务。

自1984年起，我国经过30多年的努力，推行建设工程总承包取得快速发展，开展总承包的行业已从早期启动的化工、石化等少数几个行业推广到冶金、电力、机械、建材、石油天然气、纺织、电子、兵器、轻工、城市轨道交通等大部分领域。据统计，2010年勘察设计企业完成工程承包收入5634亿，已占勘察设计企业全部营业收入的59%。通过一系列国内外 EPC 总承包工程的锻炼，促进了企业生产组织方式的变革和产业结构的调整，适应了国际承包工程的形势需要，促进了我国工程承包企业不断创新承包模式，积极向高端市场迈进，大力拓展建筑业上下游产业链业务，打破单一的经营模式，企业得到了快速发展。提高了企业工程总承包能力，升级了企业的核心竞争力，促进了企业做强做大，取得了显著的经济效益和社会效益。

15.2　EPC 工程总承包合同管理

15.2.1　EPC 合同管理内容

EPC 总承包合同管理就是以 EPC 总承包合同为管理对象，对工程进行全面的管理活动。通过合同管理活动使总承包人合同的成立更能满足企业利益，在履行阶段及时发现背离合同目标的偏差，并采取措施，使工程沿着合同目标顺利实现方向发展，最终达到合同目的的实现。EPC 合同管理主要工作包括以下内容：

（1）投标阶段。在项目投标阶段，合同管理的主要工作是搜集项目所在地市场信息，根据业主招标文件的合同条款，依照公司的合同评审规定进行严格的合同检查和评估；

（2）合同谈判和签署阶段。项目中标后，在合同谈判和签署阶段，要根据投标阶段对业主合同条款的审查意见，逐一与业主进行合同谈判；

（3）合同执行阶段。在项目组组建后，要组织严格的合同交底，使得项目全体执行人员都能明确合同中承包商的权利、责任和义务，理解在项目执行过程中各自部门的岗位的责任，熟悉合同管理的流程；

（4）合同变更和索赔。索赔管理是合同管理的重要组成部分。工作内容包括：系统地积累各类资料、正确地编写索赔报告、策略地进行索赔谈判等方面；

（5）合同争议的处理。对于在履约阶段发生的纠纷，通过协商、仲裁、诉讼等形式及时处理，妥善处理有关事宜。

15.2.2　EPC 合同管理特征

（1）合同实施风险较大。由于 EPC 是对工程项目的全包，承包人相对于其他传统承包合同模式相比较所临的风险肯定增大。尤其对 EPC 国际承包项目而言，由于项目所在国的经济环境、政治环境、自然环境、法律环境各自不同，不可控、不可预测的风险增多。相对于业主则占有得天独厚的地理、环境优势，因此，EPC 承包人在国际工程承包合同实施过程中，所遇困难重重，经营风险更大。

（2）合同管理时间较长。由于 EPC 承包合同的特点，一般适用于工程规模大的项目，因此，工期较长，尤其是国际工程项目一般工期更长，加上一些不可预测因素，致使合同完工一般需要两年或更长的时间。合同管理必须从领取招标文件到合同关闭，长时间内连续不间断地进行合同管理活动。

（3）合同变更、索赔量大。无论是国内还是国外的 EPC 工程，大多是规模大、工期长、结构复杂的工程项目。再加上在施工过程中由于受到水文气象、地质条件变化影响，以及规划设计变更和人为干扰，在工期、造价等方面存在着很多的变化因素，因此，超出合同条件规定的事项层出不穷，这就导致了合同管理中的变更、索赔数量大，其合同管理任务很重，工作量也很大，十分辛苦。

（4）合同管理更多的是协调管理。EPC工程往往参与的单位很多，通常包括业主、总承包人、合作伙伴、分包人、材料供应人、设备供应人、设计单位、运输单位、保险单位、担保单位等十几家甚至几十家。这样合同在时间和空间上的衔接和协调十分重要，总承包人的合同管理必须协调和处理各方面的关系，使相关的各个合同和合同规定各个合同之间不相矛盾，在内容上、技术上、组织上、时间上协调一致，形成一个完整的周密的有序体系，以保证工程有序、按计划实施。

（5）合同管理的全员性。工程合同文件一般包括合同协议书及其附件、合同通用条款、合同特殊条款、投标书、中标函、技术规范、图纸、工程量表及其他列入的文件，在项目执行过程中所有工作已被明确定义在合同文件中，这些合同文件是整个工程项目工作中的集合体。同时也是所有管理人员工作中必不可少的指导性文件，是项目管理人员都应充分认识并理解的文件。因此承包商的合同管理具有全员参与性。

（6）合同管理过程的复杂性。EPC合同从购买标书到合同结束，从局部完成到整体完成往往要经历几百个甚至几千个合同事件，在这个过程中，如果稍有好疏忽就有可能导致前功尽弃、造成经济损失。所以总承包人必须保证合同在工程的全过程和各个环节上都能够顺利完成。正由于EPC合同具有风险大、任务量大、实施过程复杂和协调管理突出的特点，决定了EPC工程总承包合同管理具有自己的复杂特征。

15.2.3 EPC合同管理意义

（1）实现双方权利、义务的保障。EPC工程总承包通过签订总承包合同来规范交易双方的行为，是建筑市场交易与项目组织实施的行为规则和制度安排。加强合同管理可以更好地实现业主与总承包人在合同中约定的各自的权利和义务；

（2）统筹安排、综合控制。采用EPC工程总承包合同模式，在履约全过程中实施合同管理，可以有效地克服设计、采购、施工、试运行相互脱节的矛盾，使各个环节的工作有机地组织在一起，有序衔接，合理交叉，能有效地对工程进度、建设资金、物资供应、工程质量等方面进行统筹安排和综合控制；

（3）化解矛盾、加强合作。实施合同管理可以有利于协调各方关系，化解矛盾，提高工程建设管理水平，达到业主所期望的最佳的项目建设目标，通过内部协调，降低了协调成本，促进各方的合作；

（4）减少成本、增加利润。EPC合同的合同价格往往高于传统合同模式的合同价格，业主对项目关注重点的排序T（时间、工期）、P（质量、性能、功能和美感等）、C（成本）；因此业主采取的是固定不变的包干总价，总承包人通过合同管理，保证工期和质量，较少成本增加企业利润。

15.3 EPC工程总承包合同文本简介

15.3.1 FIDIC银皮书

1995年，FIDIC与国际房屋建筑和公共工程联合会［现在的欧洲国际建筑联合会(FIEC)］在英国咨询工程师联合会（ACE）颁布《设计－建造和交钥匙合同条件》（俗称橘皮书）。1999年国际咨询工程师联合会，根据多年来在实践中取得的经验以及专家、学者和相关各方的意见和建议，对原文本橘皮书作了重大调整，重新出版《设计采购施工

(EPC) /交钥匙工程合同条件》(俗称银皮书)。

1. FIDIC 银皮书整体结构

FIDIC 银皮书包括以下三部分：一是通用条件；二是专用条件编写指南；三是投标书、合同协议、争议评审协议。通用条件部分有二十条款。FIDIC 银皮书合同条件更具有灵活性和易用性，如果通用合同条件中的某一条并不适用于实际项目，那么可以简单地将其删除而不需要在专用条件中特别说明。编写通用条件中子条款的内容时，也充分考虑了其适用范围，使其适用于大多数合同。（不过，子条款并不是银皮书的必要部分，用户可根据需要选用。）

2. FIDIC 银皮书适用范围

FIDIC 银皮书是一种现代新型的建设履行方式。该合同范本适用于建设项目规模大、复杂程度高、承包商提供设计、承包商承担绝大部分风险的情况。与其他新红皮书（《施工合同条件》)、新黄皮书（《设备与设计－建造合同》、绿皮书（《简明合同格式》）三个合同范本的最大区别在于，在 FIDIC 银皮书合同条件下，业主只承担工程项目的很小风险，而将绝大部分风险转移给承包商。这是由于作为这些项目（特别是私人投资的商业项目）投资方的业主在投资前，关心的是工程的最终价格和最终工期，以便他们能够准确地预测在该项目上投资的经济可行性。所以，他们希望减少承担项目实施过程中的风险，以避免追加费用和延长工期。因此，当业主希望：①承包人承担全部设计责任，合同价格的高度确定性，以及时间不允许逾期；②不卷入每天的项目工作中去；③多支付承包人建造费用，但作为条件承包人须承担额外的工程总价及工期的风险；④项目的管理严格采纳双方当事人的方式，如无工程师的介入，那么，FIDIC 银皮书正是所需。

另外，使用 EPC 总承包合同的项目的招标阶段给予承包人充分的时间和资料使其全面了解业主的要求并进行前期规划、风险评估的估价；业主也不得过度干预承包商的工作；业主的付款方式应按照合同支付，而无须像新红皮书和新黄皮书里规定的工程师核查工程量并签认支付证书后才付款。

FIDIC 银皮书特别适宜于下列项目类型：①民间主动融资，或公共/民间伙伴，或 BOT 及其他特许经营合同的项目；②发电厂或工厂且业主期望以固定价格的交钥匙方式来履行项目；③基础设计项目（如公路、铁路、桥、水或污水处理石、水坝等）或类似项目，业主提供资金并希望以固定价格的交钥匙方式来履行项目；④民用项目且业主希望采纳固定价格的交钥匙方式来履行项目，通常，项目的完成包括所有家具、调试和设备。

3. FIDIC 银皮书的特点

(1) 风险分配：FIDIC 银皮书明确划分了业主的承包人的风险，特别是承包人要独自承担发生最为频繁的“外部自然力”这一风险。

(2) 管理方式：由于业主承担的风险已大大减少，就没有必要专门聘请工程师来代表它对工程进行全面细致的管理。EPC 合同中规定，业主或委派业主代表直接对项目进行管理，人选的更迭不须经承包人同意；业主或业主代表对设计的管理比黄皮书宽松；但是对工期和费用索赔管理是极为严格的，这也是 EPC 合同订立的初衷。

4. FIDIC 银皮书中业主的义务

为了实现双方的权利，合同双方必须履行合同中约定的各自的义务。近年来，由于国际 EPC/交钥匙合同中的规定对承包商越来越严格，以致造成承包人承担的风险过大，索赔更加困难。了解FIDIC总承包合同下业主的义务，有助于承包人把握和识别索赔机会，在合同双方实施工程的博弈过程中，更好地保障己方的利益。

（1）业主方的总体义务。国际工程合同是合同双方为实现该国际工程项目中的特定目的而签订的协议，并在合同中确定双方的权利和义务。具体到EPC合同，从合同管理目标来看，业主与承包商各自享有终极的“静态权利”，即业主有权“及时得到竣工的工程，并投产运营获得投资收益”，承包人有权“按时获得相应的工程款支付，实现其工程承包经营的目的”，合同双方同时承担与其权利相对应的义务。按照管理过程分类，合同双方在项目实施过程中各自享有相应的“动态权力”即：决策权、执行权、监督权、建议权、知情权，这些权力根据合同约定，在双方之间分享，双方就各自权力承担相应的行为职责与责任。这些权利和义务、职责、责任分别体现在项目的设计、采购与施工（EPC）整个过程中。

从国际工程合同的基本原理来看，业主义务可以分为两大类：一类是按合同约定，提供“承包商实施工程所需要的条件”；二是“不得无故妨碍承包商正常作业”，即业主在整个项目实施过程中的管理不得构成“过分干预”或“不作为”。前一类义务主要来自合同双方为完成项目而进行的“分工”，如提供项目现场以及支付工程款；后一类义务主要来自对“业主过分滥用监督权的行为”或“对承包人的合理要求不响应”的适当约束，如业主对工程某部分进行检验时应提前通知承包人以及承包人就雇佣分包人名单申请时，业主拖延答复等。

（2）业主的支付义务。支付是业主的一项核心义务，业主不但有义务支付整个合同价款，包括项目执行过程中因变更等原因而增加的各类别调整款项，而且还必须按规定的时间与方式来支付。通常情况，业主支付的工程款项分为三大类：预付款、进度款、最终结算款。

对于EPC总承包合同，常采用里程碑付款形式，合同中包含一份里程碑支付计划表，规定每达到一个里程碑，业主须支付若干合同款百分数。无论采用何种付款形式，若业主没有履行合同支付义务，则应承担下述责任：

1）应对到期未支付款项，支付承包人一定的融资费，包括利息和各类手续费。利息的收取一般按约定的商业银行短期贷款利率再加上一个固定值，如LIBOR（伦敦银行同业拆借利率）再加2%。有的合同则约定支付货币所在国中央银行颁布的年贴现率外加三个百分点，且按月复利进行计算。

2）若到期应支付款项发生拖欠，EPC承包人享有降低工程进展速度或暂停工作的权利，后果责任由业主承担。

3）拖延时间较长，例如，业主在支付期后的某一时间段内仍不支付的，承包人有权终止合同，后果责任由业主负担。关于业主支付义务的其他详细规定，可参见“FIDIC银皮书第14.8款［拖延的付款］，以及第16款［承包商的暂停与终止］。

（3）业主向承包人提供现场和通行权的义务。现场的征地是业主的另一项基本义务。在土地征用后，业主按合同约定，将现场用地提供给承包人占用，同时赋予承包人进入现场的通行权。关于此类合同中的业主义务，通常约定的具体内容包括：给予承包人现场占用权的时间；给予承包人现场占用权的方式；未及时给予承包人占用权和通行权的后果。

1）给予承包人现场占用权的时间。这一时间一般在合同中专用条件或业主要求中专门进行约定。有时由于业主对完成征地的时间没有把握，在合同中没有给出明确的时间规定。在此情况下，业主给予承包人现场占用权的时间应在开工日期之前。

2）给予承包人现场占用权的方式。有的时候，业主不能完成现场用地的全部征收，可以采取分若干次、部分的方式给予承包商占用权。如果没有规定具体时间，则采取分期给予专用权的方式，以不影响承包人的总体工程进度为条件。承包人总体进度的界定以业主批准的工程进度计划为准。

合同中一般规定业主给予承包人的占用权是否具有排他性质，即 EPC 承包人在现场实施工程的同时，是否有其他承包或人业主人员在现场从事 EPC 合同外的工作。对于业主的大型复杂项目系统，业主可能分几个合同包来进行发包，此时在合同中通常明确规定某个 EPC 承包人对项目现场没有专用权。在此情况下，EPC 承包人应要求业主澄清另外承包人的项目工作计划，以便做出相应安排。

如果合同中对业主所提供的现场占用是否专用没有明确规定，则应认为，即使允许其他人员使用现场，他们的使用也不能对 EPC 承包人的工作构成影响，否则，业主应承担相应责任。因为这违反了国际工程界所称谓的“充分占用权”原则。

有些合同，业主为了避免这方面的责任，在合同中规定 EPC 承包人应与现场可能同时工作的其他承包人保持合作与协作，业主不承担相互干扰带来的后果。这一规定有时被称为“无赔偿条款”。在签订合同时，承包人应当注意这个问题。如果按照合同，EPC 承包人需要向其他承包商提供合作，则 EPC 承包人应该给予合理的合作，但如果此项合作内容没有体现在 EPC 承包人的工作范围或合同义务内，则承包人可以按照可推定变更的理论，握好证据，就此类合作给 EPC 承包人带来的费用和工期影响向业主提出索赔。

3）未及时给予承包人现场进入权和占用权的后果。由于提供现场进入权和占用权是业主的核心义务，如果业主违反该义务，承包人可就下列三个方面提出索赔：延长工期、追加费用、补偿利润，但应当注意，在国际工程中，业主通常不提供“三通一平”等条件。业主提供的通常是承包人“进入项目现场的权利”，但并不保证进入现场的道路是否适宜承包人进出项目现场，甚至也不保证是否有可用的通往现场的道路。

（4）业主向承包人提供工程资料和数据的义务。承包人实施项目需要大量的基础数据和资料。其中很多都应由业主提供。就工程资料和数据提供，EPC 合同通常规定业主义务和责任如下：

1）业主在招标期间，主要是通过招标文件，就项目现场的地质、水文、环境等情况，向承包商提供所掌握的一切项目资料，不得隐瞒。

2）即使在承包人中标后和项目实施期间，只要业主后来又获得了后续项目现场的相关资料，也应提供给承包商。

3）就工程本身的规定，一般在“业主的要求”中，业主必须明确提出“项目的预期目的”、“工程实施规范与标准”、“竣工验收的测试与性能标准”以及管理程序要求等。

关于业主提供的项目现场资料和数据，业主不对相关数据和资料的准确性、完整性和充分性承担责任。这些资料由承包商自己负责解释，并根据自己的解释来确定技术方案。

关于业主提供的工程本身的数据，业主应对其正确性负责。一般来说，业主负责的范围除了上述第三条中的内容，还包括业主提供的但承包人无法核实的数据，如某些坐标点等。如果此类数据出现错误，业主应当承担后果责任。

以上是国际工程中的一些常用原则。当然，针对业主提供的任何资料或数据，合同双方都可以根据项目的具体情况来约定各自责任，在不违背法律的情况下，以约定的条款为准。

（5）业主向承包人提供协助和配合的义务。在承包人实施项目过程中，需要进行很多对外协调，为了使承包人高效率地工作，在国际工程合同中，通常要求业主在许多方面给予承包人协助，主要包括：

1）协助承包人获得其需要的各类许可证与相关部门的批复，如承包人人员出国签证、当地工作许可证、特殊工种工作许可证（如一些爆破危险工作，通常需要当地警察局与劳工部门联合批准）、物资进口与再出口许可证、对某些特殊设施的设计方案的行政审批。但应当注意，有些批准必须是业主自己负责办理的，而不是协助承包商办理，如项目的总体规划许可等。在合同的相关条款，应约定有关项目执行过程中各类行政批准的申请手续由何方办理。如果法律规定由哪一方负责办理，则按法律规定执行。

2）合同中要求承包人在实施项目过程中要遵守当地的各类法律。鉴于业主比承包人更熟悉当地环境，因此，合同通常要求业主协助承包人获得与实施工程相关的政策法规，如劳动法、文物保护法、税法、海关法、环境保护法等法律文件。

3）在安全、环保等方面，业主应约束己方人员与承包人保持合作，配合承包人的工作，遵守承包人制定的项目安全和环保等各项规定。若业主在项目现场同时雇用其他承包人实施其他工作，则业主也应要求其与承包人保持合作。

4）按期验收、颁发证书。对按合同已完成的工程和分项工程，在承包人报送申请后规定的时间内业主应当及时组织竣工检验，并颁发工程接收证书，履约证书等，不得无故拖延，给承包人造成损失。

(6) 业主的其他义务。除了上述核心义务外，业主在EPC合同中常常还有下列义务：

1）业主对承包人的保障义务。如由于业主负责的原因引致承包人遭到其他方的索赔时，业主有义务赔偿承包人的相关损失，包括处理该索赔的律师费和其他开支。

2）业主及时答复义务。在EPC项目执行过程中，许多工作需要得到业主的指令、批准或答复才能执行，如果业主对此拖延，则会影响项目执行。因此，业主一般有义务对承包人的申请或要求有及时下达指令、给予答复的义务。任何此类答复都不得无故被延误或拒绝。

3）业主告知义务。针对项目执行中的某种情况，在承包人提出要求时或业主应主动告知承包人。如在承包人要求时，应通知承包人资金到位。当业主负责保险时，应将办理保险的情况及保险单提供给承包人等。

4）业主任命代表义务。如果业主为法人，它有义务任命一个业主代表，代表业主来管理和协调承包人的工作。

5）业主提供辅助设施义务。在有些EPC项目中，如果合同规定业主在提供项目现场的同时还应提供一定的附属设施或条件，如“水、电、气”等临时设施的接口条件、进场通道等条件，则业主应履行此类义务。同样，如果业主违反上述义务，承包人有权寻求其他补救措施，并可向业主提出工期与经济方面的索赔。

15.3.2 建设项目工程总承包合同文本

2011年9月，住房和城乡建设部、国家工商行政管理总局为促进建设项目工程总承包的健康发展，指导建设项目工程总承包合同当事人的签约行为，维护合同当事人的合法权益，规范工程总承包合同当事人的市场行为，依据《合同法》《建筑法》《招标投标法》以及相关法律、法规，制定并颁布了《建设项目工程总承包合同示范文本（试行）》（GF—2011—0216)，（以下简称：工程总承包合同文本），自2011年11月1日起试行。

1. 编制背景

自 1984 年始，我国积极推行工程总承包实践近 30 年以来，我国一直没有可参照执行的《工程总承包合同示范文本》，造成一些工程总承包项目合同内容不完整、责任不明确、执行不到位，给建设工程的质量安全带来了隐患。因此，随着工程总承包的快速发展，并根据建设市场的实际需要，住建部组织编制了《工程总承包合同示范文本》，以明确合同双方的权利和义务，进一步规范市场行为，保证工程总承包项目的质量安全。

在《示范文本》编制过程中，中国勘察设计协会建设项目管理和工程总承包分会（中国石油和化工勘察设计协会）做了大量艰苦、细致的工作，组织来自化工、石化、电力、纺织等各行业和法律界的专家组成编写组，经过调研、座谈等方式，历时 6 年，数易其稿。

2. 编制原则

总体上来说，示范文本体现了以下原则：一是合法性原则。《示范文本》严格遵循了《合同法》《建筑法》等法律要求，与国家现行的有关法律、法规和规章相协调一致；二是适宜性原则。《示范文本》根据我国法律法规和工程总承包的实际特点，实事求是地约定了合同条款及内容；三是公平性原则。《示范文本》按照公平、公正原则确定合同当事人的权利和义务；四是统一性原则。《示范文本》的适用范围广泛，适用于包括建筑、市政在内的所有行业的工程总承包项目；五是灵活性原则。除法律规定以外的，允许合同当事人在专用条款中进行约定，以提高《示范文本》的使用面。

3. 合同文本的组成

总承包文本由合同协议书、通用条款和专用条款三部分组成：

一是合同协议书。依据《合同法》的规定，合同协议书是双方当事人对合同基本权利、义务的集中表述，主要包括：建设项目的功能、规模、标准和工期的要求、合同价格及支付方式等内容。合同协议书的其他内容，一般包括合同当事人要求提供的主要技术条件的附件及合同协议书生效的条件等。

二是通用条款。通用条款是合同双方当事人根据《建筑法》《合同法》以及有关行政法规的规定，就工程建设的实施阶段及其相关事项、双方的权利、义务做出的原则性约定。通用条款共 20 条，具体包括：

（1）核心条款 8 条：这部分条款是确保建设项目功能、规模、标准和工期等要求得以实现的实施阶段的条款：第 1 条（一般规定）、第 4 条（进度计划、延误和暂停）、第 5 条（技术与设计）、第 6 条（工程物资）、第 7 条（施工）、第 8 条（竣工试验）、第 9 条（工程接收）和第 10 条（竣工后试验）。

（2）保障条款 4 条：这部分条款是保障核心条款顺利实施的条款：第 11 条（质量保修责任）、第 13 条（变更和合同价格调整）、第 14 条（合同总价和付款）、第 15 条（保险）。其中，在第 13 条中，相关约定在合同谈判阶段仅指合同条件的约定，中标价格并未包括；在第 14 条中，合同总价中包括中标价格，还包括执行合同过程中被发包人确认的变更、调整和索赔的款项。

（3）合同执行阶段的合同当事人条款 3 条。这部分条款是根据建设项目实施阶段的具体情况，依法约定了发包人、承包人的权利和义务：第 2 条（发包人）、第 3 条（承包人）和第 12 条（工程竣工验收）。合同双方当事人在实施阶段已对工程设备材料、施工、竣工试验、竣工资料等进行了检查、检验、检测、试验及确认，并经接收后进行竣工后试验、考核确认了设计质量；而工程竣工验收是发包人针对其上级主管部门或投资部门的验收，故将工程竣工验收列入干系人条款。

（4）违约、索赔和争议条款1条：这部分条款是约定若合同当事人发生违约行为，或合同履行过程中出现工程物资、施工、竣工试验等质量问题及出现工期延误、索赔等争议，如何通过友好协商、调解、仲裁或诉讼程序解决争议的条款。即第16条（违约、索赔和争议）。

（5）不可抗力条款1条：第17条（不可抗力）约定了不可抗力发生时的双方当事人的义务和不可抗力的后果。

（6）合同解除条款1条：第18条（合同解除）分别对由发包人解除合同、由承包人解除合同的情形做出了约定。

（7）合同生效与合同终止条款1条：第19条（合同生效与合同终止）对合同生效的日期、合同的份数以及合同义务完成后合同终止等内容做出了约定。

（8）补充条款共一条：合同双方当事人需对通用条款细化、完善、补充、修改或另行约定的，可将具体约定写在专用条款内，即第20条（补充条款）。

三是专用条款。专用条款是合同双方当事人根据不同建设项目合同执行过程中可能出现的具体情况，通过谈判、协商对相应通用条款的原则性约定细化、完善、补充、修改或另行约定的条款。在采用专用条款时，应注意以下事项：

（1）专用条款的编号应与相应的通用条款的编号相一致。

（2）在《总承包合同文本》的专用条款中有横道线的地方，合同双方当事人可针对相应的通用条款进行细化、完善、补充、修改或另行约定；如果不需进行细化、完善、补充、修改或另行约定，可划“/”或写“无”。

（3）对于在《总承包合同文本》专用条款中未列出的通用条款，合同双方当事人根据建设项目的具体情况认为需要进行细化、完善、补充、修改或另行约定的，可增加相关专用条款，新增专用条款的编号须与相应的通用条款的编号相一致。

4. 合同文本适用范围

《合同文本》适用于建设项目工程总承包承发包方式。“工程总承包”是指承包人受发包人委托，按照合同约定对工程建设项目的设计、采购、施工（含竣工试验）、试运行等实施阶段，实行全过程或若干阶段的工程承包。为此，在《合同文本》的条款设置中，将“技术与设计、工程物资、施工、竣工试验、工程接收、竣工后试验”等工程建设实施阶段相关工作内容皆分别作为一条独立条款，发包人可根据发包建设项目实施阶段的具体内容和要求，确定对相关建设实施阶段和工作内容的取舍。

5. 合同文本的性质

总承包合同文本为非强制性使用文本。合同双方当事人可依照总承包合同文本订立合同，并按法律规定和合同约定承担相应的法律责任。该总承包合同文本历经6年时间完成，吸收了许多国际工程项目的管理先进经验，对建设单位和工程总承包单位的责任、权利和义务做了较为详尽的约定。

16 EPC 工程总承包合同管理过程

EPC 工程项目下，工作范围增加、价格形成机制不同导致风险分配不同等原因，导致总承包商所面临的合同管理工作压力比其他承包模式要大得多，合同管理难度大得多，因此，合同管理必须坚持全过程、全方位的管理原则。具体包括前期调研、招标书的审核、谈判、合同签订、对质量、进度、费用的控制、合同变更和索赔、合同纠纷处理等。本章主要对 EPC 总承包项目过程中的部分环节的合同管理问题进行探讨。

16.1 EPC 工程总承包合同签约管理

16.1.1 对招标项目调研

在投标、承接 EPC 工程总承包项目前，总承包商应该做好以下几个方面的工作：

（1）基本调查。对项目进行信息追踪、筛选，对业主资质、项目资金来源等进行认真调查、分析，弄清项目立项、业主需求、资金给付等项目基本情况。

（2）现场调研。对基本情况了解的基础上，组织技术人员到项目现场进行实地考察，对工程所需当地主要材料、劳动力供应数量及价格、社会化协作条件和当地物价水平等做到准确了解，掌握。

（3）社会调研。总承包商应对项目所在国、地的有关部门、机构进行咨询、调研，对项目所在地的经济、文化、法律法规等做到更全面的了解。

承接 EPC 工程总承包项目前，对以上项目基本信息的收集、整理和分析，是决定是否承接该项目的前提，是保证顺利实现总承包合同总目标，赢得企业利润的关键。

16.1.2 对招标书的审核

虽然在招投标安排下，总承包商修改招标书的合同条件（含通用条件和专用条件）的机会较小，但是，仍然可以在投标书中针对一些关键问题提出澄清、偏差或者要求删除的可能。至于议标项目，总承包商与业主谈判修改合同文件的余地较大。无论哪一种情况，通过风险审核，至少可以对有关条件和条款做到心中有数，在编写投标书时尽量防范或弥补这些风险，并且在商务澄清、技术澄清和合同文件谈判时予以落实。

在一份 EPC 合同中，总承包商的合同管理工作需要贯穿整个合同的每一个条款和每一份附件。在审核合同正文条款以及有关附件时，应该从头到尾仔细审核，不遗漏任何一个潜在的风险。对于档案式的合同文件，在招标文件（含通用条件和专用条件）、投标文件、技术澄清、商务澄清、合同协议书等文件之间，还有一个合同文件构成和合同文件的优先顺序问题，通常规定在具有最高合同文件效力的合同协议书中，应该特别注意对优先顺序的规定是否合理。我们可以重点从以下 10 个方面对合同进行审核。

1. 工程范围

工程范围技术性比较强，必须首先审核合同文件是否规定了明确的工程范围，注意总承包商的责任范围与业主的责任范围之间的明确界限划分。有的业主将一个完整的项目分段招标，此时应该特别注意总承包商的工程范围与其他承包商的工程范围之间的界限划分和接口。

例如，水力发电站项目，业主往往将土建、机电设备和输变电分开招标，甚至土建标本身还划分土建一标段（CW1）、土建二标段（CW2）等，这个时候就必须注意有关各标段之间接口的划分问题。又例如：火力发电站总承包商和业主的责任划分接口通常是在开关场所的并网点，超越并网点以外的输变电工程接入系统就属于业主的责任范围。此时应该注意审核业主方面技术的可行性：一是业主能否在开工日将施工用电输送到工地；二是业主能否在预定工期内将输变电工程建成并通过接入系统在电站的开关场所并网点与发电机组并网；三是业主能否让电网当局按期保证电站试运行期间的反送电并接收全部上网电量。

2. 合同价款

EPC合同的合同价款通常是固定的封顶价款。关于合同价款，重点应审核以下两个方面：

（1）合同价款的构成和计价货币。如果是国际项目，此时应注意汇率风险和利率风险，以及总承包商和业主对汇率风险和利率风险的分担办法。例如：在国际上，一些亚非国家承包项目，合同价款往往分成外汇计价部分和当地货币计价部分。由于这些国家的通货膨胀率通常会高于美元或欧元，应考虑在合同中规定当地货币与美元或欧元之间的一个固定汇率，并规定超过这一固定汇率如何处理。

（2）合同价款的调整办法，这里主要涉及两个问题：

1）延期开工的费用补偿。有的项目签完合同后并不一定能够马上开工，原因是业主筹措项目资金尚需时间，这时就有必要规定一个调价条款。例如：合同签订后如果6个月内不能开工，则价款上调××%；如果12个月内不能开工，则价款上调××%；超过12个月不能开工，则承包商有权选择放弃合同或者双方重新确定合同价款。投标书中更应该注意对投标价格规定有效期限（例如，4个月，用于业主评标），以防业主开标期限拖延或者在与第一中标人的合同谈判失败后依次选择第二中标人、第三中标人，使得实际中标日期顺延、物价上涨造成承包商骑虎难下。

2）对于工程变更的费用补偿规定是否合理。至少对于费用补偿有明确的程序性规定，以免日后出现纠纷。有的业主在招标书中规定，业主有权指示工程变更，承包人可以提出工期补偿，但是，不得提出造价补偿，这是不公平的。应该修改为根据具体情况承包人有权提出工期和造价补偿，报业主确认，并规定协商办法和程序。

3. 支付方式

（1）如果是现汇付款项目（由业主自筹资金加上业主自行解决的银行贷款），应当重点审核业主资金的来源是否可靠，自筹资金和贷款比例是多少，是政府贷款、国际金融机构（例如世界银行、亚洲开发银行）贷款还是商业银行贷款。总之，必须审核业主的付款能力，因为业主的付款能力问题将成为承包人的最大风险。

（2）如果是延期付款项目（大部分付款是在项目建成后还本付息，故需要承包商方面解决卖方信贷），应当重点审核业主对延期付款提供什么样的保证，是否有所在国政府的主权担保、商业银行担保、银行备用信用证或者银行远期信用证，并注意审核这些文件草案的具体条款。上述列举的付款保证可以是并用的（即同时采用其中两个），也可以是选用的（即只采用其中一个）。当然，对总承包商最有利的是并用的方法。例如，既有政府担保又有银行的远期信用证。对于业主付款担保的审核，应该注意是否为无条件的、独立的、见索即付的担保。对于业主信用证的审核，应该注意开证行是否承担不可撤销的付款义务，并且信用证是否含有不合理的单据要求或者限制付款的条款。此时还应该审核提供担保或者开立远期信用证的银行本身的资信是否可靠。例如，我国某公司曾经试图做一个非洲某国的电站项目，业主提出由非洲进出口银行提供延期付款担保，但是经作者调查非洲进出口银行的年报，发现该银行的净资产额不足以开立该项目所需的巨额银行担保。

(3) 审核合同价款的分段支付是否合理。通常，预付款应该不低于10%，质保金（或称“尾款”）应该为5%或者不高于10%，里程碑付款（即按工程进度支付的工程款）的分期划分及支付时间应该保证工程按进度用款，以免承包人垫资过多，既增加风险又增加利息负担。要防止业主将里程碑付款过度押后延付的倾向。还要注意，合同的生效，或者开工令生效，必须以总承包商收到业主的全部预付款为前提，否则总承包商承担的风险极大。

(4) 应该审核业主项目的可行性。除了其本身的经济实力外，业主的付款能力关键取决于能否取得融资，如银行贷款、卖方信贷、股东贷款、企业债券等。融资的前提除了技术可行性之外，还有财务可行性。财务可行性的关键则是项目的内部收益率能否保证投资回收和适当利润。例如，在电站建设投资额（主要涉及折旧）确定的前提下，影响电站收入和运行成本的主要因素涉及燃煤电站的上网电量、上网电价和燃煤成本，燃气电站的上网电量、上网电价和燃气成本。水电站虽然没有燃料成本，但需注意它的上网电量可能会受到枯水季节的制约。

(5) 尽量不要放弃总承包商对项目或已完成工程的优先受偿权。根据我国《合同法》的规定，总承包商对建设工程的价款就该工程折价或者拍卖的价款享有“优先受偿权”。在英国、美国和实行英美法律体系的国家和地区，承包人的这种“优先受偿权”被称为“承包商的留置权”。有的业主在招标文件中规定，总承包商必须放弃对项目或已经完成的工程（包括已经交付到工地的机械设备）的“承包商的留置权”。对此，应该提高警惕。因为这往往意味着，业主准备将项目或已经完成的工程（包括已经交付到工地的机械设备）抵押给贷款银行以取得贷款。如果总承包商放弃了“承包商的留置权”，势必面临一旦业主破产，货款两空的风险。

4. 银行保函

通常业主会要求总承包商在合同履行的不同阶段提供预付款保函、履约保函和质量保金保函等三个银行保函。如果业主只要求提供其中的两个（例如省略了履约担保），不要盲目乐观，此时很可能仅仅是业主的一个文字游戏而已。例如：我国某公司在东南亚某国承包一个电站项目，业主名义上没有要求承包商开具银行履约保函，但是，该项目的预付款保函却规定该预付款保函的全部金额必须在合同项下的工程完成量的价值达到合同价款的90%时才失效，等于是一份预付款保函加一份变相的履约保函。以下按照顺序分别介绍审核这三个银行保函的重点。

(1) 预付款保函。对预付款保函，应重点审核以下三个方面：

1) 预付款保函必须在总承包商收到业主全部预付款之时同时生效，而且生效的金额以实际收到的预付款金额为限。

2) 应当规定预付款担保金额递减条款，即随着工程的进度用款支付，预付款担保金额逐步递减直至为零（递减方法有许多种可以采用，包括按照预付款占合同价款的同等比例从里程碑付款中逐一扣减；按照设计图纸交付进度以及海运提单证明的已装运设备的发票金额逐一扣减；限定在海运提单证明主要设备已装运之后预付款保函失效等多种方法）。

3) 预付款保函的失效越早越好，尽量减少与履约保函相重叠的有效期限。应该避免预付款保函与履约保函并行有效直至完工日。如果对预付款保函的有效期作如此规定，则无异于将预付款保函变成了第二个履约保函，增加总承包商的担保额度及风险。尤其应当拒绝预付款保函超越完工期，与质保金保函重叠现象的发生。

（2）履约保函。对履约保函，应重点审核以下三个方面：

1）履约保函的生效尽量争取以总承包商收到业主的全额预付款为前提。

2）履约保函担保金额应该不超过合同价款的一定比例，如10%。此时应注意，通常现汇项目的业主会要求总承包商提供较高的履约保函比例，如20%或30%。但是，对延期付款项目，鉴于总承包商已经承担了业主延期付款的风险，应该严格将履约保函的比例限制在10%以下。

3）履约保函的失效期应争取约定在完工日、可靠性试运行完成日，或者商业运行日之前失效，并避免与质保金保函发生重叠，否则会增加总承包商的风险。也就是说，在质保金保函生效之前，履约保函必须失效。否则，等于在质保期内业主既拿着质保金保函，又拿着履约保函，两个保函的金额相加，会增加总承包商被扣保函额度的风险。

（3）质保金保函。对质保金保函，应重点审核以下三个方面：

1）质保金保函的生效应该以尾款的支付为前提条件。也就是说，业主支付5%的尾款，总承包商就交付5%的质保金保函；业主支付10%的尾款，总承包商就交付10%的质保金保函。应该避免在业主还未交付尾款的情况下，总承包商的质保金保函却提前生效。

2）质保金保函的金额不应该超过工程尾款的金额，通常为合同价款的5%或10%，最多不能超过10%。

3）质保金保函的失效应当争取不迟于最终接受证书签发之日。为了避免业主无限期推迟签发最终接受证书，也可以争取约定："本质保金保函在消缺项目完成之日，或者最终接受证书签发之日起失效，以早发生者为准，但无论如何不迟于×年×月×日"。

5. 误期罚款

对误期罚款，应重点审核以下三个方面：

（1）审核工期和罚款的计算方法是否合理。例如，燃煤电站项目应尽量争取从开工日到可靠性试运行的最后一天为工期，逾期则罚款。有的项目规定除了上述工期罚款之外，还另行规定了同期并网的误期罚款。此时应注意：如果有一台以上的机组，应将每台机组的罚款工期分别计算，并争取性能测试不计入工期考核。如果是燃气电站，由于是联合循环，往往是将整个电站的所有机组合并考核工期和性能指标。也有的业主比较苛刻，规定从开工令发出之日到商业运行日为工期，并对商业运行设定了许多条件，甚至将总承包商付清违约罚款（包括误期罚款）作为达到商业运行的先决条件之一，总承包商应该尽量避免这种苛刻的规定。

（2）罚款的费率是否合理，是否过高，是否重复计算。

（3）罚款是否规定了累计最高限额。为了限制总承包商的风险，应争取规定累计最高限额，例如，"本合同项下对承包商每台机组的累计误期罚款的最高限额不得超过合同价款的5%或者该台机组价款的10%"。

6. 性能指标罚款

对性能指标罚款，应重点审核以下四个方面：

（1）对性能指标的确定和罚款的计算方法是否合理。以电站项目为例，通常应该对每台机组的性能考核缺陷单独计算。

（2）罚款的费率是否合理，是否过高，是否重复计算。如电站项目，应对机组的出力不足、热耗率超标、厂用电超标、排放量、噪声等考核指标的具体罚款数额或幅度予以审核。

（3）罚款是否规定了累计最高限额。以电站项目为例，为了限制承包人的风险，应尽量争取规定对每台机组性能考核缺陷的累计罚款不超过该台机组价格的××%，例如5%。

（4）要特别注意审核业主对性能指标超标的拒收权。因为拒收对总承包商的打击是致命的，所以必须严格审核性能指标超标达到什么数值可以拒收是否合理。仍以电站建设项目为例，有的业主规定：如果机组的出力低于保证数值的95%，或者热耗率超过保证数值的105%，业主有权拒收整个工程。

7. 最高罚款

对承包人违约的总计最高罚款金额和总计最高责任限额条款，总承包商注意以下问题：

许多EPC合同并不规定对总承包商违约的总计最高罚款金额。这个总计最高罚款金额包括上述误期罚款限额、性能指标罚款限额在内，通常应该低于上述各个分项的罚款限额的合计数额。如有可能，应尽量争取规定一个总计最高罚款金额，例如，不超过合同价款的20%，以免万一出现严重工期延误、性能指标缺陷的情况，使得总承包商承担过度的赔偿风险。

总计最高责任限额与上述总计最高罚款金额不同。它通常除了上述合同约定的误期罚款、性能指标罚款之外，还包括缺陷责任期内的责任以及承包人在合同项下的任何其他违约责任。所以，总计最高责任限额要大于总计最高罚款金额。通常，总承包商的总计最高责任限额不应超出合同价款的100%。

也有的EPC合同并不区分上述两个不同的概念。在约定各个分项的误期罚款限额、性能指标罚款限额之后，不再约定总计最高罚款金额，而是直接规定一个总计最高责任限额，例如，合同价款的35%。

总之，规定一个或数个最高限额以限制总承包商的赔偿责任，对总承包商是有利的，关键是具体限额定得是否合理可行。

8. 税收条款和保险条款

对税收条款的审核应明确划分总承包商承担项目所在国的哪些税收，业主承担项目所在国哪些税收。如有免税项目，则应明确免税项目的细节，并明确规定万一这些免税项目最终无法免税，总承包商有权从业主那里得到等额的补偿。

对保险条款的审核应当注意关于总承包商必须投保的险别、保险责任范围、受益人、重置价值、保险赔款的使用等规定是否合理。此外，还应注意避免在保险公司的选择上受制于人。例如：孟加拉国为了保护本国的保险业，规定凡是政府投资的项目，其工程险必须向本国的国营保险公司投保，而该国的国营保险公司只有一家。一旦受此限制，在保险费的谈判上就会处于非常被动的地位。也有的国家规定，本国境内项目的工程险必须向本国保险公司投保。所以，在合同的保险条款内应尽量争取排除这种限制性条款。

如果受所在国法律的限制，工程险必须向所在国的保险公司投保，则退一步，还可以争取在合同中规定，作为投保人的承包商有权自行选择第一层保险公司背后的再保险公司。因为大多数亚非国家的保险公司往往对重大项目的承保能力有限，通常是向国际上具有一定实力的再保险公司（例如慕尼黑再保险公司、瑞士再保险公司等）寻求再保险的报价之后才自己报价。如果总承包商保留对再保险公司的选择权，那么也可能通过自己选择甚至组织再保险来降低保费。

9. 业主责任条款

审核业主责任条款时，应注意以下五个问题：

(1) 业主最大的责任是向总承包商按时、足额付款。合同条款中应该争取对业主拖延付款规定罚息，并且对业主拖延付款造成的后果规定违约责任。

(2) 注意在合同中明确规定业主有义务对施工现场提供什么样的条件，其中包括：施工现场应该具有什么样的道路、施工用电、用水、通信等条件。

(3) 注意规定业主按期完成其本身工程范围内工程的责任。例如，在电站项目的 EPC 合同项下，业主应该按期完成输变电工程和接入系统，以确保电站的按时并网发电。如果是燃气电站，还应该规定业主应该按期完成天然气的接通，以不延误机组的同步并网、性能测试和可靠性试运行。

(4) 在分标段招标的 EPC 合同项下，还应争取规定，如果业主聘用的其他承包人施工干扰了本合同承包商施工，业主应该承担什么责任。

(5) 业主往往在招标文件中规定，对于招标文件中的信息的准确性业主不负责任，承包商有义务自己解读、分析并核实这些信息。这里有一个区别：例如水文地质情况，总承包商可以自己调查并复核有关情况；但是，对于招标文件中有关设计要求的技术参数，应该属于业主的责任范围。

10. 法律适用条款

法律适用条款通常均规定适用项目所在国的法律，中国的工程承包商在国外建设的项目应适应项目所在国的法律规定，这一条几乎是无法改变的。同样，国外承包商在中国建设的项目也应适用中国的法律。有的外商在中国内地投资项目，却在合同条款中规定适用外国法律为合同的准据法，这是不能同意的，因为项目的许多法律是属地法，只要项目建在中国，就必须受这些法律的约束。例如：项目的设计规范、质量标准、环保法规、建设法规、消防法规、安全生产标准等均必须适用所在地的法律。因此，总承包商应该避免在条款中规定项目所在国以外的法规，有的业主因为是国际资本，项目建在印度，却要求 EPC 合同的准据法规定为英格兰法，这也应该是尽量避免的。

此外，还有两点应该引起注意：一是尽量争取适用所在国法律的同时，更多地适用国际惯例。例如，关于 FIDC 总承包合同条款、《跟单信用证统一惯例》（国际商会 UCP600）、国际商会关于《见索即付担保的统一规则》（URDG758）等；二是尽量争取如果法规变化导致承包商的工程造价（成本及开支）增加，业主应该予以等额补偿的条款。

16.2 EPC 工程总承包合同的履行管理

EPC 工程合同履行阶段的合同管理工作是多方面的，本节只对包括：工程变更管理和索赔管理加以论述。

16.2.1 EPC 工程的工程变更

1. 工程变更条件

在工程项目实施过程中，工程变更范围包括：按照合同约定的程序对部分或全部工程在材料、工艺、功能、构造、尺寸、技术指标、工程数量及施工方法等方面做出的改变。变更是指承包人根据监理签发设计文件及监理变更指令进行的、在合同工作范围内各种类型的变更，包括合同工作内容的增减、合同工程量的变化、因地质原因引起的设计更改、根据实际情况引起的结构物尺寸、标高的更改、合同外的任何工作等。变更不应包括准备交他人进行的任何工作的删减。

2. 工程变更原因

在 EPC 工程合同与实践中，引起工程变更的主要原因有设计疏漏、现场施工条件限制、设备或材料采购限制等。目的是纠正工程实施中的以下后果：不满足使用、消防、安全、环保、卫生等方面的功能要求；不满足合同要求的工程质量要求；不满足施工过程安全的要求；不满足施工进度的要求。可分为设计变更、技术标准变更、材料代换、施工技术方案或施工顺序的改变等。作为 EPC 承包商，工程变更要综合考虑整个项目的进度、质量、费用、安全等因素，也要考虑施工分包商的一些自身条件和现场条件的限制，达到项目利益最大化。

由于进度、质量、费用、安全相互之间的辩证关系，使得工程变更会引起多方面的连锁反应，因此要对工程变更加强管理，制定工程变更管理的组织、程序、职责及权限各承包公司对工程变更管理制定的组织、程序、职责及权限不尽相同。一般 EPC 工程总承包实行项目经理负责制，现场项目经理部是工程变更的基本管理组织，按照承包商企业的管理程序，在自己的职责、权限内负责工程变更的管理工作。

3. 工程变更程序

在颁发工程接收证书前的任何时间，业主有权通过发布指示或要求总承包商递交建议书的方式，提出工程变更。工程变更的处理程序分以下三种情况：

（1）业主发布指示的变更。在项目执行过程中，业主经过更仔细考虑将来的发展，往往会提出一些新的要求，在需要的时候发布变更指示。FIDIC 银皮书第 13.1［变更权］、第 13.3 款［变更程序］规定，承包商应遵守并执行每项变更。除非总承包商向业主提出不能照办的理由迅速向雇主发出通知，说明（附详细根据）包括：1）承包商难以取得变更所需要的货物；2）变更将降低工程的安全性或适用性；3）将对履约保证的完成产生不利的影响。雇主接到此类通知后，应取消、确认或改变原指示。如果雇主在发出变更指示前要求承包商提出一份建议书，承包商应尽快做出书面回应。

注意 EPC 承包商对业主的变更指令反应的时限措辞："迅速"、"尽快"。

变更指示的内容应包括详细的变更范围、变更处理的原则等。业主在项目实施过程中提出一些要求，这些要求对项目和业主是有利的，但其中有些是超出合同范围的，实际上构成了变更，却不是以变更的形式提出。总承包商一定要及时分辨出变更部分，提出变更申请，按变更程序处理。

（2）总承包商提交建议书后确定的变更。承包商根据 FIDIC 银皮书第 13.2 款［价值工程］的要求，或其他要求提交建议书，建议书的内容包括对建议的设计和（或）要完成的工作的说明、进度计划、合同价格调整建议。业主收到总承包商的建议书后，根据实际情况和工程的需要，在合同约定的时间内给出是否批准或修改建议书的回复。双方就变更方案和变更费用达成一致意见后，业主签发正式的书面变更文件。总承包商确认收到该变更指示，则此一项或多项工程变更确立。在业主没有正式下达变更令前，总承包商不得擅自对工程实施任何变更，否则将导致业主方的索赔。

（3）非业主原因引起的工程变更。非业主原因引起工程变更的主要原因有设计疏漏、现场施工条件限制、设备或材料采购限制等，变更目的是纠正工程实施中的以下后果：不满足使用、消防、安全、环保、卫生等方面的功能要求；不满足合同要求的工程质量要求；不满足施工过程安全的要求；不满足施工进度的要求。工程变更的内容包括：设计变更、技术标准变更、材料代换、施工技术方案或施工顺序的改变等。

（4）总承包商履行合同失败导致的变更。总承包商履行合同失败，如有缺陷的工序和低劣的工程、工期延误等，会导致工程变更甚至遭到业主方的索赔。业主在确认变更事件导致工程变更后，应向总承包商发出变更意向通知书，一般包括以下内容：对变更事件的描述；工程变更内容及范围；简述变更对工程目标的影响；要求总承包商提交变更的实施方案、变更费用及工期。总承包商应在合同规定的时间内根据实际情况及变更意向通知书的要求提交一份工程变更报告。业主对工程变更报告进行评估后发布工程变更令。

4. 工程变更的价款确定

工程变更的费率或价格是业主和总承包商双方协商的焦点。除非合同另有规定，业主应根据合同条款确定或总承包商协商变更项目的计量方法、费率和价格，进而确定变更项目的合同价格。合同中已有适用于变更工程的价格，按合同已有价格计算变更工程价款；合同中只有类似于变更工程的价格，可以参照此价格计算变更工程价款；合同中没有适用或类似于变更工程的价格，由业主与总承包商协商单价和价格。

为指示或批准一项变更，业主应按照 FIDIC 总承包合同条件第 3.5 款［确定］的要求，商定或确定对合同价格和付款计划表的调整。这些调整应包括合理利润，如果适用，应考虑承包商根据［价值工程］提交的建议。如果合同规定合同价格以一种以上货币支付，在确定变更价款时，应规定以每种适用货币支付的款额。为此，参考变更后工作费用的实际或预期的货币比例，与规定的合同价格支付中的各种货币比例。

5. 变更管理常见问题对策

（1）变更管理常见问题有以下几个方面：

1）EPC 工作范围定义不明确。EPC 虽然已实行多年，但在实施过程中仍会出现业主及承包商对 EPC 合同的工作范围的理解的模糊。由于 EPC 合同条款订立的不严谨造成了双方对 EPC 工作范围的理解有偏差，双方互相推诿，造成了项目实施中不必要的变更的产生，造成费用的增加，严重时造成项目的延误。再一个就是 EPC 承包商在承揽 EPC 总承包项目时以拿到工程为目的，缺乏对工作范围的合理评估，特别是承接超出自己能力的工作，造成后期项目实施时很多工作难以开展。

2）分包商的变更索赔来自业主前期提供的条件的不确定。在分包商向 EPC 承包商的索赔中涉及前期业主需要完成的工作如：厂区平整、地下复杂情况等应该由业主完成的工作或提供的资料。当承包商接到分包商的变更索赔时，发现这些变更的发生不是由于自身原因而是业主原因造成的，而在项目运行前期并没有与业主及时沟通，造成解决问题时难以处理，使得 EPC 承包商无力解决或解决后费用大幅度超支。

3）设计变更对控制工程成本的重要性。EPC 承包商的优势在于设计，设计的好坏直接决定项目的质量高低、成本是否超支，优良的设计会产生较少的后续变更。当分包商提出由于设计变化造成的变更申请时，EPC 承包商一般是无法向业主进行索赔，只能自己消化。EPC 承包商经常为了赶进度压缩设计周期，让设计提前出图或边出图边干，看似提高了速度实则欲速则不达，造成后期整改工作量大，费用超支。

4）分包商变更申请依据混乱，计价偏高。现场管理人员特别是费用控制人员水平参差不齐，思想及业务水平不高。目前的大部分分包商的变更索赔计算只考虑如何多计算费用，不以事实为依据，计算费用时各行其是，不能正确理解定额，乱用定额，把不是一套定额的工程量调整系数互相调用。多套重套子目也常有发生，例如，机械开挖土方已经包括弃土，而有的分包商在编制变更费用时套机械开挖土方，又重套一次推土机推土，这样弃土就重复计算了一次。其次EPC承包商的费用控制人员往往对变更情况缺少深入细致的调查研究，缺乏对工程的跟踪管理，不了解现场情况，闭门造车，依葫芦画瓢，编的预、结算脱离实际。对分包商提供的变更申请的准确性更不能有效审核。

（2）EPC承包商在加强工程建设项目变更管理中的对策如下：

1）准确定义EPC工作范围。变更的一部分形成原因是工作范围变更造成的。准确定义EPC工作范围在项目的初始阶段尤为重要。EPC承包商在签订项目承包合同时要对EPC内容进行严格审查，把合同中的工作范围描述尽可能做到全面和准确，避免出现错误和遗漏，这样承包商才能够充分理解业主的要求，尽量避免或减少在工程建设过程中发生不必要的合同变更。EPC承包商也要对非EPC工作范围内又可能做的事情提前以书面方式正式告知业主，将问题暴露在前头。

2）加强变更技巧，善于转嫁变更。EPC承包商要注意分包商变更与业主变更的转化关系，从总包的立场出发，应在可能的情况下，尽量将自己所面对的变更转化为业主变更。及时将分包商提出的由于业主原因产生的变更索赔提交给业主，形成对业主的索赔，为费用解决创造条件。另外，在与分包商签订合同时要将与业主的合同条件反馈到与分包商的合同中，让分包商也承受业主的前期条件变化。当然，前提是一定要有科学严谨的分析和翔实的支持材料包括地质资料、工程图纸、现场照片、会议纪要等。

3）加强对设计的管理力度，减少设计变更。EPC承包商的优势在设计控制中，设计的节约将会带来项目运行的节约。能否抓住设计变更是重中之重。EPC承包商应精心准备、周密筹划，全面、细致、扎实地做好前期准备工作，为设计创造良好工作前提。用设计价格来控制设计质量，将设计质量的优劣与投资的节约挂钩，促使设计单位提高设计深度、改善设计质量，将设计变更降到最低。现场配备专业的管理人员，对设计变更实施有效的控制和审查，确保工程建设项目设计变更的规范化。

4）提高项目管理人员水平，加强现场变更费用管理。EPC承包商要提高现场管理人员的业务素质。作为一个EPC总包商最主要的不是直接研究具体的设计方案和施工方案，而是对分包商所提供的设计方案和施工方案进行管理、优化，提出适合EPC合同的规划和实施的总体原则，追求利润的最大化。所以相关管理人才匮乏直接影响着工程总承包的推广和开展，其中缺乏的不仅是大量高素质的能够组织大型工程项目投标工作、合理确定报价、合理承包并商签合同的商业人才。

16.2.2 EPC工程合同的索赔

1. EPC承包商索赔条件

（1）业主未能按时提供施工所需现场。FIDIC银皮书条款第2.1款［现场进入权］规定：业主应及时向承包商提供进入和占用现场各部分的权利，承包商有权要求延长工期和补偿额外费用及合理利润。FIDIC银皮书条款第11.7款［进入权］规定：在承包商开出履约保函后，承包商就有权进入和占有整个工程。承包商就开始组织设备人员物资进场。如果此时业主不能即时提供和占有现场，承包商应该及时发索赔通知，索赔因设备、人员闲置、保函延期、占用资金利息和物价上涨等因素而遭受的额外费用。

（2）因执行业主指令而导致的索赔因素。在项目执行过程中，业主从安全或方便的角度出发，可能会向总承包商发一些工地指令，而这些指令有些会造成或将会造成总承包商的施工工期延误或费用增加，这些指令包括：

1）FIDIC 银皮书合同第 4.24 款［化石］中所说的施工工程中因发现化石、硬币、有价值的物品或文物，以及具有地质和考古意义的结构物和其他遗迹或物品，业主可能发出指令要求暂停施工，承包商因执行这一指令而遭受延误和招致费用，承包商据此可以向业主提出索赔要求。

2）工程变更和调整指令。在 EPC 合同条件下，工程项目的设计方案在承包商建议和业主要求等构成合同文件中都已作了明确确定，但在项目建设过程中，业主依据 FIDIC 银皮书条款第 13.1 款［变更权］的规定，可能会对设计的局部提出设计变更和调整要求，这些新的要求可能需要增加项目建设的费用，甚至影响工期，这些也构成了承包商索赔的依据。

3）通知暂停施工的指令。根据 FIDIC 银皮书条款第 8.9 款［暂停后果］的规定：在施工过程中，业主随时可以指令承包商整个或部分工程暂时停工，如果承包商由于执行这些指令暂时停工和复工而导致了工期延误和费用增加，依据第 20.1 款［承包商的索赔］规定，总承包商应该向业主提出索赔要求，有权获得工期和费用补偿。

4）加速施工指令。如果在工程施工过程中，业主可能由于种种原因发出指示要求总承包商加快施工进度，提前完成整个或部分工程，由此而会大量增加设备、周转性材料和人工成本，总承包商可以向业主索赔由此而增加的费用。

(3) 人为造成施工障碍的索赔。FIDIC 银皮书第 8.5 款［当局造成的延误］规定：总承包商认真执行其他当局要求的程序，而这些当局延误或干扰了总承包商的工作以及这些延误和干扰是有经验总承包商在投标前所不能预料的，由此而造成的工期延误或工程中断应被认为延长工期的理由，总承包商有权索赔。

FIDIC 银皮书第 10.3 款［对竣工试验的干扰］和第 9.2 款［延误的试验］规定，如果由于业主原因而造成对完工试验干扰和无故延误，致使承包商增加费用，承包商可以向业主提出延长工期和补偿增加费用索赔。

FIDIC 银皮书第 9.4 条［未能通过竣工试验］规定：在竣工试验中，如果业主无理拖延总承包商进场进行竣工试验或者拖延总承包商调查，不能通过竣工试验的原因或进行调整或修改，导致总承包商增加费用，总承包商可以索赔此类费用和合理利润。

(4) 业主提供的原始数据错误索赔。尽管在合同中规定业主不承担在业主要求中各种错误、误差和遗失责任，但根据 FIDIC 银皮书第 5.1 款［设计义务的一般要求］：对于合同中规定的或属于业主责任需要提供的位置、数据和信息，整个或部分工程预定用途的定义，整个工程执行或试验标准以及和承包商不能复核的位置、数据和信息等都属于业主的责任。如果在投标报价时，总承包商是依据这些数据而进行设计或者进行投标报价的，如在执行过程中发现变化而造成工程费用的增加，总承包商可以向业主提出费用索赔。

(5) 来自业主风险的索赔。根据 FIDIC 银皮书第 17.4 款［雇主风险的后果］规定，如果是由于第 17.3 款“业主风险”所列因素而导致整个工程、总承包商货物、文件遭受损失或损坏，总承包商应通知业主要求其进行弥补或修复此类损害。如果为了弥补或修复此类损害，使总承包商延误工期和（或）承担了费用，则总承包商可依据 20.1 款对业主进行由此产生的工程延误和遭受损害费用的赔偿。

(6) 法律变更的索赔。FIDIC 银皮书第 13.7 款［因法律改变的调整］规定，如果在投标基准日期后，工程所在国的法律（包括新法律的实施以及现有法律的废止或修改）或对此类法律的司法或政府解释的变更，导致总承包商费用的增减，合同价格应做出相应的调整。如果总承包商在基准日期后，所做的法律或解释上的变更而遭受了延误（或将遭受延误）和/或承担（或将承担）额外费用，总承包商有权依据通用合同条款第 20.1 款［承包商的索赔］的规定，要求索赔。

（7）延期支付工程款索赔。为了制约业主对工程款的支付，在 FIDIC 银皮书第 14.8 款［延误的付款］中规定，如果总承包商没有收到根据通用合同条款第 14.7 款［支付的时间安排］规定的“支付时间”内应获得的任何款额，总承包商有权就未付款额按月所计算复利，收取延误期的融资费用。延误期应认为是从第 14.7 规定的支付日期开始计算的，而不考虑期中支付证书颁发的日期。除非在专用条款中另有规定，此融资费应以年率为支付货币所在国中央银行的贴现率加上 3 个百分点进行计算，并用这种货币进行支付。

（8）不可抗力后果的索赔。FIDIC 银皮书第 19.4 款［不可抗力的后果］规定：因不可抗力因素使承包商招致延误和/或：招致费用增加，总承包商有权向业主提出索赔。不可抗力因素在第 19.1 款［不可抗力的定义］中给予了明确的定义：1）不是任何一方能控制的；2）签订合同前没有一方能够合理准备的；3）发生后没有办法避免和克服的；4）不能归结到任何一方的。

（9）总承包商停工。FFIDIC 银皮书第 16.1 款［承包商暂停工作的权利］规定，如果业主不能履行业主的财政计划或者不能按照第 14.7 款［支付的时间安排］的支付时间进行支付，总承包商在通知业主 28 天后有权停工或者降低工程进度直到总承包商收到相关的证据或者支付。如果由此总承包商遭受工程延误或者增加费用，总承包商可以向业主提出工期和费用补偿。

（10）承包商终止合同。FIDIC 银皮书第 16.2 款［由承包商终止］规定，如果在合同条款中所列出的停工规定，总承包商在给出 14 天的通知后有权终止合同，而且该终止合同行为并不损害承包商的其他权利。在这种情况下，总承包商有权要求业主退回履约保函，并向总承包商支付相关的停工费用和由于终止合同而遭受的损失和利息。

（11）其他方面的索赔。还有一些潜在的索赔因素，尽管在通用合同条款里面没有体现，但发生后也将给总承包商带来很大的损失，应该在特殊条款中给予约定。例如，货币及汇率变化、合同推迟生效或者工程推迟开工、生产资料价格变化等。

2. 承包商索赔程序

（1）索赔报告的提出。FIDIC 银皮书第 20.1 款［承包商的索赔］规定，承包商根据合同任何条款或与合同有关的其他文件认为可有索赔时，承包商应向雇主发出通知，该通知应尽快在承包商察觉或应已察觉该事件或情况后 28 天内发出。如果承包商未能在上述 28 天期限内发出索赔通知，雇主将免除有关该索赔的全部责任。

在承包商觉察（或应已觉察）引起索赔的事件或情况后 42 天内，承包商应向雇主递交一份充分详细的索赔报告，包括索赔的依据、要求延长的时间和（或）追加的付款的全部详细资料。

如果引起索赔的事件或情况具有连续影响，承包商应按月递交进一步的中间索赔报告；承包商应在引起索赔的事件或情况产生的影响结束后 28 天内，递交一份最终索赔报告。

注意两个 28 天，一个 42 天。索赔事发后 28 天内提交意向书，事发后的 42 天内（28＋14）提交正式索赔报告；持续索赔事件除每月按月递交进一步的中间索赔报告外，事件影响结束后 28 天内需提交最终索赔报告。

（2）索赔报告的处理。雇主在收到索赔报告或对过去索赔的任何进一步证明资料后 42 天内，做出回应，表示批准，或不批准，并附有具体的意见。雇主还可以要求任何必要的进一步的资料，但他仍要在上述时间内对索赔的原则做出回应。

注意 42 天的时限，业主无论异议，还是无异议，业主在 42 天内都应给予承包商准确答复或原则答复。

3. EPC 工程总承包索赔案例

【案例要旨】工程索赔是工程合同管理中最重要的工作之一，同时也是难度极大的工作。发包方与承包方从维护各自利益的角度出发会对合同及索赔事件有不同的理解，在错综复杂的事件中寻找双方可以接受的事件处理基准也同样十分困难。本案根据我国某公司参与的一个国际 EPC 工程索赔成功的案例，通过对整个索赔过程的描述及分析，介绍索赔的程序及原则，希望能对读者有一定的借鉴价值。

【工程背景】某现代化糖厂项目位于南美某国，业主聘请英国咨询工程师对项目按 FIDIC 合同条件进行全程管理，中国企业为 EPC 总承包商。该合同施工部分以工程师估算的工程量计价清单为根据确定合同价款。该工程量清单中估算的打桩及制桩工作量为 33m 长预制混凝土方桩 54250 根（按 30.6m 桩长计算，总桩数约为 1773 根）。该工程于 2005 年 11 月正式开始施工，通过现场试桩，最终确定桩长为 30.6m。由于工程为 EPC 项目，施工初期，属于边设计边施工状态。项目的管理程序为：中方设计单位向工程师提交设计图纸—工程师对设计进行审核—审核批准后现场进行施工，设计是按建筑物逐步进行，现场施工也按同样顺序进行。到 2006 年 3 月时，现场已获批准图纸的总桩数已经达到 1487 根。此时，工程师及承包商都已经意识到打桩的工程量将大幅度超原工程量清单估算工程量，工程师于是调整工作程序，对其他建筑物的图纸不再采取审批办法，而是改为“签收，无评论”。在 2005 年 11 月—2006 年 3 月施工期间承包商仍按照原定施工工期编制施工计划，但由于气候多雨、原材料供应不畅、人员配合不熟练等原因，编制的计划大多数没有完成，承包商采取了加班等措施，现场施工有一定的改善，但仍未完成承包商计划。承包商及工程师分别为索赔工作进行了如下的准备工作。

【合同索赔过程】

（1）承包商提出索赔意向通知书。承包商于 2006 年 4 月 3 日向工程师发出索赔意向通知书，说明由于实际桩工程量已经远远超过原工程量清单估算数量，因此，承包商将就工程量增加导致的工期延长及额外费用增加进行索赔。

（2）工程师的初步回复。工程师根据合同条款 20.1［承包商的索赔］中的规定，指示承包商在现场保持用以证明任何索赔可能需要的此类同期记录。工程师在未承认责任前，可检查记录保持情况，需保持及检查的记录包括但不限于：购货发票、提货单、工程进度计划、资源分配计划及现场实际进度报告等，并将首次检查日期确定为 2006 年 5 月 15 日。

（3）承包商准备索赔报告。承包商及邀请额咨询公司对事件的详细分析结构如下：

1）承包商已经意识到桩量的增加可能带来的工程延误，由于桩量的增加引起的基础混凝土工作量及钢结构安装工作量的增加，也可同时造成工期延误，因此，承包商应提出的造成工期延长索赔的原因应包括此三部分工作量的内容。

2）咨询工程师认为工程量的增加其实应在合同最初签订时就发生了，只是那时并没有显现出来。承包商虽然及时提出了索赔意向通知，但承包商的索赔意向通知是否有效取决于承包商是否在发出意向通知时才意识到工程量的增加可能会造成工期延期？这一点的论证需要专业工程律师协助。

3）承包商目前没有一份按原合同中列明的工作量编制的进度计划。这是由于承包商编制的进度计划都是根据实际工程量及原定工期编制的进度计划，这一点正是问题关键性所在，承包商需要一份按原合同中列明的工作量编制的进度计划，这份计划可以被称为基准进度计划，通过在基准进度计划中增加新增工作量对整个进度计划的影响得到要索赔的工程值。

4）咨询工程师建议的工期索赔报告程序

① 准备基准进度计划。包括：审核原工作项目列表并进行必要修改；审核工作项目之间关联的逻辑性并进行必要的修改；审核工作项目的完成时间并作必要修改；对计划进行必要调整以保证其符合合同中规定的完工时间。

② 列出可能造成基准进度计划延期的事项（如桩数量、混凝土工程量增加等）关键工作的延期会导致计划延期，其他工作的变化可能只反映出由此对相关工作造成的影响。

③ 将延期事项加入基准进度计划中得出新的进度计划，鉴别出所有由于这些事项所引起的矛盾项并分析通过采取不增加费用措施可能减少的工期延长（如改变制桩的顺序或降低制桩费用，将此部分费用分配给基础混凝土后带来的影响）。

④ 调整基准进度计划，在计划中移出矛盾项目并反映出承包商可能采取的不增加费用以及减少工期损失的措施。

⑤ 重复上述步骤直到所有矛盾项均从计划中去除，并且所有承包商可能采取的减少工期损失的措施已采用。

⑥ 准备索赔报告。内容包括：基准进度计划制定过程、修正工期的计算过程、由于增加工作量对进度产生的相关联的影响及采取的减少工期损失的措施的说明。

⑦ 准备索赔文件中所需要的季度计划图表及得出的总结论。

⑧ 准备索赔文件中的论据部分，包括工期索赔的权利的相关规定等。

5）为完成上述工作，承包商准备了下述文件：

① 承包商认定为新增工作量的桩位布置图；

② 现场实际制桩进度统计；

③ 现场实际打桩进度统计；

④ 目前设计图纸中混凝土及钢结构工作量与原合同中估算工作量对比；

⑤ 进入现场工作人员的数量，与原计划人员数量的对比；

6）费用索赔。承包商准备的费用索赔文件：

① 每月间接费用分解明细；

② 相关联的费用支出明细。

（4）承包商的索赔报告。承包商按上述原则编制的索赔报告的主要内容如下：

1）工期索赔。承包商按基准进度推算，全部桩工程原计划应于 2006 年 6 月 19 日完成即在 2006 年 1 月 10 日至 6 月 19 日期间完成合同原估算的 1773 根桩的施工，日均生产效率应为 11 根，承包商就超出原定工程量 10％以外工程量进行工期索赔，即进行索赔的工程量为（3370－1773）－1773×10％＝1420 根，桩索赔工期为：129 天，由桩工程量增加造成的基础混凝土工作量及钢结构安装工程量增加共索赔工期 28 天，累计索赔工期：157 天。

2）费用索赔。承包商的费用索赔包括五个部分：

① 增加工程量的费用：由于物价上涨等因素，承包商提出了高于原计价清单单价的新单价。

② 总承包方管理费：计价清单中的开办费中与时间相关项的管理费用系施工方的管理费，总承包方就工期增加造成的总承包方的管理费用进行索赔。

③ 保险费用：由于工期增加造成的保险费用增加，计算规则按原合同中日保险费率乘以索赔工期。

④ 保函的费用：由于工期的增加造成的履约保函费用增加，计算规则按原合同中日保函费率乘以索赔期。

⑤ 机票增加费用：由于工期延长造成部分工人的返程机票过期，重新购置机票的费用。

(5) 工程师进行索赔的准备工作

1）工程师在意识到总桩数可能会大大超过原工程量清单估算数量时将原来图纸批准的程序由经工程师批准后施工改为只签收不评论。工程师的用意正是避免在索赔过程中给承包商提供借口。同时，工程师为了验证桩设计是否存在问题，特邀资深英国设计咨询公司对全部桩设计图纸进行了重新审核，审核的结果为全部设计的3370根桩中，约有不到100根可以进一步优化，承包商的设计基本符合要求，不存在设计过量的现象。

2）工程师对承包商在现场提交的进度计划及实际完成的情况进行统计和对比，结果显示按承包商现场提交的进度计划，即平均日制桩及打桩20根，全部3370根桩完工日期应为2006年7月15日前。承包商在4月底前完成的打桩数量为1487根，平均14根/日。按承包商最初的总进度计划，全部桩工程应于2006年6月19日前完成，因此，工程师可接受的索赔工程为6月19日至7月10日的22天，由于承包商的原因造成的工期延误应由承包商负责。

(6) 承包商与工程师进行索赔磋商。由于承包商与工程师就工期索赔的计算原则不同，因此双方很难达成一致。工程师以承包商工期索赔天数超出业主授权范围为由，要求承包商就索赔事项与业主进行谈判。

【索赔结果】

承包商与工程师经过半个月的谈判，双方最终就索赔达成一致意见：

(1) 工期索赔。业主尽管对承包商提出的工期索赔计算方法不认可，但由于承包商邀请的是知名咨询工程师，各种索赔文件准备的相当详细，业主很难找到突破口，因此，提出承包商由于施工组织不利，也应对工期延长承担一定的责任。考虑到糖厂的生产与甘蔗的生长密切相关，业主方提出将项目移交期限推迟一个榨季，即从原定2007年10月31日推迟至2008年2月21日，工期延长114天。

(2) 费用索赔

1）增加工程量费用：全部按照原计价清单中的价格进行结算。

2）总承包方管理费：业主不支持此部分索赔，因为业主认为承包商的管理费用应包含在开办费中与时间相关项的费用中，此部分费用按实际延长工期支付。

3）保险费用：同意承包方的计算方法。

4）保函费用：同意承包方的计算方法。

5）机票增加费用：双方最终确定了由于工期延长而造成机票费用增加百分数，确定了该部分补偿费用。

【案例评析】

EPC项目中业主通常会要求承包商对工作量进行估算，因此，承包商应对工程量的准确性负责。本案例中由于项目历史的原因，最初拟单独分包的设计、设备采购、施工三部分最终组成一个 EPC 项目合同，因此，工程量的估算工作是由业主聘请的工程师完成的，承包商也正是利用了工程师的估算错误，取得了索赔的成功。此案例尽管属于 EPC 项目较为特殊的例子，但仍有很高的借鉴价值。

（1）无论是 EPC 总承包还是施工总承包，在项目实施准备阶段，一定要重视基准进度计划的编制和分析。基准进度计划是进行工程索赔的重要参考，根据基准进度计划计算出来的工效等指标也是进行工期索赔计算的依据。

（2）现场的实际进度计划编制要以基准进行计划为依据。由于 EPC 项目的特点，通常会出现边设计边施工的情况，承包商在现场编制季度计划过程中，通常会陷入现场施工进度压力之中，而忽略了与设计单位等合作单位的沟通，对总工程量进行准确的预判，在编制现场进度计划时通常只以合同工期为依据编制进度计划，而忽略了工程量增加应得到的工期索赔。由于工期压力较大，承包商为满足原合同工期通常会采取加班、提高原计划工效的办法，但由于现场和资源的限制，当实际进度达不到现场计划时，会导致自己在索赔中处于较被动的局面。

（3）及时发出索赔意向通知并精心准备索赔报告，是索赔工作取得成功的关键所在。在本案中，由于承包商聘请了知名咨询工程师参与索赔工作，因此，索赔的论据、证据及计算文件准备的相当充分，并对可能遇到的困难进行了精心的准备，最终保证了索赔工作取得了预期的效果。

16.2.3　EPC 工程总承包合同争端的解决

在出现索赔和被索赔的情况时，往往会因两方的观点不一致而相互争执不下，这时候就需要申请争端解决。所以总承包商要认真对待争议裁决条款。

1. 合同争议基本类型

（1）范围不明确争议。EPC 合同的工程承包范围是总承包方投标报价的基础，也是总承包方向业主交付工程建设成果的界定，是双方签订合同的基础。EPC 合同的范围通常会在业主要求中予以说明，但是业主的要求文件一般比较简洁，而且在合同文件中，业主要求是优先招投标文件的，当业主要求与招投标文件有不一样的地方，又或是要求不明确时，双方对 EPC 合同的范围就容易产生争议。再加上有时 EPC 承包模式中，部分设计工作已经由业主在项目前期进行了，由此也会致使合同范围的界定产生不清楚的情况。EPC 合同中业主要求也会发生变化，当业主和总承包商理解不一致时，也容易产生争议。

设计范围的不明确也是范围争议的一个主要部分。在 EPC 合同中，业主方所能做到的只是初步设计，通常情况下仅能用于估价，具体的设计工作还是由总承包商来承担。但是，在 EPC 合同中对工作范围的描述仅是对项目的重要部分进行界定，缺乏对细节部分的说明，这时就需要总承包商在进行详细设计时加以考虑。一般情况下，总承包商是很难做到准确理解类似“满足项目的使用和功能要求”这类笼统的描述的，因而容易导致双方对设计范围理解不同，从而引发争议。

（2）工期拖延争议。由于某些原因引起的工期拖延会导致业主和总承包商在责任划分上出现意见分歧，这就是工期拖延争议。工期拖延通常会由多种原因造成，根据引起原因的不同，工期拖延可以分为两种：

1）由非承包方过错引起的工期拖延。这时承包方虽然不一定能够得到经济上的补偿，但通常是可以获得原谅的，承包商有权获准延长合同完成的时间。例如：不可抗力引起的延误；不利自然条件或客观障碍引起的延误；罢工或其他经济风险导致的延误；业主或业主代表原因导致的延误。

2）由总承包商自己过错引起的延误。这时如果没有业主或其代理人的不当行为，总承包商就需要无条件地按照合同规定的时间完成任务，而无权获准延长工期，否则就构成违约。

工程实践中引起工期拖延的原因是多方面的，尽管在 EPC 合同中通常会对总承包方原因造成工期拖延的责任做出规定，也会对非承包方原因引起的工期拖延适当予以延长。但实际情况是，尽管合同中有详尽的规定，当工期拖延时，当事双方就可能会寻找各种理由，来指责是对方的过错，以此来逃避承担责任或改变计算方法和标准来减少赔偿金额，工期拖延争议从而产生。

（3）索赔争议。索赔争议是指业主对总承包商提出的索赔要求不予承认，或是双方在索赔金额上不能达成一致。如业主援引免责条款以解除自己的赔偿责任；业主认为总承包商的索赔依据不足或是总承包商对索赔金额的计算不合理，无法接受；业主要求扣除总承包商因质量缺陷、工期超时等问题支付的罚金数额过大，致使总承包商所得补偿减少等。

（4）采购争议。采购争议是指总承包商在负责采购完成工程所必需的，包括设备、材料，备件在内的一切物资过程中，因设备和材料的质量、价格以及试验等方面发生的争议。采购设备和材料的价格以及质量对 EPC 工程项目有着重大的影响。实践中，经常发生的是总承包商在采购时利用合同文件中“满足业主要求”这一笼统规定，以次充好来赚取更多的利润。这种情况的发生业主肯定不会接受，或者是要求承包商更换符合质量标准的设备和材料，或者是接受这种情况，但会相应降低合同价格。当此时合同双方都片面追求己方利益时，争议就会产生。

EPC 合同通常对整个工程采用的技术标准和规范都有明确规定，包括重要设备的制造标准。但实践中常发生的情况是，总承包商从业主指定的厂家采购某一设备，但该厂家在制造该设备时无法采用项目规定的制造标准，而是采用自己的标准，比如 EPC 合同中规定的是英国标准，但总承包商在业主指定的厂家中选择了日本厂家，而日本厂家的制造标准与 EPC 合同要求的不一致，这时 EPC 合同对此又没有明确规定时，合同双方就会产生争议。

采购的设备和材料的试验是总承包商交付工程所不可缺少的，当业主按照合同规定进行试验时，总承包商应给予配合。对于在试验过程中业主改变试验方法和地点而需要增加试验费用，这部分费用由谁承担也是争议产生的潜在因素。

（5）合同文件表述错误争议。合同文件表述错误争议，是指由于合同文件表述错误而出现的双方责任无法界定而引发的争议。表述错误通常包括两种情况：

1）业主的表述是错误或不明确容易引起总承包商误解，并且这种表述错误是总承包商不容易发现的。当总承包商按照错误的表述进行工程建设遭受损失时，业主往往引用 EPC 合同条款中规定的，总承包商应负责审查业主提供的数据为由，拒绝补偿总承包商的损失。但是，从总承包商方面来讲，其是按照合同规定来进行工程建设的，损失不应由其承担，因此会不可避免产生争议。

2）业主有意隐瞒本应向总承包商提供的数据，当总承包商根据自己的经验或者其他途径获取的信息仍无法对合同做出准确理解而造成损失时。这部分损失应该由谁来承担，以及承担份额的分配也会引发合同争议。

（6）终止合同争议。终止合同是一种非常严重的行为，任何一方终止合同都会严重损害合同另一方的利益，因而终止合同引发的争议也是最多的。但是，终止合同有时是在某种特殊情况下为避免更大损失而采取的必要补救方法。因此，双方当事人应该事先在合同中规定终止合同时各方的权利和义务，以便于合理解决争议。

1）总承包商责任引起的合同终止。例如，总承包商严重拖延工程，并已被证明无能力改变这种局面；总承包商破产或严重负债而无力偿还，以致使工程停滞等。当这种情况发生时，如果合同中没有明确规定，业主将要求总承包商赔偿因工程终止造成的损失；总承包商则会要求承包商对其已完成的工程付款，并要求补偿已运到现场的材料、设备和各种设施费用等，由此引发争议。

2）业主责任引起的终止合同。例如，业主不履行合同约定拖延付款并被证明无力偿还欠款、无力清偿其他债务或者破产，而且已经影响了总承包商的正常工作等。总承包商要求业主赔偿因终止合同而遭受的严重损失。

3）不属于任何一方责任引起的终止合同。例如，不可抗力所造成的合同终止。如果合同中没有明确约定可以免除受到不可抗力影响的一方对不履行合同所造成损失承担责任，将会引起争议。

4）其他原因终止合同。例如，业主因改变设计方案通知总承包商终止合同，业主同意给予总承包商适当补偿，但总承包商认为补偿不足或要求赔偿利润损失和丧失其他工程承包机会而造成的损失，由此引发争议。

2. 合同争议解决程序

工程实践中争议发生之后，为了使争议给各方造成的损失降至最低，最好规定相应的争议解决程序，这样才能让争议双方明确各自的责任和义务，使争议得以顺利解决。EPC 合同条件下其争议解决条款规定程序如下：

(1) 若在合同执行过程中合同双方之间产生的争议，则应首先提交争议裁定委员会(DAB) 裁定。

(2) 双方按在合同中约定的时间来任命 DAB 成员，若对成员的任命达不成一致意见，可约定由 FIDIC 直接指定，聘请费用由双方分担。

(3) DAB 收到合同一方就争议的申请后 84 天内，委员会应做出决定，并给出支持决定的理由。

(4) 如果合同某一方对此决定不满，可在收到决定后 28 天内将其不满的意见通知另一方，并在之后有权提出仲裁。28 天内未发出不满意通知，则该决定成为最终的对双方均具有约束力的解决方案。

(5) 但是在提交仲裁前，双方必须有 56 天的友好解决时间。若 56 天过去仍未友好解决该争议，则可开始提交仲裁。

(6) 在工程完成前后都可以开始仲裁，若在工程进行中开始仲裁，合同双方以及争议裁定委员会应继续履行其合同义务，不应受正在进行的仲裁的影响。

16.3 EPC 工程总承包合同管理应注意的问题

16.3.1 EPC 合同签订阶段应注意的问题

1. 正确理解 EPC 总价固定的含义

很多人认为 EPC 项目是固定总价的合同，也就是价格不变的合同，所以要么在投标报价时风险估计过大导致投标报价高而无法中标，要么在签约时简单认为是固定总价而放弃了合同价格变更的权力。

其实所谓固定总价只是相对而言，一般国际EPC项目的土建工程价是基于业主给出的模拟工作量与单价的乘积，实际是固定单价，总价随着实际工程量的改变而改变；采购价格则是基于实现功能性描述总承包商应提供的货物价值，当业主对功能要求发生改变、增加工作范围或对实现功能的设备提出特殊要求时，合同价格同样会发生变化。另外，EPC项目一般工期较长，因而受市场价格波动影响较大，导致项目执行成本存在较大变化的可能。所以，不能简单认为EPC合同是总价合同，就放弃价格变更条款，应充分考虑业主要求的改变、业主提供基础资料的偏差及涨价因素引起的价格变更等，并通过合同价格变更条款在合同中予以明确。

2. 总承包合同中随机备件等的确定

由于EPC项目包含了设计、采购，也就是说在签订EPC合同时，尚未开始设计，业主只能给出项目功能性描述，而对于采购的具体范围、规格等并不能在合同中清晰反映出来，这就给未来项目执行埋下争议的隐患。作为总承包方，如何在不确定条件下保护好自己，关键在于合同条款是否能准确地描述出承包商应尽的义务。

这里最容易忽视，也最易产生争议的是随机备品备件供货范围问题。因为在签订合同时尚未确定设备规格、型号及厂家，因而也就无法准确确定随机配件的名称、图号，于是一些业主就按照自己已有或参考项目提出了配件清单和数量，并以此作为合同供货范围。但总承包商在签订EPC合同后会发现，通过设备招标确定的设备、备件与EPC总合同内容有较大出入，可能出现以下几种情况：①业主要求的备件在实际选用的设备中是不适用的；②设备中必须要带的备件在合同中没有列出；③合同中所列备件数量或多或少与实际需要有较大出入。

更有总承包商在尚未与业主确定随机备件品种、数量情况下，就签订总承包合同，自以为应该提供的随机备件数量可能得不到业主的认可，而业主要求的数量自己又实在难以承受，于是在合同执行过程中要牵扯很大的精力与业主协商备件问题，而业主往往采取拖延战术，使得总承包商在项目执行期提心吊胆，无奈被业主牵着鼻子往前走，始终要让着业主无法硬气起来，最后本来有利可图的项目变为无利可图甚至亏损。

大型EPC项目不仅备件问题较为复杂，专用工具、易耗品等的范围、数量同样必须考虑。如果这些问题没有弄清楚就盲目签约，势必带来潜在的项目风险。当然，作为EPC项目，签约时确实很难准确、科学地确定备件、专用工具及易耗品的名称、数量。但如何保证项目正常运营情况下双方的利益，是业主和总承包商都要面对的问题。

在无法准确确定以上问题的情况下，总承包商最简单的解决办法就是在签约时仅注明保证质保期内免费提供正常使用所需备品备件、保证在××期间内免费提供易耗品及保证业主正常检修维护所需的专业工具的提供（也可包括大修需要，由双方签约时确定）但在EPC合同中不列出具体清单、数量。

以上这种方法可能难以令业主满意，因为有的业主希望通过EPC合同使自己获得更多的备件以将其列入项目建设投资，而减少今后运营的成本；或有的业主认为通过设备招标确定的备件价格有利于业主，希望以此价格多订备件；或有的业主欺负总承包商的商务经验匮乏，在已确定合同总价后，再抛给总承包商一个不容置疑的大的备件清单，备件清单采购成本甚至可能高达设备采购成本的30%，以此变相压低承包商价格。

应该说，只有保护总承包商和业主双方利益的合同才是最佳的合同，也才能执行好。这就要求总承包商不能仅仅关注项目建设阶段，也应为业主考虑未来项目运营成本。为此，作为总包方在设备招标阶段，要充分考虑备件价格，可以把备件价格作为评标的一个主要因素，以避免设备投标方采取压低设备价格、抬高备件价格的不平衡报价，而使业主在以后采购备件时支付过高的费用。当然，如果签订设备分包合同时，业主愿意多采购备件，还可以通过供货范围变化来变更总承包合同或以业主与设备分包商另外签备件合同方式予以解决。同时，对于业主备件采购价格的保护可以通过设备分包招标文件和分包合同予以明确。

3. 总分包合同的支付及其衔接

EPC总包合同中支付条款较为复杂，按时间划分，分为预付、中间付款、临时验收、质保期结束等阶段，每一个阶段付款又要满足该阶段付款的条件。特别是中间付款，涉及土建、设备供货、安装、培训等内容，相对更为复杂。因不同内容的支付受到不同支付条件的约束。同时，除预付款外的每次支付还涉及工作量的变更、工作范围的改变、价格的调节及罚款等引起的付款额的改变。所以除要求总承包商在签约时准确理解支付条款的涵义，在合同额中充分考虑支付风险和垫付利息外，还要具备准确计算每次应付款、按工期编制支付预算及时提出合同变更并计算变更的能力。否则，即使完成或超额完成合同义务，总承包商也未必得到应该得到的业主全部付款。

另外，总承包商如何根据业主付款条件和现金流统筹测算对分包商付款也须认真研究。有的总承包商即使早已得到业主付款，但不愿付款给分包商，自以为晚付款对自己较为安全且可以获得一定利息收入，殊不知分包商早把晚付款的高额利息和可能的支付风险通过提高价格全部转嫁给了总承包方，从而大大增加了分包造价。所以，总承包商须清醒地认识到对自己的过度保护是需要付出成本代价的。只有合理地编制资金使用计划，使业主付款和给分包付款有机结合，尽可能减少自己的垫付资金，通过对比各方案测算结果，来确定对自己最有利的支付条款，并将其在分包招标支付条款中明确，才是最佳的支付选择。

4. 履约保函的有效期及临时验收起点问题

EPC总承包合同对履约保函的有效期有不同的要求，一般把收到履约保函作为合同生效的条件，当然如果业主担心总承包方因合同价格过低或工程成本面临大增而放弃合同，也可能业主要求合同签字即生效，而放弃履约保函作为合同生效的条件。但无论是签约即一次提供履约保函还是分阶段提供履约保函，保函的有效期一般截至临时验收通过，也有直接到质保期结束。无论哪种方式，保函对业主的保护没有区别，但履约保函到临时验收，总承包商在质保期开始时再出具质量保证保函替换履约保函对总承包商来说相对更为有利。

而如何合理确定EPC总承包商与分包商的履约保函有效期，更值得总包商研究。因为EPC项目涉及了设计、土建、设备、安装等不同工作内容，仅设备一项又分为静态、动态，可能分不同阶段向业主移交。所以若总承包商在EPC合同中与业主只笼统地描述履约保函至项目临时验收的话，我们必然会问一个问题，项目是指整个工程吗？整个EPC项目由若干分项目组成，有些项目，如总工程包含的水厂、静态设备等在总工程还处于施工阶段就已提前移交给了业主，业主也完成了临时验收，如果总承包方要求已移交给业主使用的项目分包商的履约保函至整个工程临时验收通过或保质期结束的话，显然分包商是不会答应的，因为不仅有质量保证过长问题，还牵扯付款节点问题。即便答应，分项目成本也将大大提高，不利于总承包商。

另外，大型EPC项目的设备交货期是按照安装进度的要求决定的，以上这种方法可能难以令业主满意，因为有的业主希望通过EPC合同使自己获得更多的备件以将其列入项目建设投资，而减少今后运营的成本；或有的业主认为通过设备招标确定的备件价格有利于业主，希望以此价格多订备件；或有的业主欺负总承包商的商务经验匮乏，在已确定合同总价后，再抛给总承包商一个不容置疑的大的备件清单，备件清单采购成本甚至可能高达设备采购成本的30%，以此变相压低承包商价格。

应该说，只有保护总承包商和业主双方利益的合同才是最佳的合同，也才能执行好。这就要求总包商不能仅仅关注项目建设阶段，也应为业主考虑未来项目运营成本。为此，作为总承包方在设备招标阶段，要充分考虑备件价格，可以把备件价格作为评标的一个主要因素，以避免设备投标方采取压低设备价格、抬高备件价格的不平衡报价，而使业主在以后采购备件时支付过高的费用。当然，如果签订设备分包合同时，业主愿意多采购备件，还可以通过供货范围变化而改变总承包合同或以业主与设备分包商另外签备件合同方式予以解决。同时，对于业主备件采购价格的保护可以通过设备分包招标文件和分包合同予以明确。

16.3.2 EPC合同履行阶段应注意的问题

1. 业主耽误工期不容忽视

在EPC合同履约过程中，业主原因发生耽误工期的情形经常发生，必须引起总承包商的高度重视：

(1) 在EPC合同实施过程中，业主管理机构可能会发生变化管理人员有调整，后任管理人员对情况不很了解，往往会提出一些与EPC合同、会议纪要、往来信函等双方约定的事情不同要求，双方会产生误会，给项目实施目标带来障碍。

(2) 对业主办事效率低应有充足的准备，在项目实施过程中，很多需要业主解决的问题不能及时做出决定，拖很长时间才给予答复。例如设计往往不能按照约定时间批复，业主不研究合同，不履行义务，该做的没有做，等等。

(3) 业主随便要求停工耽误工期，业主在工程施工过程中常常产生新的想法，比如新的扩建计划、提高技术标准、改变总体布置等等，完全不按照批准的基本设计规划和EPC合同规定办事，往往心血来潮就下停工令，扰乱施工计划。

2. EPC总承包项目收尾合同管理

在项目收尾完成或者收尾期间，总承包商还要进行合同后评估，通过这样的一个过程，能够将项目来源阶段，项目执行阶段以及项目收尾阶段中的利弊得失，经验教训总结出来，为以后工程合同管理提供宝贵的经验。

(1) 合同签订过程中的评估重点：①合同目标与实际完成情况的对比；②投标报价与实际工程价款的对比；③测定的成本目标与实际成本的对比；④以后签订类似合同的重点关注方面。

(2) 合同执行情况评估：①合同执行中风险应对能力的高低程度；②合同执行过程中有没有出现特殊的、按照合同文件无法解决的事项，今后防止类似问题的措施。

项目风险具有客观性、偶然性、可变性，同时由于工程项目的环境变化、项目的实施遵循一定的规律，所以风险的发生和影响也有一定的规律性，是可以进行预测的。因此在项目实施过程中，总承包商应积极主动地施行合同管理，并不断积累经验，必将有效地提高企业驾驭EPC项目的能力。

17 EPC 工程总承包合同风险与对策

在传统施工承包模式中，设备与材料通常是由承包商采购，但业主可保留对部分重要设备和特殊材料的采购权。在 EPC 合同模式下，承包商的工作范围包括了设计、设备和材料的采购以及施工安装，直至最后竣工，并在交付业主时能够立即运行。为此，总承包商所面临的风险范围要比其他承包模式多得多，EPC 总承包合同风险源来自各个方面，本章仅就 FIDIC 总承包合同设计风险、采购环节存在的合同风险做一探讨。

17.1 EPC 合同设计风险分析

17.1.1 EPC 合同设计风险分析的必要性

1. 在 EPC 合同项下设计的特殊地位

在 EPC 合同项下，承包商要自己完成对所承包项目的设计任务，或分包给具有相应资质的设计人来完成并对其负责。EPC 设计是 EPC 总承包的龙头，处于整个总承包项目的核心地位，设计所产生的文件是采购、施工阶段的重要依据，对项目的成本、工期和质量都有很大的影响。因此，EPC 设计管理是 EPC 项目管理体系中的一个关键组成部分，也是 EPC 合同风险管理的重要内容。EPC 项目中的设计工作有以下三个特征：

(1) 设计对总成本影响最大。在 EPC 总承包项目中，虽然设计成本占项目总成本的比重较低，但设计对项目的总成本影响最大。图 17-1 为项目不同的实施阶段设计对项目投资的影响程度示意图。

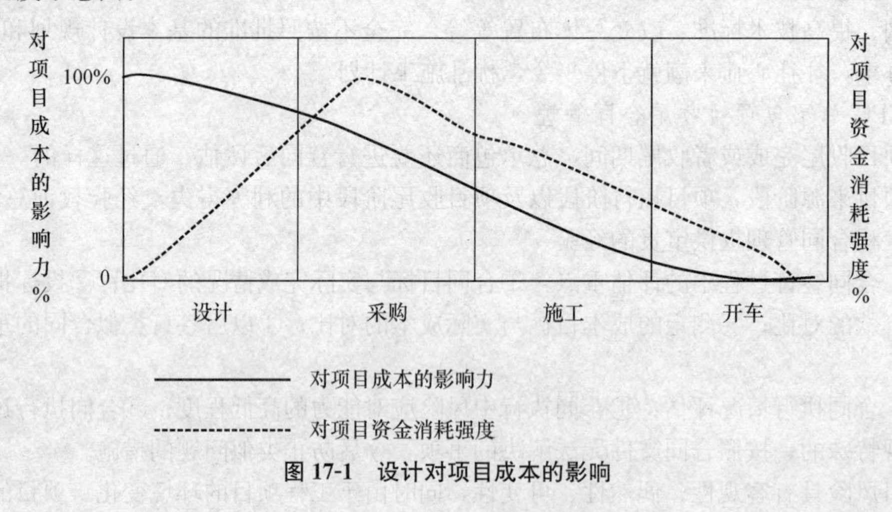

图 17-1 设计对项目成本的影响

(2) 设计工期所占比例较高。采用 EPC 总承包模式建设的项目都有投资规模大、专业技术要求高、管理难度大等特点，这就决定了设计工作的工程量较大，设计工期在项目总工期中占的比例较高。如果设计进度不能满足计划要求，则会影响设备材料的采购、制造、供货和现场施工进度，引起不良连锁风险反应，对项目工期造成非常不利的影响。典型的 EPC 项目总承包的设计、采购、施工的工期示意比例如图 17-2 所示。

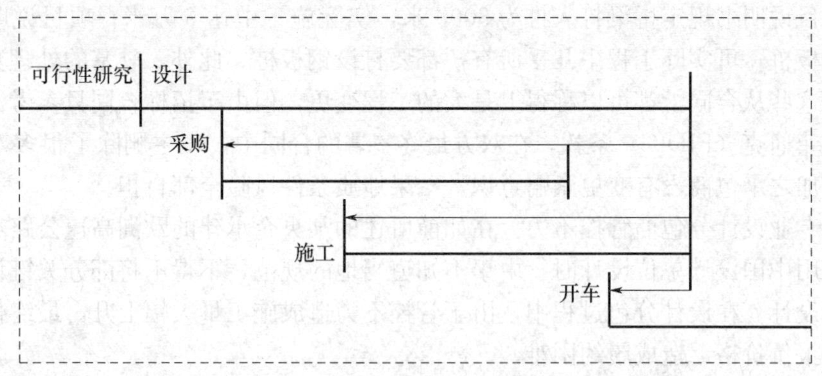

图 17-2　设计、采购、施工、开车进度的合理交叉

（3）设计质量是 EPC 总承包项目的基础。在 EPC 总承包项目中，采购工作是以设计完成的技术询价书为基础进行设备材料的招标投标的，而设备厂家的制造图纸是按照设计规定的数据表、规范书和图纸要求完成的，而且必须经过设计的审查批准设备厂商才能进行设备的预制和制造，现场施工安装工作则是按照设计完成的图纸进行施工。设计文件因图纸质量高，采购的起点质量就高，设计文件因图纸的高质量，可以有效地保证采购起点的高质量，设计图纸的高质量可以减少施工工作的返工。否则，低质量的设计将会给总承包商带来较大的麻烦。

依据上述分析可以看出，EPC 项目中的设计具有核心地位，对设计合同风险分析具有十分重要的意义。

2. EPC 项目合同的设计条款

在 FIDIC 彩虹系列中，FIDIC 新黄皮书和 FIDIC 银皮书都规定，设计是承包商的职责，但两者的设计风险分配不一样，FIDIC 银皮书把较多的风险不平衡地分配给承包商。银皮书与其他合同范本不同，没有“工程师”角色在雇主和承包商之间发挥斡旋、咨询或协商作用，由雇主直接对承包商进行管理。如前所述，FIDIC 银皮书第 4.10 款［现场数据］规定：“承包商应负责核实和解释包括现场的地下和水文条件以及环境方面在内的所有数据，雇主对于此数据的准确性、充分性和完整性不承担责任”。第 5.1 款［设计义务的一般要求］的规定，把风险发生时所有不可预见的后果都被分配给了承包商承担。承包商不仅要对设计承担严格的责任，还要承担“雇主要求”中“任何类型的错误、偏差或遗漏”的风险。

这种设计风险和相关风险被分配给承包商后，一般只能依靠合同签订前的猜测。但即使是一个有经验的承包商，也不能对于异常的自然力的作用做出现实的风险评估，加上承包商往往并不具备承担合同范围内所有项目的专业设计能力，因此，在合同签订前对设计合同风险进行充分分析和在履约过程中对设计风险的管理尤为重要。

17.1.2　EPC 合同设计风险举例分析

在国际市场竞争中，EPC 工程由于规模大、合同额高，往往受到中国建筑企业的青睐。但由于管理方面存在差距，对合同风险认识不足，在设计环节出现失误，导致项目会受到影响甚至产生巨额亏损。

（1）对地下和水文条件等地质数据缺乏了解。某央企承建的欧洲高速公路项目，投标中对当地地质条件缺乏了解，中标后施工过程中发现很多工程量都超过项目说明书文件的规定数量。如项目说明书规定桥梁打入桩为 8000 米，实际施工中达 6 万米；项目说明书中没有规定使用钢板桩，可实际工程中几乎所有桥都要打设钢板桩。此外，软基的处理数量也大大超过预期。这些从合同上都可以称得上是大的工程变更，但由于招标合同只参考了国际工程招标通用的菲迪克（FIDIC）条款，在双方最终签署的合同中，雇主删除了很多对承包商有利的条款，加之承包商没有变更索赔意识，结果地质条件风险全部自担。

（2）对专业设计分包商管控不力。在如前所述的某央企承建的欧洲高速公路项目中，中方企业在聘用中国设计单位设计时，由于不知道当地的规范，不得不将部分关键设计委托当地公司进行设计。在设计分包过程中，由于管控不力造成施工量大幅上升，最终价格大大高于承包商的报价价格，造成履约困难。

（3）雇主随意变更要求和设计参数。在一家国企承建中东某国 EPC 轻轨项目中，签约时只有概念设计，但在实际设计过程中，在土建桥梁跨越道路形式、结构形式、车站面积、设备参数、功能需求等方面，雇主提出众多变更要求：如土石方开挖由原来的 200 万立方米，变更为 520 多万立方米，增加了 160%；空调设计最初是按照室外温度 38℃进行设计，最后提高到按照 46℃设计；中方企业虽然都按照雇主要求进行了设计修改，却没有及时提出变更索赔，工程量和标准的提高带来了成本的增加，形成巨额亏损。

（4）对国外设计规范掌握和运用欠缺导致的风险。在如前所述的中东某国 EPC 轻轨项目中，土建工程执行美国标准，系统工程执行欧洲标准。承包商对雇主主要的技术参数如"运输 7.2 人/小时，追踪间距为 80 秒"等理解不透，对当地的设计分包商控制愈加困难。由此导致两方面的问题，一是无法准确估计成本；二是由于不熟悉相当欧洲和当地的施工、验收标准和规范，经常发生预想不到的工程量增加。

实际上，在非洲很多中国企业参与的 EPC 项中合同中往往写明使用中国规范设计，必要时使用欧洲规范。但在实际的设计成果审查中，由于对方对中国规范很难理解或无法理解，造成设计报批过程漫长，在执行过程中，雇主代表聘用的专业咨询公司往往根据欧洲规范，增加很多变更细节。好在这些项目大部分都是中国政府提供贷款，总体风险可控，但中国承包商不得不在设计环节上局部做一些让步，并由此承担了部分额外的工期和费用成本。

17.1.3 EPC 设计风险关键合同要素分析

防范 EPC 合同下设计风险，首先要从合同分析着手，而分析合同首先要抓住关键合同要素，下面我们结合 FIDIC 总承包合同条款中的相关设计规定，对三大合同要素作如下归纳和分析：

（1）雇主要求要素。在投标和中标合同谈判时，认真研究并清晰界定"雇主要求"，为合同变更和索赔提供"平台"。在 FIDIC 银皮书中，"雇主要求"非常重要，这也是承包商今后保护自己的第一道保障，必须充分重视。在前面所述的某央企承建欧洲高速公路项目，由于项目说明书上的很多信息并不清晰，导致后来发生的实际工程量，从合同角度很难被界定为工程变更，项目说明书实际就是"雇主要求"的内容之一。如果该中方企业在合同谈判时，将项目说明书中不清楚的信息进一步明确，这一风险就可以避免。

FIDIC 银皮书第 5.1 款"一般设计责任"中明确规定，雇主应对雇主要求中的下列部分，以及由（或代表）雇主提供的下列数据和资料的正确性负责：①在合同中规定的由雇主负责的、或不可变的部分、数据和资料；②对工程或其任何部分的预期目的的说明；③竣工工程的试验和性能的标准；④除合同另有说明外，承包商不能核实的部分、数据和资料。

以上条款说明，雇主对“雇主要求”的正确性承担责任。EPC合同中，通常由雇主提出“雇主要求”或“概念设计”，由承包商进行设计深化，并根据最终的设计深化方案进行报价。因此，必须重视设计轮廓的确定工作，特别是“雇主要求”中已明确规定雇主应对其正确性负责的部分，才能有效地理清合同规定的设计范围以及双方各自责任，构成双方履约的基石。

根据《FIDIC合同指南》官方解释，“雇主要求”是雇主规定其竣工工程的明确要求的文件，基础内容包括：除现场地址的界定、工程的说明与目的、质量与性能标准、雇主管理细节规定以及特定义务外，还应包括所有有关标准，包括质量、性能和试验要求。《指南》进一步指出：“质量规定的措辞不应过细，以致会减少承包商的设计职责，也不应过于不精确以致难以实施，也不应依赖未来工程师或雇主代表的观点，这会使投标人认为不能预计。雇主要求可包括可能描绘拟建工程纲要的图纸，在这种情况下，雇主要求应明确承包商要实施的工程必须遵守纲要的程度。将设计方面纳入本文件应仔细进行，要充分考虑包括雇主需承担的对本设计的任何最终责任的后果。”

由此可见，FIDIC通过“雇主要求”这一合同要素，已为承包商“设计”了风险控制的“平台”。签订合同之前，为规避风险，应全部锁定“雇主要求”。双方要成立联合工作组，对相关技术和图纸成果包括合同范围等进行联合审查，为最终的合同协议提供设计、报价基础。一旦雇主有超出此设计范围的任何增加，承包商可提出变更索赔，处于有利的合同地位。

（2）合同变更要素。在设计环节履约过程中，重视运用“合同变更”规则，握住成本和工期风险的安全“阀门”。通常情况下，EPC项目设计环节要经历三个步骤，即概念设计、初步设计和最终设计。雇主在中间有或多或少的介入，并会在指出设计“瑕疵或错误”的同时，提出许多“理想要求”。承包商工程师应在斡旋、博弈过程中，坚持底线。如果其要求超出成本承受范围，承包商应及时提醒对方，根据银皮书第13款［变更与调整］中的规定，有权对此项“变更”做出相应的价格调整，如果对方不答应，则有权拒绝变更要求，或根据第16.2款规定，停工止损。

实际上，在前述的中东某国EPC轻轨项目中，中方企业面对雇主的诸多变更要求，确实也有停工止损的可能。因为按照当初协议，如果停工，即使对方没收履约保函，最多可能损失12亿元。可惜的是，由于担心影响中国公司的形象以及顾虑在中东的市场拓展，中方企业在未获变更落实的情况下，仍从集团内调集人员驰援现场，进行“不讲条件、不讲价钱、不讲客观”的会战，造成实际亏损达43亿元。

另外FIDIC银皮书要求，雇主应充分利用承包商在工程项目方面的经验和优势来完成设计，避免更多地介入承包商的设计和施工过程，减少承包商索赔的机会。在以“满足雇主要求”为目的导向的设计环节中，承包商应学会如何保护自身的设计自主性，减少来自雇主方的不必要干预。

（3）限额设计要素。重视对设计规范的全面了解和宏观把握，应采取“限额设计”方法，及时处理相关风险，使成本控制在一定范围内，以达到风险最小化的目的。在项目总体设计过程中，对一些专业性相当强的单项，承包商往往采用专业分包的方式，由专业的设计咨询公司承担。为减少风险，承包商在与设计单位签订分包协议时，要充分明确双方的义务、责任。根据双方的实际情况，不仅要明确设计计划进度节点的控制目标，更要明确规定因工程量的差异所带来的效益变化的分配形式，形成双方利益共享、风险共担的共存机制。

设计标准在国际工程中是一项非常重要的内容，它决定了工程材料的选购、施工方案的确定、验收标准以及工程造价等。在中国对外承包的 EPC 项目中，一般有三种标准：欧美标准、中国标准或其他标准（在非洲国家有可能采用南非标准）。要加强对项目设计采用标准的研究，从而对标准差异带来的成本和工艺风险进行评估。

另外，要充分注意不同阶段的设计工作的深度问题。即在概念设计、初步设计和最终设计阶段，对于上报给雇主审核的文件，只要提供并具备所需要的全部基本条件即可，这不仅是风险控制的需要，也是合同谈判和运作策略的需要。

FIDIC 银皮书第 5.2 款“承包商文件”中已规定：“承包商文件”不包括未规定要提交审核的任何文件。也就是说，承包商文件一般可不包括承包商人员为了实施工程所需要的全部技术性文件，例如一些关键的适当的基础和支撑方法、施工工艺等，这也是出于防止雇主过度地介入。正如《FIDIC 合同指南》中所言，由于承包商有较大的风险，他需要有较大的行动自由和较少的雇主干预。如果雇主要密切监督或控制承包商的工作或审查大部分施工图纸时，承包商可以发出明确善意警告，提醒雇主“合同条件是否应变更成适用 FIDIC 新黄皮书，这样可以减轻由于雇主过度介入产生的合同责任和风险”。

17.2 EPC 合同设计风险对策

17.2.1 项目分析及投标阶段

1. 分析阶段

要把握选择 EPC 合同的条件。鉴于承包商在设计阶段所承担的巨大合同风险，在以下情况中承包商不应当选择 EPC 合同条件：

（1）承包商在投标阶段没有足够时间或资料用以仔细研究和证实业主的要求，或对设计及将要承担的风险进行评估；

（2）建设工程内容涉及相当数量的地下工程，或承包商未能调查该区域内的工程；

（3）业主明确需要对承包商的施工图纸进行严格审核，并严密监督或控制承包商的工作进程。

上述三种情况，承包商可能承担更大的经济风险，为此承包商应放弃选择 EPC 合同模式，以免遭受不可预测的损失。

2. 投标阶段

如决策投标，承包商首先要认真研究招标文件，并与雇主进行沟通，了解雇主对项目的真实想法，准确理解雇主方的要求，为设计提供依据。EPC 项目实地考察，是整个设计工作的关键环节。除对当地的地质情况、气候条件、类似工程等情况了解外，还要考虑当地的有关政策法规、行业规定、建筑设计习惯、常用的标准。通过对这些内容的调查，可以解决以后的设计、施工的结果是否能满足当地人民的需要以及工程的适用性，避免竣工后当地人无法使用或使用困难。

17.2.2 合同签订阶段

（1）吃透雇主要求。在签订合同前，一定要有预见性地吃透雇主提供的“概念设计”或“雇主要求”，对于不明确或易变动的因素，要积极通过谈判合理转移或分担风险。例如某公司与一家英国公司就非洲某 EPC 矿石出运项目框架协议签订谈判中，提出由于对方对铁路主干线的路由不能全部确定，风险无法估计，建议在报价上采取两种方式：对于桥涵项目，采取分项总价包干方式；但对于铁路及土石方，由于不能确定，则按单价计量，但在此分项的总价基础上，加上15%作为封顶定价，超过封顶部分的，才由承包商承担风险，由此基本控制了工程量风险。鉴于设计标准的重要性，在合同中要通过科学、清晰的方式明确下来，例如可将相关中国规范编制成可读性强的设计示意图或参数表，作为附件签署，这样能避免今后出现不必要的技术纠纷。

（2）设计要符合法律、标准。EPC合同要求承包商所提供的设计、文件和工程不仅要符合合同的约定，还要符合工程所在国的法律的规定，此处的"法律"应作广义理解，包括工程所在国的法律、行政法规及各种规章，这就要求总承包人不仅要熟悉合同的各项文件，还要在工程所在国律师的帮助下熟悉该国的各种法律文件，以保证不会因设计内容违反约定或者法律规定而承担责任。

根据FIDIC银皮书第5.2款［承包商文件］："（根据前一段的）任何协议，或（根据本款或其他条款的）任何审核，都不应解除承包商的任何义务或职责。"第5.8款［设计错误］："如果在承包商文件中发现有错误、遗漏、含糊、不一致、不适当或其他缺陷，尽管根据本条做出了任何同意或批准，承包商仍应自费对这些缺陷和其带来的工程问题进行改正。"

从以上条文可以看出，雇主的批准并不能免除承包商在设计上存在缺陷的责任，因此，承包商在自行设计时，应确保自己的设计人员所设计的成果符合法律法规、技术标准和合同约定，如果承包商将该部分分包给其他设计单位完成，应当在设计分包合同中约定如果出现此类缺陷时，其责任由设计单位承担，以便总承包人在向业主承担责任后，可以向设计单位进行追偿。

17.2.3 施工图设计阶段

（1）承包商应明确设计进度，并将其纳入工程总进度计划，并按照控制节点进行设计工作。即完成分项工程设计后，要按照雇主（或其代表）的管理要求履行审批程序，交付采购和工程实施。

（2）要充分考虑到设计对采购和施工的影响，在项目初期和设计时优先安排订货周期长、制约施工关键控制点的设计工作，及时确定设计中所设计材料、设备订货的技术要求和标准。

（3）承包商要在主设计与专业设计之间的配合管理中发挥出主导作用。在主设计确定专业内容过程中，要将专业设计需要的各项指标先确定下来，通过竞争机制确定各专业厂家（或供应商）。由于专业设计与主设计同步进行，在设计阶段可积极沟通，将施工中容易产生的问题放在设计阶段解决。例如，承包商在一般专业设计方面（通用给排水、照明等）都能很好地完成，但特殊项目（如医院项目中的各种医疗设备的水电控制等）在专门设计院来分包情况下，为了达到加快工程进度的目的，承包商的主要技术人员必要时应深入工程所在国和专业设计团队工作中，不仅要对设计技术可行性审查，更要对其材料选用的经济性和施工手段的合理性进行审查，确保设计利益最大化。因此，EPC项目在进入工程施工图设计阶段后，大量的专业设计与主设计之间的配合，已显示出其在风险管理方面的重要性。

（4）向业主及时反馈设计缺陷。在设计过程中，如果承包商发现业主所提出的要求有错误，应当及时向业主提出并要求其修正，如业主拒绝修正的，应要求业主以书面形式确认该部分内容为"在合同中规定的由雇主负责的、或不可变的部分、数据和资料"，以此来规避承包商可能承担的责任。

17.2.4 设计变更与索赔

建设工程合同在本质上属于承揽合同，定作人在定作物完成前可根据自己的使用目的要求承揽人进行变更，FIDIC 银皮书第 13.1 款也支持这一法理，其业主可以在颁发工程接收证书前要求对工程进行变更，此时承包商应当满足雇主的要求。但当雇主所提出的变更要求导致承包商难以取得所需要的货物，或者变更将降低工程的安全性或适用性，或者将对履约保证的完成产生不利影响时，承包商应当及时向雇主发出通知，说明以上原因，并要求业主对以前发出的指示进行取消、确认或者改变。如果业主坚持原指示并进行了确认，则承包商不需要对以上变更所导致的后果承担责任。无论业主的变更要求是否存在以上情形，当其变更要求将导致承包商费用的增加，承包商都应当要求雇主对变更内容及变更所增加的费用和工期进行签证，以作为将来索赔的证据。但如果合同文本中已经对工程总费用约定了调整的范围，比如在总费用的基础上增减 5%时，合同价款不做调整时，则承包商只能对超出部分所增加的费用进行合同总价调整，未超出部分无法要求调整。因此，如果承包商对合同进行当中可能发生的变更和工程量增减没有把握时，建议不作调整范围的约定，而约定当雇主要求进行工程变更时，应当据实调整工程费用和所需的工期。

17.2.5 设计文件的管理

工程设计的工作范围十分广泛，从如冶炼厂等主体工程的土建、结构、设备安装，到附属设施的装饰、暖通、给排水，其设计成果种类繁多、数目庞大；再加上设计过程中难免会出现多次变动和反复修改，这就使得设计文件错综复杂，难以查找，因此，设计文件的管理就显得尤为必要。设计文件管理主要由两部分构成，即文件的编码和归档。为便于计算机统一管理，设计文件的编码必须符合 WBS 编码系统的要求，最好与工程的工作分解结构相一致。设计文件归档的范围包括各设计阶段形成的设计文件、合同文件、设计评审意见及会议纪要、设计变更记录、试运总结等。

设计工作是 EPC 项目能否成功的前提条件和关键因素之一。在 EPC 合同条件下的 EPC 设计合同工作中，要加强合同商务意识的引领，并在各设计专业如何分工和深入，其中哪些属于雇主要求，哪些属于承包商文件，以及今后审核的程序如何确立等方面做出详细周密的思考。只有加强设计合同的管理，充分注意分清雇主和承包商之间的工作范围和责任，注重程序性和模块化思维的重要性，才能有效地搞好设计工作，锁定设计成果，规避设计合同风险。

17.3 EPC 合同采购风险分析

17.3.1 EPC 合同采购风险分析的必要性

由于我国的劳动力优势、产品价格优势、工期优势等相关因素使得我国已经走出国门的工程总承包公司在国际市场上的合同签约率和市场占有份额在逐年地提高，但是随着汇率的变化和国内劳动力成本的增加，我国已经占有国际市场的总承包公司明显地感觉到了成本的压力、市场竞争的压力，投标价格在逐步地接近欧洲公司的价格，这就使得承包商必须加强内部管理，降低成本，提升自己的竞争优势。作为承包商，采购管理在总承包项目中的地位在逐步提升，必须完成由花钱部门向赚钱部门的转变，而采购管理最主要的就是采购合同的管理。因此，上述承包商所面临的形势，成为探讨 EPC 项目下的采购合同管理必要性的原因之一。

在EPC项目总承包中，采购是工程设计、采购以及施工安装中承上启下的一个关键环节，是实现工程设计的意图、顺利实施工程项目的重要保证。采购既是整个工程进度的支撑，也是工程质量的主要保障。其逻辑关系如图17-3所示。每个环节均为下一个环节提供输入，如果在一个环节上出现问题将给下一个环节造成延期或其他问题，而设备材料采购位于中间环节，自然是整个过程的中心。

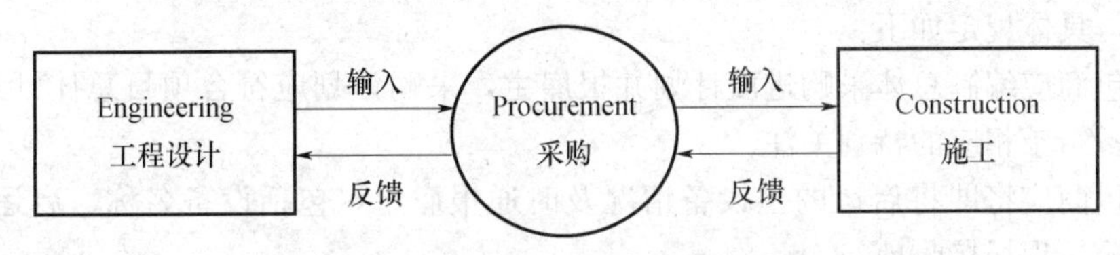

图17-3　工程设计、采购和施工安装逻辑图

在EPC项目总承包中，物资（含设备、材料等）的采购管理的地位十分重要，它为施工、安装提供重要的输入，是实现项目计划的枢纽环节。尤其是在石油、化工等建设工程中，物资采购的投资比例都比较高，占到整个项目投资的40%～60%，因此，物资采购的成本控制的好坏直接影响到项目总成本控制得好坏，直接影响到承包商最终的经济利益，其中心地位成为我们探讨采购合同风险分析与对策必要性的又一个原因。

17.3.2　EPC合同采购条款的一般规定

EPC合同对项目采购的相关规定是采购工作的前提，是雇主方验收和接受相关材料设备的依据，也是承包商开展合同管理的基础。因此，认真研读和充分理解合同中关于采购的一般规定，对于EPC承包商来说尤为重要。EPC合同的规定一般包括采购总体责任、物资采购的进度和质量监控、雇主方的采购协助与甲方供材。

1. 采购总体责任规定

依据FIDIC银皮书对采购第4.1款［承包商的一般义务］、第4.16款［货物运输］等条款规定，采购总体责任一般包括如下方面，除非合同另有规定：

（1）承包商应负责采购完成工程所需的一切物资，这些物资包括材料、设备、备件和其他消耗品。其中备件可分为两类：

1）工程竣工试运行所需的备件，其价格一般包括在EPC价格中。

2）工程移交后在某固定时间内，工程运行所需的各类备件，这类备件有时要求承包商采购，并在合同价格中单独报价，有时只要求承包商提供备件清单，由雇主根据情况自行采购。上述"合同另有规定"的含义是，在某些EPC项目，雇主可能提供某些设备或材料，即"甲方供材"。

（2）承包商应为采购工作提供完善的组织保障，在项目组织机构中设置采购部，负责工程物资采购的具体开展以及与雇主相关部门的协调工作。

（3）承包商负责物资采购运输路线的选择，并应根据线路状况合理地分配运输车辆的载荷。

（4）如果货物的运输导致其他方提出索赔，承包商应保障业主不会因此受到损失，并自行与索赔方谈判，支付有关索赔款。

（5）承包商应根据合同的要求编制完善的项目采购程序文件，并报送雇主，雇主以此作为监控承包商采购工作的依据。

2. 采购过程监控规定

依据FIDIC银皮书第4.21款［进度报告］、第7款［生产设备、材料和工艺］等条款，采购过程监控指根据雇主的项目组织安排和投入的项目管理工作量，对采购过程的进度和质量进行监控。有的EPC合同雇主监控较松，只在合同中要求承包商进行监控；有的EPC合同雇主监控得比较严格，除要求承包商具体监控外，雇主会派人员直接参与各类采购物资的检查和验收，具体规定如下：

（1）承包商应编制总体采购进度计划并报雇主，采购计划应符合项目总体计划的要求，并对关键设备给予相应的特别关注。

（2）承包商应将即将启运的主设备情况及时通报雇主，包括设备名称、启运地、装货港、内陆运输、现场接收地。

（3）对于约定的主要材料和设备，承包商的采购来源应仅限于合同确定的“供货商名单”以及雇主批准的其他供货商。

（4）承包商应对采购过程的各个环节对供货商/厂家进行监督管理，包括：厂家选择、制造、催交、检验、装运、清关和现场接收。

（5）对于关键设备，承包商应采用驻厂监造方式来控制质量和进度。

（6）雇主有权对现场以及在制造地的设备和材料在合理时间进行检查，包括制造进度检查、材料数量计量、质量工艺试验等。承包商在此过程中应予合理的配合。

（7）合同可以约定对采购的重要设备制造过程的各类检查和检验。当设备就绪可以进行检查和检验时，承包商应通知雇主派员参加，但雇主承担己方的各类费用，包括旅行和食宿。检查或检验后承包商应向雇主提供一份检验报告。

（8）雇主有权要求承包商向其提供无标价的供货合同，供其查阅。

3. 雇主方的协助规定

依据FIDIC银皮书第2.2款［许可、执照或批准］等条款，对于物资采购，承包商应遵守适用法律，雇主应根据承包商的请求，提供合理的援助，例如承包商为运送货物，包括结关所需要的、当承包商设备运离现场出口时所涉及的很多法律程序，雇主应给予承包商积极协助。合同常规定雇主在这些方面给予承包商协助，协助的形式通常是提供支持函。对于一些特殊物资，如炸药等，合同常规定由雇主负责获得此类特殊物资的进口许可证。

4. 雇主方对供材的规定

依据FIDIC银皮书第4.20款［雇主设备和免费供应的材料］，甲方供应材料在FIDIC银皮书中被称为“业主免费提供的材料”，EPC合同相关规定通常如下：

（1）若EPC合同规定雇主向承包商提供免费材料，则雇主应自付费用，自担风险，在合同规定的时间将此类材料提供到指定地点。

（2）承包商在接收此类材料前应进行目测，发现数量不足或质量缺陷等问题，应立即通知工程师，在收到通知后，雇主应立即将数量补足并更换有缺陷的材料。

（3）承包商目测材料之后，此类材料就移交给了承包商，承包商应开始履行看管责任。

（4）即使材料移交给承包商看管之后，但如果材料数量不足或质量缺陷不明显，目测不能发现，那么雇主仍要为之负责。

17.3.3 EPC合同采购风险来源分析

1. EPC主合同形成阶段

本阶段从投标开始至主合同签署结束。主要工作是根据招标文件对所需的设备材料进行询价，编制采购报价，进行商务谈判和签订项目主合同。

（1）制造标准差异风险。国际EPC工程的招标文件因国别、项目性质及咨询公司的设计理念不同，因而规定的设备及材料标准也会存在差异，如英国标准、德国标准、美国标准和日本标准等。如果在EPC采购合同中对整个工程采用的技术标准和规范都做出了明确规定，包括重要设备的制造标准，若承包商从雇主指定的厂家采购设备，但该厂家在制造该设备时无法采用项目规定的制造标准，而是采用自己的标准，如若在EPC合同中约定是美国标准，但承包商在雇主指定的厂家中选择德国厂家，而德国厂家的制造标准与EPC合同要求的不一致，这种标准时常会被雇主拒绝认可，这是EPC合同签订过程中需要考虑的风险因素。比如，在某冶炼集团炼铅EPC项目中，阳极泥电解槽的安装应该采用横向施工，可是施工方用的是垂直施工，导致阳极泥捞渣遇到困难，最终造成雇主方勒令重新施工，造成上百万损失。

（2）货物价格上涨风险。绝大多数国际EPC工程合同都是固定总价合同，物价上涨是不调价的。而设备材料的采购从项目投标、中标、合同签订到具体实施，需要经历比较长的时间，其价格受政治、经济等众多因素影响，因此投标时的价格与实际采购价格之间会存在较大的价差。此外，全球金融危机、国际市场需求变动、国际原油价格起伏以及国际货币市场汇率波动等，都会对设备材料的价格造成重大影响，成为承包商面临的一个主要风险。这主要是在合同订立阶段，承包商投标时所做的询价工作不够充分，没有准确掌握主要设备材料的采购地区、采购渠道以及市场价格变化趋势等信息，在合同谈判时没有及时修订条款，对价格比较敏感的材料设备未获得宽松的合同要求，或者供货合同不具有较强的约束力，都会造成实际采购价格低于合同报价而产生亏损风险。

（3）采购货源风险。国际工程项目投标中存在着因采购货源导致的风险成因主要有以下三个方面：

1）国际EPC工程项目招标文件中一般都会附有供货商清单，承包商需要在此清单范围内进行供货商询价。这些供货商对雇主来说都是长期供货商，但对于承包商来说则比较陌生，甚至根本找不到联系方式，更别提获得报价了。在此情况下只能通过以往供货商或国内供货商进行询价，但在项目实际实施过程中，雇主却要求必须使用指定供货商，常常导致采购价格与投标价格之间存在较大差异。比如，在非洲某国地面油田注水EPC项目中，投标时“仪表风撬”的报价采用国内供货商组装报价投标，但在实施采购时，雇主规定采用原计划的国外供货厂家，仅此一项支出成本就比投标时增加了200万欧元左右。在整个项目过程中，单单因为采购货源风险的发生就造成了承包商几百万欧元的损失。

2）在国际EPC工程项目中，投标阶段由于技术标准、规范要求很不完善，许多国外供货商不提供报价，或者报价反馈时间较长，超过投标规定时间。这也是采购货源风险产生的重要原因之一。

3）大量的国际EPC工程项目招标，使采购市场货源相对稀缺，逐渐倾向于“卖方市场”，在这种情况下供货商对于承包商投标阶段的预询价往往会报价虚高，很可能会使投标价格过高而产生流标的风险。

（4）法律法规风险。项目主合同形成阶段时间紧任务重，承包商通常不可能对项目所在国的相关法律法规（包括强制代理规定、进口许可规定、海关监管制度、禁止进口规定、税法及第三国法律适用要求等进行细致深入的调研分析，会在项目采购实施过程中遭受损失，此类风险常见于新开发的国际市场。

例如，某国东气西输管道 EPC 项目全长 1088 千米，包括线路安装、四条定向钻穿越和两条顶管项目，投标阶段因不了解当地对于进口方面的规定，在中标后的项目初期，需要进口大量的施工设备材料至项目所在地，由于承包商未及时在项目所在国注册公司，只能将已采购的材料设备物权临时移交所在国负责进口的公司，自己失去对材料设备的实际控制权，后来发生设备运输损坏、清关时间滞后等多项风险事件，极大地影响了项目的进度及工期。

2. EPC 主合同履行阶段

本阶段从国际工程项目采购实施开始直至项目结束。主要工作是根据采购合同完善前期设计，编制详细计划，实施采买工作，包括与供货商签约、催交、检验、运输、移交签收以及获得相应支付等。

（1）设计工作涉及采购的风险。设计工作的好坏，对采购的质量，成本以及进度起着决定性的作用，良好的采购设计管理则是顺利实施后续具体采购工作的前提，如果出现差错将会造成巨大的损失。通常设计风险引发采购风险的来源于以下三个方面：

1）承包商设计人员对合同文件的理解与雇主的设计理念可能存在差异，这种差异会延长设计文件编制、业主审核和最终批准的时间，特别是如果该采购设计处于整个项目的关键路径上，会剧烈影响后续的采购乃至施工活动，对项目工期和成本造成大范围变动。

2）设计时，采购的货物标准过高或者设计余量过大，都有可能导致实际采购价格远远高于概算和预算价格，形成较大的风险。

3）再者是雇主要求变化或者前期设计错误而造成的重大设计变更，同样会引起整个采购计划变更，并使采购成本发生大幅度增加。

（2）合同生效、交货期约定风险。合同生效、交货期往往是采购合同中容易产生风险的地方。图纸是否及时确认？付款是否及时到账？中间付款是否严格按照合同约定？交货期是否明确？诸多因素使得采购合同具有许多不确定性，为此，签订供货合同中如果含糊不清，就有可能造成交付延误，从而造成整个工期的推迟，将会对承包商产生不利的后果，造成经济损失。

（3）船期和质检风险。由于承包商承揽的是国外合同，存在船期和质检的问题。船期延误，使货物不能及时到达，耽误了施工进度，对承包商会产生损失。货物出厂质量检验也是产生风险的一个重要因素。各国供货商技术水平参差不齐，管理理念也有所不同，再加上地域的差异和产品的不同会导致对承包商的一些技术要求理解不透彻、不到位、甚至错误。会出现同样的产品，不同的厂家制造出来的质量相差很大。对于有些产品，可能到最终的出厂检验时才会发现存在不满足最终客户要求的质量问题，而整改这些问题又需要花费时间，一般的厂家都是在发货前 3～5 天要求承包商做出厂检验，此时一旦发现问题，整改时间肯定不够充裕，势必要影响到发货，有的还需要整改后再检验。比如，非洲某国承建的项目，承包商从国外供货商处采购一批阀门，在到达施工现场进行打压试验时出现了泄漏，设备根本无法安装使用，所有阀门只能返厂修理或者丢弃重新订货，大量增加了采购费用，严重影响了整个项目的工期。

（4）移交和签收风险。设备的移交和签收在合同执行过程中往往会处于一个不清晰的状态。供货商交货到港口，承包商不可能在港口对于设备包装箱内的零部件进行逐一清点，只是对设备的总体箱数进行清点，对包装箱的外观质量进行检查。一旦发现包装箱破损或者包装不合理，供货商又没有派驻集港人员，协助承包商完成集港工作。设备缺件少件、漏发等问题要到现场设备安装时才能发现。将会对承包商将产生延误工期和增加费用的风险。

（5）外汇交易风险。外汇交易风险是指在国际 EPC 工程项目中，雇主支付币种和承包商进口材料设备支付币种不一致的情况下，当汇率变动时实际采购成本发生变化的可能性。如果雇主支付币种与承包商进口材料设备支付币种相同，则不存在此项风险。但承包商应注意这一点。例如，哈萨克斯坦某工程项目，由于哈萨克国家银行在年月宣布美元对哈萨克法定货币坚戈（哈萨克斯坦法定货币）的兑换基准价变化，坚戈贬值。而该项目中承包商与雇主签订主合同的支付币种为坚戈，与供货商签订的国外进口材料设备合同的支付币种为美元，这样在外汇交易中使承包商蒙受了本不该有的重大损失。

17.4 EPC 合同采购风险对策

对货物采购风险的对策，分为主合同形成阶段采购风险对策和主合同履约阶段采购风险对策（主要包括采购合同签订和采购合同风险对策）。

17.4.1 主合同形成阶段采购风险对策

（1）商务部分与技术部分一起谈判。由于总（主）承包合同更多的是保证整个项目的整体性能和可靠性，因此合同更多的是对技术的要求和界定，同时对于合同的违约责任更多的是在技术保证指标的违约和罚款，还有对于图纸设计的确认会对交货期产生很大的影响，这样在合同技术文本中难免要体现部分商务条款，非常容易出现与商务条款的不统一甚至矛盾，为了解决此问题，在实际操作中，承包商应采用商务、技术一起谈，最终的合同文本由一个专人来整理，同时在合同签订后，要建立合同执行状况动态表，作为贯穿合同执行过程的一条主线，直至合同结算完成。

（2）审查招标文件，建立国标标准库。针对制造标准差异风险，承包商可以从以下几个方面进行防范：一是优化内部管理，多了解不同的国际标准，建立主要国标标准库；不断提高承包商设计人员的技术水平，完善标准化设计工作，加强各专业之间的沟通，并提高语言水平。二是实施投标控制，提高风险意识，认真审查招标文件，发现问题及时与业主澄清，并聘请这方面的专家加强设计审核工作。三是争取合理要求，如果确实由于设计经验方面原因造成报价偏低，可依据合同公平的原则，以重大误解为由向业主发出解释，争取得到一定的经济补偿，但经验方面的原因不能作为项目索赔的依据。

（3）掌握物价趋势考虑上涨系数。应对货物价格上涨风险，承包商可以从以下几个方面采取措施：

1）了解工程所在国的经济形势，掌握国际市场各种物价浮动的趋势，在投标报价时对于某些受市场影响较大的设备材料价格考虑适合的价格上涨系数，确定合理的风险费用；

2）在项目主合同签订阶段争取合理的合同条款，尽量包含针对材料设备价格波动的调价条款；如果合同中已包含了调价条款，承包商应在项目实施过程中积极准备和提供各阶段材料设备涨价的记录和证据，并严格按照合同要求计算采购变动费用，并且及时与业主进行沟通和交涉；

3）在实际采购过程中调整采购计划，根据市场价格变动趋势和工程计划进度选择合适的进货时间和批量；根据周转资金的有效利用和汇率、利率等情况采用合理的付款方式和付款币种等，尽可能减小价格变动对工程总成本和期望效益的影响。

(4) 努力对供货商的了解。针对采购货源风险，承包商可以从以下几个方面进行防范：

1) 在投标阶段寻求雇主支持，努力获得指定供货商的联系方式以便获得准确的采购报价。在符合招标文件规定的情况下，投标报价时应在当地考虑多家货源，并报请雇主同意潜在的供货商的选择，尽量不只报一家。如果可能，请求雇主取消强制性要求，适当放宽供货商范围。

2) 对于雇主指定的供货商，如果发现其在以往的项目合作中出现过重大事故，或有过供货不良记录，承包商应主动收集信息并及时向雇主提出更换请求。

3) 对于只能从唯一供货商处采购的设备材料，承包商应尽早与相关设计人员进行沟通并优化设计，减少对该设备材料的依赖程度，以避免采购实施时受制于供货商。

4) 对于大宗材料或价格昂贵的设备，承包商应尽量采取招标方式选择供货商。必要时，签订有约束力的供货合同，即若承包商中标，承诺按报价购买，供货商承诺按报价供应，同时加大违约金约定金额。

(5) 深入了解当地进货有关法律。项目主合同形成阶段，针对采购法律法规风险，承包商可以从以下几个方面进行防范：

1) 在合同形成阶段，对工程所在国当地情况进行深入调查了解分析，包括与当地的中国工程公司、中国驻外使馆以及工程咨询协会等积极进行沟通，尽早完成相关法律法规内容及应对措施的研究。

2) 委托工程所在国的相关行业机构（如会计师事务所、律师事务所、物流公司、清关代理公司等）提供与该工程相关的法律法规与政策规定等，依次制订计划并形成合同。

17.4.2 主合同履约阶段采购风险对策

1. 采购工作与设计工作的有机融合

针对涉及采购工作的设计管理风险，承包商应强化采购与设计的协调、控制，有效获取协同效。在 EPC 工程项目管理中，对于采购和设计的接口，通常的做法是在工程进度计划中统筹安排设计、采购，将采购纳入设计程序，进行设计工作的同时开展采购工作，对设备、材料进行跟踪控制，特别是对关键的长周期设备要提前采购，从而有效地控制工程成本和工期。具体来说：

(1) 设计部门：设计阶段，负责编制项目所需的设备表及材料表，作为采购文件提交采购部门；招标阶段，负责编制材料请购单，由采购部门向供货商发起询价，设计部门协助对供货厂商报价的技术部分提出评审意见，为采购部门确定合格厂商提供有效参考；负责技术及资料图纸方面的谈判，参加由采购部门组织的厂商协调会；现场交接阶段，参加由采购部门组织的关于设备材料试验及试运行等检验工作。

(2) 采购部门：负责对设计的可施工性进行分析；负责依采购文件编制具体的采购进度计划，对所有设备、材料的采购控制点，分类提出计划方案，获得设计部门认可，提交项目经理批准；选择合格厂商阶段，主要负责商务评审的内容，并结合设计部门的技术评审意见进行综合评审，确定最终供货厂商；负责催交供货商提交的先期确认图纸及最终确认图纸，转交设计部门审查；负责组织采购过程中涉及的各种协调会议，必要时可邀请设计部门参加。总体上来说，设计为采购提供技术支持，是 EPC 总承包项目的龙头。采购部门负责对设计中的采购文件予以响应和具体实施，其过程中发生的成本、设备和材料的质量将影响设计蓝图的实现程度和效果。两者之间的通力合作和完美搭接是工程顺利开展的有效保障。

2. 采取灵活的供应商选择策略

供应商数量的选择时，要尽量避免单一货源，寻求多家供应，以 3～4 家供应商为宜。大多数 EPC 合同项目要求从雇主指定的供应商名单中实施采购，因而项目采购遇到的困难较多，许多 EPC 合同管理过程中都曾出现过这样的情况。在采购过程中，比如某 EPC 项目采购有关部门根据设计部的技术文件向雇主批准供应商名单的所有供货商发出询价，经过技术评议，技术合格的供货商只有 1 家，采购面临无厂家参与竞价的情况，不利于控制采购成本。为此，在具体运作过程中，承包商可以采取以下办法解决：

（1）在项目启动时主动与雇主讨论其批准供应商名单，争取增加竞争力强且信誉度高的供应商。

（2）在雇主允许的条件下降低技术要求，扩大将来采购时的选择范围，在实施时诚恳地向雇主推荐其他信誉度高的部分供应商，如轻板房、低压开关柜、软启动、电缆等工程物资供应商，这样可以为工程物资采购及时到货争取了时间，还节约了大量的采购成本。对于雇主不指定供应商的项目，应优选采购策略，争取主动。雇主没有指定供应商，意味着承包商只要通过雇主的审批就可以进行合同签订等事宜，采购工作有相对较大的采办自由度和自主权，这相反却要求采办人员在供应商的选择上更加慎重：

1）充分考察供应商的履约能力、供货能力，如财务状况、制造能力、图纸提交能力、售后服务能力、是否属于制裁国家供货商等等管道线路部分的供货商原则上选择制造商或制造商指定的区域代理商，但对站场部分的散材选择有库存能力的中间商更为适宜。

2）在采购时将“保证工期”作为采购的首要原则，严格遵循“按期、保质、经济、安全”的顺序开展工作。例如，金额小的工程物资供货商报价速度迟缓，采购原则是：谁先报价就用谁的，谁有现货就买谁的产品，价格并不一定最低，但要保证供货时间，采办进度能够运用变通的采购原则给项目施工提供物质保证。

3. 遵循采购合同签订准则

EPC 采购合同签订准则采购合同是买卖双方共同遵守的准则，是双方履行权利和义务的依据。采购合同中应对以下事项进行详细规定：

（1）对合同标的物的供货范围做出明确的规定。材料的供货范围比较容易确定，但数量及计量方法需要有明确规定，应适当考虑现场安装损耗量；设备的供货范围相对比较复杂，必要时，可以附图加以说明，注明某区域内的所有设备材料及相关配件均在的合同供货范围内。

（2）合同必须对产品名称、品种、型号及规格的相关参数进行明确规定。

（3）合同必须对物资、设备材料的设计、制造和检验的标准进行明确规定，必要时还需列出设备的现场安装验收标准。同时，合同项下设备与其他设备、管道连接的法兰标准也必须明确，避免现场安装时不配套。

（4）合同应明确产品价格，包括总价和分项报价清单。总报价中注明设备名称、数量、单位、单价、总价、运费、包装费、商检费、现场服务费用、备品备件费用等。分项报价清单中尽可能对设备各组成部件、外购件等列出详细的分项价格。合同中的分项价格是非常重要的，一方面通过分项价格可以判断合同总价是否合理；另一方面分项报价是为了作为后期在合同执行过程中，增加或减少部分设备或部件，或因为运输损坏而进行补充采购等签订增补合同的依据。国际EPC项目进口货物采购价格条件通常包括：FOB船上交货价格、CIF包括保险费和运费在内的价格、以及DDP现场交货的价格等。

（5）合同中对结算方式、开户银行、账户名称、账号、税号、结算币种等信息必须进行明确规定，以方便合同价款支付。对合同的预付款，必须以供应商提交履约保证金和/或设备基础、电气仪表等设备条件的资料为前提。通过实践证明，用付款方式约束供应商在合同签订后尽快提交设计所需的相关资料，是最有效的方法之一。国际EPC进口货物价格付款方式常用的有：信用证（L/C）、电汇付款（TT）等。

（6）合同中必须明确不同种类设备的包装、运输要求。运输途中的损坏一般来说不容易确认相关方的责任，且设备损坏部分的补充采购对整个项目的进度有严重影响。由于项目采购的设备材料种类、数量繁多，同时每个合同下设备材料可能会分批发运，所以设备的唛头（运输标志）及装箱清单对现场设备交接及开箱检验工作极为重要。

（7）合同中必须明确设备的交货期、地点，尤其注意起始时间，通常有：从合同意向书起，从合同签订之日起，从图纸确认之日起。如果从图纸确认之日起，就要明确规定最晚不晚于合同签订后几个月，以防止卖方因为图纸确认问题拖延交货。复杂的物质、设备等在合同中附上设备制造进度表，以便在合同执行过程中对供应商制造设备的进度进行监督和检查。

（8）采购合同中，尽可能地明确现场质量问题的处理方法，最大可能地保护总承包商。鉴于总承包项目的特殊性，总承包商对最终客户担保的是整个项目的进度和性能担保，项目现场经常碰到的问题是，一台很小的设备出了问题而导致整条生产线停止运转，而问题的处理就显得非常的紧迫，如果此时，总承包商再按照质量事故的处理流程，就会带来时间上的损失，显然后者的损失更大。因此一旦总承包商需要现场技术服务，供货人必须是无条件地尽快给以反应，否则有可能给总包人带来巨大的损失。因此在采购合同中必须明确：对于项目现场出现的质量事故，总承包商可以自行处理的质量事故可以不经供货商的同意而先行处理，处理之后必须通知供货商；对于出现的总承包商不能自行处理的问题，总承包商通知供货人两天后，供货人必须按照总承包商的要求，派遣相关技术人员，否则视为供货人认可总包方人该质量问题的原因分析，由此所产生的费用由供货人全额承担；对于现场服务延期的约定，对于设备正常的安装调试，买方提前15天通知卖方，卖方在接到通知后3天内向买方提交现场服务工程师的护照信息且护照的有效期必须在一年以上；对于现场紧急情况下，卖方必须在24小时内提交服务工程师的护照信息，护照的有效期在1年以上。对于卖方不能满足以上要求，视为服务延期违约，适用合同延期违约罚则。

（9）合同中必须对物资、设备材料应提交的相关资料进行明确规定。

（10）合同中必须明确规定重要外购件的品牌，防止供应商交货与投标时不一致而影响产品质量。例如某项目业主采购的消防泵组的备品备件，合同中规定轴承品位为SKF，但供应商提供的备件轴承却为其他国产品牌，不能被业主所接受。

（11）合同履约保函。许多国家项目总承包商在合同签订后，要求卖方开俱履约保函。

（12）质量保期和质量保函。质保期国际EPC按照国际惯例为设备交货后18个月或设备运行后12个月先到者为限，但在国外EPC总承包中，质保期通常根据EPC总承包合同的质保期制定。

（13）现场服务。在合同中应明确卖方现场服务的次数，每次天数以及服务内容，费用计算方式，如果费用含在总价内，则要规定超出规定天数的服务费率。

4. 加强对供货合同的履约监控

对供货商供货风险，如船期、质检风险、移交和签收风险，总承包商可以采取以下对策：

(1) 由雇主指定的供货商，造成采购延误以及成本增加等可能事件及其后果，应及时与业主进行沟通协调，争取得到妥善处理。

(2) 对于从未合作过的供货商，承包商要加强对其资金、信誉和供货能力方面的调查了解，以防上当受骗。

(3) 与供货商签订完善的供货合同以制约其行为，如在支付、违约、质量检验和索赔争议等条款中详细列明双方的责任义务，并要求供货商提供质保金，同时在项目实施过程中承包商也要注意及时做好索赔准备工作。

(4) 总承包商在合同履约阶段，要不断到厂家去巡检、沟通，通过不断的反复的沟通交流使厂家读懂总承承包商的真实技术要求，加强督办、驻厂监造、第三方检验以及运输管理等工作，杜绝不合格设备材料到达现场。

(5) 最终的出厂检验要提前做，给整改预留足够的时间。

(6) 对在其他项目中出现过供货事故或者存在其他不良记录的供货商要将其加入黑名单，在以后的项目中不予其进行合作。

5. 争取以业主支付币种作为采购计价结算货币

针对外汇交易风险，承包商可以从以下几个方面进行防范：

(1) 在可能的条件下，根据实际需要的外币种类和数量，要求雇主以多种货币组合的方式进行支付，尽可能降低采购支付币种与雇主支付币种的不一致。如果能够以雇主支付币种作为采购计价结算货币，则可完全消除该类外汇风险。

(2) 通过变更采购地降低汇率变动影响，即如果项目所在国货币发生贬值，则承包商要尽可能从当地采购材料设备，反之应尽可能从项目所在国外采购，以降低运输风险和成本。

(3) 与业主商议，将汇率波动可能造成的额外损失通过合理调整方式纳入主合同当中，来减小双方的外汇交易风险。

(4) 选择适合的外汇交易方式。如采用远期外汇交易、外币期权交易等。

一个总承包交钥匙的成功运作，需要合同管理部门以及项目的组织者、参与者、配合者通力合作，总承包项目合同的实施最主要的三个环节为项目设计、项目采购、项目施工。项目采购在整个项目运作中起到了承前启后的作用，而项目采购的主要工作集中在采购合同的签订和执行上面。关于采购合同还有很多需要注意的地方，随着我国很多企业走出国门，从业者对采购合同的认识会逐步提高。

18　EPC 工程总承包合同管理案例

EPC 工程承包商合同管理工作的难度要比其他承包模式要高得多，其所面临的合同风险也多得多。总承包商如何做好合同管理工作，如何对承包合同风险进行分析和有效的防范，下面两个案例一个是合同全过程管理，一个是合同风险管理的案例，为 EPC 工程总承包商合同管理提供一些思路和方法。

18.1　某电气化工程 EPC 合同管理案例

18.1.1　工程项目概况

W 共和国 C 湖移民村的电气化工程，由中国 K 水利水电公司承担实施，工作内容包括融资、设计、设备采购供应、施工、安装和试运行培训等一系列的合同任务，是一个典型的 EPC 合同工程项目，而且以出口信贷方式中标实施。

C 湖是一个人工水库。C 河是 W 共和国的最大河流，其开发规划新建水电站。在蓄水前，库区移民向四周外迁，形成了 144 个移民村，遍布 C 湖周围的 14 个省区。W 共和国政府为解决这些移民的用电问题，决定建设移民村电气化工程。我国 K 水电公司在中国出口银行的支持下，在国际性投标竞争中取胜。

该工程为一项输变电建设供电工程，由于移民村散布在大湖四周，W 水电公司对输变电系统甚为负责。规划中包括：

（1）高压输电线路 40 条，长达 649km，33kV 输电线 260km；34.5kV 输电线 325km；30kV 输电线 6km；11kV 输电线 58km。高压输电线电杆共达 9000 根。

（2）低压配电线路 527km，其输电压为 433V，低压线路电杆数达 19000 根。

（3）变压设备，其功率为 50kV·A，100kV·A，200kV·A，共计变压器 213 台。

（4）高压负荷隔离开关 60 台；高压自动重合器 6 台。

该项目合同工期为 30 个月，于 1999 年 8 月 6 日签订合同，2000 年 9 月 1 日开工，2003 年 2 月 28 日建成。由于业主方面的原因，同意工期延长 3 个月。承包合同额 3282 万美元，采取卖方信贷方式。2000 年 3 月 2 日签订贷款协议，贷款金额 2954 万美元。

经与中国进出口银行和 W 共和国财政部多次会谈洽商，决定贷款的宽限期为 3 年，还款期为 10 年，还款期内每年还款 2 次，贷款年利率为 2%。作为 EPC 合同卖方的 K 水电公司，在同中国进出口银行商谈贷款工作的同时，又必须同中国出口信贷保险公司商讨保险问题。在出口信贷工作中，接受贷款方一般要求享受一定程度的优惠条件，即贷款条件必须满足一定的“赠与成分”。W 共和国财政部对本项出口信贷要求满足 35%的“赠与成分”，即希望宽限期和返款期尽量长些，贷款利率尽量低些，还款次数尽量多学，从而是“赠与成分”达到 35%。但是，这些要求同贷款银行的贷款条件存在矛盾，因而必须寻找一个双方都可以接受的约定。

1. 勘察设计

在项目的设计工作中，业主要求工程全部采用英国的标准（BS），我国的设计人员必须对其透彻熟悉。我国的电力工程技术标准基本上与国际电工协会的标准（IEC）等同，但与英国的标准还存在一些差别。因此，设计人员还需要掌握熟悉英国标准，能使工程设计符合合同要求。

在设计工作中，在机电设备的选型方面，我们尽量考虑采用国产设备的出口，提高国产输变电设备的出口比率，仅在个别部位选用国外产品。因此，必须熟悉国内厂家生产能力及质量水平。使国内出口产品符合合同技术标准，保证安全运行。

2. 采购供货

电力工程成套项目，设备供货量大，其费用一般占工程成本直接费的70%左右。为了扩大出口设备量，K水电公司提前将国产设备材料的技术条件、参数、资料和样本报送业主，争取其认可。该项目的绝大部分设备材料均系国内生产，仅有个别电气设备国产产品达不到业主要求，始而从西欧国家采购。

由于大量采用国产设备和材料，显著地降低了工程成本。国内供货容易协调配合，保证了设备材料的供货，有利于施工进度。这两个因素保证了工程项目承包实施的经济效益。

本工程项目所需要设备绝大部分是W国的进口物资，总数达200多个集装箱，4000多吨·立方米。根据施工进度及工期要求，参考设备材料的生产周期和运输时间，项目组将设备材料分期分批地订货、供货。同一设备一般分三批订货，以便保证工期的前提下，大量减少占用资金，亦利于适应施工实际及时地调整供货量。

3. 施工安装

该项目的实施，是在边勘察设计、边订货采购、边施工安装的过程中完成的。是一个依据单价计算的总价合同，合同文件中没有详细的工程量清单。具体工作项目、工程量是根据实际使用贷款总额来确定的。例如供电村庄的数目、输电线路长度、变压器的数量，等等，都是在施工过程中逐步确定下来的。当预计工程总造价低于合同价时，业主就增加工程量，有些工程量，如进户工程的户数和线路长度，在设计阶段难以准确决定，甚至在低压配电网已进入各村镇后，用户进户的登记还在进行和修改。这样给设备材料供货和施工安装计划的制订都带来了很多困难。此外，施工现场的频繁变化，带来了相应的设计修改，也影响了设备材料供货和施工安装计划。这些具体的困难，是靠项目组的努力协调和国内后勤工作的大力配合下，才得以克服的。

该项目施工的一个特点，是供电地区的分散性和施工条件的艰苦性。工程项目伸延的高低压线路长达1100多千米，分散在14个省区、144个村镇。施工现场的运输和生活条件艰苦，工期又很紧，施工安装所需的物资储运量多达19000吨·立方米，平均运距达500千米。每一项工作、每一个工序，需要几个队组、有时甚至十几个对组同时进行，需要投入大量的施工人员和运输设备。

针对这一特点，项目组采取使用当地分包商的办法，把这些工作同时分包给数个当地有经验的分包商，在项目组织技术人员的监督管理下，严格遵守质量标准，要求按计划期限完成，最后使这些分散而大量的施工安装工作准时而优质地完成。

4. 经营成果

作为一个出口信贷EPC工程项目，C移民村电气化工程按期圆满建成，得到业主单位的赞扬，通过这一个工程项目的实施，K水电公司积累了进行出口信贷工程承包管理的经验，主要是：

(1) 学会了出口信贷项目在融资、签约和保险等方面的规划和做法，并通过较严密的合同管理工作。工程营业额 3282 万美元，预计利润可达 30%，加纳财政部从 2003 年 8 月 15 日起开始贷款。

(2) 熟悉了英国电力工程的技术标准，并将英国标准同国际电工协会的标准相对比，以及这两个电工标准同我国的现行电力技术标准的关系，使我国的设计人员获得了丰富的国际技术标准的知识。

(3) 在施工安装工作中充分发挥了分包的优势，做好分包商的选择、督促和管理。中方技术人员重点控制施工进度和质量，是这个项目顺利实施的一个重要因素。在施工高峰阶段，有 6 个当地分包商同时在 8 个现场进行施工，在项目组技术人员的监督管理下，工期和质量都令人满意。

(4) 带动了中国机电设备材料的出口，打入国际承包市场。从我国直接出口的设备和材料数量在 5000 万人民币以上。

18.1.2 合同管理情况

该案例项目中，承包商能够顺利完成项目，其中主要得益于合同管理工作准备的比较充分，结合案例，归纳为以下几项合同管理工作：

(1) 招投标阶段的管理。由于业主的要求，该项目采用了国际上通用的合同文件，将项目工程实施的风险转移给承包商，所以承包在投标前，认真严谨地审查了业主的合同条款，主要内容包括：合同的最大责任、直接损失和间接损失、过失责任、延期责任、履约责任、第三方责任、补偿条款、环境保护、保险、专利保护和侵权、变更和索赔、适用法律、业主的财务状况和财务体系等，为报价提供可靠的支持。同时，在投标过程中充分利用机会向业主提出合同条款意见，为中标后的合同谈判做好准备工作。

(2) 合同签订阶段的管理。这个阶段要针对投标阶段对业主合同条款的审查意见，与业主进行合同谈判，谈判过程中尽可能地明确风险，争取到较好的合同条件，为项目实施过程的合同管理打下坚实的基础。例如：由于供电区域分散，施工条件艰苦，总承包商不得不采取分包的方法，由于分包商带来的变更和索赔条款，必须坚持总承包在合同变更谈判时的权利，这将为合同执行时的变更和索赔创造有利条件；对于合同的最大责任，必须控制在 EPC 总价的一个范围内，保证项目的整体风险在控制范围内。

(3) 合同执行阶段的管理。在项目组组建后，承包商组织了严格的合同交底，使得项目全体执行人员都能够明确合同中作为承包商的权利、责任和义务，理解项目执行过程中各自部门的岗位和责任，熟悉合同管理的流程。由于该 EPC 项目的复杂性和全员性要求，项目经理高度重视项目管理人员对合同的学习，对涉及本部分的条款了如指掌，保证项目在执行中合同管理的规范和严谨。合同管理贯穿于工程实施的全过程和工程实施的各个方面，它作为其他工作的指南，对整个项目的实施起控制和保证作用。

(4) 合同变更和索赔管理。为了成功进行项目索赔，承包商和工程项目的所有管理人员都进行了严格施工管理、科学地控制工程开支、系统地积累各类资料、正确地编写索赔报告、策略地进行索赔谈判等方面的努力。除此外，承包商的项目管理团队合作密切、索赔谈判中充分利用合同赋予的权利、项目实施过程中严格控制成本、同时重视索赔工作的时效。保证了成功的索赔，维护了公司的合法利益。

(5) 合同履行阶段的监督审核。在项目实施过程中，项目部建立了合同履行过程中的监督审核制度。安装公司相应的内控制度，项目部组成内审小组，制定合同内审制度，对合同履行情况进行监督审核，同时项目结束后，进行严格的合同审计。

同时通过该项目的实践，充分说明了带资承包的巨大优势。由于出口信贷的贷款利率较低，由政府补贴一部分利差；又由于贷款的期限较长、款额较大，给工程承包公司以强大的竞争潜力；又因为出口信贷与国际的信贷保险业相结合，增加了出口信贷的风险防范保证，保障了承包公司及国家的经济利益。因此，可以预期，我国的出口信贷金融机构——中国进出口银行，以及出口信贷的保险——中国进出口信用保险公司，将在我国海外工程承包事业方面发挥强大的威力。

海外承包工程事业的发展，需要金融投资事业的配合和支持。西欧发达国家之所以雄霸国际工程市场，最主要原因之一是银企结合，即对外投资与海外承包工程相结合，形成了竞争对手们难以抗衡的中标优势。

本工程由承包单位 K 水电公司同中国进出口银行签订贷款合同，同中国进出口信用保险公司签订出口信贷保险合同。而且在贷款条件上得到国家政策的支持，贷款年利率仅为 2%，宽限期 3 年，还款期 10 年，每年还款 2 次，使该项目卖方出口信贷的“赠与成分”达到 35%。这些都形成了强劲的竞争力。

该项目其所以争取到出口信贷的支持，重要的原因之一是该工程承包项目可以促进我国机电产品的出口。由于该电力工程的设备和材料大部分由我国供货提供，而且由于在设计中尽量使我国的设备性能参数满足合同要求，使我国的出口部分接近工程成本直接费的 70%，为采用出口信贷创造了条件。

因此，工程承包公司在投标竞争中应尽量选择能大量带动出口设备和材料的工程项目，并在设计时为出口机电设备的份额创造条件。对于带动设备出口的承包工程项目，无论是永久设备或施工机械，以及技术服务和劳务出口，均视做出口创汇部分。联合国经济合作与发展组织在《关于官方支持的出口信贷准则的约定》中要求，只要工程所在国的施工当地费用不超过合同额的 15%，就可以考虑对此工程项目采取出口信贷予以支持。从这一点出发，一般工程项目的出口信贷额不超过工程总造价的 85%，其余的 15%必须由工程所在国的业主预先提出。

出口信贷通过承包工程公司同贷款银行签订的贷款合同（卖方信贷合同），向工程业主提出了分期支付工程款的优惠条件，对业主无疑是极为有利的。但对承包公司来说，它直接承担着还款责任，利用业主的分期支付工程款来分期地偿还银行贷款。加上保险公司的风险担保，对国家和承包公司的经济利益都是有保障的。

我国工程公司要想在国际上发展壮大，必须树立“契约经济、合同经济”的观念，在完善先进的技术水平的同时，不断提高合同管理水平、敏锐的成本概念及准确把握合同条款细节的能力，才能避免失误，有效地降低、规避、转移风险，将各类风险消化于无形，从而根本上降低项目的成本，创造利润，实现企业发展。

18.2 某公路工程 EPC 合同索赔管理案例

内容提要：随着我国对外经济技术合作事业的不断开展，国内越来越多的工程承包企业不断开拓国际市场，并取得了骄人的成绩。在国际工程中，工程承包企业把索赔放在越来越重要的位置，但很多项目的索赔管理并不成功。结合 FIDIC 合同条件和实际索赔案例，分析在国际工程中如何进行有效的索赔管理，通过该案例将有助于更多的国内工程承包企业了解、熟悉并掌握 FIDIC 条款下的国际工程索赔管理工作。

施工索赔是由于业主过失或业主风险等非承包商的原因，导致合同不能正常履行，从而给承包商带来了额外的费用和工期延误，承包商有权对这部分工期延误和费用损失进行补偿。因为业主和工程师的利益和在整个项目管理中的地位等原因，承包商并不总能顺利成功地索赔。提高索赔成功率的关键因素在于承包商能否进行有效的索赔管理，这要求承包商在有效合同管理的基础上，不仅要遵循合同规定的索赔程序，还要适当地采用一些索赔技巧。

18.2.1 索赔案例分析

某国112km道路，升级项目中，业主为该国国家公路局，出资方为非洲发展银行(ADF)，由法国BCEOM公司担任咨询工程师，我国某对外工程承包公司以1713万美元的投标价格第一标中标。该项目旨在将该国两个城市之间的112千米道路由砾石路面升级为行车道宽6.5m，两侧路肩各1.5m的标准双车道沥青公路。项目工期为33个月，其中前3个月为动员期。项目采用1987年版的FIDIC合同条件作为通用合同条件，并在专用合同条件中对某些细节进行了适当修改和补充规定，项目合同管理相当规范。在工程实施过程中发生了若干件索赔事件，由于承包商熟悉国际工程承包业务，紧扣合同条款，准备充足，证据充分，索赔工作取得了成功。下面将在整个施工期间发生的五类典型索赔事件进行介绍和分析：

(1) 放线数据错误。按照合同规定，工程师应在6月15日向承包商提供有关的放线数据，但是由于种种原因，工程师几次提供的数据均被承包商证实是错误的，直到8月10日才向承包商提供了被验证为正确的放线数据，据此承包商于8月18日发出了索赔通知，要求延长工期3个月。工程师在收到索赔通知后，以承包商“施工设备不配套，实验设备也未到场，不具备主体工程开工条件”为由，试图对承包商的索赔要求予以否定。对此，承包商进行了反驳，提出：在有多个原因导致工期延误时，首先要分清哪个原因是最先发生的，即找出初始延误，在初始延误作用期间，其他并发的延误不承担延误的责任。而业主提供的放线数据错误是造成前期工程无法按期开工的初始延误。在多次谈判中，承包商根据合同第6.4款“如因工程师未曾或不能在一合理时间内发出承包商按第6.3款发出的通知书中已说明了的任何图纸或指示，而使承包商蒙受误期和（或）招致费用的增加时……给予承包商延长工期的权利”，以及第17.1款和第44.1款的相关规定据理力争，此项索赔最终给予了承包商69天的工期延长。

(2) 设计变更和图纸的延误。按照合同谈判纪要，工程师应在8月1日前向承包商提供设计修改资料，但工程师并没有在规定时间内提交全部图纸。承包商于8月18日对此发出了索赔通知，由于此事件具有延续性，因此承包商在提交最终的索赔报告之前，每隔28天向工程师提交了同期记录报告。项目实施过程中主要的设计变更和图纸延误情况记录如下：①修订的排水横断面在8月13日下发；②在7月21日下发的道路横断面修订设计于10月1日进行了再次修订；③钢桥图纸在11月28日下发；④箱涵图纸在9月5日下发。根据FIDIC合同条件第6.4款“图纸误期和误期的费用”的规定，“如因工程师未曾或不能在一合理时间内发出承包商按第6.3条发出的通知书中已说明了的任何图纸或指示，而使承包商蒙受误期和招致费用的增加时，则工程师在与业主和承包商作必要的协商后，给予承包商延长工期的权利”。承包商依此规定，在最终递交的索赔报告中提出索赔81个阳光工作日。最终，工程师就此项索赔批准了30天的工期延长。在有雨季和旱季之分的W国家，一年中阳光工作日的天数要小于工作日，更小于日历天，特别是在道路工程施工中，某些特定的工序是不能在雨天进行的。因此，索赔阳光工作日的价值要远远高于工作日。

(3) 借土填方和第一层表处工程量增加。由于道路横断面的两次修改，造成借土填方的工程量比原 BOQ（工料测量单）中的工程量增加了 50%，第一层表处工程量增加了 45%。根据合同 52.2 款“合同内所含任何项目的费率和价格不应考虑变动，除非该项目涉及的款额超过合同价格的 2%，以及在该项目下实施的实际工程量超出或少于工程量表中规定之工程量的 25%以上”的规定，该部分工程应调价。但实际情况是业主要求借土填方要在同样时间内完成增加的工程量，导致承包商不得不增加设备的投入。对此承包商提出了对赶工费用进行补偿的索赔报告，并得到了 67 万美元的费用追加。对于第一层表处的工程量增加，根据第 44.1 款“竣工期限延长”的规定，承包商向业主提出了工期索赔要求，并最终得到业主批复的 30 天工期延长。

(4) 边沟开挖变更。本项目的 BOQ 中没有边沟开挖的支付项，在技术规范中规定，所有能利用的挖方材料要用于 3 千米以内的填方，并按普通填方支付，但边沟开挖的技术要求远大于普通挖方，而且由于排水横断面的设计修改，原设计的底宽 3 米的边沟修改为底宽 1 米，铺砌边沟底宽 0.5 米。边沟的底宽改小后，人工开挖和修整的工程量都大大增加，因此边沟开挖已不适用按照普通填方单价来结算。根据合同第 52.2 款“如合同中未包括适用于该变更工作的费率或价格，则应在合理的范围内使合同中的费率和价格作为估价的基础”的规定，承包商提出了索赔报告，要求对边沟开挖采用新的单价。经过多次艰苦谈判，业主和工程师最后同意，以 BOQ 中排水工程项下的涵洞出水口渠开挖单价支付，仅此一项索赔就成功地多结算 140 万美元。

(5) 迟付款利息。该项目中的迟付款是因为从第 25 号账单开始，项目的总结算额超出了合同额，导致后续批复的账单均未能在合同规定时间内到账，以及部分油料退税款因当地政府部门的原因导致付款拖后，特殊合同条款第 60.8 款“付款的时间和利息”规定：“……业主向承包商支付，其中外币部分应该在 91 天内付清，当地币部分应该在 63 天内付清。如果由于业主的原因而未能在上述的期限内付款，则从迟付之日起业主应按照投标函附录中规定的利息以月复利的形式向承包商支付全部未付款额的利息。”据此承包商递交了索赔报告，要求支付迟付款利息共计 88 万美元，业主起先只愿意接受 45 万美元。在此情况下，承包商根据专用合同条款的规定，向业主和工程师提供了每一个账单的批复时间和到账时间的书面证据，有力地证明了有关款项确实迟付；同时又提供了投标函附录规定的工程款迟付应采用的利率。由于证据确凿，经过承包商的多方努力，业主最终同意支付迟付款利息约 79 万美元。

18.2.2 索赔管理分析

结合 FIDIC 合同条件，通过前面的案例分析，以下几个因素在该项目的索赔管理工作中至关重要：

(1) 遵守索赔程序，尤其要注意索赔的时效性。FIDIC 合同条件规定了承包商索赔时应该遵循的程序，并且提出了严格的时效要求：承包商应该在引起索赔的事件发生后 28 天内将索赔意向递交工程师；在递交索赔通知后的 28 天内应该向工程师提交索赔报告。在索赔事件发生时，承包商应该有同期记录，并应允许工程师随时审查根据本款保存的记录。在本案例中，承包商均在规定时间内提出了索赔意向，确保了索赔权。如在“放线数据错误”这个事件结束即 8 月 10 日之后，承包商于 8 月 18 日向工程师提出了书面索赔通知，严格遵守时效要求奠定了索赔成功的基础。

(2) 对索赔权进行充分的合同论证。一般来说，业主和工程师为确保自身利益，不会轻易答应承包商的要求，通常工程师会以承包商索赔要求不合理或证据不足为由来进行推托。此时，承包商应对其索赔权利提出充分论证，仔细分析合同条款，并结合国际惯例以及工程所在国的法律来主张自己的索赔权。在"放线数据错误"的索赔事件中，工程师收到索赔要求后，立即提出工期延误是由于承包商不具备永久工程的开工条件，企图借此将工期延误的责任推给承包商。承包商依据国际惯例对其索赔权利进行了论证，认为不具备永久工程开工条件和业主提供的放线数据错误都是导致工期延误的原因，但是初始延误是业主屡次提供了错误的放线数据。承包商指出，试验设备没有到场可以通过在当地租赁的形式解决，而放线数据错误才是导致损失的最根本的原因。最终工程师不得不批准承包商的索赔要求。在这个事件中，承包商对其索赔权的有力论证保证了该项索赔的成功。

(3) 积累充足详细的索赔证据。在主张索赔权利时，必须要有充分的证据作支持，索赔证据应当及时准确，有理有据。承包商在施工过程开始时，就应该建立严格的文档管理制度，以便于在项目实施过程中不断地积累各方面资料；在索赔事项发生时，要做好同期记录。在迟付款利息的索赔中，起先业主对数额巨大的利息款并不能全部接受，承包商随即提供了许多证据，包括每一个账单的批复时间与到账时间的书面证据，工程款迟付期间每日的银行利率等。正是这些详细的数据使得业主不得不承认该索赔要求是合理的，最终支付了绝大部分的利息款。

(4) 进行合理计算，提交完整的索赔报告。按照 FIDIC 索赔的程序，承包商应该在提交索赔通知后 28 天内向工程师提出完整的索赔报告。这份索赔报告应该包括索赔的款额和要求的工期延长，并且附有相应的索赔依据。这就要求承包商要事先对准备索赔的费用和工期进行合理的计算，在索赔报告中提出的索赔要求令业主和工程师感到可以接受。目前较多采用的费用计算方法为实际费用法，该方法要求对索赔事项中承包商多付出的人工、材料、机械使用费用分别计算并汇总得到直接费，之后乘以一定的比例来计算间接费和利润，从而得到最后的费用。而分析索赔事件导致的工期延误一般采用网络分析法，并借助进度管理软件进行工期的计算。

(5) 处理好与业主和工程师的关系。在施工索赔中，承包商能否处理好与业主和工程师的关系在一定程度上决定了索赔的成败。如果承包商与工程师之间平时关系恶劣，在索赔时，工程师就会处处给承包商制造麻烦。而与业主和工程师保持友善的关系，不仅有利于承包商顺利地实施项目，有效地避免合同争端，而且在索赔中会得到工程师较为公正的处理，有利于索赔取得成功。

18.2.3 索赔管理建议

索赔管理作为国际工程管理中一个重要环节，不仅可以补偿承包商因过失和风险等因素而导致的费用增加和工期延误，而且在工程变更确定新单价时，施工索赔也是承包商创收的一个重要手段。但是在实践中，许多国际工程索赔的结果并不乐观。对于如何在国际工程索赔管理中取得成功，提出如下建议。

1. 承包商要加强内部管理

许多承包商内部管理松散混乱，计划实施不严，成本控制不力，这些是导致索赔失败的重要原因。承包商应当从以下几方面着手加强内部管理：

(1) 索赔要引起全企业，特别是企业高层管理人员的重视。公司应派出高级管理人员负责索赔事务，并设立专门的合同管理部门，培养精通外语、熟悉工程实务和合同知识的合同管理人员，并应把合同部设置于各业务部门的核心地位。

(2) 加强合同管理，研究分析合同条款的含义并注意收集与合同有关的一切记录，包括图纸、订货单、会谈纪要、来往信函、变更指令、工程照片等。

(3) 加强进度管理，通过计划工期和实际进度比较，找出影响工期的各种因素，分清各方责任，及时提出索赔，例如，使用专业项目进度管理软件可以有效地提高进度管理的效率。

(4) 加强成本管理，控制和审核成本支出，通过比较预算成本和实际成本，为索赔提供依据。

(5) 进行信息管理，成立专门的信息管理部门，为索赔提供必要的证据。

2. 承包商要提高索赔管理中的商务技巧

很多承包商在索赔时处理不当，直接导致了索赔的失败。承包商处理索赔可以遵循以下几个原则：

(1) 承包商应该有正确的索赔心态，既不能怕影响关系不敢索赔，又不能不顾业主和工程师的反应，采取激烈言词，甚至抱侥幸心理骗取索赔。前者会影响承包商的直接利益，后者可能会造成关系紧张，加大索赔难度。承包商在索赔中应该有理有据，努力争取自己应得的利益。

(2) 承包商应该加强与合同各方的沟通工作，处理好与业主和工程师的关系，使索赔工作得以顺利进行。

(3) 包商处理索赔应该有一定的艺术性。例如在索赔开始时应该用语委婉，不伤和气；当对方拒绝合作或拖延时，则应该采用较为强硬的措施。另外，索赔可以采取抓大放小的策略，放弃小项，坚持大项索赔。

综上所述，鉴于国际工程承包市场的竞争日趋激烈，许多承包商为了拿到项目，往往将标价压得很低，甚至不惜低于成本价投标，这就要求承包商在施工过程中加强管理，严格控制成本，同时抓住每一个潜在的索赔机会，通过索赔来增加收入。同时，在实践中也应不断地总结和积累经验，以期在未来的项目实施过程中能够更有效地进行索赔管理工作。

18.3 某国际货场工程 EPC 合同风险管理案例

18.3.1 工程项目概况

某铁路国际货场工程是经铁道部批准的重点工程项目。该铁路国际货场工程毗邻中国边境，占地 230 公顷，此项工程毗邻中俄边境，包括准轨场、宽轨场和集装箱、快运、特运、散货等几大功能区及连接满洲里站和边检场方向的宽、准轨联络线。工程概算 5.2 亿元，全部工程共铺轨 46.1 千米；铺设道岔 54 组；涵洞 4 座；填挖路基土石方 590.5 万立方米；房屋 2.3 万平方米，站场铺面 26.9 万平方米。其中的国际货场铁路建设工程 EPC 项目总承包内容包括：准轨场、宽轨场改造工程，准轨场、宽轨场接轨道岔至物流园区内的铁路工程。项目合同额约 2 亿元，建设工期 18 个月。铁道某勘察设计院集团有限公司作为铁路建设工程 EPC 项目总承包商，负责建设项目的勘察设计、采购、施工和试运行等阶段的工作。项目建成后与 W 口岸站一起，成为 W 市重要的物流结点，实现国际货运物流化，对 W 口岸功能进行深层次的完善和补充。

18.3.2　合同风险控制程序

铁路建设工程 EPC 项目包括设计、采购、施工等主要工作，建设周期长，不可预见因素多，费用风险控制的成功与否直接决定项目的成败。目前，铁路建设工程 EPC 项目多数采用合同固定总价模式，这就要求在工程总承包合同签订阶段充分识别风险因素，并提前制定相应的应对措施。在以往的传统风险控制中，主要程序包括建设项目风险识别，对存在风险的评价，采取的应对措施，如图 18-1 所示。本文以某国际货场铁路建设工程 EPC 项目为例，研究如何进行建设项目的合同费用风险识别，风险评价，采取的应对措施。

图 18-1　风险控制程序

18.3.3　合同费用风险识别与评价

在总承包合同签订阶段，识别出的合同风险往往属于全局性的风险，影响范围很大，大多数直接影响到项目的成本。涉及质量问题的，会因为处理质量问题增加费用，从而进一步影响到项目盈利。如项目资金出现问题，或施工现场地质出现溶洞等，都会对项目成本和施工造成重大影响。这些风险不属于项目管理类的风险，如果不能及时采取有效措施对这些风险进行规避或转移，项目实施后一旦发生风险，造成的损失是难以挽回的。该项目在签订总承包合同前，识别的风险和风险评价清单见表 18-1。

表 18-1　在签订总承包合同前识别的风险和风险评价清单

风险编号	风险具体描述	风险评价（费用风险度量）		
		R	L	R_t
1	因外部单位要求，引起平交道、涵洞数量或标准的变化	3	3	9
2	线路以外影响施工的迁改问题	3	3	6
3	过渡方案未出施工设计图	3	3	3
4	初步设计完成后，铁路平交道信号、联锁等增项	3	3	9
5	信号楼设计与联锁方案不一致，是集中联锁还是独立联锁不明确	3	3	9
6	既有管道设计漏设保护涵	3	3	9
7	业主供应土方合同约定不严密	3	4	12
8	土源（弃土场）位置变化或填料不合格引起土方费用增加	3	5	15
9	跨公路施工未与地方签订相关协议，导致设计变更，引起封闭施工、安全防护费用增加	3	3	9
10	地方小铁路交叉改移费用增加	3	3	9
11	为落实电力、暖通、通信等专业外部接口协议，施工中引起方案变更，费用增加	3	3	9
12	铁路跨既有公路涉及到地下通信、市政、电力等管线引起费用增加	3	5	15

续表

风险编号	风险具体描述	风险评价（费用风险度量）		
		R	L	R_t
13	房屋基础加固设计漏项	3	3	9
14	轨道衡基础加固漏项	3	3	9
15	既有线、站内施工方案的可实施性不强，方案变更费用增加	3	5	15
16	施工降水方案未经详细计算，施工中方案变更引起费用增加	3	3	9
17	施工临时用电方案变化，引起费用增加	3	4	12
18	施工用水水源变化，引起费用增加	3	3	9
19	轨料价格上涨风险	3	5	15
20	设备采购时，由于数量较少，管理成本较高，设备供货商降价的幅度较小	3	4	12
21	桥涵等构筑物施工，开挖基坑过程中降水漏项	3	3	9
22	对道砟运费考虑不足，导致报价过低	3	5	15
23	既有线施工，漏计行车干扰费	3	3	9
24	微机联锁软件费太低	3	4	12
25	受公路影响，施工应考虑行车干扰费	3	3	9
26	既有线道岔价格与市场价格差距较大，导致报价过低	3	5	15
27	人工单价与市场单价相差较大	3	4	12
28	改善劳动条件，临时工程费标准提高	3	3	9
29	浆砌片石概算指标与市场价格差距较大	3	5	15
30	大临工程设计，工程数量偏低	3	3	9
31	临时用电增容费考虑不足	3	4	12
32	车站防护围栏高度偏低，使用单位提出提高标注，导致费用增加	3	3	9
33	房屋选址不落实	3	4	12
34	边坡植树防护不能实施	3	3	9

表 18-1 中为将费用风险度量量化，R 表示风险事件发生的概率等级，分为 1～5 级，由小到大分别表示几乎不可能、不大可能、可能、很可能和必然；L 表示风险损失金额的等级，分为 1～5 级，由小到大分别表示损失金额 5 万元以下、5～10 万元、10～50 万元、50～100 万元、100 万元以上；R_t 表示风险的重要性，$R_t = R \times L$。

18.3.4 合同费用风险应对策略

该建设工程 EPC 项目，在签订总承包合同前的主要工作包括可行性研究、初步设计、编制投标文件、合同谈判等阶段，各个阶段的工作深度和精度对建设项目的成败起着决定性的作用。按照项目全生命周期的风险管理模式，在对表 18-1 所列的各类风险和风险评价的基础上（风险编号与表 18-1 相同，风险描述不再重复），综合选择了风险回避、风险自留、风险控制和风险转移等策略。通过对风险回避、风险自留、风险控制和风险转移分析与研究，提出了针对各类风险进行管理和控制的措施，见表 18-2。

表 18-2　针对各类风险进行管理和控制的应对措施

编号①	应对策略	应对措施
1	转移承担	平交道、涵洞设计方案，应听取相关部门意见，签订书面协议，落实具体数量和标准；同时明确因外部条件变化引起变更的责任归属
2	转移承担	勘察设计时，不仅仅考虑铁路线路、建筑物对施工的影响，还要考虑是否有其他建筑物对施工产生影响，如有应采取措施，并在协议中明确迁改责任
3	规避	及时将既有项目经验反馈给设计专业
4	转移	在承包合同中约定，初步设计完成后的此类增项，费用由建设单位承担
5	转移	确定设计方案时，明确是采用集中联锁，还是独立联锁。集中联锁需要计列一定的费用，如果费用不确定，签订总承包合同时，需明确不包括在承包范围内
6	承担	在可行性研究阶段，预留部分涵洞数量；对于规划预留和没有勘测到的需设保护涵的，应明确可以调整合同价
7	规避	业主供土，在签订合同时，对土的化验、质量保证、供土进度等条款应约定严密
8	规避	现场勘察时，落实土源，并做试验，出具相关报告
9	规避	铁路与公路交叉时，应与公路部门签订协议，优化施工和过渡方案，节约相关费用
10	规避	设计阶段与相关部门签订改移协议
11	规避	在设计阶段签订与外部的接口协议
12	规避	现场勘察时，探明地下管线等设施，做好施工过渡方案，减少配合费用
13	规避	向专业设计人员提出要求，避免漏项
14	规避	向专业设计人员提出要求，避免漏项
15	规避	向专业设计人员提出要求，设计阶段考虑周全，避免方案变更
16	规避	向相关专业提出要求，加强现场调查，进行详细计算，避免方案变更
17	规避	工程经济专业应充分考虑引用地方电源的可行性和相关费用，避免用电方案变化，费用增加
18	规避	在缺水地区，工程经济专业在设计阶段落实水源，并考虑用水费用
19	转移	采购轨料，在签订合同时，对可能涨价且幅度大的种类，明确调价条款
20	承担	提醒专业设计人员，对用量少的设备，应考虑供应成本高和垄断因素
21	规避	专业设计人员做好现场调查，避免漏项
22	规避	转移专业设计人员做好调查；如建设单位要求赶工采用汽车运输导致费用增加的，应做好变更签证
23	规避	工程经济专业列计费用
24	规避	微机联锁软件存在技术垄断现象，专用线微机联锁软件费用通常在 100 万元以上，专业人员设计时应考虑这一因素
25	规避	专业设计人员遇到类似问题时应考虑行车干扰费
26	规避	既有线道岔施工，应按市场价格编制概算
27	规避	按市场价格计算人工单价
28	规避	按市场价格计算费用
29	规避	按市场价格计算费用

续表

编号[①]	应对策略	应对措施
30	规避	在可行性研究和初步设计阶段，到现场进行详细调查，对提出的设计方案进行论证和优化，确保设计方案的可实施性
31	规避	根据工程设计方案和施工组织设计，落实用电需求，并根据建设工期、用电量、市场价格计算用电费用
32	规避	涉及既有车站增加股道时，应审查概算指标是否偏低，如偏低，请有关专业进行费用调整
33	规避	请站后相关专业配合站前有关专业一同进行现场调查，结合现场实际合理确定专业房屋地址，尽量避免后期设计阶段专业房屋选址发生变化，引起投资增加
34	规避	各个设计阶段，应针对建设项目沿线地形地貌特点（干旱、大风沙、保水），提出可行方案，保证方案的实施

① 对应表 18-1 的风险描述和编号。

铁路工程 EPC 项目，一般采用合同固定总价模式，且建设周期长，存在的风险因素多，其中合同费用风险就是承包合同中的一种主要风险。在签订工程总承包合同前如何识别存在的各种风险因素，并进行评价，本案以某国际货场铁路工程 EPC 项目为例，进行了识别和评价，并针对识别出的合同风险因素和评价结果，通过分析与研究，提出了进行合同风险管理和控制的应对措施，可为类似 EPC 项目进行合同风险管理和控制提供借鉴。

参考文献

[1] 佘立中．工程合同法律制度与工程合同管理［M］．北京：高等教育出版社，2008.

[2] 程苏晓．建筑工程项目合同管理体系建设和合同管理业务流程［J］．科技信息，2011，(18)．

[3] 盛玉涛．建设工程总承包项目合同管理常见问题分析与对策［J］．建筑施工，2010，(5)．

[4] 景玉飞．施工总承包合同管理的问题及对策［J］．建筑经济，2012，(9)．

[5] 陈燕丰．建筑工程总承包单位合同管理的“八项注意”［J］．建筑经济，2013，(6)．

[6] 石磊，等．浅谈建筑工程中的分包合同管理［J］．科技经济市场，2007，(4)．

[7] 田树辉．工程项目施工分包合同纠纷风险的规避和对策探讨［J］．科技创新导报，2009，(23)．

[8] 杨传森．论建设工程施工专业分包合同的管理［J］．建筑工程，2012，(13)．

[9] 张先杰．关于建筑施工项目分包合同管理的几个问题［J］．商业经济，2010，(4)．

[10] 赵凤丽．试论如何加强施工企业劳务分包的合同管理［J］．建筑与文化，2012，(2)．

[11] 颜彦．项目 EPC 总承包模式下的设计管理［J］．有色冶金设计与研究，2010，(1)．

[12] 王超峰．浅谈 EPC 项目采购合同条款［J］．中国科技财富，2011，(12)．

[13] 苏志娟．国际 EPC 工程物资采购风险分析及应对［J］．国际经济合作，2010，(5).

中国建材工业出版社
China Building Materials Press